基础分析化学实验

（第 3 版）

北京大学化学与分子工程学院分析化学教学组　编著

内 容 简 介

本书是在1998年出版的《基础分析化学实验》(第二版)的基础上修改而成。本书与分析化学理论课密切配合,内容包括经典化学分析和现代仪器分析方法。

为便于与2005年出版的《分析化学教程》配套使用,本书内容分成以下几个部分:分析化学实验目的与基本要求、分析化学实验基本知识、化学分析、分离分析、波谱分析、电分析化学和分析化学实验数据处理常用方法。每一种分析方法中都有难易程度不同的实验内容,可根据教学的具体情况分别作为必做和选做实验。书中还附有分析化学常用的常数、参数表等。

本书可作为普通高等学校及师范类院校化学、生物、医学等专业的本科实验课教材,也可供从事相关工作的技术人员学习、参考。

图书在版编目(CIP)数据

基础分析化学实验/北京大学化学与分子工程学院分析化学教学组编著.—3版.—北京:北京大学出版社,2010.2

(北京市高等教育精品教材立项项目)

(北京大学化学实验类教材)

ISBN 978-7-301-13707-9

Ⅰ.基… Ⅱ.北… Ⅲ.分析化学-化学实验-高等学校-教材 Ⅳ.0652.1

中国版本图书馆CIP数据核字(2009)第056735号

书　　名:基础分析化学实验(第3版)

著作责任者:北京大学化学与分子工程学院分析化学教学组　编著

责 任 编 辑:郑月娥　段晓青

封 面 设 计:张　虹

标 准 书 号:ISBN 978-7-301-13707-9/O·0753

出 版 发 行:北京大学出版社

地　　址:北京市海淀区成府路205号　100871

网　　址:http://www.pup.cn　电子信箱:zye@pup.pku.edu.cn

电　　话:邮购部62752015　发行部62750672　编辑部62767347　出版部62754962

印 刷 者:三河市博文印刷有限公司

经 销 者:新华书店

787毫米×1092毫米　16开本　19.75印张　419千字

2010年2月第3版　2024年1月第5次印刷

定　　价:59.00元

第 3 版前言

本书第 1 版于 1993 年出版，第 2 版于 1998 年出版，为配合学科的发展，现在经过修改出版第 3 版。

由于分析化学学科的发展，分析化学课程的改革和建设，这些年分析化学的教学有了很大的进步。在北京大学，分析化学课程被评为国家级精品课程，分析化学的系列教材基本出齐，其中有国家"十五"、"十一五"规划教材，与本书配套的《分析化学教程》(李克安主编，北京大学出版社，2005)被评为北京市精品教材。北京大学将分析化学理论课和实验课合在一个教学组里，统筹考虑课程与教材的建设。本书第 3 版就是理论课教师与实验课教师共同合作的结晶。

根据这几年分析化学教学的实际情况，这次修订对本教材作了结构上的调整。第 3 版的章节分类和标题与《分析化学教程》大致相同，以便于教师和学生配套使用；同时将"分析化学实验基本知识"中关于操作方法的内容放入具体的实验中，以便于学生预习；实验内容已不分课内课外，按照方法分类编排，由教师和学生结合实际教学情况灵活选用；自拟方案实验从原来的 21 个增加到 36 个，以增加学生的选择范围。

第 3 版与第 2 版相比，内容上有不少改动，主要有：

(1) 补充了"气质联用"、"毛细管电泳"的介绍和实验内容；因原子光谱分析(原子发射与原子吸收)仪、红外光谱仪、气相色谱仪、高效液相色谱仪等仪器更新，教材内容作了相应的修改。

(2) 在"分析化学实验基本知识"部分，以最新颁布的标准替换了已作废的旧标准；介绍了近年发展起来的通过反渗透、电去离子法等制备纯水的方法；增加了化学试剂的安全知识；介绍了分析化学实验用高温炉(如箱式电阻炉、管式电阻炉和高频感应加热炉等)的内容；增加了以聚四氟乙烯为活塞的滴定管的内容介绍等。

(3) 改写了一些实验方法，以使实验内容更能结合实际。如，学生在普通化学实验中合成了莫尔盐，在分析实验中设计了先通过测定 Fe^{2+} 确定其纯度；再分别测定 NH_4^+、SO_4^{2-} 或 H_2O 的含量，证实莫尔盐的组成；再作 Fe^{3+} 的限量分析。内容涉及酸碱滴定、络合滴定、氧化还原滴定、重量分析和分光光度分析，使学生得到化学原理与操作的综合训练。

又如，增加了与日常生活关系密切的样品的分析：蔬菜、水果和药片中维生素 C 的测定，室内空气污染物甲醛的测定，补钙制剂中钙、锌、赖氨酸等含量的测定，饮料中奎宁的测定等。由于汞有毒性，本书用固体电极替代传统的汞电极做循环伏安实验，并增加了固体电极的抛光清洁处理及电极的有效表面积测算等。这些实验内容的改动更加注重了学生的知识和能力培养,同时联系实际,大大提高了学生的学习兴趣。

(4) 本书还对思考题进行了增补删改,以加强学生的探究意识;增加了许多照片和图示,使相关内容更加直观和形象。

参加本次再版修订的教师有白玉、李克安、李美仙、李娜、刘锋、刘虎威、廖一平、罗海、张新祥、赵凤林、赵美萍、朱志伟。廖一平做了许多组织和编务方面的工作,焦书明参加了讨论,李克安为本书写了前言。北京大学化学学院分析化学研究所的其他同志对本书的改编予以了支持与鼓励。本书第1、第2版的作者彭崇慧、李克安、叶宪曾、焦书明等老师对第3版的出版也给与了热情的关心和指导。本书受到北京大学教材建设委员会的立项支持,北京大学出版社的段晓青编审、郑月娥编辑为本书的出版付出了辛勤的劳动。编者对以上人员和关心支持本书出版的所有人员表示诚挚的感谢。

尽管本书已经是第3版,但是不尽如人意的地方仍然存在,恳请读者批评斧正。

编　者

2009年7月1日

第 2 版前言

本书第 1 版于 1993 年出版，作为北京大学化学、生物、地质类各专业本科生教材使用了四年。由于教学内容的改进，新的教学仪器的使用，以及教员在教学中得到的新的体会，实际的教学工作与本书第 1 版的内容有了相当的差距。在第 1 版即将售罄之际，我们组织力量对第 1 版进行了修改。在过去的几年里，承蒙兄弟院校师生厚爱，不少学校采用本书作为教科书或教学参考书，他们的鼓励和鞭策，也是写作本书的动力。

在认真审视本书第 1 版的基础上，根据这几年分析化学实验的新发展、新要求，对原书的内容做了增删，主要修改的地方有：

(1) 对实验仪器做了较大的调整，淘汰了一些过于陈旧的仪器，以较为先进的仪器代替。这些仪器的类型有：气相色谱仪、核磁共振波谱仪、分光光度计、红外光谱仪、原子吸收分光光度计、电化学分析仪器等。本书保留了一些虽已陈旧、但仍在高校中普遍使用的仪器，以使本书能适用于具有不同仪器条件的学校。

(2) 增加了一些新的实验内容。鉴于高效液相色谱已普遍使用，这次修改增加了高效液相色谱法的实验内容；由于微波技术的使用，在重量法中增加了微波干燥恒重的方法；在发射光谱分析部分增加了 ICP-AES 法；在课外实验中增加了微分脉冲伏安法、汞膜电极溶出伏安法、直流极谱可逆波、不可逆波和催化波等实验内容。

(3) 删去了一些过于专门性的实验内容。例如，分析天平计量性能的检定、砝码检定等，这些工作一般由专门人员进行，对大学生可不作要求。为使学生对此有所了解，在分析天平一节做了概略的介绍。

通过这次修订，在实验部分收入基本实验 38 个、自拟方案实验 21 个、课外实验 21 个。

分析化学实验单独设课，但在教学内容上必须与课堂教学密切配合。本书与彭崇慧、冯建章、张锡瑜、李克安、赵凤林编著的《定量化学分析简明教程》(第二版)(北京大学出版社，1997 年)及北京大学化学系仪器分析教学组编著的《仪器分析教程》(北京大学出版社，1997 年)组成理论课和实验课的配套教材，各教材也可单独使用。

本书再版的组织和统稿工作由李克安、叶宪曾、焦书明负责。

参加这次修订和实验工作的人员有：焦书明、叶宪曾、李克安、刘虎威、陈月华、廖一平、赵凤林、刘锋、孙丹丹等。北京大学化学与分子工程学院分析化学研究所的同志们一如既往地对本书的出版给以支持，彭崇慧教授对本书的再版给以热情的鼓励和指导。为了保证本书的出版质量和教学需要，作为本书的责任编辑段晓青同志付出了辛勤的劳动。我们向为本书的出版做出过贡献的所有同志表示衷心的感谢。

这次修订仍会有不尽如人意的地方和缺点错误之处,恳请读者批评指正。

编　者

1997年10月

第 1 版前言

分析化学是化学的重要分支学科之一。它的主要任务是确定物质的组成、含量和结构，它应用于许多理论研究和实际工作中。可以说，分析化学的水平已成为衡量一个国家科学技术水平的重要标志之一。分析化学课程是大学化学专业及有关专业的主要基础课。分析化学实验课是分析化学课程的重要组成部分，它与理论课教学密切配合，教给学生分析化学的基本理论、基础知识和基本实验技能。近年来，分析化学实验单独设课，加强了学生实验操作能力的训练，在培养学生严谨的工作作风和实事求是的科学态度，建立起严格的“量”的概念等方面，发挥着独到的作用。

北京大学化学系分析化学教研室历来重视分析化学实验课的教学，在教研室全体教学人员的共同努力下，先后编写了《定量分析实验》和《仪器分析实验》两本讲义，并在教学实践中不断修改和补充。近 20 年来，《定量分析实验》讲义已修订、铅印了四个版本。1990 年，分析化学教研室经过认真的研究，确定了以彭崇慧、李克安、叶宪曾、焦书明负责的修订小组，组织有关人员认真总结了教学经验，查核了有关资料，进行了大量的实验工作，参照国家教委 1992 年颁布的“高等学校化学专业基本培养规格和教学基本要求”内容，对原有讲义进行了修改或增删，编成了这本包括定量化学分析实验和仪器分析实验两部分内容的教材。

本书包括五个部分：分析化学实验的基本知识；分析化学实验的仪器及操作；实验部分；分析化学实验数据处理的常用计算机程序；附录。实验部分包括基本实验 35 个，自拟方案实验 19 个，课外选做实验 18 个。实验内容涉及滴定分析、重量分析、分离方法、紫外-可见分光光度法、红外吸收光谱法、原子吸收光谱法、原子发射光谱法、分子荧光光度法、电位分析法、电导分析法、库仑分析法、伏安和极谱分析法、气相色谱法、核磁共振波谱法以及部分常用仪器的检验和校准等。

本书有以下几个特点：经典的化学分析和现代仪器分析合编在一本书中，有利于学生获得分析化学的整体知识，不同实验方法的学习和比较，学会针对不同情况选用不同的分析方法；基本实验、自拟方案实验和课外选做实验相结合，既有严格的操作训练，又注重实际工作能力的培养，对学有余力的学生还可因材施教；实验内容中既有成分分析，又有结构分析；既有无机分析，又有有机分析；还收入了药物分析、生化物质分析的内容。既有测定方法，又有仪器校准和研究方法。

参加本次编写和实验工作的有焦书明、叶宪曾、李克安、刘虎威、张惠珍、陈月华、何俊英、廖一平、赵凤林、刘锋、祖莉莉等同志。陈凤、常文保等同志对实验讲义的修订和本书的出版做过许多工作。在分析化学教研室工作过的教师、实验员都付出过心血,做出过贡献,本书也凝聚着他们的劳动成果。

本书的出版得到北京大学教材建设委员会和北京大学出版社的大力支持和帮助。在此,向他们表示衷心的感谢。

由于编者水平所限,错误和不妥之处,恳请读者批评指正。

编　者

1992年10月

目　　录

1　分析化学实验目的与基本要求

1.1　课 程 目 的

分析化学是一门实践性很强的学科，实验原理及实验技能的掌握在其学习中占有重要地位。学生通过实验课的学习应达到下述目的：

(1) 正确、熟练地掌握分析化学实验的基本操作技能和操作原理，学习并掌握典型的分析方法。

(2) 充分运用所学的分析化学理论知识指导实验，培养手脑并用能力和统筹安排能力。

(3) 确立"量"、"误差"和"有效数字"的概念；学会根据对实验结果的要求，正确、合理地选择有代表性的样品，以及合适的实验方法和实验条件，以保证实验结果的可靠性。掌握分析处理实验数据的常用方法。

(4) 通过循序渐进的实践，培养综合能力，如信息资料的收集与整理，数据结果的记录与分析，问题的提出与证明，观点的表达与讨论；树立敢于质疑、勇于探究的意识。

(5) 培养严谨的科学态度，实事求是、一丝不苟的科学作风以及良好的工作习惯；培养科学工作者应有的基本素质。

1.2　定量化学分析实验课程基本要求

(1) 课前必须认真预习，理解实验原理，了解实验过程，明确实验步骤，做好必要的预习笔记。未预习者不得进行实验。

(2) 在指导教师的帮助下，了解实验室的安全设施、注意事项，以及突发事件的应急措施。

(3) 保持室内安静，以利于集中精力做好实验。保持实验台面清洁，仪器摆放整齐、有序。树立良好的公共道德，爱护公共设施，公用药品和仪器用完后放回原处。

(4) 所有实验数据，尤其是各种测量的原始数据，必须随时记录在专用的实验记录本上，不得记在其他任何地方，不得涂改原始实验数据。实验记录和数据必须用钢笔或圆珠笔书写，不得使用铅笔。

(5) 常量分析的基本实验，其平行实验数据之间的相对极差和实验结果的相对误差，一般要求不超过0.2%和±0.3%；自拟方案实验、双组分及复杂物质的分析和微量分析实验则适当放宽要求。

(6) 遵守实验室各项规章制度。注意节约使用试剂、滤纸、纯水及自来水、天然气等。取用试剂时看清标签,以免因误取而造成浪费和实验失败。洗涤仪器用水要遵循“少量多次”的原则。不需要大火加热时应及时关小天然气阀门。实验过程中还要树立环境保护意识,在保证实验准确度要求的情况下,尽量降低化学物质(特别是有毒有害试剂及洗液、洗衣粉等)的消耗。

(7) 第一次和最后一次实验课上,都要按照仪器清单(见附录31)认真清点由个人保管使用的仪器柜中的全套仪器。实验中损坏或丢失的仪器要及时去“实验准备室”登记领取,并且按有关规定进行赔偿。

1.3　仪器分析实验课程基本要求

(1) 课前必须认真预习,了解相关分析方法的实验原理和所用仪器的设计原理与基本结构。了解仪器的主要组成部件和它们的工作原理及过程。明确实验步骤,做好必要的预习笔记。未预习者不得进行实验。

(2) 在指导教师的帮助下,了解实验室的安全设施、注意事项,以及突发事件的应急措施。

(3) 初步掌握相关分析方法的实验技术(样品预处理方法和仪器操作方法)。未经指导教师允许,不得随意改变仪器工作状态(如条件和参数的设定),更不得随意更换或拆卸仪器的零部件。

(4) 了解相关分析方法的特点、应用范围及局限性。了解如何根据试样情况、分析目的、对结果的要求等,选择更适宜的分析方法和最佳测试条件。

(5) 保持室内安静,以利于集中精力做好实验。保持实验台面清洁,仪器摆放整齐、有序。树立良好的公共道德,爱护仪器和公共设施,公用药品用完后放回原处,仪器用完后恢复到初始状态。

(6) 所有实验数据,尤其是各种测量的原始数据,必须随时记录在专用的实验记录本上,不得记在其他任何地方,不得涂改原始实验数据。若是仪器打印出的数据,应及时收好或粘贴在实验记录本上。实验记录和数据必须用钢笔或圆珠笔书写,不得使用铅笔。

(7) 掌握相关分析方法的工作步骤、图谱的解析和测试数据的处理方法。

(8) 爱护实验室仪器设备。若发现仪器工作异常,应及时报告指导教师或实验室工作人员,不得擅自处理,更不得隐瞒。实验完成后,将仪器复原,罩好防尘罩。

1.4　对实验记录的基本要求

正确、合理地记录实验数据和实验现象是需要通过实践来获得的一种技能。一份完整、详实的实验记录可以为他人提供很有价值的参考资料，可以避免无意义的重复实验，甚至可以被作为仲裁的依据。

实验记录应清楚地书写在标有页码、装订好的专用记录本上。每一次实验应从新的一页开始。写明标题、日期和合作者；简明阐述实验目的、原理，写出主要反应的反应方程式；列出实验必需的仪器和试剂的规格、种类及数量，如需要自己配制溶液，写明配制过程及浓度；写出必要的反应路线或操作步骤，留出充足的空间记录观察到的现象和得到的数据结果以及演算过程。

详细写明计算公式、算数式和计算结果。作图、作表时要注意：每一个表格或图示要有一个描述性的题目，表或图的序号是连续的。表的栏目中和图的坐标上应标明相应的物理量及其单位。表与图的原始数据和相应的计算公式应列在记录本上，原始数据与图、表中表示的数据的精密度应保持一致。

结论与讨论的内容包括：误差来源及对结果的影响，对实验现象的解释、推理或假设，以及经验教训。通过讨论与结论可表达自己对实验内容的理解和实验的收获，若能写出下一步的实验设想和方案以证明所做出的结论或假设将会更有意义。

2　分析化学实验基本知识

2.1　实验室安全常识

分析化学实验室安全包括人身安全及实验室本身(如仪器、设备等)的安全,即主要应预防由化学药品引起的中毒,实验操作过程中发生的烫伤、割伤和腐蚀等,因燃气、高压气体、高压电源、易燃易爆化学品等产生的火灾、爆炸事故,以及自来水泄漏事故,等等。为确保人身安全,实验室、仪器和设备的安全,以及环境不受污染,以保证实验的正常进行,必须严格遵守以下实验室安全规则。

(1) 实验室内严禁吸烟、饮食,勿以实验容器代替水杯、餐具使用,实验结束后要仔细洗手。

(2) 使用 KCN、As_2O_3、$HgCl_2$ 等剧毒品时要特别谨慎小心！用过的废物不可乱扔、乱倒,应回收或进行特殊处理。实验中的其他废物、废液也要按照环保的要求进行妥善处理。不可将化学试剂带出实验室。

(3) 使用汞时应避免泼洒在实验台或地面上,应将使用后的汞收集在专用的回收容器中,切不可倒入下水道或污物箱内。万一发现少量汞洒落,应尽量收集干净,然后在可能洒落的地方撒上一些硫磺粉,最后清扫干净,并集中作固体废物处理。

(4) 使用浓酸、浓碱及其他具有强烈腐蚀性的试剂时,操作要小心！防止腐蚀皮肤和衣物等。必须在通风柜中操作易挥发的有毒或有强腐蚀性的液体和气体。浓酸、浓碱若溅到身上应立即用水冲洗,若洒到实验台上或地面时要立即用水冲稀而后擦净。

(5) 要特别注意天然气的正确使用,严防泄漏！在使用天然气灯加热的过程中,火源要与其他物品保持适当距离,人不得较长时间离开,以免熄火漏气。用完天然气灯要确认关闭燃气管道上的小阀门,离开实验室前还要再查看一遍,以确保安全。

(6) 使用可燃性有机试剂时,要远离火源及其他热源,敞口操作挥发性物质时应在通风柜中进行。试剂用后要随手盖紧瓶塞,置阴凉处存放。低沸点、低闪点的有机溶剂不得在明火或电炉上直接加热,而应在水浴、油浴或可调电压的电热套中加热。

(7) 使用高压气体钢瓶时,要严格按照规程操作。例如,在原子吸收光谱实验室中所用的各种火焰,其点燃与熄灭的原则是燃气“迟到早退”,即先开助燃气,再开燃气;先关燃气,再关助燃气。乙炔钢瓶应存放在远离明火、通风良好、温度低于 35 ℃的地方。钢瓶在更换前仍应保持一定压力。

(8) 使用自来水后要及时关闭截门,遇停水时要立即关闭截门,以防来水后发生跑水。

离开实验室前应检查自来水截门是否完全关闭。

(9) 如果发生烫伤或割伤,可先用实验室的小药箱进行简单处理,然后尽快去医院进行医治。

(10) 实验过程中万一发生着火,不要惊慌,应尽快切断燃气源,用石棉布或湿抹布熄灭(盖住)火焰。密度小于水的非水溶性有机溶剂着火时,不可用水浇,以防止火势蔓延。电器着火时,不可用水冲,以防触电,应立即关闭电源,使用干冰或干粉灭火器。着火范围较大时,应尽快用灭火器扑灭,并根据火情来决定是否报警。

(11) 实验室应保持整洁,废纸等应投入废物桶内,废液等应按相关规定进行处理。

(12) 在仪器分析实验中,要在阅读仪器操作规程后或经指导教师讲解后再动手操作仪器。不要随便拨弄仪器,以免损坏或发生其他事故。

2.2 实验室用水的规格、制备及检验方法

2.2.1 规格及技术指标

分析化学实验对水的质量要求较高,既不能直接使用自来水或其他天然水,也不能一概使用高纯水,而应根据分析的任务与要求来合理选用适当规格的纯水。

无论用什么方法制备的纯水都不可避免地含有杂质,而且随制备方法和所用仪器材质的不同,其杂质的种类和含量也会有所不同。我国已颁布了《分析实验室用水规格和试验方法》(GB/T 6682—1992)及《电子级水规格和实验方法》(GB/T 11446.1—1997)的国家标准。国家标准中规定了分析实验室用水的级别、技术指标、制备方法及检验方法。

表 2.1 中所列的技术指标可满足通常的各种分析实验的要求。实际工作中,若有的实验对水还有特殊的要求,则还需检验相关的项目。

表 2.1 分析实验室用水的级别及主要技术指标(引自国家标准 GB/T 6682—1992)

指标名称	一级	二级	三级
pH 范围①(25 ℃)	—	—	5.0~7.5
电导率(25 ℃)/ ($mS\cdot m^{-1}$)②	≤0.01	≤0.10	≤0.50
可氧化物质③(以 O 计)/($mg\cdot L^{-1}$)	—	<0.08	<0.4
蒸发残渣③(105±2 ℃)/($mg\cdot L^{-1}$)	—	≤1.0	≤2.0
吸光度(254 nm,1 cm 光程)	≤0.001	≤0.01	
可溶性硅(以 SiO_2 计)/($mg\cdot L^{-1}$)	<0.01	<0.02	

① 由于难以测定一级水和二级水真实的 pH,对其 pH 范围不作规定。

② 前一版国家标准中,电导率的单位用的是 $\mu S\cdot cm^{-1}$,人们也惯用这种单位,其换算关系为:$1\mu S\cdot cm^{-1}=10\,mS\cdot m^{-1}$。

③ 由于难以测定一级水中可氧化物质和蒸发残渣,对其限量不作规定。可用其他条件和制备方法来保证一级水的质量。

电导率是纯水质量的综合指标。一级和二级水的电导率必须“在线”(即将测量电极安装在制水设备的出水管道内)测量。纯水在储存和与空气接触过程中,由于容器材料中可溶解成分的引入和对空气中 CO_2 等杂质的吸收,都会引起电导率的改变。水越纯,其影响越显著,一级水必须临用前制备,不宜存放。实际工作中,人们往往习惯于用电阻率来衡量水的纯度,这样上述一、二、三级水的电阻率则应分别等于或大于 10 MΩ·cm,1 MΩ·cm和 0.2 MΩ·cm。

2.2.2 制备方法

制备分析实验室用水的原水应当是饮用水或其他适当纯度的水。常用的制备纯水的方法有蒸馏法、离子交换法、电渗析法等,近年来发展起来的方法有反渗透(RO)法、电去离子法(EDI)等。

蒸馏法设备成本低,操作简单,但能耗高,产率低,且只能除掉水中的非挥发性杂质。

离子交换法去离子效果好(去离子水因此得名),但不能除掉水中的非离子型杂质,使去离子水中常含有微量的有机物。

电渗析法是在离子交换法基础上发展起来的一种方法,它是在直流电场的作用下,利用阴、阳离子交换膜对原水中存在的阴、阳离子选择性渗透的性质而除去离子型杂质。与离子交换法相似,电渗析法也不能除掉非离子型杂质,但电渗析器的使用周期比离子交换柱长,再生处理比离子交换柱简单。好的电渗析器所制备的纯水其电阻率可达 0.20～0.30 MΩ·cm,相当于三级水的质量水平。

RO 是当今最先进、最节能的有效分离技术之一,具有能耗低、无污染、工艺先进、操作简便等优点。用一块半透性膜把纯水和待处理水隔开,纯水有一种向待处理水内渗透的趋势,直至待处理水的液面要比纯水面高出一定的高度,即待处理水一侧的压力比纯水一侧的压力高出一定的数值后,水的渗透才停止。其高出的压力称为渗透压。若在待处理水一侧施加一个比渗透压还大的压力,渗透过程便逆转,即水从待处理水一侧向纯水一侧渗透,称为反渗透。利用反渗透的分离特性可以有效除去待处理水中的溶解盐、胶体、有机物和细菌等杂质。

EDI 是 20 世纪 90 年代才逐步成熟的纯水、高纯水生产技术,是纯水生产领域一项具有革命性的技术突破。它是将电渗析与离子交换有机结合而形成的新型膜分离技术,在外加电场的作用下,使离子交换、离子迁移、树脂电再生三个过程相伴发生,相互促进。它既保留了电渗析可连续脱盐及离子交换树脂可深度脱盐的优点,又克服了电渗析浓差极化所造成的不良影响及离子交换树脂需用酸碱再生的麻烦和造成的环境污染,从而可以使制水过程长期连续进行,并能获得高质量的纯水,整个过程相当于连续获得再生的混床离子交换。

目前,一、二、三级水的常用制备方法如下:

一级水:可用二级水经过石英设备蒸馏或离子交换混合床处理后,再经 0.2 μm 微孔滤膜过滤来制取。

二级水：可用离子交换或多次蒸馏等方法制取。

三级水：可用蒸馏、去离子（离子交换及电渗析法）或反渗透等方法制取。

三级水是最普遍使用的纯水，一是直接用于某些实验，二是用于制备二级水乃至一级水。过去多采用蒸馏（用铜质或玻璃蒸馏装置）的方法制备，故通常称为蒸馏水。为节约能源和减少污染，目前多改用离子交换法、电渗析法或反渗透法制备。

2.2.3 检验方法

检验纯水的方法包括物理方法和化学方法两类。物理方法即测定纯水的电导率。如果制备各级纯水所用的原水质量好，则生产出的纯水可以其电导率值作为主要质量指标，一般的分析实验都可参考这项指标来选择适用的纯水。

测量电导率时应选用适于测定高纯水的电导率仪，其最小量程应不低于 0.02 $\mu S \cdot cm^{-1}$。测量一、二级水时，电导池常数为0.01～0.1，进行在线测量；测量三级水时，电导池常数为0.1～1，通常是用烧杯接取约 400 mL 水样，立即进行测定。

如果电导率仪无温度补偿功能，则应在测定电导率的同时测定水温，再根据下式换算成25 ℃时的电导率，因为表 2.1 中规定的是 25 ℃条件下的技术指标。

$$\kappa_{25} = \alpha_t(\kappa_t - \kappa_{p,t}) + 0.00548$$

式中，κ_{25}为 25 ℃时各级水的电导率（$mS \cdot m^{-1}$），κ_t 为 t ℃时各级水的电导率（$mS \cdot m^{-1}$），$\kappa_{p,t}$为 t ℃时理论纯水的电导率（$mS \cdot m^{-1}$），α_t 为 t ℃时的换算系数，0.00548 为 25 ℃时理论纯水的电导率（$mS \cdot m^{-1}$）。α_t 值和 $\kappa_{p,t}$值可从附录 14 中查得。

特殊情况下，如生物化学、医药化学等方面的某些实验用水往往还需要对其他相关项目进行检验，如采用化学方法来检验纯水的 pH、氯化物及硅酸盐含量等。

2.2.4 合理选用

分析实验中所用纯水来之不易，也较难于存放，要根据不同的情况选用适当级别的纯水。在保证实验要求的前提下，注意节约用水。

在定量化学分析实验中，主要使用三级水，有时也需将三级水加热煮沸后使用，特殊情况下也使用二级水。仪器分析实验中主要使用二级水，有的实验还需使用一级水。一级水主要用于有严格要求的分析实验，包括对微粒有要求的实验，如高效液相色谱分析、电化学分析和原子光谱分析等；二级水主要用于无机痕量分析实验；三级水则用于一般化学分析实验。

注意：本书中的各个实验，除另有说明外，所用纯水均为去离子水。

2.3 化学试剂

化学试剂种类繁多，世界各国对化学试剂的分类以及分级的标准都不尽一致。国际标准化组织(ISO)近年来已陆续颁布了很多种化学试剂的国际标准。国际纯粹与应用化学联合会(IUPAC)对化学标准物质的分级也有规定，见表2.2。表中C级和D级为滴定分析标准试剂，E级为一般试剂。

表2.2 IUPAC对化学标准物质的分级

A级	原子量标准
B级	和A级最接近的基准物质
C级	含量为100%±0.02%的标准试剂
D级	含量为100%±0.05%的标准试剂
E级	以C级或D级试剂为标准进行对比测定所得的纯度或相当于这种纯度的试剂

我国化学试剂的产品标准有国家标准(GB)、化工部标准(HG)及企业标准(QB)三级。目前部级标准已归纳为专业(行业)标准(ZB)。近年来，陆续有一些化学试剂的国家标准在建立或修订过程中不同程度(即等同、等效或参照)地采用了国际标准或国外的先进标准。

2.3.1 化学试剂的分类、分级及用途

化学试剂产品已有上万种，按其组成和结构可分为无机试剂和有机试剂两大类。按其用途又可分为标准试剂、一般(通用)试剂、特效试剂、指示剂、溶剂、仪器分析专用试剂、高纯试剂、有机合成基础试剂、生化试剂、临床试剂、电子工业专用试剂、教学用实验试剂等若干门类。随着科学技术和生产的发展，新的试剂种类还在产生，目前还没有统一的分类标准。本书只对标准试剂、一般试剂(包括指示剂)、高纯试剂和专用试剂作简单介绍。

1. 标准试剂

标准试剂是用于衡量其他待测物质化学量的标准物质。我国习惯于将滴定分析用的标准试剂和相当于IUPAC的C级、D级的pH标准试剂称为基准试剂和pH基准试剂，主要的国产标准试剂的种类及用途列于表2.3中。标准试剂的特点是主体含量高而且准确可靠，其产品一般由大型试剂厂生产，并严格按国家标准进行检验。我国已颁布了三十余种标准试剂的国家标准，常用的标准试剂产品将在2.4节进行介绍(参见表2.7和表2.8)。

表 2.3 主要的国产标准试剂的等级及用途

类别（级别）	相当于 IUPAC 的级	主要用途
容量分析第一基准	C	容量分析工作基准试剂的定值
容量分析工作基准	D	容量分析标准溶液的定值
容量分析标准溶液	E	容量分析法测定物质的含量
杂质分析标准溶液		仪器及化学分析中作为微量杂质分析的标准
一级 pH 基准试剂	C	pH 基准试剂的定值和高精密度 pH 计的校准
pH 基准试剂	D	pH 计的校准(定位)
气相色谱分析标准		气相色谱法进行定性和定量分析的标准
农药分析标准		农药分析
临床分析标准溶液		临床化验
热值分析标准		热值分析仪的标定
有机元素分析标准	E	有机物的元素分析

2. 一般试剂

一般试剂是实验室最普遍使用的试剂，包括通用的一、二、三级试剂(四级试剂已很少见)及生化试剂等。指示剂也属于一般试剂。一般试剂的分级、标志、标签颜色及主要用途列于表 2.4 中。表中所列标签颜色为国家标准《化学试剂包装及标志》(GB 15346—1994)所规定，还规定基准试剂的标签使用浅绿色，其他类别的试剂均不得使用这些颜色。

表 2.4 一般试剂

级　别	中文名称	英文符号	标签颜色	主要用途
一级试剂	优级纯	GR	绿色	精密分析实验
二级试剂	分析纯	AR	红色	一般分析实验
三级试剂	化学纯	CP	蓝色	一般化学实验
四级试剂	实验试剂	LR	棕色	一般化学实验
生化试剂	生化试剂	BR	咖啡色	生物化学实验
	生物染色剂	BR	玫红色	生物化学实验

按规定，试剂瓶的标签上应标示出试剂的名称、化学式、摩尔质量、级别、技术规格(主体含量及杂质含量)、净重或体积、产品标准号、生产许可证号(指常用试剂)、生产批号、厂名等，危险品和毒品还应印有相应的标记(亦有国家标准)。除生产批号可采用标打方式外，其余内容不得采用标打或书写方式。

3. 高纯试剂

高纯试剂的特点是杂质含量很低(比优级纯或基准试剂都低)，其主体含量一般与优级纯试剂相当，而且规定检测的杂质项目比同种优级纯或基准试剂多1～2倍，表2.5列出了优级纯和高纯盐酸的主要技术指标，从该表中的数据可明显地看出上述特点。高纯试剂主要用于微量或痕量分析中试样的分解及试液的制备。例如，测定某试样中痕量的铅，其含量约为0.0001%，若用20 mL优级纯盐酸分解2 g试样，则由盐酸试剂本身所引入的铅就可能达到被测试样铅含量的2倍，在这样高的空白值下进行测定会使结果很不可靠。如果改用高纯盐酸分解试样，就可以明显地降低试剂的空白值。高纯试剂也属于通用试剂，例如 HCl、$HClO_4$、$NH_3 \cdot H_2O$、Na_2CO_3、H_3BO_3 等。选用高纯试剂时应注意产品标签上标示的杂质含量是否符合实验要求。

表2.5 优级纯和高纯盐酸的技术指标

成 分		优级纯	高 纯				
主体含量/(%)	HCl	36～38	35～38				
杂质最高含量/(%)	灼烧残渣(以硫酸盐计)	0.0005	—	硅酸盐(SiO_2)	0.00005	镍(Ni)	0.0000005
	游离氯(Cl_2)	0.0005	0.0002	硼(B)	0.000001	锌(Zn)	0.000003
	硫酸盐(SO_4^{2-})	0.0001	0.00005	镁(Mg)	0.000004	银(Ag)	0.000005
	亚硫酸盐(SO_3^{2-})	0.0001	—	铝(Al)	0.000003	锑(Sb)	0.000005
	铁(Fe)	0.00001	0.000002	磷(P)	0.00001	铋(Bi)	0.0000005
	铜(Cu)	0.00001	0.0000005	钙(Ca)	0.000005		
	砷(As)	0.000003	0.00000075	钛(Ti)	0.0000005		
	锡(Sn)	0.0001	0.000005	铬(Cr)	0.0000005		
	铅(Pb)	0.00001	0.0000005	锰(Mn)	0.0000005		
	外观	合格	合格	钴(Co)	0.0000005		
标准文件编号		GB 622—1989	HG/T 2778—1996				

4. 专用试剂

专用试剂是指具有专门用途的试剂。例如，仪器分析专用试剂中有色谱分析标准试剂、气相色谱载体及固定液、液相色谱填料、薄层分析试剂、紫外及红外光谱纯试剂、核磁共振分析用试剂、光谱纯试剂等。与高纯试剂类似，专用试剂不仅主体含量较高，而且杂质含量很低。它与高纯试剂的区别是，在特定的用途(如发射光谱分析)中有干扰的杂质成分只须控制在不致产生明显干扰的限度以下。专用试剂的品种繁多，还有生产金属氧化物半导体电路用的"MOS"级试剂、生产光导纤维用的光导纤维试剂等，这两类试剂的杂质含量更低，单项指标为$10^{-5}\%$～$10^{-7}\%$。

2.3.2 化学试剂的选用

要根据所做实验的具体情况，例如分析方法及其灵敏度与选择性、分析对象的含量及对分析结果准确度的要求等，合理地选用相应级别的试剂。高纯试剂和基准试剂的价格要比一般试剂高数倍乃至数十倍，因此，在能满足实验要求的前提下，选用试剂的级别应尽可能低。试剂的选用应考虑以下几点：

(1) 滴定分析中常用的标准溶液，一般应先用分析纯试剂进行粗略配制，再用工作基准试剂进行标定。在某些情况下(例如对分析结果要求不很高的实验)，也可以用优级纯或分析纯试剂代替工作基准试剂。如果实验所用标准溶液的量很少，也可用工作基准试剂直接配制标准溶液。滴定分析中所用的其他试剂一般为分析纯。

(2) 仪器分析实验中一般使用优级纯、分析纯或专用试剂，痕量分析时应选用高纯试剂。

(3) 很多种试剂就其主体含量而言，优级纯和分析纯相同或相近，只是杂质含量不同。如果实验对所用试剂的主体含量要求高，应选用分析纯试剂(在常量化学分析中往往如此)；如果所做实验对试剂的杂质含量要求很严格，则应选用优级纯试剂。表 2.6 列出了不同级别的重铬酸钾($K_2Cr_2O_7$)试剂中主体及杂质的含量。

表 2.6 不同级别重铬酸钾试剂的技术指标

成分		第一基准	工作基准	优级纯	分析纯	化学纯	国际标准(E级)
主体含量/(%)	$K_2Cr_2O_7$	99.98～100.02	99.95～100.05	≥99.8	≥99.8	≥99.5	≥99.5
杂质最高含量/(%)	水不溶物	0.003	0.003	0.003	0.005	0.01	—
	氯化物(Cl^-)	0.001	0.001	0.001	0.002	0.005	0.001
	硫酸盐(SO_4^{2-})	0.003	0.003	0.005	0.01	0.02	0.01
	钠(Na)	0.01	0.01	0.02	0.05	0.2	0.02
	钙(Ca)	0.001	0.001	0.002	0.005	0.01	0.002
	铁(Fe)	0.001	0.001	0.001	0.003	0.005	0.002
	铝(Al)	—	—	0.002	0.005	0.01	—
	铜(Cu)	—	—	—	—	—	0.001
	铅(Pb)	—	—	—	—	—	0.005
	干燥失重(100 ℃)	—	—	—	—	—	0.05
标准文件编号		GB 10731—1989	GB 1259—2007	GB/T 642—1999			ISO 6353/2—1983

(4) 如果现有试剂的纯度不能满足某种实验的要求，或对试剂的质量有怀疑时，可对试剂进行适当的检验或进行一次乃至多次提纯后再使用。

(5) 试剂在使用和存放过程中要保持清洁，防止污染或变质。用毕盖严，多取的试剂一般不允许倒回原试剂瓶。氧化剂、还原剂必须密封、避光存放，易挥发及低沸点试剂应低温存放，易燃、易爆试剂要有安全措施，剧毒试剂要专门保管。发现试剂瓶标签脱落或字迹不清，应该及时贴好新标签。

注意：本书中的各个实验，除另有注明外，所用试剂的级别均为分析纯。

2.4 标准物质和计量保证

2.4.1 标准物质

在工农业生产、科学研究、商品检验、环境监测、临床化验等诸多领域中，都需要相应的测试手段或分析方法。为了保证分析、测试结果准确可靠，并具有公认的可比性，必须使用标准物质校准仪器、标定溶液浓度和评价分析方法。因此，标准物质是测定物质成分、结构或其他有关特性量值的过程中不可缺少的一种计量标准器具。

1906年美国国家标准局(现为国家标准技术研究院，简称NIST)制备和颁布了第一批冶金标准物质/标准样品(4种铁、4种钢)，正式确认了具有现代科学技术含义的标准物质。我国最早开始研制与应用标准物质的也是冶金工业，于1952年发布了第一批钢铁标准物质(2种铁、3种钢)，目前已有数百种标准物质(如矿物、纯金属、合金、钢铁等标准样品)。近年来，化工、石油、地质、建材等工业部门也都开展了标准物质的研制与应用。截至2006年7月，由国家质量监督检验检疫总局(原国家技术监督局)批准发布的一级标准物质有1334种，有效1316种，二级标准物质2315种，有效2275种，发布国家标准样品1990种；还有各个行业部门发布的行业标准样品，其数量比国家标准样品更多，如钢铁标准样品2833种，有色金属标准样品1242种。

1. 标准物质的定义

1981年，国际标准化组织(ISO)的标准物质委员会提出了标准物质的定义，该定义已为国际计量局(BIPM)等国际组织所确认。我国亦接受了该定义，并于1986年由国家计量局颁布：标准物质(reference material, RM)指已确定其一种或几种特性，用于校准测量器具、评价测量方法或确定材料特性量值的物质。

2. 标准物质的特征

标准物质是由国家最高计量行政部门(现为国家质量监督检验检疫总局)颁布的一种计量标准，它必须具备以下特征才能起到校准仪器或评价测量方法、统一全国量值的作用：材质均匀、性能稳定、批量生产、准确定值、有标准物质证书(其中标明标准值及定值的准确度等内容)。此外,为了消除由待测样品与标准样品两者间主体成分性质的差异给测定结果带来的系统误差,某些标准物质的样品还应系列化,以使所选用的标准样品与待测样品的组成或特性相近似。例如,分析一磁铁矿样品时,为评价分析方法和考核操作技术,应选用与样品成分相近的磁铁矿标准物质,而不应使用其他种类的铁矿标准物质。

3. 标准物质的分级与分类

我国的标准物质分为两个级别。一级标准物质是统一全国量值的一种重要依据,由国家计量行政部门审批并授权生产,由中国计量科学研究院组织技术审定。一级标准物质采用绝对测量法定值或由多个实验室采用准确可靠的方法协作定值,定值的准确度要具有国内最高水平。它主要用于标准方法的研究与评价、二级标准物质的定值和高精确度测量仪器的校准。二级标准物质由国务院有关业务主管部门(即各部委)审批并授权生产,采用准确可靠的方法或直接与一级标准物质相比较的方法定值,定值的准确度应满足现场(即实际工作)测量的需要,一般要高于现场测量准确度的 3～10 倍。二级标准物质主要用于现场分析方法的研究与评价、现场实验室的质量保证及不同实验室间的质量保证。二级标准物质通常称为工作标准物质,它的产品批量较大,通常的分析实验中所用的标准样品都是二级标准物质。

参照国际上常用的分类方法,我国的标准物质分为以下 13 个类别:钢铁、有色金属、建筑材料、核材料与放射性、高分子材料、化工产品、地质、环境、临床化学与医药、食品、能源、工程技术、物理学与物理化学。

4. 化学试剂中的标准物质

化学试剂中属于标准物质的品种并不多。目前,我国的化学试剂中只有滴定分析基准试剂和 pH 基准试剂属于标准物质,其产品只有几十种。常用的工作基准试剂(滴定分析)列于表 2.7,通用的 6 种 pH 基准试剂列于表 2.8。

表 2.7 滴定分析中常用的工作基准试剂

试剂名称	主要用途	使用前的干燥方法	国家标准编号
氯化钠	标定 $AgNO_3$ 溶液	500～550 ℃灼烧至恒重	GB 1253—1989
草酸钠	标定 $KMnO_4$ 溶液	105±5 ℃干燥至恒重	GB 1254—1990
无水碳酸钠	标定 HCl、H_2SO_4 溶液	270～300 ℃干燥至恒重	GB 1255—1990
三氧化二砷	标定 I_2 溶液	浓 H_2SO_4 干燥器中干燥至恒重	GB 1256—1990
邻苯二甲酸氢钾	标定 NaOH、$HClO_4$ 溶液	105～110 ℃干燥至恒重	GB 1257—1989
碘酸钾	标定 $Na_2S_2O_3$ 溶液	180±2 ℃干燥至恒重	GB 1258—1990
重铬酸钾	标定 $Na_2S_2O_3$、$FeSO_4$ 溶液	120±2 ℃干燥至恒重	GB 1259—2007
氧化锌	标定 EDTA 溶液	800 ℃灼烧至恒重	GB 1260—1990
乙二胺四乙酸二钠	标定金属离子溶液	硝酸镁饱和溶液恒湿器中放置 7 天	GB 12593—1990
溴酸钾	标定 $Na_2S_2O_3$ 溶液	180±2 ℃干燥至恒重	GB 12594—1990
硝酸银	标定卤化物及硫氰酸盐溶液	H_2SO_4 干燥器中干燥至恒重	GB 12595—1990
碳酸钙	标定 EDTA 溶液	110±2 ℃干燥至恒重	GB 12596—1990

表 2.8 pH 基准试剂(引自国家标准 GB 6852～6858—1986 和 JB/T 8276—1999)

试剂名称	规定浓度 /(mol·kg^{-1})	标准值(25℃)	
		一级 pH 基准试剂 pH(S)$_{\text{I}}$	pH 基准试剂 pH(S)$_{\text{II}}$
草酸三氢钾	0.05	1.680±0.005	1.68±0.01
酒石酸氢钾	饱和	3.559±0.005	3.56±0.01
邻苯二甲酸氢钾	0.05	4.003±0.005	4.00±0.01
磷酸氢二钠+磷酸二氢钾	0.025	6.864±0.005	6.86±0.01
四硼酸钠	0.01	9.182±0.005	9.18±0.01
氢氧化钙	饱和	12.460±0.005	12.46±0.01

我国规定第一基准试剂(一级标准物质)的主体含量为99.98%～100.02%,其值采用准确度最高的精确库仑滴定法测定。工作基准试剂(二级标准物质)的主体含量为99.95%～100.05%,以第一基准试剂为标准,用称量滴定法定值。工作基准试剂是滴定分析实验中常用的计量标准,可使被标定溶液的不确定度在±0.2%以内。

一级 pH 基准试剂(一级标准物质)是用氢-银、氯化银电极,无液体接界电池定值的基准试剂,pH(S)的总不确定度为±0.005。用这种试剂按规定方法配制的溶液称为一级 pH 标准缓冲溶液,它通常只用于 pH 基准试剂的定值和高精度 pH 计的校准。

pH 基准试剂(二级标准物质)是以一级 pH 基准试剂的量值为基础,用双氢电极、有液体接界电池进行对比定值的基准试剂,pH(S)的总不确定度为±0.01。用这种试剂按规定方法配制的溶液称为 pH 标准缓冲溶液,它主要用于 pH 计的校准(定位)。

基准试剂仅仅是种类繁多的标准物质中很小的一部分。分析化学实验中还经常使用一些非试剂类的标准物质,如纯金属、合金、矿物、纯气体或混合气体、药物、标准溶液等。

2.4.2 标准溶液

标准溶液是已确定其主体物质浓度或其他特性量值的溶液。分析化学实验中常用的标准溶液主要有三类,即滴定分析用标准溶液、仪器分析用标准溶液和 pH 测量用标准缓冲溶液。

在实际工作中,还有一类经常使用的标准溶液,即杂质分析用标准溶液,在化学分析法中主要用于对样品中微量的杂质进行半定量或限量分析。其实,仪器分析用标准溶液中,很多亦属于杂质分析用标准溶液,因为仪器分析多半用于微量乃至痕量成分的测定。在此,不专门介绍杂质分析用标准溶液。

1. 滴定分析用标准溶液

滴定分析用标准溶液用于测定试样中的主体成分或常量成分,其浓度值的不确定度一般在±0.2%左右。主要有两种配制方法:一种是用工作基准试剂或相当纯度的其他物质直接配制(使用分析天平和容量瓶等),这种做法比较简单,但成本很高,不宜大量使用,而且很多标准溶液没有适用的标准物质供直接配制(如 HCl、NaOH 溶液等);另一种配制方法即最普遍使用的方法,是先用分析纯试剂配成接近所需浓度的溶液,再用适当的工作基准试剂或其他标准物质进行标定。

配制这类标准溶液时要注意以下几点:

(1) 要选用符合实验要求的纯水。络合滴定和沉淀滴定用的标准溶液对纯水的质量要求较高,一般应高于三级水的指标,其他标准溶液通常使用三级水。配制 $NaOH$、$Na_2S_2O_3$ 等溶液时,要使用临时煮沸并快速冷却的纯水。配制 $KMnO_4$ 溶液则要加热至微沸 15 min 以上并放置一周(以除去水中的还原性物质,使溶液比较稳定),再用微孔玻璃漏斗过滤,滤液需储存于棕色瓶中。

(2) 基准试剂要预先按规定的方法进行干燥(参见表 2.7)。经热烘或灼烧进行干燥的试剂,如果是易吸湿的(如 Na_2CO_3、NaCl 等),放置一周后再使用时应重新干燥。

(3) 当某溶液可用多种标准物质及指示剂进行标定时(如 EDTA 溶液),原则上应使标定时的实验条件与测定试样时相同或相近,以避免可能产生的系统误差。使用标准溶液时的室温与标定时若有较大差别(相差 5 ℃以上),应重新进行标定或根据温差和水溶液的膨胀系数进行浓度校正。总之,不能以为标准溶液一旦配成就可永远如初地使用。

(4) 标准溶液均应密闭存放,避免阳光直射甚至完全避光。长期或频繁使用的溶液应装在下口瓶中或有虹吸管的瓶中,进气口应安装过滤管,内填适当的物质(例如,钠石灰可过滤 CO_2 及酸气,干燥剂可过滤水汽)。较稳定的标准溶液的标定周期为 1～2 个月;有些溶液的标定周期很短,如 Fe^{2+} 溶液;有的溶液甚至需在使用当天进行标定,如卡尔-费休试剂(遇水较快分解)。溶液标定周期的长短,除与溶质本身性质有关外,还与配制方法、保存方法及实验室的环境有关。浓度低于 $0.01\ mol \cdot L^{-1}$ 的标准溶液不宜长期存放,应在临用前用较高浓度的标准溶液进行定量稀释。

(5) 当对实验结果的精确度要求不是很高时,可用优级纯或分析纯试剂代替同种的基准试剂进行标定。

本书定量化学分析实验中的溶液标定,一般以优级纯试剂代替基准试剂,试样的标准值亦在同样的条件下测定。

2. 仪器分析用标准溶液

仪器分析方法很多,各有特点,不同的仪器分析实验对试剂的要求也有所不同。配制仪器分析用标准溶液可能要用到专用试剂、高纯试剂、纯金属及其他标准物质、优级纯及分析纯试剂等。同种仪器分析方法,当分析对象不同时所用试剂的级别也可能不同。

配制这类标准溶液时一般应注意以下几点:

(1) 对纯水的要求都比较高,水质规格一般要在二级到三级之间。电化学分析、原子吸收光谱分析和高效液相色谱分析等对水质要求最高,通常要将二级水再经石英蒸馏器或其他设备进一步提纯。

(2) 溶解或分解标准物质时所用的试剂一般为优级纯或高纯试剂。当市售的试剂纯度不能满足实验要求时,则需自行提纯。

(3) 仪器分析用标准溶液的浓度都比较低,常以 $\mu g \cdot mL^{-1}$ 或 $mg \cdot mL^{-1}$ 表示。稀溶液的保质期较短,通常配成比使用浓度高 1～3 个数量级的浓溶液作为储备液,临用前进行稀释,有时还需对储备液进行标定。为了保证一定的准确度,稀释倍数高时应采取逐次稀释的做法。

(4) 必须注意选用合适的容器保存溶液,以防止存放过程中因容器材料溶解或对标准溶液吸附而可能对标准溶液造成的污染或改变其浓度,如有些金属离子标准溶液宜在聚乙烯瓶中保存。

(5) 仪器分析用标准溶液种类很多、要求各异,应根据具体情况并参考有关资料来选择配制方法。

3. pH 测量用标准缓冲溶液

用 pH 计测量溶液的 pH 时,必须先用 pH 标准缓冲溶液对仪器进行校准,亦称定位。

pH 标准缓冲溶液是具有准确 pH 的专用缓冲溶液,要使用 pH 基准试剂进行配制。当进行较精确测量时,要选用接近待测溶液 pH 的标准缓冲溶液校准 pH 计。表 2.9 列出了 6 种 pH 标准缓冲溶液在 10～35 ℃时的 pH,其总不确定度为±0.01。

表 2.9 pH 标准缓冲溶液在通常温度下的 pH(引自中国机械行业标准 JB/T 8276—1999)

温度/℃	pH 标准缓冲溶液					
	$0.05\ mol \cdot kg^{-1}$ 草酸三氢钾	25 ℃饱和酒石酸氢钾	$0.05\ mol \cdot kg^{-1}$ 邻苯二甲酸氢钾	$0.025\ mol \cdot kg^{-1}$ 混合磷酸盐	$0.01\ mol \cdot kg^{-1}$ 四硼酸钠	25 ℃饱和氢氧化钙
	pH					
10	1.67	—	4.00	6.92	9.33	13.01
15	1.67	—	4.00	6.90	9.28	12.82
20	1.68	—	4.00	6.88	9.23	12.64
25	1.68	3.56	4.00	6.86	9.18	12.46
30	1.68	3.55	4.01	6.85	9.14	12.29
35	1.69	3.55	4.02	6.84	9.11	12.13

中国机械行业标准《pH 测量用缓冲溶液制备方法》(JB/T 8276—1999)中,规定了 6 种缓冲溶液的配制方法如下:

(1) $0.05\ mol \cdot kg^{-1}$ 草酸三氢钾[$KH_3(C_2O_4)_2 \cdot 2H_2O$]溶液:称取在 52～56 ℃烘 4～5 h,并在保干器中冷却后的草酸三氢钾 12.61 g,用水溶解后,转入 1 L 容量瓶中稀释至刻度。

(2) 25 ℃饱和酒石酸氢钾($KHC_4H_4O_6$)溶液:将过量的酒石酸氢钾(每升加入量大于 6.4 g)和水放入玻璃磨口瓶或聚乙烯瓶中,温度控制在 23～27 ℃,激烈摇振 20～30 min,保存备用。使用前迅速抽滤,取清液使用。

(3) 0.05 mol·kg^{-1}邻苯二甲酸氢钾($KHC_8H_4O_4$)溶液：称取在110～120℃下烘2 h，并在保干器中冷却后的邻苯二甲酸氢钾10.12 g，用水溶解后，转入1 L容量瓶中稀释至刻度。

(4) 0.025 mol·kg^{-1}磷酸氢二钠(Na_2HPO_4)和0.025 mol·kg^{-1}磷酸二氢钾(KH_2PO_4)混合溶液：分别称取在110～120℃下烘2～3 h，并在保干器中冷却后的磷酸氢二钠3.533 g、磷酸二氢钾3.387 g，用水溶解后，转入1 L容量瓶中稀释至刻度。制备溶液所用的水，应预先煮沸15～30 min，以除去溶解在其中的二氧化碳。在冷却过程中亦应避免与空气接触，以防止二氧化碳的污染。

(5) 0.01 mol·kg^{-1}四硼酸钠($Na_2B_4O_7 \cdot 10H_2O$)溶液：称取3.80 g四硼酸钠，用水溶解后，转入1 L容量瓶中稀释至刻度。制备溶液所用的水，其要求同(4)。

(6) 25℃饱和氢氧化钙[$Ca(OH)_2$]溶液：将过量的氢氧化钙(每升加入量大于2 g)和水加入聚乙烯瓶中，温度控制在23～27℃，剧烈摇振20～30 min，保存备用。使用前迅速抽滤，取清液使用。

缓冲溶液一般可保存2～3个月，若发现混浊、沉淀或发霉现象，则不能继续使用。

有的pH基准试剂有袋装产品，使用很方便，不需要进行干燥和称量，直接将袋内的试剂全部溶解并稀释至规定体积(一般为250 mL)，即可使用。

2.4.3　计量保证

计量保证的含义是：由各级计量机构实行监督管理，采用相应的法规、计量技术手段和必要的措施，使国民经济各部门的生产、科研、交易中的各种测量达到必要的准确度，以保证所规定的质量和技术要求。计量保证是计量科学研究中的主要课题之一。

在工农业生产、科学研究、商业贸易、国防等各个领域的实际工作中，都有各种各样的测量工作要用到相关的测量(计量)器具，也都对测量结果的准确度有一定的要求。如何保证测量结果准确可靠，使其在全国乃至国际上具有公认的可比性和足够高的复现性，都与计量学和计量管理直接相关。化学，尤其是分析化学工作离不开测量，因此，化学工作者有必要具备一些计量学的基本知识。在此简要介绍一些有关计量学与计量管理的基本概念和基本知识。

随着科技、生产和社会的发展，计量的概念早已从“度量衡”逐步发展并形成了一门研究测量理论和测量实践的综合性学科——计量学。计量的范围也已突破了传统的物理量范畴，扩展到化学量、工程量以至生理量等。现代计量学的基本标志是由经典理论发展到量子理论，由宏观物体转入微观世界，例如，国际上已正式确立的量子基准有长度单位米、时间单位秒、电压单位伏特和电阻单位欧姆。

计量学的基本内容有：计量单位与单位制、用于复现计量单位的基准及标准的建立与保存、量值的传递、计量误差与数据处理、物理常数和材料特性的测定、计量管理等。

计量学是关于测量理论与实践的知识领域。测量是为了确定量值而进行的一组操作，而测试往往是指具有一定试验性、探索性的测量。计量源于测量而又严于测量，计量就是准确统一的测量,广义的计量则包括所有的测量。

计量应具有如下特点:① 准确性,这是计量的基本特点。计量不仅要测出被计量的量的数值,还必须给出该量值的误差范围(通常以不确定度表示)。计量如果没有准确性,其量值就不具备社会实用价值。② 一致性,前提是计量单位要统一。在规定的计量条件下,无论何时、何地、何人所进行的测量,其计量结果均应在给定的误差范围内一致。③ 溯源性,为使计量结果准确一致,所有的量值都必须由相同的基准传递而来。也就是说,任何一个计量结果都能通过一个连续的比较链与原始基准器具联系起来。任何量值的准确一致都是相对的,就一国而言,所有量值都应溯源于国家基准;就世界而论,量值应溯源于国际基准或相应的约定基准。如果量出多源,就可能造成技术和应用上的混乱。④ 法制性,计量本身具有社会性,因此就必须有一定的法制保障。量值的准确一致,不仅要有一定的技术手段,而且要有相应的法律和行政管理。

1985年我国颁布了《计量法》及二十几个配套法规。国家质检总局和两千多个地方行政管理部门形成了比较完整的计量监督管理网络。中国计量科学研究院、中国测试技术研究院和国家标准物质研究中心等,是国家计量科研基地。

1. 计量单位

标准数据、测量数据及测量结果必须使用法定计量单位。国家法定计量单位由国际单位制单位和国家选定的非国际单位制单位组成,1984年国家颁布了《中华人民共和国法定计量单位》,随后又陆续颁布了有关量和单位的15项国家标准(《量和单位》GB 3100～3102—1993),这些标准对各种量和单位的名称、符号、定义都作了明确规定。

本书中均采用了国家法定计量单位及其符号。

2. 计量基准器具和计量标准器具

计量器具,是指能直接或间接测出被测对象量值的装置、仪器仪表、量具和用于统一量值的标准物质。按技术性能和用途,可分为计量基准器具、计量标准器具、工作计量器具。

(1) 计量基准器具:简称计量基准,是指用以复现和保存计量单位量值、作为统一全国量值最高依据的计量器具。通常分为国家计量基准(主基准)、国家副计量基准和工作计量基准。国家基准(是本国科学技术所能达到的最高计量特性)是量值溯源的终点和量值传递的起点。国家副计量基准是通过与主基准比对或校准来确定量值,主要用于代替国家基准的日常使用。工作计量基准主要是用以代替国家副基准的日常工作,避免国家副基准或国家基准因频繁使用而丧失其应有的计量学特性。

(2) 计量标准器具:简称计量标准,是指准确度低于计量基准、用于检定工作基准器具的计量器具。它是计量检定系统中的重要环节,在量值传递中起着枢纽的作用。我们日常所用的工作基准试剂、pH基准试剂、二等标准砝码都属于计量标准器具。

3. 量值的传递和量值的溯源

量值的统一不仅仅局限于一个国家,而是具有国际上的统一性。量值的传递和量值的溯源是实现量值统一的主要途径和手段。

(1) 量值传递：是指通过对计量器具的检定或校准，将国家计量基准所复现的计量单位的量值通过各等级计量标准由上而下传递到工作计量器具，以保证对测量对象量值的准确和一致。全部的量值传递过程必须遵循相应的国家计量检定系统，按照其规定的准确度级别逐级送检。正式的计量检定都要严格按有关的计量检定规程进行。

量值传递(计量检定)主要采用两种方式：一是逐级定点检定，即计量器具的生产单位或使用单位将器具送往规定的计量检定机构，以取得测量数据和检定证书；二是对不宜搬动的大型仪器设备，由检定机构进行巡回检定。这两种方式一般都是按产品批次或检定周期(一年或半年)进行的，不能有效地解决检定周期之间对使用中的被检器具计量性能的控制。近年来，为了适应国际贸易竞争和商品生产的需要，有的国家提出了一种新的量值传递方案，即计量保证方案(measurement assurance program, MAP)。这是一种测量过程的质量保证方案，实施这种方案能够随时核查和验证某实验室的测量值相对于国家基准的不确定度。采用MAP的实验室必须配备性能稳定的核查标准，并用其对本实验室的计量标准进行经常性的监督考核，使日常的计量性能处于受控之中。核查数据必须随时报送MAP的负责部门，以便进行数据处理和给出权威的测试报告。MAP引起很多国家的关注，近年来我国已开始了MAP的试点工作。

(2) 量值溯源：是量值传递的逆过程。它通过连续的比较链由下而上使测量结果能够与国家计量基准或国际计量基准联系起来，以保证测量结果的准确和统一。比较链是指与国家计量基准、国家副计量基准、工作计量基准、计量标准等相比较的环节，通过检定、校准、比对、测试等方式，将测量结果与计量基准的量值相联系，以达到量值溯源的目的。量值溯源不受等级限制，自下而上，可根据需要而自主选择计量机构和方式进行量值的溯源。

4. 计量技术法规

为了实施计量技术法制化管理，对量值传递和计量检定的要求、手段、方法和程序等用法定的形式所做出的技术规定，统称为计量技术法规。它包括国家(及部门、地方)计量检定规程、国家计量检定系统和国家计量技术规范三个方面。

(1) 国家计量检定规程：它是检定计量器具时必须遵守的法定技术文件。主要作用是鉴别所制造的、使用中的和修理后的计量器具的质量，是联系计量器具生产、使用、检定和管理的纽带。

对于相同类别的计量器具，国家计量检定规程一旦颁布，则相应的部门和地方计量检定规程即时废止。目前我国已有近千个国家计量检定规程，例如本书引用的《非自动天平检定规程》(JJG 98—1990)、《常用玻璃量器检定规程》(JJG 196—1990)、《移液器检定规程》(JJG 646—2006)等。检定规程的主要内容包括技术要求、检定条件、检定项目、检定方法、数据处理和检定周期等，需要时可到中国计量科学研究院资料馆或国家质检总局标准资料馆查阅。

(2) 国家计量检定系统：包括计量基准器具、计量标准器具、工作计量器具和检定系统框图等，它是建立国家计量基准和各等级的计量标准、组织量值传递的重要技术依据。每项国家计量基准基本上对应于一种检定系统，而一种检定系统决定了国家的一个物理量的量值传递体系。目前我国已颁布了近百个国家计量检定系统，例如与分析化学有关的《容量计量器具检定系统》(JJG 2024—1989)、《质量计量器具检定系统》(JJG 2053—1990)、《基准试剂纯度检定系统》(JJG 2061—1990)、《pH计量器具检定系统》(JJG 2060—1990)等。

现以基准试剂纯度检定系统为例加以简要说明，该系统的框图如图2.1所示。

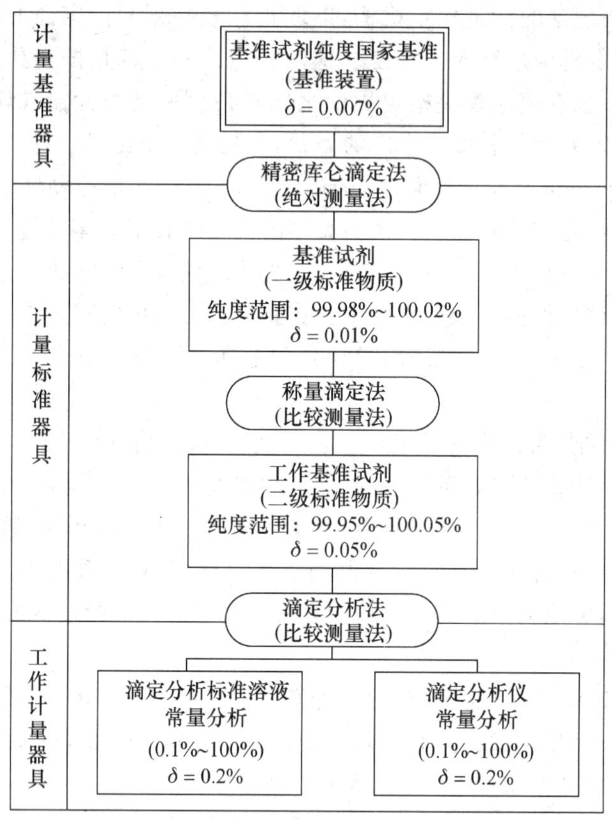

图2.1 基准试剂纯度检定系统框图

(引自JJG 2061—1990)

基准试剂纯度的国家基准用于复现滴定分析基准试剂的纯度。通过质量、电流、时间等基本物理量的测量来测定基准试剂的纯度(或浓度)。此基准装置由高精度稳流电源、精密分析天平、精密计时器、电解池和终点指示系统组成，它是基准试剂纯度量值传递的起点。

基准试剂的计量标准器具分为基准试剂(亦称容量第一基准)和工作基准试剂两个级别，它们是量值传递的枢纽。基准试剂一般不作为商品进行流通，委托某厂生产后由国家计量院用基准装置定值，然后供给试剂厂作工作基准试剂定值用。工作基准试剂是商品，在实际工作中作滴定分析标准溶液浓度定值(标定)用,可保证其浓度值的不确定度在±0.2%以内。

基准试剂的工作计量器具是指常量分析所用的标准溶液或自动滴定仪。

计量学上的不确定度 δ,一般是以标准偏差表示,有时也用方差表示。不确定度反映了测量值偏离真值的程度。由图 2.1 可见,相邻两级计量标准器具的不确定度之差一般在 3 倍以上,按照这一检定系统进行量值的传递,可使日常所用的常量分析标准溶液量值的不确定度在±0.2%以内。显然,如果用纯度为 99.8%的优级纯或分析纯试剂作标准来确定常量分析标准溶液的浓度,就不能保证该标准溶液浓度值的不确定度在±0.2%之内。

(3) 国家计量技术规范:按我国计量法的规定,为社会提供公证数据的产品质量检验机构,必须经省级以上计量行政部门对其计量检定、测试的能力和可靠性考核合格(即通过计量认证),这是强制性的。其他的测试实验室申请计量认证属非强制性的,即自愿的。通过了计量认证的质检或分析测试机构,在其计量认证合格证书所规定的范围内为社会提供的数据才具有法律效力。

实际工作中的计量远不像教学实验那样简单,它直接关系到产品质量、工程质量以至人民生命安全等。因此,国家颁布了强制检定的工作计量器具检定管理办法和强制检定的工作计量器具目录。国家规定,直接用于贸易结算、安全防护、医疗卫生、环境监测等方面的工作计量器具均属强制检定的计量器具,这其中包括分析天平、酸度计、光度计、水质分析仪等常用的分析仪器。强制检定由政府所属法定计量技术机构实施。

5. 化学计量

根据计量参量的性质,计量领域可大致分为几何量、力学(包括质量、容量等)、光学、声学、化学与放射性、热工、电磁、无线电、时间频率等若干方面。各个方面彼此常有交叉,很多计量器具(如仪器仪表)更是交叉通用。

化学计量主要是指测定各种物质的化学参数,一般是通过标准物质、标准方法和标准数据等进行化学计量。化学计量是化学研究中的基本手段之一,对国民经济、国防和科技发展都有十分重要的作用。

(1) 标准物质:参见 2.4.1 小节,此处不再赘述。

(2) 标准方法:指经实验证明是正确、可靠的方法,它是保证化学计量准确一致的重要因素。只有标准物质而无标准方法,往往难以保证计量的准确一致。

常用的化学试剂及其他化工产品、冶金原材料及冶金产品、计量器具、食品及饮用水、环境体系等诸方面,一般都有相应的国家标准(GB)或部颁标准[现改称专业标准(ZB)或称行业标准];没有国家标准或专业标准的,可能有地方标准(省颁)或企业标准,即任何一种产品起码要有企业标准。所有这些标准,不但规定了产品或环境的质量指标,而且也给出了标准分析方法和其他理化性能指标的检测方法。近年来,为了适应国际交流和国际贸易的需要,我国的一些国家标准在修订过程中不同程度地采用了国际标准(ISO)或国外的先进标准。另外,化学测量中所用的仪器,尤其是玻璃量器及通用的分析仪器,一般都有相应的国家计量检定规程,在检验仪器计量性能方面它们起着标准方法的作用。

国家标准、国际标准及国外标准,可到国家质检总局标准资料馆查阅。专业标准可到有关部门的标准化研究所查阅。

(3) 标准数据:是指经严格评定的某些物质或体系的特性数据。例如,纯水的密度、容器材料的热膨胀系数等,都是物质的固有特性,一经准确测定便可作为化学计量中的标准数据重复使用。一种标准溶液在温度改变后使用时,可根据其液体的热膨胀系数对其原有浓度值进行修正。显然,标准数据的合理使用既可减少不必要的工作量,又可起到保证计量准确一致的作用。

2.5 滤纸和滤器

2.5.1 滤纸

分析化学实验室中常用的滤纸分为定量滤纸和定性滤纸两种。按过滤速度和分离性能的不同,又分为快速、中速和慢速三类。

我国国家标准《化学分析滤纸》(GB/T 1914—1993)对定量滤纸和定性滤纸产品的分类、型号、技术指标及试验方法等都有规定。滤纸产品按质量分为A等、B等和C等,在此只将A等产品的主要技术指标列于表2.10中。

表2.10 定性、定量滤纸A等产品的主要技术指标及规格

指标名称		快 速	中 速	慢 速
滤水时间①/s		≤35	≤70	≤140
型号	定性滤纸	101	102	103
	定量滤纸	201	202	203
分离性能(沉淀物)		$Fe(OH)_3$	$PbSO_4$	$BaSO_4$(热)
湿耐破度/mm水柱		≥130	≥150	≥200
灰分	定性滤纸	≤0.13%		
	定量滤纸	≤0.009%		
铁含量(定性滤纸)		≤0.003%		
定量②/($g\cdot m^{-2}$)		80.0±4.0		
圆形纸直径/mm		55,70,90,110,125,150,180,230,270		
方形纸尺寸/mm		600×600,300×300		

① 滤水时间的测试方法:将滤纸裁为100 mm×100 mm的规格,对折后再对折,放入玻璃漏斗中,用水润湿后再取出纸锥悬搁在圈架上,倒入25 mL 23 ℃的水,初始滤出的5 mL水不计时,然后用秒表计量滤出10 mL水所用的时间。

② 这是造纸工业术语,指每平方米纸的质量。

定量滤纸的特点是灰分很低,在重量分析法中可以忽略不计,所以通常又称为无灰滤纸。以直径 125 mm 定量滤纸为例,每张纸的质量约 1 g,灼烧后其灰分的质量不超过 0.1 mg(小于或等于常量分析天平的感量)。定量滤纸中其他杂质的含量也比定性滤纸低,当然其价格也比定性滤纸高,在实验工作中应根据实际需要,合理地选用滤纸。

圆形纸每盒 100 张,纸盒外面贴有滤速标签。方形的定性滤纸规格包括尺寸为 600 mm×600 mm 的每包 100 张,尺寸为 300 mm×300 mm 的每包 200 张。

除定性、定量滤纸外,分析实验中有时还需使用具有一定孔径的金属网或高分子材料制作的网、膜等。和滤纸一样,这些材料用于过滤时都需要和适当的滤器(如布氏漏斗、玻璃漏斗、古氏坩埚等)配合使用。

2.5.2　实验室用烧结(多孔)过滤器

这类滤器都焊有多孔滤板,滤板是通过加热烧结玻璃、石英、陶瓷、金属、塑料等材料的颗粒,使之粘接在一起的方法制成的。其中最常用的是玻璃滤器。

1. 分级和牌号

根据国家标准《实验室烧结(多孔)过滤器——孔径、分级和牌号》(GB 11415—1989),过滤器的牌号规定以每级孔径的上限值(μm)前冠以字母"P"表示,对滤板的分级及牌号的具体规定见表 2.11。另外,一些仍在使用的过滤器的旧牌号及其孔径范围列于表 2.12 中。

表 2.11　过滤器的分级、牌号及一般用途

牌　号	孔径分级 / μm	一般用途
P1.6	≤1.6	滤除大肠杆菌及葡萄球菌
P4	1.6～4	滤除极细沉淀及较大杆菌
P10	4～10	滤除细颗粒沉淀
P16	10～16	滤除细沉淀及收集小分子气体
P40	16～40	滤除较细沉淀及过滤水银
P100	40～100	滤除较粗沉淀及处理水
P160	100～160	滤除粗粒沉淀及收集气体
P250	160～250	滤除大颗粒沉淀

表 2.12　滤器的旧牌号及孔径范围

旧牌号	G_{00}	G_0	G_1A	G_1	G_2
滤板孔径/μm	160～250	100～160	70～100	50～70	30～50
旧牌号	G_3	G_4A	G_4	G_5	G_6
滤板孔径/μm	16～30	7～16	4～7	2～4	1.2～2.0

2. 玻璃滤器的种类及规格

上述滤器的分级及牌号,均指滤器中的多孔滤板而言,实际产品都是焊有滤板的不同形状和不同规格的过滤器。分析化学实验中常用的两种玻璃滤器如图2.2所示。

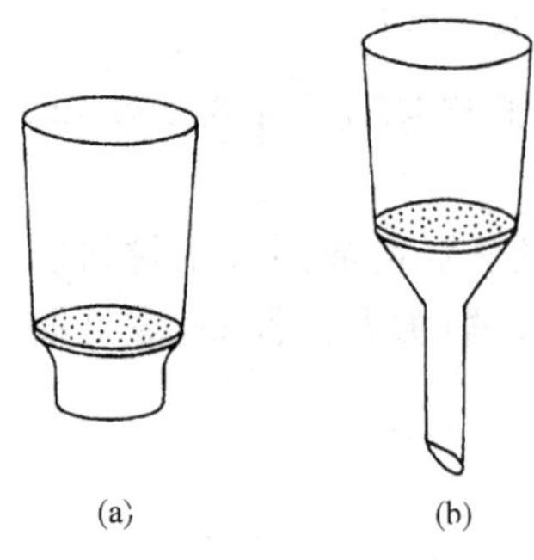

图2.2 两种常用的玻璃滤器

(a) 坩埚式;(b) 漏斗式

除了坩埚式和漏斗式以外,还有球形、管形等其他形状的玻璃滤器。各种过滤器的滤板及其外形材料的热膨胀系数要相同或相近似,这样,在使用中才可避免由于温度的变化而造成滤板开焊或脱落。

各种过滤器都有不同的规格,例如容量、高度或长度、直径、滤板牌号等,应根据需要合理地选用。分析化学实验中常用P40(G_3)和P16(G_4A)号的玻璃滤器,例如,过滤$KMnO_4$溶液时用G_4A号,过滤金属汞时用G_3号漏斗式,重量法测定镍或钡时用G_4A号坩埚式玻璃滤器。

玻璃滤器不宜过滤较浓的碱性溶液、热浓磷酸及氢氟酸溶液,也不宜过滤易堵孔而又无法洗掉的残渣溶液。加热干燥时,升温和冷却都要缓慢进行,用较高温度烘干后,应在烘箱中稍降温后再取出,以防造成裂损。

2.6 玻璃器皿的洗涤方法及常用洗涤剂

2.6.1 洗涤方法

一般先用适当洗涤液浸泡或涮洗后,用自来水冲净,此时器皿应透明并无肉眼可见的污物,内壁不挂水珠;否则应再次用洗涤液浸泡或涮洗,用自来水冲净后再用纯水涮洗内壁三次,以除掉残留的自来水。洗净的器皿应置于洁净处备用。

较精密的玻璃量器,例如滴定管、移液管、容量瓶等,由于它们形状特殊而且容量准确,不宜用刷子摩擦其内壁。通常是用铬酸洗液浸泡内壁10 min以上后,再依次用自来水和纯水洗涤干净,其外壁可用洗衣粉或与此相当的洗涤剂进行涮洗,然后用水洗净。

光度分析所用的吸收池,容易被有色溶液染色,通常用盐酸-乙醇混合液浸泡(内外壁),然后再用水洗净。

仪器分析,尤其是微量、痕量分析所用的器皿,通常还要用1+1或1+2的盐酸或硝酸溶液浸泡,有时还需加热,以除去微量的杂质。

对于带有微孔玻璃砂滤板的过滤器,在使用前要经酸洗(浸泡)、抽滤、水洗、抽滤、晾干或烘干。为了防止残留物堵塞微孔,使用后的滤器应及时清洗。清洗的原则是,选用既能溶解或分解残留物质又不至于腐蚀滤板的洗涤液进行浸泡,然后抽滤、水洗、再抽滤。例如,过滤$KMnO_4$溶液后,要用盐酸或草酸溶液浸泡、抽洗残留的MnO_2;过滤AgCl后,要选用氨水或

$Na_2S_2O_3$ 溶液浸洗；过滤丁二肟镍后，要用温热的盐酸浸洗；过滤 $BaSO_4$ 后，要用100 ℃浓硫酸浸泡；过滤 Hg 后，要用热浓硝酸浸泡。

洗涤过程中，纯水应在最后使用，即仅用它洗去残留的自来水。还应强调一点，洗涤过程中自来水和纯水都应按照“少量多次”的原则使用，每次洗涤加水一般为总容量的 5%～20%，不应该也不必要每次都用很多的水甚至灌满容器，这样做既费水又费时，是不讲效率、盲目浪费的表现。

以上所述仅是一般的洗涤方法，实际工作中还有许多特殊的洗涤方法。洗涤玻璃器皿的基本原则是，根据污物及器皿本身的化学性质和物理性质，有针对性地选用洗涤剂，目的是既可通过化学或物理的作用有效地除去污物及干扰离子，而又不至于腐蚀器皿材料。

2.6.2 常用洗涤剂

1. 铬酸洗液

铬酸洗液是含有饱和 $K_2Cr_2O_7$ 的浓硫酸溶液。其制备方法为：将 50 g 工业级的 $K_2Cr_2O_7$ 缓慢地加到 1 L 热硫酸（工业级）中，充分搅拌使之溶解完全，冷却后转入细口瓶中备用。

铬酸洗液具有强氧化性和强酸性，适于洗涤无机物和部分有机物，加热（70～80 ℃）后使用效果更好，但要注意，温度过高容易造成玻璃量器等由软质玻璃材料制造的器皿发生破裂。使用铬酸洗液时应注意以下几点：

(1) 由于六价铬和三价铬都有毒，大量使用会污染环境，所以，凡是能够用其他洗涤剂进行洗涤的仪器，都不要用铬酸洗液。在本书的实验中，铬酸洗液只用于容量瓶、移液管、吸量管和滴定管的洗涤。

(2) 使用时要尽量避免将水引入洗液（稀释后会降低洗涤效果），加洗液前应尽量除去仪器内的水。过度稀释的洗液可在通风柜中加热蒸掉大部分水分后继续使用。

(3) 洗液要循环使用，用后倒回原瓶并应随时盖严。当洗液由棕红色变为绿色（Cr^{3+} 色）时，即已失效。当出现红色晶体（CrO_3）时，说明 $K_2Cr_2O_7$ 浓度已减小，洗涤效果亦降低。

(4) 铬酸洗液具强烈腐蚀性，使用时要小心，要避免洒出，一旦洒出应立即用水稀释并擦拭干净。另外，仪器中有残留的氯化物时，应除掉后再加入铬酸洗液，否则会产生有毒的挥发性物质。

2. 合成洗涤剂

这类洗涤剂主要是洗衣粉、洗涤灵、洗洁精等，一般的器皿都可以用它们洗涤，可有效地洗去油污及某些有机化合物。洗涤时，在器皿中加入少量的洗涤剂和水，然后用毛刷反复刷洗，再用水冲洗干净。

3. 盐酸-乙醇溶液

将化学纯的盐酸和乙醇按 1＋2 的体积比进行混合，此洗涤液主要用于洗涤被染色的吸收池、比色管、吸量管等。洗涤时最好是将器皿在此液中浸泡一定时间,然后再用水冲洗。

4. 盐酸

化学纯的盐酸与水以1+1的体积比进行混合(亦可加入少量草酸),此液为还原性强酸洗涤剂,可洗去多种金属氧化物及金属离子。

5. 氢氧化钠-乙醇溶液

将120 g NaOH溶于150 mL水中,再用95%的乙醇稀释至1 L,此液主要用于洗去油污及某些有机物。用它洗涤精密玻璃量器时,不可长时间浸泡,以免腐蚀玻璃,影响量器精度。

6. 硝酸-氢氟酸溶液

将50 mL氢氟酸、100 mL硝酸、350 mL水相混合,储于塑料瓶中盖紧。这种洗液能有效地去除器皿表面的金属离子,较脏的器皿应先用其他洗涤剂及自来水清洗后再用此溶液洗涤。这种洗涤液对玻璃、石英器皿洗涤效果好,但同时会对器皿表面产生腐蚀,因此,精密量器、小容量吸量管、标准磨口、活塞、玻璃砂板漏斗、吸收池及光学玻璃等都不宜使用这种洗涤液。这种洗涤液对人体亦有强烈腐蚀性,操作时要戴橡胶手套。

应该指出的是,所有的洗涤液用完后排入下水道都将会不同程度地污染环境,因此,凡能循环使用的洗涤液均应反复利用,不能循环使用的则应尽量减少用量。上述几种洗涤液,一般都可循环使用数次。

2.7　一般仪器

这里只简略介绍在分析化学实验中常用的仪器(玻璃量器除外)及其使用方法、注意事项等,已较熟悉的仪器,如烧杯、锥形瓶等则不再介绍。

1. 玻璃漏斗

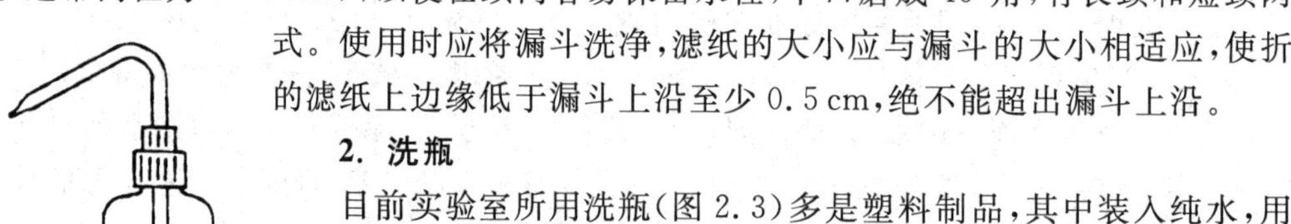

过滤沉淀所用的玻璃漏斗,上口直径为6～7 cm,并应具有60°的圆锥角,颈的直径应小一些(通常内径为3～5 mm),以便在颈内容易保留水柱,下口磨成45°角,有长颈和短颈两种形式。使用时应将漏斗洗净,滤纸的大小应与漏斗的大小相适应,使折叠后的滤纸上边缘低于漏斗上沿至少0.5 cm,绝不能超出漏斗上沿。

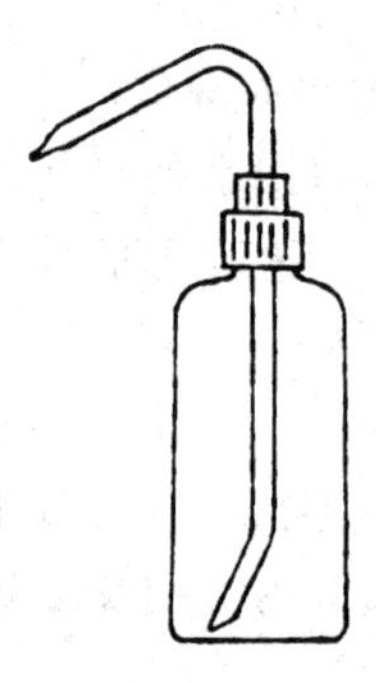

图2.3　塑料洗瓶

2. 洗瓶

目前实验室所用洗瓶(图2.3)多是塑料制品,其中装入纯水,用于涮洗仪器及沉淀,它用水量少而且洗涤效果好。

3. 蒸发皿与水浴锅

化学制备或分解试样时用来浓缩溶液的是钵形的瓷质蒸发皿或石英质蒸发皿,分析实验中有时还用带柄的瓷蒸发皿。常用的瓷蒸发皿容量规格为100,125,150,200,250 mL等,内壁应是洁白光滑的,不允许用搅棒在蒸发皿中用力刮动沉淀。

对于稳定的溶液，可以直接在天然气灯上小火加热，上面罩以表面皿（用玻璃勾架起）。易分解的溶液应在水浴上加热，蒸发皿内所盛溶液的体积不能超过蒸发皿容量的2/3。

水浴锅一般是铜质，其锅盖是大小不同的铜圈（图2.4）。通常将蒸发皿或烧杯等放在水浴锅圈上进行加热。锅内装水不能超过其容量的2/3，随着锅内水的不断蒸发，要注意水的补充，防止锅被烧干（如果烧干，就会变成空气浴，温度会升得很高，以致引起溶液的强烈沸腾溅失，并且锅也会被烧毁）。一旦锅中水被烧干，应立即停火，待水浴锅冷却后，再加水继续使用。

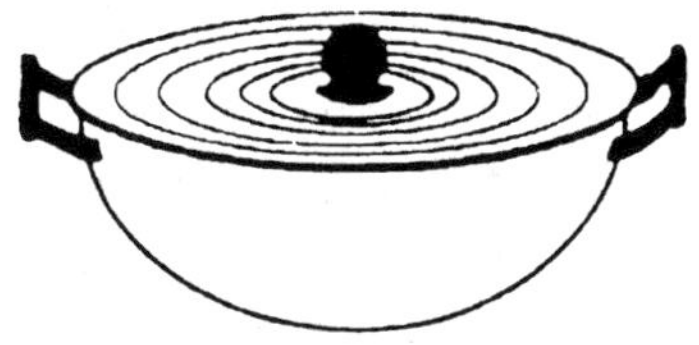

图2.4　铜水浴锅

另外，根据加热对象及要求的不同，还可以选择其他加热方式，例如电热恒温水浴、油浴、砂浴及电热板等。电热恒温水浴的温度在室温＋5℃到100℃连续可调，并能自动恒定在所设温度的±1℃内，所加热的器皿可以放入水中或放在锅圈上。

4. 搅棒及表面皿

搅棒用来搅拌溶液和协助倾出溶液，通常是用4～6 mm直径的玻璃棒截成的，将其斜插入烧杯中时，应比烧杯长出4～6 cm。太长易将烧杯压翻，太短则操作不方便。搅棒的两端应圆滑，以防划伤手及烧杯。

表面皿为凹面的玻璃片，用于覆盖烧杯、蒸发皿及漏斗等，可以防止灰尘落入。使用时，表面皿的凸面向下，这样可以放得很稳。当被覆盖的容器内的物质因反应而产生气体时，必会造成溶液的飞溅，这些溅到表面皿上的液珠，会集中在表面皿的凸出位置，可用洗瓶冲洗入原容器内，使溶液不致受损失。表面皿取下放置时，应凸面向上，以免沾染污物，否则再盖上时可能将污物带入容器内。

选用表面皿时，其直径一般比被覆盖器皿的口径大1～2 cm为宜。表面皿质软易碎，不能直接加热或承重。

5. 瓷坩埚及坩埚钳

瓷坩埚可耐1200℃高温，常用于沉淀的灼烧和称量，以及试样的分解或灰化。用天然气灯灼烧瓷坩埚只能达到800～900℃，更高的温度须在马弗炉（高温电炉）中灼烧。分析实验中使用的坩埚不要太大或太厚，常用的是25 mL或30 mL薄壁坩埚。瓷坩埚不能用来熔融金属碳酸盐、苛性碱，当然更不能与HF接触。新的坩埚使用前应在热的浓HCl溶液中浸泡（洗去Fe_2O_3、Al_2O_3等），然后用水洗净。灼烧前，应先烘干或先用小火"舐"烧坩埚的各部分，使其慢慢被烘干后再逐渐升高温度。湿坩埚或放有湿沉淀的坩埚，绝不能突然用大火灼烧或直接放入高温电炉中，否则很容易爆裂。

当取放高温或冷却后待称量的坩埚时，要用坩埚钳。坩埚钳用后要钳口向上平放于白瓷板上，铜质或铁质坩埚钳要用细砂纸磨光后再使用。

6. 保干器（干燥器）

不论是坩埚还是称量瓶，基准物还是试样，在烘干后准备称量之前，一定要放置待其冷却至室温。由于空气中总含有一定量的水分,因此冷却时就不能放在桌面上、暴露于大气中,而应该放在保干器中。

根据放入保干器中物质的吸湿性的不同,可选用不同强度的干燥剂。常用的干燥剂有变色硅胶、无水 $CaCl_2$,其他一些干燥剂还有 $CaSO_4$、Al_2O_3、浓 H_2SO_4 等。P_2O_5 和 $Mg(ClO_4)_2$ 是吸湿性最强的干燥剂,但应用较少。

保干器中有一带孔的白瓷盘,孔中可以放置坩埚,其他地方可以放置称量瓶等。

准备保干器时要用干抹布将瓷盘和内壁擦干净,一般不用水洗,否则不能很快干燥。干燥剂不应过多,装至保干器下室的一半即可,太多则容易沾污坩埚。装干燥剂的方法见图2.5所示。

保干器的身与盖之间应均匀地涂抹一层凡士林。启盖的方法是一手抱住保干器,另一只手将盖向旁边推开(图2.6),盖上盖子时也必须如此平推。搬动保干器时,要用拇指按住其盖(图2.7),以防止盖子滑落而受损。

应当注意,保干器不能用来存放湿的器皿或沉淀,否则,干燥剂将会很快失效。

图2.5　装干燥剂的方法

图2.6　开启保干器的方法

图2.7　搬动保干器的方法

7. 试剂瓶

试剂瓶是指带有磨口玻璃塞的细口瓶。$AgNO_3$、KI、$KMnO_4$ 等溶液见光易分解,应保存在棕色的试剂瓶中。由于苛性碱对玻璃有显著的腐蚀作用,因此储存这类试剂时,应该换用橡胶塞。如用玻璃塞,则放置时间稍久,就会因玻璃被腐蚀而使塞与瓶口结合在一起,无法开启。长期储存苛性碱溶液,应使用塑料瓶。

试剂瓶通常只能储存溶液而不能用于配制溶液,尤其不能用来稀释浓 H_2SO_4 和溶解苛性碱,否则将由于其产生大量的热而使试剂瓶炸裂(试剂瓶由软质玻璃制成,不耐热)。同理,试剂瓶是不能加热的。

试剂溶液配好后,应及时贴上标签,注明品名、浓度、溶剂、配制日期等。长期保存时,瓶口上可倒置一个小烧杯以防止灰尘侵入。

8. 电动循环水真空泵

在减压过滤时需要使用真空泵。过去常用的水泵虽简便有效，但因其要直排大量的自来水，现已限制使用。油泵真空度高，但使用时要设法防止低沸点溶剂、酸气和水汽进入油泵，亦有不便之处。现已逐渐改用电动循环水泵进行减压过滤。

本书的定量化学分析实验中使用SHB-Ⅲ型电动循环水真空泵。水箱中加入15 L水，可循环使用。在水温0～25 ℃范围内，其真空度可达0.097 MPa。该泵有两个抽气嘴，各有一块真空表，在抽气通路中装有止回阀，可防止当抽滤结束关机后，循环水被吸入抽滤瓶中。长时间连续开机时，循环水会升温。温度过高将使真空度有所下降，如果因此而影响抽滤，可停机冷却或更换一部分水。

9. 电热恒温干燥箱(烘干箱)

电热恒温干燥箱是烘干称量瓶、玻璃器皿、基准物质、试样及沉淀等用的。根据烘干对象的不同，可以调节不同的温度，一般最高可达300 ℃，可恒定在所设温度的±1 ℃之内。

使用电热恒温干燥箱时应注意：① 易燃易爆物品及能产生腐蚀性气体的物质不能放在箱内加热烘干；② 被烘干的物质不能洒落在箱内，以防止腐蚀内壁及隔板；③ 被烘干的器皿外壁要尽量擦干，应放置在中部或上部的网架上，切不可放在下部的护板上(护板直接受电炉丝的辐射，温度很高)；④ 使用过程中要经常检查箱内温度是否在规定的范围内，温度控制是否良好，发现问题需及时修理。另外，使用温度不能超过干燥箱的最高允许温度，用完应及时切断电源。

10. 高温炉

分析化学实验使用的高温炉包括箱式电阻炉(又称马弗炉)、管式电阻炉(又称管式燃烧炉)和高频感应加热炉等。根据热源产生的形式不同，又可分为电阻丝式、硅碳棒式及高频感应式等。

(1) 马弗炉：常用于质量分析中沉淀灼烧、灰分测定和有机物质的炭化等。电热式结构的马弗炉的炉膛是由耐高温的氧化硅结合体制成，炉膛四周都有电热丝，通电后整个炉膛周围受热均匀。炉膛的外围通常包以耐火砖、耐火土、石棉板等，以减少热量损失。马弗炉通常配的是镍铬-镍硅热电偶，测温范围为0～1300 ℃。使用马弗炉时需注意以下几点：① 马弗炉周围不要存放化学试剂及易燃易爆物品。② 马弗炉需用专用电闸控制电源，不能用直接插入式插头控制。③ 在马弗炉内进行熔融或灼烧时，必须严格控制操作条件、升温速度和最高温度，防止样品飞溅、腐蚀和粘接炉膛。若灼烧有机物、滤纸等，必须预先灰化。④ 灼烧完毕，应先切断电源，不要立即打开炉门，以免炉膛突然受冷碎裂。通常先开一条小缝，待温度降至200 ℃时再开炉门，并用长柄坩埚钳取出被灼烧物体。

(2) 管式电阻炉：常用于矿物、金属或合金中气体成分的分析。

(3) 高频感应加热炉：利用电子管自激振荡产生的高频磁场和金属在高频磁场作用下产

生的涡流而发热,致使金属试样熔化,待通入氧气后,通过产生的二氧化碳、二氧化硫等气体进行化学分析。

11. 微波炉

微波炉作为加热分解试样或烘干器皿及样品的新型工具,以其独特的加热方式已被引入分析化学实验室。微波炉所发射的电磁波频率为2450 MHz,它本身并不发热,而遇到水、蛋白质等极性分子则被吸收,极性分子吸收了微波的能量后,即以2450 MHz的频率进行振荡和摩擦,从而自身发热,这就是微波炉加热的基本原理。微波炉的最大输出功率通常为700～1000 W不等,加热时间一般都能在1 s～60 min或1～30 min范围内连续可调。炉膛容积为10～30 L不等,内有自动旋转的玻璃圆盘,供放置被加热物体。

用微波炉加热样品或干燥器皿,比用电热恒温干燥箱有很多优越之处,主要是快速、节能。用微波炉加热有以下优点:① 由于不需要传热过程,被加热物体不但受热快而均匀,而且炉体的散热损失很小,开机加热的时间很短,能量利用率高;② 由于微波遇到金属表面而反射,所以用金属材料作内衬,不但避免了微波泄漏而伤害人体,而且使暂时未被吸收的微波可在炉内被四壁多次反射,直至被吸收,这也提高了能量的利用率;③ 由于微波对塑料、玻璃、陶瓷等材料有穿透性,使用这类材料作加热容器,不仅加快了加热速度,而且便于实验操作。但微波炉也有它的局限性,例如,不能将金属容器放入微波炉中使用;不能空烧,没有被加热物体时不可开机;加热物体很少时要避免开机时间过长,等等。

鉴于上述特点,使用微波炉时一定要熟悉如何设定所用加热功率和时间。实验中需要用微波炉时,应遵循实验教师的指导或实验室制定的操作规程进行操作。

12. 天然气灯

天然气灯是实验中用于加热的主要工具之一。使用时应先将其下面的针阀旋开(此阀最好不要关闭),点燃天然气灯后调节灯管下部的空气进口使火焰分层,再根据加热对象所需温度的不同调节天然气管道的旋钮(阀门),控制天然气量,以此控制温度的高低。天然气灯的灯管可以升高4 cm,如果点火加热后,发现加热物放置过高,则可适当升高灯管,火焰状态不会改变。使用天然气灯时一定要远离药品架、各种仪器及一切易燃易爆物品,使用过程中不得擅自离开,一旦火焰被风吹灭,应立即关闭天然气阀门。另外,使用天然气灯时还应检查灯与管道阀门相连接的胶管是否因老化或连接不紧密而漏气,发现漏气必须及时处理。实验完毕离开实验室前,要仔细检查天然气阀门是否关好。

2.8 玻璃量器

移液管、吸量管、滴定管、容量瓶、微量进样器等,是分析化学实验中测量溶液体积的常用量器。它们的正确使用是分析化学实验(尤其是容量分析法)的基本操作技术之一。在此,简要介绍这些量器的规格和使用方法。

2.8.1　移液管

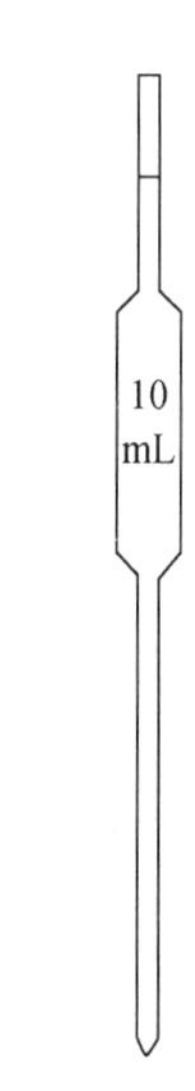

图 2.8　移液管

移液管是用于准确量取一定体积溶液的量出式玻璃量器，正规名称是“单标线吸量管”，通常惯称为移液管。它的中部有一膨大部分，管颈上部刻有一圈标线，此标线的位置是由放出纯水的体积所决定的(图 2.8)。

移液管的容量单位为毫升(mL)，其容量定义为，在 20 ℃时，按下述方式排空后所流出纯水的体积：洁净的移液管充入纯水至标线以上几毫米，除去粘附于流液口外面的液滴，在移液管垂直状态下将下降的液面调定于标线，即弯液面的最低点与标线水平相切(视线在同一水平面)，此时即调定零点。然后将管内纯水排入另一稍倾斜(≈30°)的容器中，当液面降至流液口处静止时，再等待 15 s。这样，所流出的体积即该移液管的容量。

移液管产品按其容量精度分为 A 级和 B 级。国家规定的容量允差和水的流出时间见表 2.13。

表 2.13　常用移液管的规格(引自国家标准 GB 12808—1991)

<table>
<tr><td colspan="2">标称容量/mL</td><td>2</td><td>5</td><td>10</td><td>20</td><td>25</td><td>50</td><td>100</td></tr>
<tr><td rowspan="2">容量允差/mL</td><td>A</td><td>±0.010</td><td>±0.015</td><td>±0.020</td><td colspan="2">±0.030</td><td>±0.050</td><td>±0.080</td></tr>
<tr><td>B</td><td>±0.020</td><td>±0.030</td><td>±0.040</td><td colspan="2">±0.060</td><td>±0.100</td><td>±0.160</td></tr>
<tr><td rowspan="2">水的流出时间/s</td><td>A</td><td>7～12</td><td>15～25</td><td>20～30</td><td colspan="2">25～35</td><td>30～40</td><td>35～45</td></tr>
<tr><td>B</td><td>5～12</td><td>10～25</td><td>15～30</td><td colspan="2">20～35</td><td>25～40</td><td>30～45</td></tr>
</table>

按规定，移液管应有下列标志：生产厂名或商标、标称容量(mL)、标准温度(20℃)、量出式符号(Ex)、精度级别(A 或 B)。

移液管的清洗、使用方法及校准操作见实验 3.2 和实验 3.3。

2.8.2　吸量管

吸量管的全称是“分度吸量管”，它是带有分度线的量出式玻璃量器(图 2.9)，用于移取非固定量的溶液。吸量管的容量精度分为 A 级和 B 级，其产品可分为以下四类：

(1) 规定等待时间 15 s 的吸量管：这类吸量管的容量精度均为 A 级，为零点在上、完全流出式[图 2.9(a)]。它的任一分度线的容量定义为：在 20 ℃时，从零线排放到该分度线所流出纯水的体积(mL)。当液面降到该分度线以上几毫米时，应按紧管口停止排液 15 s，再将液面调到该分度线。在量取吸量管的全容量溶液时，排放过程中水流不应受到限制，液面降至流液口处静止后，要等待 15 s，再从受液容器中移出吸量管。

(2) 不完全流出式吸量管：这类吸量管的容量精度分为 A 级和 B 级，均为零点在上形

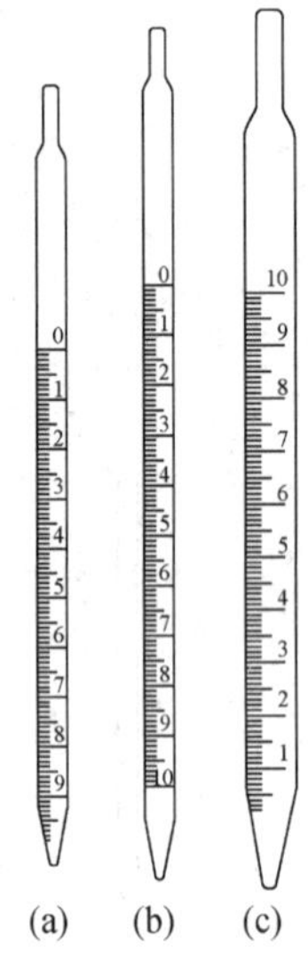

图 2.9 分度吸量管

式,最低分度线为标称容量[图 2.9(b)]。其任一分度线的容量定义为:在 20℃时,从零线排放到该分度线所流出纯水的体积(mL)。

(3) 完全流出式吸量管:这类吸量管的容量精度分为 A 级和 B 级,有零点在上[图 2.9(a)]和零点在下[图 2.9(c)]两种形式。其任一分度线的容量定义为:在 20℃时,从分度线排放到流液口时所流出纯水的体积(mL),即液体自由流下,直到确定弯液面已降到流液口静止后,再脱离容器,所流出纯水的体积(指零点在下式);或者从零线排放到该分度线或流液口,所流出纯水的体积(指零点在上式)。

(4) 吹出式吸量管:这类吸量管的容量精度不分级,实际上相当于 B 级,流速较快,且不规定等待时间。有零点在上和零点在下两种形式,均为完全流出式。其任一分度线的容量定义为:在 20℃时,从该分度线排放到流液口(指零点在下式)或从零线排放到该分度线(指零点在上式),所流出纯水的体积(mL)。使用过程中液面降至流液口并静止时,应随即将最后一滴残留的溶液一次吹出。

目前市场上还有一种标注"快"字的吸量管,其容量精度与吹出式吸量管相近似。吹出式及快流速吸量管的精度低、流速快,适于在仪器分析实验中加试剂用,最好不用其移取标准溶液。

按规定,每支吸量管应呈现下列产品标志:生产厂商标、标称容量(mL)、标准温度(20℃)、精度级别(A 或 B),吹出式标"吹"或"blow-out",如果规定有等待时间,应标上"15 s"。

各类吸量管(常用规格)的容量允差和纯水的流出时间列于表 2.14。

表 2.14 常用吸量管的规格、允差及纯水流出时间(引自国家标准 GB 12807—1991)

标称总容量/mL	分度值/mL	容量允差/mL(±)			纯水的流出时间/s						分度线宽/mm
		A	B	吹出式	完全流出式			不完全流出式		吹出式	
					等待 15 s	无等待时间					
					A	A	B	A	B		
0.1	0.001	—	0.003	0.004	—	—		—	2~7	2~5	A级 ≤0.3 (刻线)
0.1	0.005	—	0.003	0.004	—	—		—	2~7	2~5	
0.5	0.01	—	0.010	0.010	—	—		—	2~7	2~5	
0.5	0.02	—	0.010	0.010	—	—		—	2~7	2~5	
1	0.01	0.008	0.015	0.015	4~8	4~10				3~6	
2	0.02	0.012	0.025	0.025	4~8	4~12				3~6	B级 ≤0.4 (刻线)
5	0.05	0.025	0.050	0.050	5~11	6~14				5~10	
10	0.1	0.050	0.100	0.100	5~11	7~17				5~10	
25	0.2	0.100	0.200	—	9~15	11~21				—	
50	0.2	0.100	0.200	—	17~25	15~25				—	

吸量管的使用方法与移液管大致相同，这里只强调几点：

(1) 由于吸量管的容量精度低于移液管，所以在移取 2 mL 以上固定量溶液时，应尽可能使用移液管。

(2) 使用吸量管移取标准溶液时应选用 A 级产品，移取其他试剂时可选用快流速或 B 级产品。

(3) 吸量管的产品种类和形式较多，应根据所做实验的具体情况并参考表 2.14 中的数据，合理地选用。但目前市场上的产品不一定都符合标准，有些产品标志不全，有些产品质量不完全合格，不好分辨其类型和级别。鉴于这种情况，应该注意两点：如果对实验的准确度要求很高，要经过容量校准后再使用；尽量不使用吸量管的全容量，这样可以避免由吹出与不吹出可能带来的影响。

2.8.3 定量和可调移液器

移液器是量出式量器，分为定量和可调两种类型。定量移液器的容量是固定的，而可调移液器的容量在其标称容量范围内连续可调。移液器主要用于仪器分析、化学分析、生化分析中的取样和加液。移液器利用空气排放原理进行工作，它由定位部件、容量调节指示、活塞和吸液嘴等部分组成(图 2.10)，吸液嘴由聚丙烯等材料制成。移液量由一个密合良好的活塞在活塞套内移动的距离来确定，移液器的容量单位为微升(μL)。

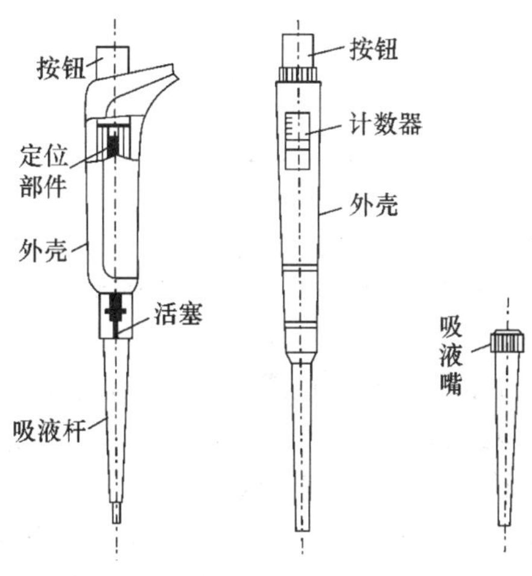

图 2.10 移液器示意图

定量和可调移液器的规格、容量允差分别列于表 2.15 和表 2.16。

表 2.15 定量移液器的允差和重复性(引自国家计量检定规程 JJG 646—2006)

标称容量/μL	容量允许误差/±(%)	重复性/≤(%)
10	4.0	2.0
50	3.0	1.5
100～150	2.0	1.0
200～600	1.5	0.7
1000	1.0	0.5

表 2.16 可调移液器的允差和重复性(引自国家计量检定规程 JJG 646—2006)

标称总容量/μL	检定点/μL	容量允许误差/±(%)	重复性/≤(%)
20	5	8.0	3.0
	10	4.0	2.0
	20	4.0	2.0
100	20	4.0	2.0
	50	3.0	1.5
	100	2.0	1.0
200	20	4.0	2.0
	100	2.0	1.0
	200	1.5	1.0
1000	100	2.0	1.0
	200	2.0	1.0
	500	1.0	0.5
	1000	1.0	0.5

移液器的使用方法如下：

(1) 吸液嘴用过氧乙酸或其他合适的洗涤液进行清洗,然后依次用自来水和纯水洗涤,干燥后即可使用。

(2) 根据所需移取溶液的体积选择定量或可调移液器。将可调移液器的容量调节到所需微升数,再将吸液嘴紧套在移液器的下端,并轻轻转动,以保证可靠的密闭性。

(3) 吸取和排放被取溶液 2～3 次,以润洗吸液嘴。

(4) 垂直握住移液器,将按钮揿到第一停点,并将吸液嘴插入液面以下 3 mm 左右,然后缓缓地放松按钮,等待 1～2 s 后再离开液面,擦去吸液嘴外面的溶液(但不能碰到移液口,以免带走器口内的溶液)。将流液口靠在所用容器的内壁上,缓慢地把按钮揿到第一停点,等待 1～2 s,再将按钮完全揿下,然后使吸液嘴沿着容器内壁向上移开。

(5) 用过的吸液嘴若想重复使用,应随即清洗干净,晾干或烘干后存放于洁净干燥处。

2.8.4 微量进样器

微量进样器也叫微量注射器。一般有 1，5，10，25，50，100 μL 等规格，是进行微量分析，特别是色谱分析实验中必不可少的取样、进样工具。

微量进样器是精密量器，其主体通常为玻璃材质，易碎、易损；可移动的芯体为不锈钢丝，使用时应细心，否则会损坏其准确度。使用前要用丙酮等溶剂洗净，以免干扰样品分析；使用后应立即清洗，以免样品中的高沸点组分沾污进样器。一般常用下述溶液依次清洗：5%的 NaOH 水溶液、去离子水、丙酮、氯仿，最后用真空泵抽干。不用时应放入盒内，不应来回空抽，以免损坏其气密性。

使用微量进样器应注意以下几点：

(1) 进样器要随时保持清洁，轻拿轻放。

(2) 每次取样前先抽取少许试样再排出，如此重复几次，以润洗进样器。

(3) 取样时应多抽些试样于进样器内，并将针头朝上排除空气泡，再将过量样品排出，保留需要的样品量。

(4) 进样器内的空气泡对准确定量影响很大，必须设法排除，将针头插入样品中，反复抽排几次即可，抽时慢些，排时快些。

(5) 取好样后，用无棉的纤维纸（如镜头纸）将针头外所沾附的样品擦掉，注意切勿使针头内的样品流失。

(6) 色谱分析进样时，应以迅速稳当的动作将进样器针头插入进样口，迅速进样后立即拔出，尽量保持针头内残留样品的体积一致。

2.8.5 滴定管

滴定管是可放出不固定量液体的量出式玻璃量器，主要用于滴定分析中对滴定剂体积的测量。它的主要部分管身是用细长且内径均匀的玻璃管制成，上面刻有均匀的分度线（线宽不超过 0.3 mm），下端的流液口为一尖嘴，中间通过玻璃旋塞、聚四氟乙烯旋塞或乳胶管连接以控制滴定速度。

滴定管的容量精度分为 A 级和 B 级。按规定，滴定管产品上应以喷、印的方法制出下列清晰易见的耐久性标志：制造厂商标、标准温度（20 ℃）、量出式符号（Ex）、精度级别（A 或 B）、标称总容量（mL），非标准旋塞滴定管的旋塞与塞壳上应分别标有易辨的相同标记。目前，多数的具塞滴定管都是非标准旋塞，即旋塞不可互换。因此，一旦旋塞被打碎，则整支滴定管就报废了。

滴定管大致有以下几种类型：具塞和无塞的普通滴定管、三通旋塞自动定零位滴定管、侧边旋塞自动定零位滴定管、侧边三通旋塞自动定零位滴定管等。滴定管的总容量最小的为 1 mL，最大的为 100 mL，常用的是 10，25，50 mL 容量的滴定管。其国家规定的容量允差和纯水的流出时间列于表 2.17。

表 2.17　滴定管的允差和纯水流出时间(引自国家标准 GB 12805—1991)

标称总容量/mL		2	5	10	25	50	100
分度值/mL		0.02	0.02	0.05	0.1	0.1	0.2
容量允差/mL(±)	A	0.010	0.010	0.025	0.05	0.05	0.10
	B	0.020	0.020	0.050	0.10	0.10	0.20
纯水的流出时间/s	A	20～35	30～45		45～70	60～90	70～100
	B	15～35	20～45		35～70	50～90	60～100
等待时间/s		30					

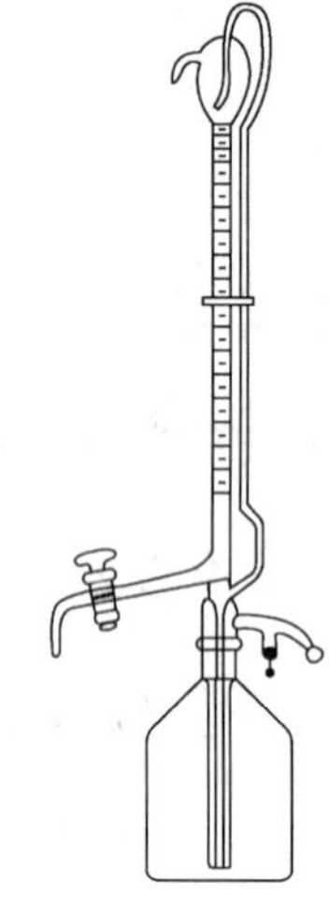

图 2.11　侧边旋塞自动定零位滴定管

容量允差表示零位到任意一点的允差,也表示任意两检定点之间的允差。纯水的流出时间系指纯水的弯液面从零位标线降到最低分度线所需的时间,应在旋塞全开及流液口不接触器壁的情况下测得。

自动定零位滴定管(图 2.11)是将储液瓶与具塞滴定管通过磨口塞连接在一起的滴定装置,加液方便、自动调零点,适用于常规分析中的经常性滴定操作。使用时用打气球向储液瓶内加压,使瓶中的标准溶液压入滴定管中。滴定管顶端熔接了一个回流尖嘴,使零线以上的溶液自动流回储液瓶而恰好调定零点。这种滴定管结构比较复杂,清洗和更换溶液都比较麻烦,价格也较高,因此使用并不普遍。在教学和科研中广泛使用的是普通滴定管,下面主要介绍两种普通滴定管。

(1) 具塞普通滴定管:外形如图 2.12(a)所示。由于具玻璃旋塞的滴定管不能长时间盛放碱性溶液(避免腐蚀磨口和旋塞),所以惯称为酸式滴定管。它可以盛放各种非碱性的溶液。新的滴定管在使用前应首先检查外观和旋塞的密合性:将旋塞用水润湿后插入旋塞套内,管中充水至最高标线,垂直挂在滴定台上,20 min 后漏水不应超过 1 个分度。具体的清洗及操作方法见实验 3.2 及实验 3.4。近年来,已有采用聚四氟乙烯材质制成旋塞的玻璃滴定管,这种滴定管可不受溶液酸碱性的限制。

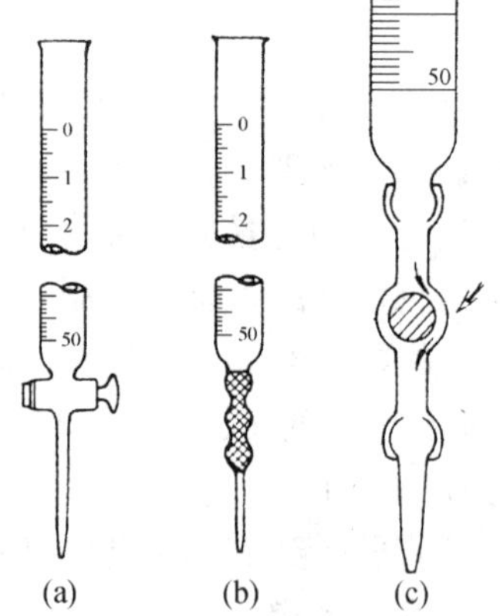

图 2.12　普通滴定管

(2) 无塞普通滴定管:外形如图 2.12(b)。由于它可盛放碱性溶液,故通常称为碱式滴定管。管身与下端的细管之间用乳胶管连接,胶管内放一粒玻璃珠,用手指捏挤玻璃珠周围的胶皮时会形成一条缝隙,溶液即可流出[图 2.12(c)],并可控制流速。玻璃珠的大小要适当,过小会漏液或在使用时上下滑动，过大则在放液时手指很吃力，操作不方便。对于 50 mL 滴定管而言，使用 6×9 规格（即内、外径分别为 6 mm 和 9 mm）的乳胶管和直径 6～8 mm 的玻璃珠为宜。碱式滴定管不宜盛放对乳胶管有腐蚀作用的溶液，例如 $KMnO_4$、I_2、$AgNO_3$ 等溶液。具体的清洗及操作方法见实验 3.2 及实验 3.4。

2.8.6　容量瓶

容量瓶是细颈梨形平底玻璃瓶，由无色或棕色玻璃制成（图 2.13）。带有磨口玻璃塞或塑料塞，颈上有一标线。容量瓶均为量入式，其容量精度分为 A 级和 B 级。按照规定，容量瓶上应有下列标志：生产厂名或商标、标称容量（mL）、标准温度（20 ℃）、量入式符号（In）、精度级别（A 或 B）、可互换性塞的尺寸及号别（对于非互换性瓶塞的产品，其瓶塞及瓶口要有相同的编号）。

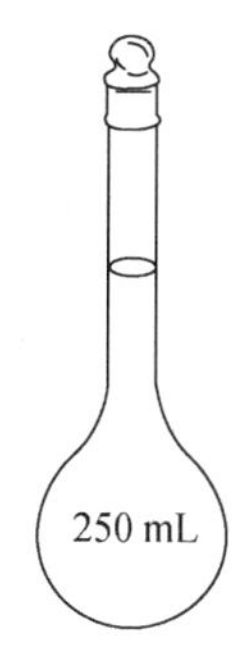

图 2.13　容量瓶

容量瓶的容量定义为：在 20 ℃时，充满至标线所容纳水的体积（mL）。通常采用下述方法调定弯液面：调节液面使弯液面的最低点与标线水平相切，视线应在同一水平面上。其国家规定的容量允差列于表 2.18。

表 2.18　容量瓶的容量允差（引自国家标准 GB 12806—1991）

标称容量/mL		5	10	25	50	100	200	250	500	1000	2000
容量允差/mL（±）	A	0.02		0.03	0.05	0.10	0.15		0.25	0.40	0.60
	B	0.04		0.06	0.10	0.20	0.30		0.50	0.80	1.20

容量瓶的主要用途是配制准确浓度的溶液或定量地稀释溶液。对容量瓶材料有腐蚀作用的溶液，尤其是碱性溶液，不可在容量瓶中久储，配好以后应转移到其他容器中密闭存放。它常和移液管配合使用，可把配成溶液的某种物质分成若干等分。具体的清洗及操作方法见实验 3.2 及实验 3.5。

2.8.7　量筒和量杯

量筒和量杯是容量精度低于上述几种量器的最普通的玻璃量器。

量筒分为量出式和量入式两种形式（图 2.14）。量出式量筒在分析化学实验中普遍使用。量入式量筒有磨口塞，其用途和用法与容量瓶相似，其容量精度介于容量瓶和量出式量筒之间。量入式量筒和量杯（图 2.15）在分析化学实验室用得不多。

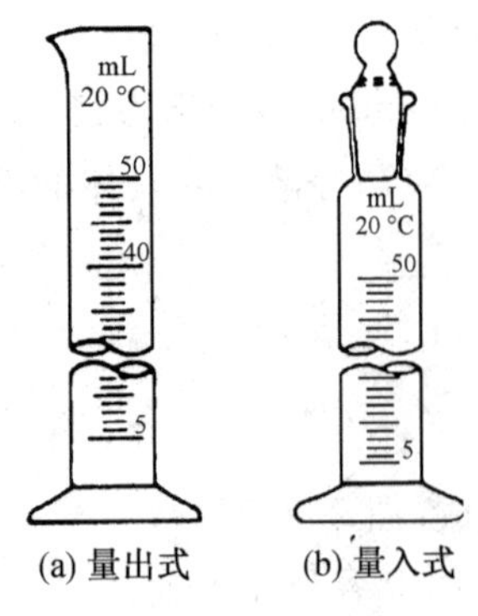

(a) 量出式　(b) 量入式

图 2.14　量筒

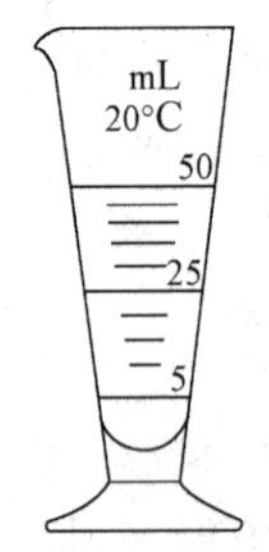

图 2.15　量杯

量筒和量杯的容量精度均不分等级,其产品规格和容量允差分别列于表 2.19 和表 2.20。

表 2.19　量筒的容量允差(引自国家标准 GB 12804—1991)

标称总容量/mL		5	10	25	50	100	250	500	1000	2000
分度值/mL		0.1	0.2	0.5	1	1	2 或 5	5	10	20
容量允差/mL(±)	量入式	0.05	0.10	0.25		0.5	1.0	2.5	5.0	10.0
	量出式	0.10	0.20	0.50		1.0	2.0	5.0	10.0	20.0

表 2.20　量杯的容量允差(引自国家标准 GB 12803—1991)

标称总容量/mL	5	10	20	50	100	250	500	1000
分度值/mL	1	1	2	5	10	25	25	50
容量允差/mL(±)	0.2	0.4	0.5	1.0	1.5	3.0	6.0	10.0

2.9　分析天平

分析天平是分析化学实验中最主要、最常用的衡量仪器之一,化学工作者尤其是分析化学工作者都必须熟悉如何正确地使用天平。在定量分析实验中,总是希望得到具有一定准确度的分析结果,而所要求的准确度是由分析任务所决定的。在常量分析中,允许的测定误差常常不超过测量结果的千分之几。如果分析天平能称准到 0.0001 g,称取一份样品需要进行两次称量,称量误差为 0.2 mg,若称得样品为 0.2 g,则称量的相对误差为 0.1%。能满足这个准确度要求的天平,通常称为常量分析天平,或感量为万分之一克(0.1 mg)的天平,它们的最大载荷一般为 100～200 g。

2.9.1 天平的分类、分级及构造原理

根据天平的平衡原理，可分为杠杆式天平、弹性力式天平、电磁力式天平和液体静力平衡式天平四大类；根据使用目的，可分为通用天平和专用天平两大类；根据量值传递范畴，可分为标准天平和工作用天平两大类，凡直接用于检定传递砝码质量量值的天平均称为标准天平，其他的天平一律称为工作用天平，工作用天平又可分为分析天平和其他专用天平；根据分度值的大小，可分为常量(0.1 mg)、半微量(0.01 mg)、微量(0.001 mg)分析天平等六类；按准确度等级划分，我国将天平分为四级：Ⅰ级——特种准确度(精细天平)，Ⅱ级——高准确度(精密天平)，Ⅲ级——中等准确度(商用天平)，Ⅳ级——普通准确度(粗糙天平)。对于机械杠杆式的Ⅰ级和Ⅱ级天平，按其最大载荷与分度值之比(m_{Max}/D)即分度数 n 值的大小，在Ⅰ级中又细分为7个小级，在Ⅱ级中又细分为3个小级，见表2.21。对于电子天平，目前我国暂不细分其级别，只要求指明分度值 D 和最大载荷 m_{Max}。

表 2.21 Ⅰ级和Ⅱ级机械杠杆式天平级别的细分(引自国家标准 GB/T 4168—1992)

准确度级别代号	分度数 n	准确度级别代号	分度数 n
I_1	$1\times10^7\leqslant n<2\times10^7$	I_6	$2\times10^5\leqslant n<4\times10^5$
I_2	$4\times10^6\leqslant n<1\times10^7$	I_7	$1\times10^5\leqslant n<2\times10^5$
I_3	$2\times10^6\leqslant n<4\times10^6$	II_8	$4\times10^4\leqslant n<1\times10^5$
I_4	$1\times10^6\leqslant n<2\times10^6$	II_9	$2\times10^4\leqslant n<4\times10^4$
I_5	$4\times10^5\leqslant n<1\times10^6$	II_{10}	$1\times10^4\leqslant n<2\times10^4$

下面以双盘天平为例，介绍机械杠杆式天平的构造原理。

杠杆式天平是根据杠杆原理制成的一种衡量用的精密仪器，它是用已知质量的砝码来衡量被称物的质量。从力学原理上看，设杠杆 A、B、C，其支点为 B，力点分别在两端的 A 和 C 上(图2.16)。两端所受的力分别为 Q 和 P，Q 表示被称物的重量，P 表示砝码的重量。对等臂天平而言，支点两端的臂长相等，即 $L_1=L_2$，当杠杆处于水平平衡状态时，支点两边的力矩相等。

$$Q\cdot L_1=P\cdot L_2$$

因为 $$L_1=L_2$$

所以 $$Q=P$$

上式说明，当等臂天平处于平衡状态时，被称物体的质量等于砝码的质量，这就是等臂天平的基本原理。

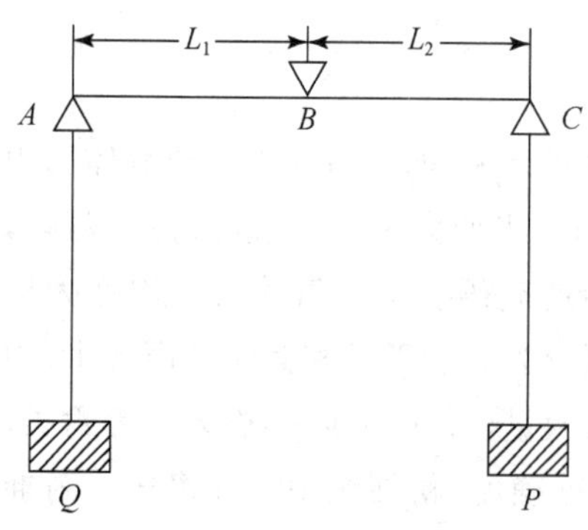

图 2.16 等臂天平的平衡原理

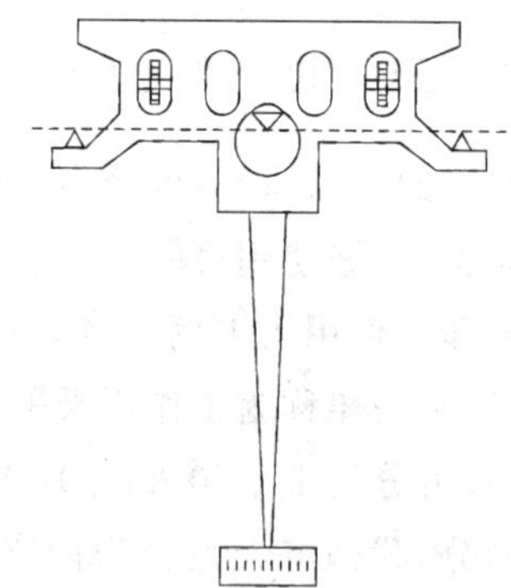

图 2.17 等臂天平的横梁

等臂分析天平的横梁用三个玛瑙三棱体的锐边(刀口)分别作为支点 B(刀口朝下)和力点 A、C(刀口朝上)。这三个刀口必须完全平行并且位于同一水平面上,如图 2.17 中虚线所示。

常见分析天平的型号和规格见表 2.22。本书实验中主要使用 DT-100 型单盘天平、CP224S 型电子天平和 BP210S 型电子天平。

表 2.22 常用分析天平的型号和规格

种类	型号	名称	规格	级别
双盘天平	TG328A	全机械加码电光天平	200 g/0.1 mg	I_3
	TG328B	半机械加码电光天平	200 g/0.1 mg	I_3
	TG332A	半微量天平	20 g/0.01 mg	I_3
单盘天平	DT-100	单盘精密天平	100 g/0.1 mg	I_4
	DTG-160	单盘精密天平	160 g/0.1 mg	I_4
	BWT-1	单盘半微量天平	20 g/0.01 mg	I_3
电子天平	MD110-2	上皿式电子天平	110 g/0.1 mg	I_4
	MD200-3	上皿式电子天平	200 g/1 mg	I_6

2.9.2 天平的计量特性

一台合格的天平应具有四大计量特性,即稳定性、正确性、不变性和灵敏性。

(1) 稳定性,是指天平受到扰动后,能自动回到初始平衡位置的能力。

(2) 正确性,是指天平本身的系统误差能控制到尽可能小的能力。对双盘等臂天平而言,通常用横梁的“不等臂性误差”来表示。对单盘天平和电子天平来说,主要是指天平在不同载荷下所能控制的线性偏差在规定范围内的能力。

(3) 不变性,是指天平在相同条件下,多次称量同一物体,所得称量结果的一致程度。通常用天平示值的变动性来表示。

(4) 灵敏性，是指天平能觉察出放在称盘上物体质量改变的能力，实际上包括天平的鉴别能力和灵敏度两个方面。

关于天平的灵敏度，通常有四种表示方式：角灵敏度 E_α、线灵敏度 E_l、分度灵敏度 E_n、分度值 D。对于用户来说，常用的灵敏度表示方式是 E_n 和 D。下面只介绍这两种灵敏度的概念。

标尺移动的分度数 n 与在称盘上所添加的小砝码的质量 p 之比，叫做天平的分度灵敏度 E_n。

$$E_n = n/p$$

在天平盘上所添加的小砝码的质量 p 与天平标尺移动的分度数 n 之比，叫做天平的分度值 D，天平的分度值通常也称为感量。

$$D = p/n$$

显然，分度灵敏度和分度值(感量)互为倒数，即

$$E_n = 1/D$$

具有微分标尺或数字标尺的天平，国家规定的计量性能指标列于表 2.23。

表 2.23　杠杆式天平计量性能允差(引自国家标准 GB/T 4168—1992)

示值变动性		分度值误差/分度				不等臂性
误差/分度		左盘	右盘	空载	全载	误差/分度
双盘	1	2		±1	−1,+2	3
单盘	1	−1,+2				—
挂码误差/分度		毫克组：±2,克组：±5				
(D=0.1 mg)		全量：±5				

2.9.3　天平计量性能的检定

新的天平安装后或天平在使用一定时间后，都要对其主要计量性能进行检查和调整。用于实际工作的天平属于国家强制检定的计量器具之一，检定周期视使用条件和频繁程度而定，一般为半年或一年。国家计量检定规程《非自动天平检定规程》(JJG 98—1990)中规定了天平的各种计量性能指标及其检定方法。

1. 主要检定项目

对于机械杠杆式双盘天平而言，通常主要检查其分度值误差、示值变动性误差和不等臂性误差。对于单盘天平来说，主要检查其分度值误差和示值变动性误差。

(1) 天平标尺的分度值误差：双盘天平以 TG328B 型为例，其标尺的分度数为 −10～+110(分度值为 0.1 mg)。在左盘上加 10 mg 标准砝码(r)，如果平衡位置在 99～101 分度

内,其空载时的分度值误差就在国家规定的允差之内;若测定结果超出这个范围,就应调整其灵敏度(详见后文)。

单盘天平以 DT-100 型为例,其标尺分度数为－15～＋110(mg),微读标尺为 0～10 分度(分度值为 0.1 mg)。在称盘上加 100 mg 标准砝码,如果平衡位置在 100.0－0.1～100.0＋0.2分度内,其分度值误差就在规定的允差之内。由于这种天平是减码式结构,其分度值误差没有空载与全载之分。

(2) 天平的示值变动性误差:连续多次测定天平空载和全载时标尺的平衡位置,往往会有微小的差别,各次测量值的极差称为示值的变动性 Δ_0(空载时)和 Δ_p(全载时)。应各连续测定五次。测定全载示值变动性时,应将一对等量砝码(对单盘天平而言,只用一个标准砝码)分别放在两个称盘的不同位置,即盘中心和四角;测四角时,砝码应放在偏离盘中心的 1/3 半径处。示值变动性的规定允差为 1 个分度,对常量分析天平来说,就是 0.1 mg;若示值变动性超过允差,应查找原因并进行调修。横梁上的零部件(刀口、平衡铊、感量铊、配重铊等)松动,横梁、刀口、阻尼器等处有灰尘,环境条件(天平附近有空气对流,天平室温度波动较大,天平室附近有振动性作业等)以及操作不当(被称物的温度高或低、不够干燥,刚用手触摸过横梁,操作天平时用力过猛,致使天平位移及水平改变)等因素,都会引起天平示值的变动性超差。

(3) 双盘天平的不等臂性误差:由于双盘天平的支点刀与两个承重刀之间的距离不可能调到绝对相等,往往有微小的差异,由此所产生的称量误差叫做不等臂性误差,用 Y 表示。将一对等量砝码(p_1 和 p_2)分别放在两个称盘上,测定天平的平衡位置,即可计算出不等臂性误差。规定的允差为 3 个分度,若发现超差,应请专业人员进行调整。

2. 单盘天平计量性能的检定

单盘天平标尺分度值及其误差和示值变动性的测定步骤按表 2.24 进行,标准砝码 r 可选用 100 mg,必要时可分别用 20,40,60,80 和 100 mg 砝码测定五个点的分度值误差;等量砝码 p 可选用 100 g。测定顺序的第一步相当于调定零点,以后的 12 步测量不可再调零点,总的 13 步测量要连续完成,不可中断。测四角时,砝码 p 在称盘中的位置可参照双盘天平测定时的等量砝码位置图(图 2.18)。

表 2.24 单盘天平检定记录

<table>
<tr><td>测定顺序</td><td>1</td><td>2</td><td>3</td><td>4</td><td>5</td><td>6</td><td>7</td><td>8</td><td>9</td><td>10</td><td>11</td><td>12</td><td>13</td></tr>
<tr><td>称盘载荷</td><td>0</td><td>r</td><td>p</td><td>0</td><td>$p_{前}$</td><td>0</td><td>$p_{后}$</td><td>0</td><td>$p_{左}$</td><td>0</td><td>$p_{右}$</td><td>0</td><td>p</td></tr>
<tr><td>平衡位置 I/分度</td><td></td><td></td><td></td><td></td><td></td><td></td><td></td><td></td><td></td><td></td><td></td><td></td><td></td></tr>
<tr><td>标准砝码
的质量</td><td colspan="6">$m_r=$ mg
$m_p=$ g</td><td colspan="7">测四角(前、后、左、右)时,砝码分别放于距称盘中心 R/3 处(R 为称盘的半径)</td></tr>
</table>

计算测定结果：

标尺分度值 $D = m_r / | I_2 - I_1 |$

标尺分度值误差 $\Delta N = | I_2 - I_1 | - m_r / D_s$

式中，D_s 为标尺的标称分度值(常量分析天平为 0.1 mg/分度)。

空载示值变动性 $\Delta_0 = I_0(最大) - I_0(最小)$

全载示值变动性 $\Delta_p = I_p(最大) - I_p(最小)$

3. 双盘天平计量性能的检定

双盘天平标尺分度值及其误差、示值变动性误差和横梁不等臂性误差的测定步骤按表 2.25 进行。表中 p_1 和 p_2 是 200 g 等量砝码，r 是 10 mg 标准砝码，k 是 1～5 mg 小砝码。等量砝码换位后，若标尺平衡位置不在零线附近，则应在某一称盘上添加适量小砝码(k)，以使平衡点位于零线附近。

表 2.25 双盘天平检定记录

测定顺序		1	2	3	4	5	6	7	8	9	10	11	12	13
称盘载荷	左盘	0	r	p_1	$p_2(+k)$	$p_2(+k)+r$	0	p_1	0	p_1	0	p_1	0	p_1
	右盘	0	0	p_2	$p_1(+k)$	$p_1(+k)$	0	p_2	0	p_2	0	p_2	0	p_2
平衡位置 I /分度														

第一次测定空载平衡位置时，要调定零点，在后面的各次测量中不得再调零点。全部测定步骤必须连续完成。测定全载示值变动性时，应按图 2.18 所示，五次测定分别将等量砝码放在称盘中的不同位置。

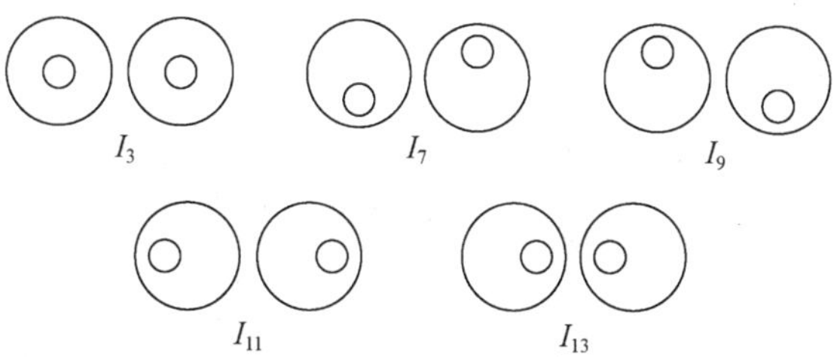

图 2.18 等量砝码在称盘上的位置

计算测定结果：

左盘空载分度值 $D_0 = m_r / | I_2 - I_1 |$

左盘全载分度值 $D_p = m_r / | I_5 - I_4 |$

左盘空载分度值误差 $\Delta N_0 = | I_2 - I_1 | - m_r / D_s$

左盘全载分度值误差 $\Delta N_p = | I_5 - I_4 | - m_r / D_s$

式中，D_s 为天平标尺的标称分度值。

天平横梁的不等臂性误差：

$$Y=\pm(m_k/2D_p)\pm[(I_3+I_4)/2-(I_1+I_6)/2]$$

式中，正负号选取的原则为：若小砝码k加于左盘，则 $m_k/2D_p$ 项前取正号，表示右臂较长；若k加于右盘，则 $m_k/2D_p$ 项前取负号，表示左臂较长。当 I_2 相对于 I_1 代数值减小时，则方括号前取正号；反之，方括号前取负号。计算结果 Y 值是正数时，表示右臂长；是负数时，则表示左臂长。

4. 天平灵敏度的调整

在调整天平灵敏度时，灵敏度的表示方式用“分度灵敏度 E_n”较为方便。如前所述，DT-100型单盘天平的灵敏度应为99.9～100.2分度每100.0 mg。TG328B型双盘天平的灵敏度，空载时应为99～101分度每10.0 mg，全载时应为99～102分度每10.0 mg。检测后，如果发现天平灵敏度超过上述允差范围的上限，说明灵敏度过高；若低于下限，则说明灵敏度过低。灵敏度过高或过低都会影响称量结果的准确性，必须进行调整。

调整双盘天平的灵敏度时，使用10 mg标准砝码调整空载灵敏度，然后再加上200 g砝码调整全载灵敏度。如果发现空载和全载时的灵敏度相同，一般只在空载时调整灵敏度就可以了；如果发现空载和全载时的灵敏度不同，则最好使用与被称物质量接近的砝码(如20 g或50 g)调整全载灵敏度。

调整单盘天平灵敏度时，可以只用100 mg标准砝码在空载状态下调整，因为它的横梁负载是恒定的，其灵敏度不随被称物质量的不同而改变。

调整灵敏度的步骤如下：

(1) 调定天平零点。

(2) 将标准小砝码(10 mg或100 mg)放在称盘上(调整双盘天平有载灵敏度时，还要在两盘上各放一个等量砝码)，开启天平，观测平衡点。若灵敏度过高则旋低天平横梁上方的重心铊；若灵敏度偏低则旋高重心铊。

(3) 取下砝码，调整零点(旋转重心铊后，天平零点往往有所变化)。

(4) 重复(2)和(3)的操作，直至灵敏度合格，并且零点的变动性不大于1个分度(0.1 mg)。

2.9.4　双盘半机械加码分析天平

各种型号的等臂天平，其构造和使用方法大同小异。现以TG328B型半机械加码电光天平为例，介绍这类天平的结构和使用方法。

1. 天平结构

天平的外形及内部结构如图2.19所示。

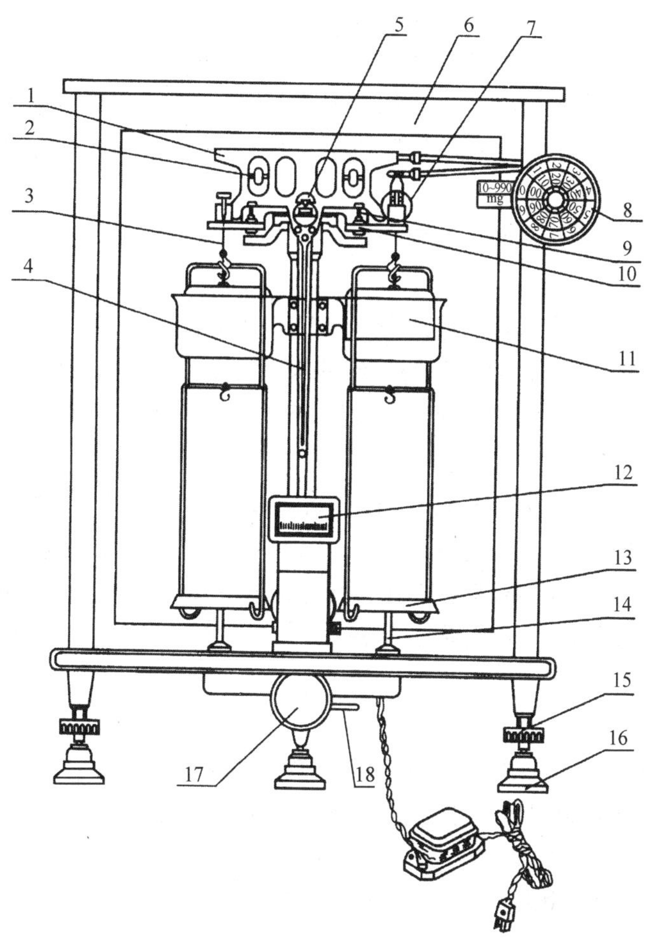

图 2.19 半自动电光天平结构示意图

1. 横梁;2. 平衡铊;3. 吊耳;4. 指针;5. 支点刀;6. 框罩;7. 圈码;8. 指数盘;9. 支力销;10. 托翼;11. 阻尼内筒;12. 投影屏;13. 称盘;14. 盘托;15. 螺旋脚;16. 垫脚;17. 升降旋钮;18. 调屏拉杆

(1) 天平横梁是天平的主要部件,一般由铝合金制成。三个玛瑙(SiO_2)刀等距安装在梁上,梁的两端装有两个平衡铊,用来调节横梁的平衡位置(即粗调零点)。梁的中间装有垂直向下的指针,用以指示平衡位置。支点刀的后上方装有重心铊,用以调整天平的灵敏度。

(2) 天平正中是立柱,安装在天平底板上。柱的上方嵌有一块玛瑙平板,与支点刀口相接触。柱的上部装有能升降的托梁架,关闭天平时它托住横梁,与刀口脱离接触,以减少磨损。柱的中部装有空气阻尼器的外筒。

(3) 悬挂系统：① 吊耳，它的平板下面嵌有光面玛瑙，与力点刀口相接触，使吊钩及称盘、阻尼器内筒能自由摆动。② 空气阻尼器，由两个特制的铝合金圆筒构成，外筒固定在立柱上，内筒挂在吊耳上。两筒间隙均匀，没有摩擦，开启天平后内筒能自由上下运动，由于筒内空气阻力的作用，使天平横梁很快停摆而达到平衡。③ 称盘，两个称盘分别挂在吊耳上，左盘放被称物，右盘放砝码。

吊耳、阻尼器内筒、称盘等部件上应分别标上左"1"、右"2"的字样，安装时要分左右配套使用。

(4) 读数系统：指针下端装有缩微标尺，光源通过光学系统将缩微标尺上的分度线放大，再反射到光屏上，从屏上可看到标尺的投影，中间为零，左负右正。光屏中央有一条垂直刻线，标尺投影与该线重合处即天平的平衡位置。天平箱下的调屏拉杆可将光屏在小范围内左右移动，用于细调天平的零点。

(5) 天平升降旋钮：位于天平底板正中，它连接托翼、盘托和光源开关。开启天平时，顺时针旋转升降旋钮，托翼即下降，梁上的三个刀口与相应的玛瑙平板接触，使吊钩及称盘自由摆动，同时接通了光源，屏幕上显出了标尺的投影，天平已进入工作状态。停止称量时，关闭升降旋钮，则横梁、吊耳及称盘被托住，刀口与玛瑙平板脱离，光源切断，天平进入休止状态。

(6) 天平箱下装有三个脚，前面的两个脚带有旋钮，可使天平底板升降，用以调节天平的水平位置。天平立柱的后上方装有气泡水平仪，用来指示天平的水平位置。

(7) 机械加码装置：转动圈码指数盘，可使天平梁右端吊耳上加 10～990 mg 圈形砝码。指数盘上印有圈码的质量值，内层为 10～90 mg 组，外层为 100～900 mg 组。

(8) 砝码：每台天平都附有一盒配套使用的砝码，盒内装有 1，2，2，5，10，20，20，50，100 g 的三等砝码共 9 个。标称值相同的两个砝码，其实际质量可能有微小的差别，所以规定其中的一个用单点"·"或者单星"★"作标记以示区别。应用镊子取放砝码，用完及时放回盒内并盖严。

我国生产的砝码(不包括机械挂码)分为 5 个等级，其中一等和二等砝码主要在计量部门作为标准砝码使用，三等至五等砝码为工作用砝码。双盘分析天平通常配置三等砝码。

修订后的国家计量检定规程《砝码》(JJG 99—1990)中采用了国际建议，将砝码按其有无修正值而分为两类：有修正值的砝码又分为一等和二等，其质量按标称值加修正值计；无修正值的砝码又分为 9 个级别，其质量按标称值计。三等砝码与这里的四级砝码的精度相近。国家标准中规定的砝码质量允差列于表 2.26(仅列出常量分析天平上使用的部分砝码)。

表 2.26 砝码的质量允差(引自国家标准 GB 4167—1984)

标称质量 \ 允差/mg(±) \ 等级	1	2	3	4	5
100 g	0.4	1.0	2	5	25
50 g	0.3	0.6	2	3	15
20 g	0.15	0.3	1.0	2	10
10 g	0.10	0.2	0.8	1	5
5 g	0.05	0.15	0.4	1	5
2 g	0.05	0.10	0.4	1	5
1 g	0.05	0.10	0.4	1	5
500 mg	0.03	0.05	0.2	1	5
200 mg	0.03	0.05	0.2	1	5
100 mg	0.03	0.05	0.2	1	5
50 mg	0.02	0.05	0.2	1	—
20 mg	0.02	0.05	0.2	1	—
10 mg	0.02	0.05	0.2	1	—

砝码产品均应附有质量检定证书,无检定证书或其他合格印记的砝码不能使用。砝码使用一定时间(一般为一年)后应对其质量进行校准。

砝码在使用及存放过程中要保持清洁,三等及三等以上的砝码不能赤手拿取,要防止摔落划伤或腐蚀砝码表面,应定期用无水乙醇或丙酮擦拭,擦拭时应使用真丝绸布或麂皮,并要避免使溶剂渗入砝码的调整腔。

2. 使用方法

分析天平是精密仪器,使用时要认真、仔细,要预先熟悉使用方法,否则使得称量结果不准确或损坏天平部件。

(1) 取下防尘罩,叠平后放在天平箱上面,并检查天平是否水平,称盘是否洁净,硅胶(干燥剂)容器是否接触称盘,圈码指数盘是否在“000”位,圈码有无脱位,吊耳是否错位等。

(2) 调节零点:接通电源,打开升降旋钮,此时在光屏上可以看到标尺的投影在移动。当标尺稳定后,如果屏幕中央的刻线与标尺上的“0”线不重合,可拨动调屏拉杆,移动屏幕的位置,使屏中刻线恰好与标尺中的“0”线重合,即调定零点。如果屏幕移到尽头仍调不到零点,则需关闭天平,调节横梁上的平衡铊(这一操作由教师进行),再开启天平继续拨动调屏拉杆,直到调定零点,然后关闭天平,准备称量。

(3) 称量:将欲称物体先在架盘药物天平(本书统称其为台秤)或百分之一电子天平上粗称,然后放到天平左盘中心,根据粗称的数据在天平右盘上加砝码至克位。半开天平,观察标尺移动方向或指针的倾斜方向(若是砝码加多了,则标尺的投影向右移,指针向左倾斜),以判断所加砝码是否合适及如何调整。克组砝码调定后,再依次调定百毫克组及十毫克组圈码,每次从中间量(500 mg,50 mg)开始调节。十毫克组圈码调定后,完全开启天平,准备读数。

调整砝码的顺序是:由大到小、依次调定。砝码未完全调定时不可完全开启天平,以免横梁过度倾斜,以至于造成错位或吊耳脱落!

(4) 读数:砝码调定后,关闭天平门,全开天平,待标尺停稳后即可读数,被称物的质量等于砝码总量加标尺读数(均以克计)。

(5) 复原:称量、记录完毕,随即关闭天平,取出被称物,将砝码夹回盒内,圈码指数盘退回到"000"位,关闭两侧门,盖上防尘罩。

2.9.5　单盘天平

定量化学分析实验课中使用 DT-100 型单盘分析天平,在此简单介绍其构造原理、性能特点及使用方法。

1. 技术规格及构造原理

DT-100 型是不等臂横梁、全机械减码式电光分析天平。精度级别为四级,最小分度值为 0.1 mg,最大载荷 100 g,机械减码范围 0.1～99 g,标尺显示范围 −15～+110 mg,微读窗口显示 0.0～1.0 mg。毫克组砝码的组合误差不大于 0.2 mg,克组及全量砝码的组合误差不大于 0.5 mg。

图 2.20 是单盘天平主要部件的示意图,它可以表示不等臂天平的称量原理。横梁上只有一个支点刀,用来承载悬挂系统,内含砝码和称盘都在这一悬挂系统中。横梁的另一端挂有配重铊和阻尼活塞,并安装了缩微标尺。

天平空载时,砝码都挂在悬挂系统中的砝码架上。开启天平后,合适的配重铊使天平横梁处于水平平衡状态,当被称物放在称盘上后,悬挂系统由于增加重量而下沉,横梁失去原有的平衡,为了使天平保持平衡,必须减去与被称物重量相当的砝码,即用被称物替代了悬挂系统中的内含砝码,这就是不等臂单盘天平(即双刀替代天平)的称量原理。这种天平的称量方法属于"替代称量法"。

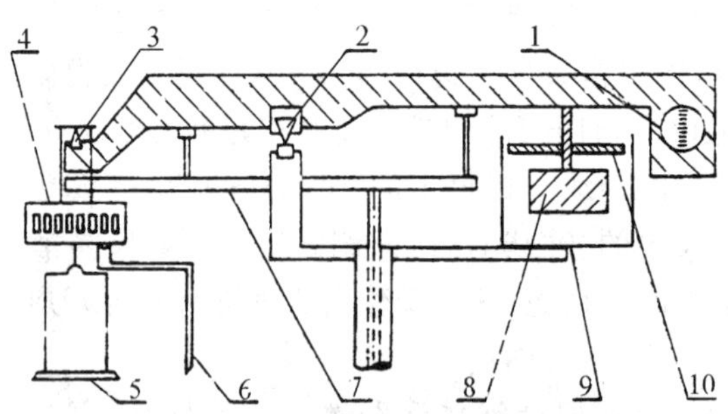

图 2.20　单盘天平横梁及悬挂系统示意图

1. 缩微标尺;2. 支点刀;3. 承重刀;4. 砝码架;5. 称盘;6. 减码托;7. 托梁架;8. 配重铊;9. 阻尼筒;10. 阻尼活塞

2. 性能特点

单盘天平的性能优于双盘天平，主要有以下特点：

(1) 感量(或灵敏度)恒定。杠杆式等臂天平的感量，空载时和重载时往往不完全一样，即随着横梁负载的改变而略有变化。而单盘天平在使用过程中其横梁的负载是不变的，因此，感量也是不变的。

(2) 没有不等臂性误差。双盘天平的两臂长度不一定完全相等，因此，往往存在一定的不等臂性误差。而单盘天平的砝码和被称物同在一个悬挂系统中，承重刀与支点刀之间的距离是一定的，所以不存在不等臂性误差。由于采用"替代称量法"，其称量误差主要来源于内含砝码，而这种天平的棒状砝码(属于机械挂码)的精确度很高，优于二等砝码，这一点可从表2.23和表2.26中的质量允差数据得到证明。

(3) 称量速度快。天平设有半开机构，可以在半开状态下调整砝码。横梁在半开时可轻微摆动，使光屏上的标尺投影能显示约15个分度，足以判断调整砝码的方向，明显地缩短了调整砝码的时间。又由于阻尼器(活塞式结构)效果好，使标尺平衡速度快(10～15 s)，所以，称量速度明显快于双盘天平。

3. 使用方法

见实验3.1。

4. 称量方法

根据不同的称量对象，须采用相应的称量方法。对机械天平而言，大致有以下几种常用的称量方法：

(1) 直接法。天平零点调定后，将被称物直接放在称量盘上，所得读数即被称物的质量。这种称量方法适用于称量洁净干燥的器皿、棒状或块状的金属等。注意：不得用手直接取放被称物，但可采用戴汗布手套、垫纸条、用镊子或钳子等适宜的办法。

(2) 差减法。取适量待称样品置于一洁净干燥的容器(称固体粉状样品用称量瓶，称液体样品可用小滴瓶)中，在天平上准确称量后，转移出欲称量的样品置于实验器皿中，再次准确称量，两次称量读数之差即所称取样品的质量。如此重复操作，可连续称取若干份样品。这种称量方法适用于一般的颗粒状、粉状及液态样品。由于称量瓶和滴瓶都有磨口瓶塞，对于称量较易吸湿、氧化、挥发的试样很有利。称量瓶的使用方法见实验3.1。

(3) 固定量称量法(增量法)。直接用标准物质配制标准溶液时，有时需要配成一定浓度值的溶液，这就要求所称标准物质的质量必须是一定的。例如，配制100 mL含钙1.000 $mg \cdot mL^{-1}$的标准溶液，必须准确称取0.2497 g $CaCO_3$基准试剂。其称量方法是：准确称量一洁净干燥的小烧杯(50或100 mL)，读数后再适当调整砝码，在天平半开状态下小心缓慢地向烧杯中加$CaCO_3$试剂，直至天平读数正好增加了0.2497 g为止。这种称量法的操作速度较慢，适用于不易吸湿的颗粒状(最小颗粒应小于0.1 mg)或粉末状样品的称量。

如果使用电子天平进行增量法称量就非常快捷。

2.9.6 电子天平

电子天平是最新一代的天平,它是利用电子装置完成电磁力补偿的调节,或通过电磁力矩的调节,使物体在重力场中实现力矩的平衡。

自动调零、自动校准、自动扣皮和自动显示称量结果是电子天平最基本的功能。这里的"自动",严格地说应该是"半自动",因为需要经人工触动指令键后方可自动完成指定动作。

1. 基本结构及称量原理

随着现代科学技术的不断发展,电子天平产品的结构设计一直在不断改进和提高,向着功能多、平衡快、体积小、重量轻和操作简便的趋势发展。但就其基本结构和称量原理而言,各种型号的电子天平都是大同小异的。

常见电子天平的结构是机电结合式的,核心部分是由载荷接受与传递装置、测量及补偿控制装置两部分组成。常见电子天平的基本结构及称量原理示意如图 2.21。

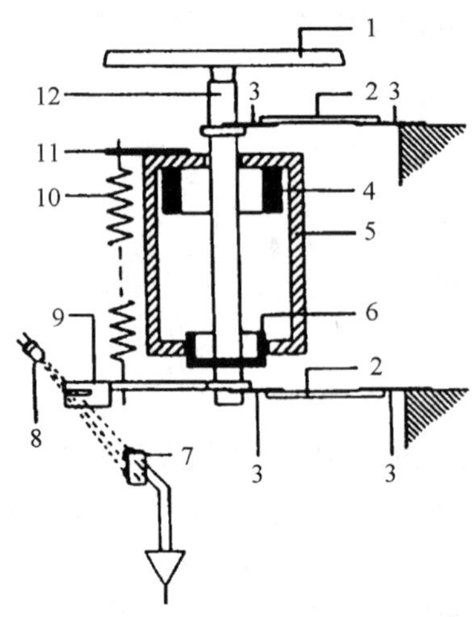

图 2.21 电子天平基本结构示意图

1. 称量盘;2. 平行导杆;3. 挠性支承簧片;4. 线性绕组;5. 永久磁铁;6. 载流线圈;7. 接收二极管;8. 发光二极管;9. 光阑;10. 预载弹簧;11. 双金属片;12. 盘支承

载荷接受与传递装置由称量盘、盘支承、平行导杆等部件组成,它是接受被称物和传递载荷的机械部件。平行导杆是由上下两个三角形导向杆形成一个空间的平行四边形(从侧面看)结构,以维持称量盘在载荷改变时进行垂直运动,并可避免称量盘倾倒。

载荷测量及补偿控制装置是对载荷进行测量,并通过传感器、转换器及相应电路进行补偿和控制的部件单元。该装置是机电结合式的,既有机械部分,又有电子部分,包括示位器(如图 2.21 中的 7,8,9)、补偿线圈、电力转换器的永久磁铁,以及控制电路等部分。

电子装置能记忆加载前示位器的平衡位置。所谓自动调零，就是能记忆和识别预先调定的平衡位置，并能自动保持这一位置。称量盘上载荷的任何变化都会被示位器察觉并立即向控制单元发出信号。当称盘上加载后，示位器发生位移并导致补偿线圈接通电流，线圈内就产生垂直的力，这种力作用于称盘上的外力，使示位器准确地回到原来的平衡位置。载荷越大，线圈中通过电流的时间越长；通过电流的时间间隔是由通过平衡位置扫描的可变增益放大器来调节的，而且这种时间间隔直接与称盘上所加载荷成正比。整个称量过程均由微处理器进行计算和调控。这样，当称盘上加载后，即接通了补偿线圈的电流，计算器就开始计算冲击脉冲，达到平衡后，就自动显示出载荷的质量值。

目前的电子天平多数为上皿式(即顶部加载式)，悬盘式已很少见，内校式(标准砝码预装在天平内，触动校准键后由马达自动加码并进行校准)多于外校式(附带标准砝码，校准时夹到称盘上)，使用非常方便。

自动校准的基本原理是，当人工给出校准指令后，天平便自动对标准砝码进行测量，而后微处理器将标准砝码的测量值与存储的理论值(标准值)进行比较，并计算出相应的修正系数，存于计算器中，直至再次进行校准时方可能改变。

2. 称量方法

用电子天平进行称量，快捷是其主要特点。下面介绍几种最常用的称量方法。

(1) 直接法与差减法：这两种方法与在机械天平上使用称量瓶称取试样相同，参见2.9.5小节，这里不再赘述。

(2) 增量法：将干燥的小容器(例如小烧杯)轻轻放在天平称盘上，待显示平衡后按“TARE”键扣除皮重并显示零点(参见图3.4和图3.5)，然后往容器中缓缓加入试样并观察屏幕，当达到所需质量时停止加样，显示平衡后即可记录所称取试样的净重。采用此法进行称量，最能体现电子天平称量快捷的优越性。

(3) 减量法：相对于增量法而言，减量法是以天平上的容器内试样量的减少值为称量结果。当用不干燥的容器(例如烧杯、锥形瓶)称取样品时，不能用增量法。为了节省时间，可采用此法：用称量瓶粗称试样后放在电子天平的称盘上，显示稳定后，按一下“TARE”键使显示为零，然后取出称量瓶向容器中敲出一定量样品，再将称量瓶放在天平上称量，如果所示质量(不管“－”号)达到要求范围，即可记录称量结果。若需连续称取第二份试样，则再按一下“TARE”键，示零后向第二个容器中转移试样。以此类推。

此种电子天平的功能较多，除上述在分析化学实验中常用的几种称量方法外，还有几种特殊的称量方法及数据处理显示方式，这里不予介绍，使用时可参阅天平说明书。

3. 使用注意事项

(1) 通电预热、开机、校准均由实验室工作人员或指导教师负责完成，学生只用“TARE”键，不要触动其他控制键。

(2) 此天平的自重较小，容易被碰位移，从而可能造成水平改变，影响称量结果的准确性。所以应特别注意使用时动作要轻、缓,并时常检查水平是否改变。

(3) 要注意克服可能影响天平示值变动性的各种因素,例如空气对流、温度波动、容器不够干燥、开门及放置被称物时动作过重等。

(4) 其他有关的注意事项与机械天平大致相同。

2.9.7 液体样品的称量

液体样品的准确称量比较麻烦。根据不同样品的性质而有多种称量方法,主要有以下三种:

(1) 性质较稳定、不易挥发的样品:可装在干燥的小滴瓶中用差减法称量,最好预先粗测每滴样品的大致质量。

(2) 较易挥发的样品:可用增量法称取。例如,称取浓盐酸试样时,可先在100 mL具塞锥形瓶中加入20 mL水,准确称量后快速加入适量的样品,立即盖上瓶塞,再进行准确称量,随后即可进行测定(例如用NaOH溶液滴定HCl溶液)。

(3) 易挥发或与水作用强烈的样品:需要采取特殊的办法进行称量。例如,冰乙酸样品可用小称量瓶准确称量,然后连瓶一起放入已装有适量水的具塞锥形瓶,摇动使称量瓶盖子打开,样品与水混合后进行测定。发烟硫酸及硝酸样品一般采用直径约10 mm、带毛细管的安瓿球称取。已准确称量的安瓿球经火焰微热后,迅速将其毛细管插入样品中,球泡冷却后可吸入1~2 mL样品,然后用火焰封住毛细管尖再准确称量。将安瓿球放入盛有适量水的具塞锥形瓶中,摇碎安瓿球,样品与水混合并冷却后即可进行测定。

2.9.8 使用天平的注意事项

(1) 称量前的准备工作:被称物要在天平室放置足够时间,以使其温度与天平室温度达到平衡。电子天平要进行通电预热,预热时间要遵循产品说明书中的规定。如果室内外温差大,要减少天平室门的敞开时间,以控制天平室内温度的波动和空气对流。

(2) 开、关天平的停动手钮,开、关侧门,加、减砝码,放、取被称物等操作,其动作都要轻、缓,切不可用力过猛,否则,往往可能造成天平部件脱位。

(3) 调定零点和记录称量读数后,都要随手关闭天平(停动手钮)。加、减砝码和放置被称物都必须在关闭状态下进行(单盘天平允许在半开状态下调整砝码),砝码未调定时不可完全开启天平。

(4) 调零点和读数时必须关闭两个侧门,并完全开启天平。双盘天平的前门仅供安装和检修天平时使用。

(5) 如果发现天平不正常,应及时报告指导教师或实验室工作人员,不要自行处理。

(6) 称量完毕,应随时将天平复原,并检查天平周围是否清洁。

3 化学分析

3.1 基本实验

3.1.1 分析天平称量练习

实验 3.1 分析天平称量练习

【目的】

天平是定量分析化学实验中最基本的仪器，定量分析的结果通常都基于待测物质的准确称量。因此，分析测定的第一步常常是天平称量。通过本实验：

(1) 学习分析天平的基本操作和固体样品的称量方法。

(2) 掌握万分之一(或千分之一)电子天平的操作方法，并了解单盘分析天平的"半开状态"功能和操作方法。

(3) 经过多次称量练习，尽量能够在 15 min 内完成本实验所规定的称量操作：称出的两份样品质量均在 0.3～0.4 g 之间；称量瓶质量的减少值(m_s)与对应坩埚的质量增加值(m'_s)之间的偏差不大于 0.4 mg。

(4) 培养准确、简明地记录原始实验数据的习惯，不得涂改数据，不得将测量数据记在实验记录本以外的任何地方。

【原理】

见 2.9 节。

【试剂及仪器】

$CuSO_4 \cdot 5H_2O$(仅供称量练习用)。

称量瓶，瓷坩埚，坩埚钳(均在天平室公用)。

单盘分析天平：DT-100 型，100 g/0.0001 g；也可用其他类型的分析天平。

电子天平：220 g/0.0001 g(万分之一)；150 g/0.001 g(千分之一)。

【实验内容】

(1) 取两个瓷坩埚，在分析天平上称准至 0.1 mg，记录为 m_0 和 m'_0。

(2) 取一个称量瓶(图 3.1),先在台秤或千分之一电子天平上粗称其大致质量,然后加入约1 g $CuSO_4 \cdot 5H_2O$(图 3.2)。在分析天平上精确称量盛有 $CuSO_4 \cdot 5H_2O$ 的称量瓶,记录为 m_1;用瓶盖轻敲瓶口上沿(图 3.3),转移出 0.3～0.4 g 样品至第一个坩埚中,估计倾出的样品已够量时,再边敲瓶口,边扶正瓶身;盖好瓶盖后方可将称量瓶移开容器上方,准确称量并记录称量瓶的剩余量 m_2。以同样方法再转移出 0.3～0.4 g 样品,称量并记录称量瓶的剩余量 m_3。

(3) 分别精确称量两个盛有 $CuSO_4 \cdot 5H_2O$ 的瓷坩埚,记录其质量为 m'_1 和 m'_2。

(4) 参照表 3.1 的格式记录实验数据并计算实验结果。

(5) 经过几轮称量练习后,再做一次计时称量练习,以检验称量操作的熟练程度。

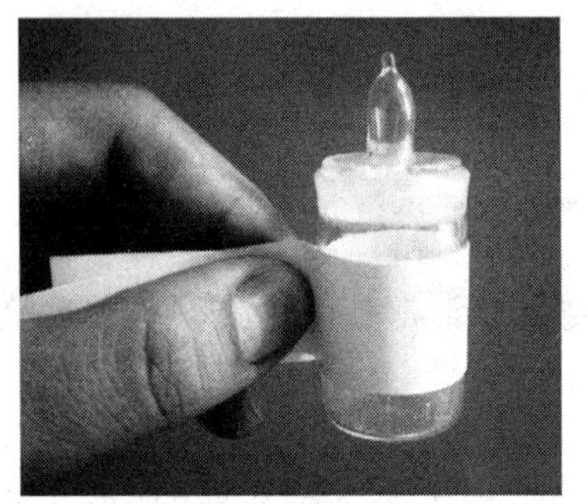

图 3.1　称量瓶

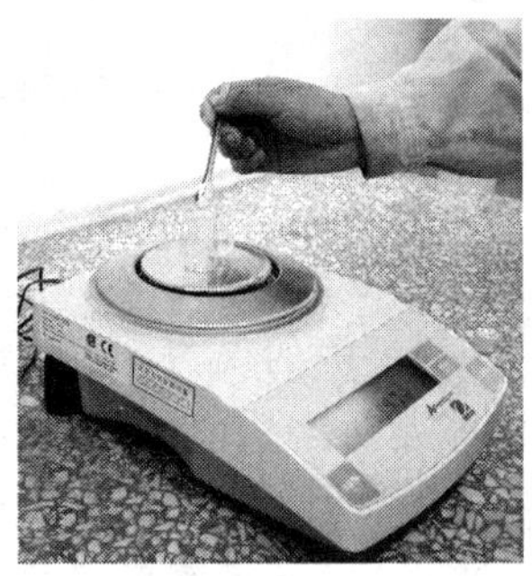

图 3.2　粗称样品

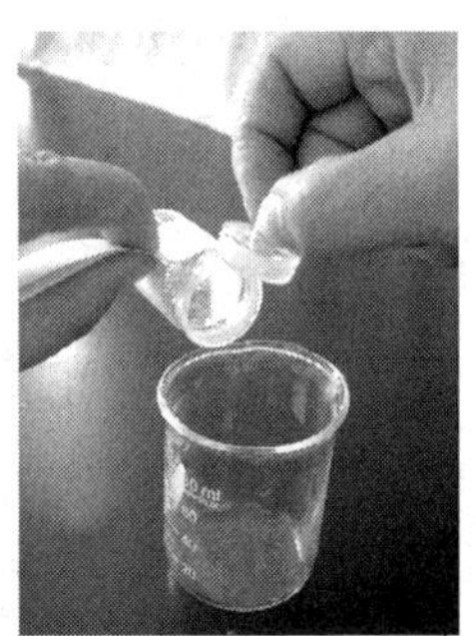

图 3.3　倾出样品(定量转移)

表 3.1　称量练习记录格式示例

称量物	第一份	第二份
称量瓶＋试样重	m_1 = 16.6839 g	m_2 = 16.3628 g
	m_2 = 16.3628 g	m_3 = 16.0113 g
称出试样重	m_{s1} = 0.3211 g	m_{s2} = 0.3515 g
坩埚＋称出试样重	m'_1 = 18.5730 g	m'_2 = 20.2336 g
空坩埚重	m_0 = 18.2517 g	m'_0 = 19.8817 g
坩埚中的试样重	m'_{s1} = 0.3213 g	m'_{s2} = 0.3519 g
偏差	$\|m_{s1} - m'_{s1}\|$ = 0.2 mg	$\|m_{s2} - m'_{s2}\|$ = 0.4 mg

【分析天平使用方法】

1. BP210S 型电子天平的使用方法

BP210S 型电子天平是多功能、上皿式常量分析天平,感量为0.1 mg,最大载荷为 210 g。其外形如图 3.4 所示,其显示屏和控制键板如图 3.5 所示。

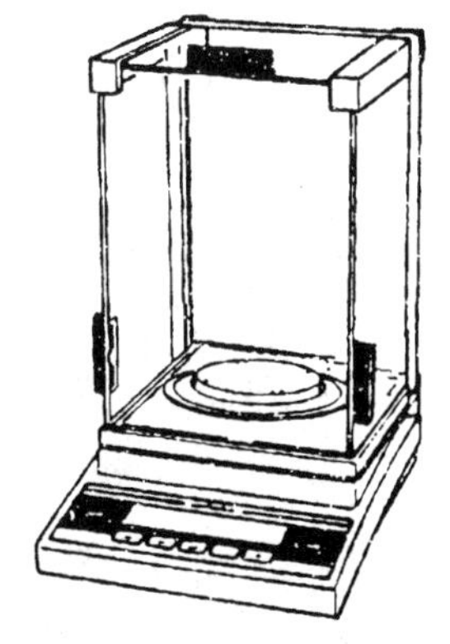

图 3.4 BP210S 型电子天平外形

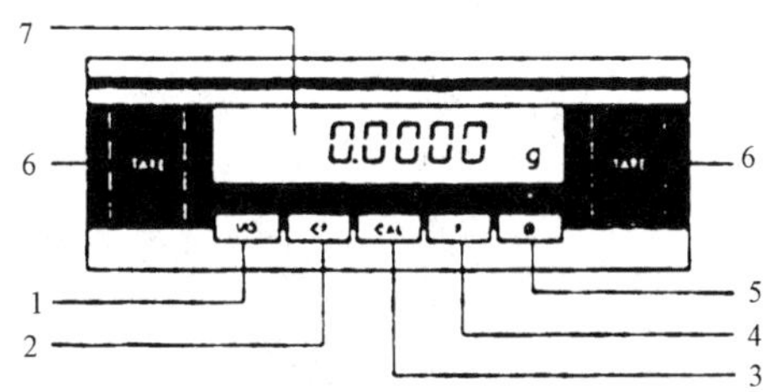

图 3.5 BP210S 型天平显示屏及控制板

1. 开/关键；2. 清除键(CF)；3. 校准/调整键(CAL)；4. 功能键(F)；5. 打印键；6. 除皮/调零键(TARE)；7. 质量显示屏

一般情况下，只使用开/关键、除皮/调零键和校准/调零键。其操作步骤如下：

(1) 接通电源(电插头)，屏幕右上角显出一个“o”，预热 30 min 以上。

(2) 检查水平仪(在天平后面)，如不水平，应通过调节天平前边左、右两个水平支脚而使其达到水平状态。

(3) 按一下开/关键，显示屏很快出现“0.0000 g”。

(4) 如果显示不正好是“0.0000 g”，则要按一下“TARE”键。

(5) 将被称物轻轻放在称盘上，这时可见显示屏上的数字在不断变化，待数字稳定并出现质量单位“g”后，即可读数并记录称量结果。

(6) 称量完毕，取下被称物。如果不久还要继续使用天平，可暂不按开/关键，天平将自动保持零位，或者按一下开/关键(但不可拔下电源插头)，让天平处于待机状态，即显示屏上数字消失，左下角出现一个“o”，再来称样时按一下开/关键就可使用。如果较长时间(半天以上)不再使用天平，应拔下电源插头，盖上防尘罩。

(7) 如果天平长时间没有用过，或天平移动过位置，应进行一次校准。校准要在天平通电预热 30 min 以后进行，步骤是：调整水平，按下开/关键，显示稳定后如不为零则按一下“TARE”键，稳定地显示“0.0000 g”后，按一下校准/调整键(CAL)，天平将自动进行校准，屏幕显示出“CAL”，表示正在进行校准。十秒钟左右，“CAL”消失，表示校准完毕，应显示出“0.0000 g”，如果显示不正好为零，可按一下“TARE”键，然后即可进行称量。

2. DT-100 型机械天平的使用方法

分析天平的外形及各操作机构见图 3.6 和图 3.7。

(1) 准备工作：取下防尘罩，叠平后放在天平顶罩上；检查天平称盘是否干净；检查圆水准器,如果气泡偏离中心,则缓慢旋动左边或右边的调整脚螺丝,使气泡位于中心;如果减码数字窗口不为“0”,则调节相应的减码手轮以及微读手钮,使各窗口显示数字均为“0”(图 3.8);将电源开关向上扳(向下扳用于检修)。

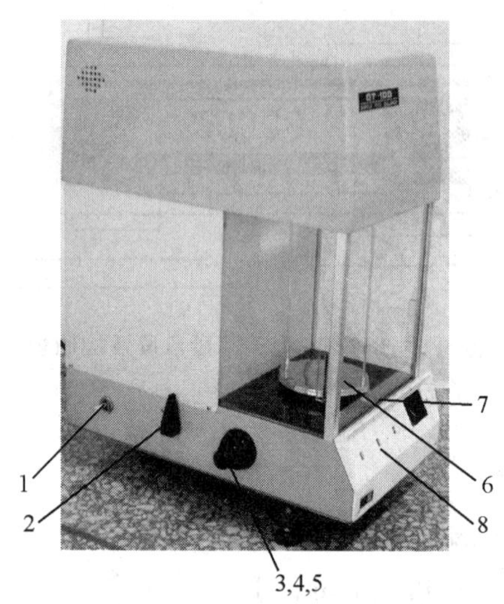

图 3.6 DT-100 型天平左侧外观

1. 电源开关;2. 停动手钮;3. 0.1～0.9 g 减码手轮;4. 1～9 g 减码手轮;5. 10～90 g 减码手轮;6. 称盘;7. 圆水准器;8. 减码数字窗口

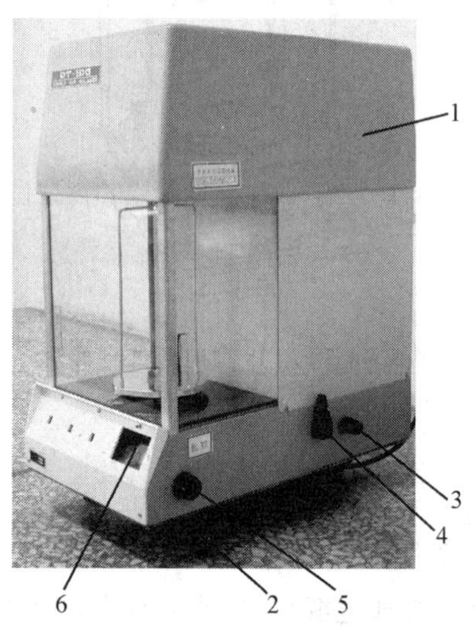

图 3.7 DT-100 型天平右侧外观

1. 顶罩;2. 减震脚垫与调整脚螺丝;3. 调零手钮;4. 停动手钮;5. 微读手钮;6. 投影屏与微读数字窗口

(2) 校正天平零点:停动手钮是天平的总开关,控制托梁架的起落和光源的开闭。关闭时,手钮处于垂直状态。将停动手钮缓慢向前转动约 90°(即其尖端指向操作者),天平即呈开启状态,投影屏上显现缓慢移动的标尺投影。待标尺“停稳”后,旋动调零手钮,使标尺上的“00”刻度线位于投影屏的黑色夹缝中(图 3.9),关闭天平。

图 3.8 DT-100 型天平减码数字窗口

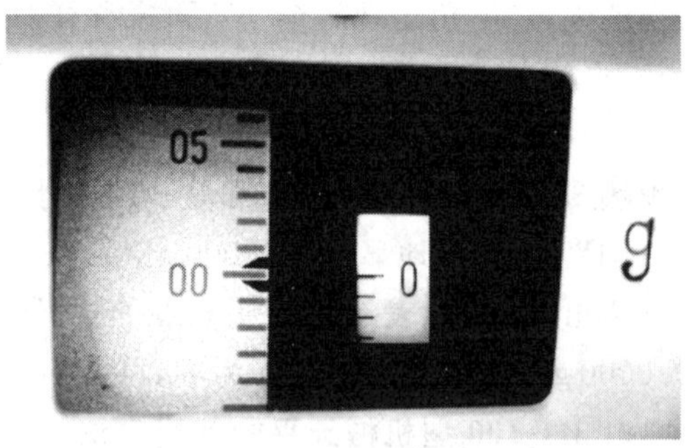

图 3.9 DT-100 型天平投影屏与标尺读数示意

(3) 称量：推开天平侧门，置被称物于称盘中心，关上侧门。将停动手钮向后扳约 30°，天平即呈“半开”状态，投影屏上的标尺显示 20 mg 左右，半开状态仅供粗调砝码使用。先转动 10～90 g 组的减码手轮，同时观察投影屏中标尺的移动情况，当转动手轮至标尺显负值时，随即减少 10 g。接着，以同样的操作方式依次转动 1～9 g 组的减码手轮和 0.1～0.9 g 组的减码手轮，直至观察到增加或减少 0.1 g 砝码引起标尺向不同方向移动时，旋转停动手钮，使天平处于“全开”状态(天平由半开经过关闭再至全开状态，此时操作一定要轻、慢)。待标尺停稳后，再转动微读手钮使投影屏上离夹线最近的一条分度线移至夹线中央(图 3.9)，读数。重复一次关、开天平的操作，若标尺的平衡位置没有改变(或变动值不超过0.1 mg)即可记录读数。标尺上每一分度为 1 mg，微读窗口的分度值为 0.05 mg(刻度范围 0～10，即0.0～1.0 mg)。记录读数后，随即关闭天平。

注意：不可将微读手钮向<0 或>10 的方向用力转动，否则造成微读调节不可逆转，只有拆卸天平才能复原。

(4) 结束称量：取出被称物，关闭侧门，将各显示窗口的数字恢复为零。重复校正零点的操作。关闭电源开关，罩好天平，并清洁台面。

【说明】

(1) 若天平出现故障或调不到零点时，应及时报告指导教师，不得擅自处理。

(2) 本实验所用的 $CuSO_4 \cdot 5H_2O$ 固体试样可循环使用。

(3) 同时预习 2.9 节中有关分析天平的结构与操作原理的内容。注意在用称量瓶瓶盖轻敲瓶口上沿转移样品的过程中，边敲边观察样品的转移量，并保证没有损失。切不可在敲口时，就将瓶身和瓶盖离开盛接样品的容器口。

(4) 不可直接用手拿握称量瓶，要用纸条套住瓶身(见图 3.1)，这样可以避免手汗和体温的影响。

(5) 单盘分析天平在半开状态下可以加减砝码，但全开状态下不允许加减砝码。不论是半开还是全开状态，一律不准取放称量物。半开状态不得读取称量数据。

【选做内容】

用分析天平准确称量实验室提供的称量物品(每盒 10 支)，记录数据($n \leqslant 10$)。试计算物品质量的平均值、极差、相对极差、平均偏差、标准差、变异系数(相对标准差)和平均值的标准差，并对计算结果进行讨论。

思考题

1. 开启分析天平之前应做哪些准备工作?
2. 本实验中为何要求称量偏差不大于 0.4 mg?

3. 在什么情况下,必须使用称量瓶称取样品?使用称量瓶时,如何操作才能保证样品不致损失?

4. 产生天平示值变动性误差的原因大致有哪些?使用天平时如何避免示值的变动性超差?

5. 了解机械天平与电子天平在称量方法上有什么不同。本实验涉及哪几种称量方法?针对本实验内容,如何使称量过程既省时,结果又准确可靠?如果用电子天平完成本实验内容,可采用哪几种称量方法?

化学试剂安全

● $CuSO_4 \cdot 5H_2O$[胆矾,copper(Ⅱ)sulfate]

对皮肤、眼睛、胃肠道有刺激性。本身不燃,受高热会分解产生有毒的硫化物烟气。用后及时密封,储存于阴凉、通风处,远离火种、热源,并与酸类、碱类分开存放。

3.1.2 玻璃仪器的洗涤

实验3.2 玻璃仪器的清点与洗涤

【目的】

了解定量化学分析实验常用的玻璃仪器;了解并学习不同玻璃仪器的洗涤方法,以及使用铬酸洗液的注意事项;学习为酸式滴定管旋塞涂渍凡士林油、试漏,为碱式滴定管排气泡、试漏;初步掌握移液管、滴定管的使用方法。

【实验内容】

对照附录31仪器清单,认真核查各类仪器的规格、数量和质量(在以后的实验中保管好这些仪器,若有损坏或丢失,应及时补齐)。用铬酸洗液洗涤容量瓶、移液管和滴定管;用合成洗涤剂稀释液洗涤其他玻璃器皿。将洗净后的玻璃仪器外壁擦干,整齐有序地放入实验柜内,锁好柜门。

(1) 滴定管的操控:酸式、碱式滴定管的滴定操控一律用左手。由图3.10和图3.11可见,酸式滴定管的握塞方式是左手无名指及小指弯曲并位于管的左侧,其他三个手指控制旋塞(手指尖接触旋塞柄),手心内凹,以防止触动旋塞尾部而造成漏液。碱式滴定管的操作是用左手拇指与食指的指尖向玻璃珠右外侧推挤乳胶管,使胶管与玻璃珠之间形成一道缝隙,溶液即可流出。

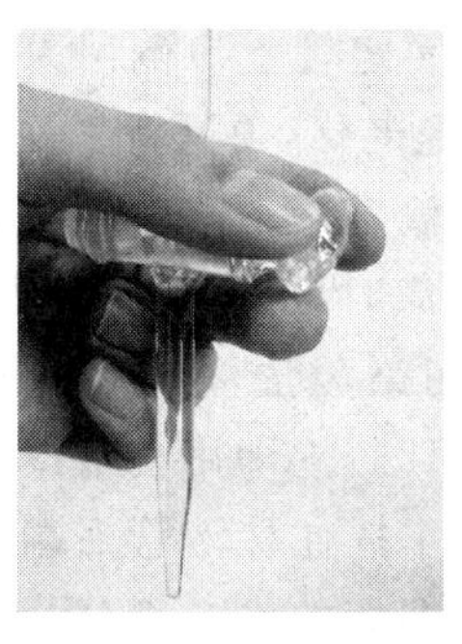

图 3.10 酸式滴定管旋塞操作示意

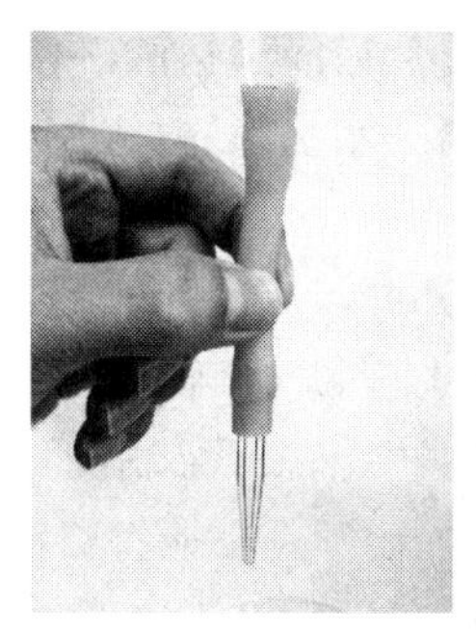

图 3.11 碱式滴定管操作示意

(2) 酸式滴定管的洗涤：尽量空干滴定管中的残余水分，关闭旋塞，向管内灌满铬酸洗液并将其夹在滴定台上。浸泡 10～15 min 后，将洗液分别从滴定管的上口和下尖嘴处倒回原瓶。先用自来水涮洗三次，再用去离子水润洗三次，每次用水约 10 mL。同样，将洗涤水分别从滴定管的上口和下尖嘴处排出，从上口倒出的同时应缓缓转动管身，使管内壁均被浸洗。洗净的滴定管倒挂在滴定台上备用。

(3) 酸式滴定管旋塞涂油：将滴定管中的水分尽量空干，平放在实验台上，抽出旋塞。在旋塞外包缠一片滤纸，插入旋塞套内，转动旋塞(此时滤纸不转动)；再带动滤纸一起转动数次，这样可以擦去旋塞表面和旋塞套内的水及油污；更换滤纸，重复上述操作直至擦净。将最后一张滤纸暂留在旋塞套内(防止为旋塞涂油时滴定管中的水分润湿旋塞套内表面)，抽出旋塞，用手指均匀地涂上薄薄一层凡士林(图 3.12)。随后取出滤纸并将旋塞插入旋塞套内(图 3.13)，沿同一方向旋转多次，此时旋塞部位应呈透明，否则说明未擦干净或凡士林涂渍不均匀，需重新处理。为保证涂油后滴定管不漏液，要注意两点：一是要彻底擦净旋塞；二是凡士林要涂得少而匀，涂油过多不但影响密封性，还会堵塞旋塞通道。

为了避免旋塞脱落损坏，应在旋塞末端套一个橡皮圈。注意：套橡皮圈时要用拇指抵住旋塞柄(图 3.14)，否则极易因用力过度而使旋塞脱落摔坏。

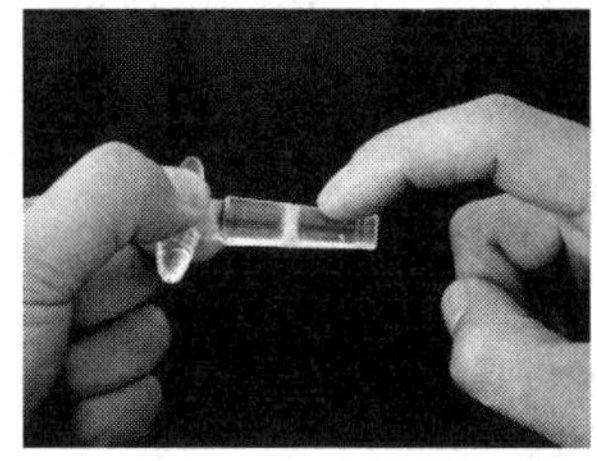

图 3.12 给旋塞涂凡士林

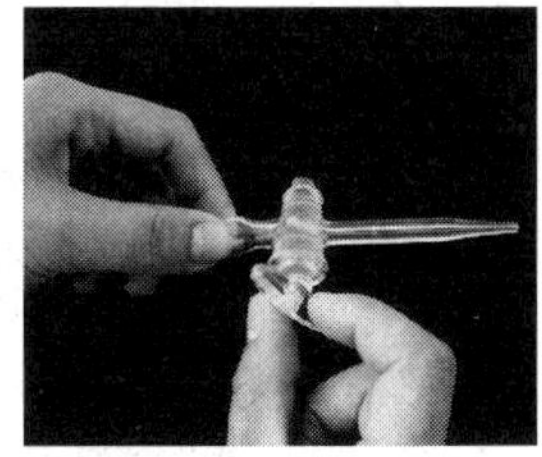

图 3.13 插入并旋转旋塞

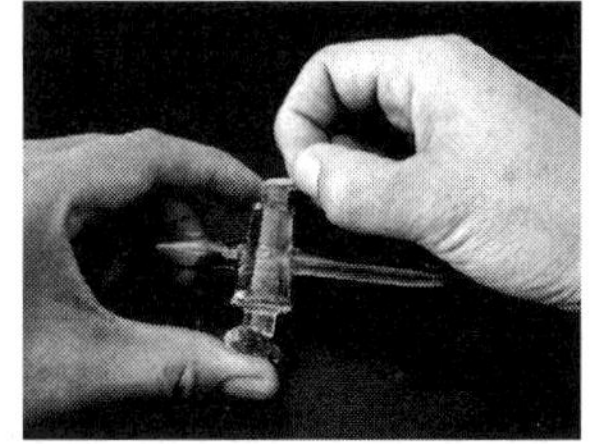

图 3.14 给旋塞套橡皮圈

(4) 酸式滴定管试漏：涂有凡士林的滴定管旋塞应该润滑且不漏水。检验方法是，将滴定管灌满水并夹在滴定台上，10 min 后观察是否渗漏；将旋塞转动 180°再试一次，如果漏水应重新涂油或更换滴定管。

(5) 碱式滴定管的洗涤：将乳胶管中的玻璃珠向上推至与管身下端相触(以阻止洗液与

乳胶管接触),然后灌满铬酸洗液。浸泡几分钟后,将洗液从滴定管上口倒回原瓶,再依次用自来水和去离子水洗净,每次用水 10 mL 左右。若乳胶管已经老化,须更新。

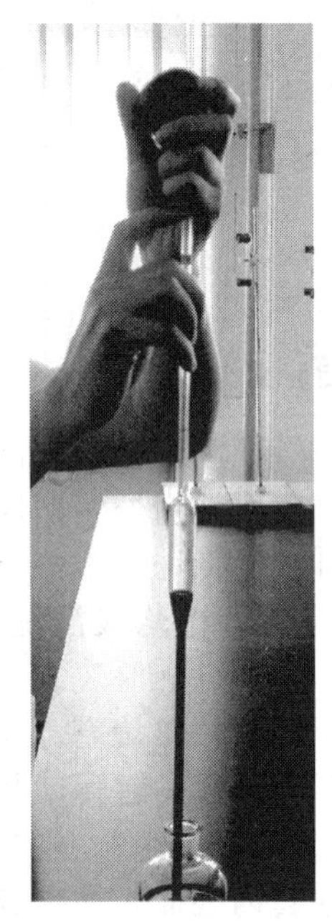

图 3.15 移液管操作

(6) 碱式滴定管试漏:方法同酸式滴定管。

(7) 移液管的洗涤:用铬酸洗液洗涤时,通常有两种方法。如果移液管内没有明显的"挂水"或污渍,可用铬酸洗液润洗移液管,方法如下:用洗耳球吸取少量铬酸洗液(图 3.15),立即用食指按紧上管口,小心地将移液管由垂直倒向水平,另一只手捏住移液管下端的细管处(图 3.16)。此时应有部分洗液流入移液管中间的鼓起部分,小心转动或倾斜移液管,使几乎整个管内(即从下出口尖部到刻线以上 1～2 cm 处)尽量被铬酸洗液浸润,然后小心地将洗液从管尖部放回至洗液瓶中。**切忌将溶液从上管口放出。**后续的自来水和去离子水的洗涤方法同上。

如果移液管明显"挂水"或有污渍,则用洗耳球吸满铬酸洗液于移液管中,立即将滴管橡胶头套在移液管上口处,然后将灌满铬酸洗液的移液管小心地插入洗液瓶中,放在可靠的位置上。数分钟后,拔下橡胶头,让洗液流回洗液瓶中。后续操作同第一种方法。

(8) 容量瓶的洗涤:首先检查瓶口是否漏水,加水至标线,盖上瓶塞颠倒 10 次(每次颠倒过程中要停留在倒置状态 10 s)以后不应有水渗出,可用滤纸片检查;将瓶塞旋转 180°再检查一次。合格后用皮筋或塑料绳将瓶塞和瓶颈上端拴在一起,以防摔碎或与其他瓶塞弄混。其后,尽量空干瓶中的水分,倒入 10～20 mL 铬酸洗液,盖好瓶塞,颠倒摇动,使内壁浸满洗液;放置至洗液顺壁流向瓶底后,再颠倒摇动;重复操作数次后将洗液倒回原瓶,依次用自来水和去离子水洗净。某些仪器分析实验中还需用硝酸或盐酸洗液清洗。

(9) 其他玻璃量器和器皿的洗涤:这些玻璃仪器内外壁均可用化学合成洗涤剂和试管刷洗涤,然后分别用自来水和去离子水冲洗干净。精密玻璃量器,如滴定管、移液管和容量瓶的外壁也可用此方法洗净。

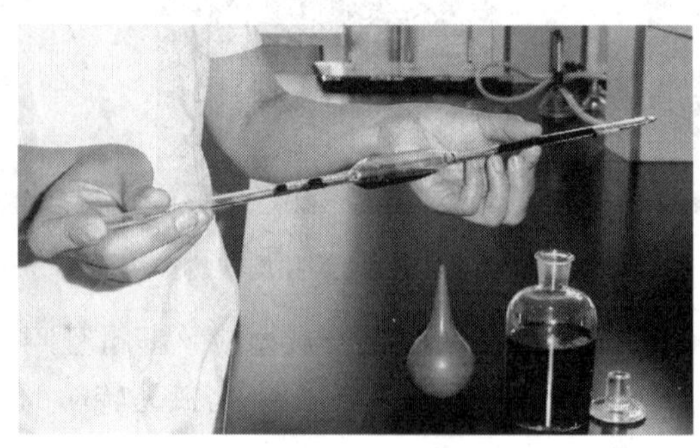

图 3.16 润洗移液管

【说明】

(1) 铬酸洗液可循环使用,用完后倒回原瓶。为保证洗液质量和洗涤效果,所洗玻璃器皿应尽量预先空干水分。

(2) 用少于100 mL的自来水作为冲洗铬酸洗液残留物的第一道水,循环润洗所有用铬酸洗液洗过的器皿,将这部分水收集在烧杯中,并倒入专用废液桶。后续的洗涤用水可直接排入水池下水口。

(3) 所有洗涤用水都应遵循少量多次的原则,既省水、省时,又能提高洗涤效果。

思考题

1. 玻璃器皿洗净的标志是什么?
2. 哪些玻璃器皿、在什么情况下须用铬酸洗液洗涤?是否每次实验前都要用铬酸洗液洗涤这些玻璃器皿?
3. 使用铬酸洗液应注意什么?
4. 本实验内容琐碎,如何合理安排,提高工作效率?

化学试剂安全

● 铬酸洗液

铬酸洗液是将重铬酸钾溶解在浓硫酸中配制而成。重铬酸钾有毒,是致癌物;本身助燃,遇强酸或高温时能释出氧气,促使有机物燃烧;与还原剂、有机物、易燃物(如硫、磷或金属粉末等)混合可形成爆炸性混合物;燃烧可产生腐蚀性、有毒气体。浓硫酸具有中等毒性,对皮肤、黏膜等组织有强烈的刺激和腐蚀作用,对眼睛可引起结膜炎、水肿、角膜混浊,甚至失明,口服可导致消化道烧伤。浓硫酸本身助燃,遇水大量放热,可发生沸溅;与易燃物(如苯)和可燃物(如糖、纤维素等)接触会发生剧烈反应,甚至引起燃烧;遇电石、高氯酸盐、硝酸盐、苦味酸盐、金属粉末等猛烈反应,发生爆炸或燃烧。可用砂土灭火,禁止用水。

因此,铬酸洗液不仅具有很强的腐蚀性、刺激性,可致人体灼伤,而且对环境有害。操作时要注意防护,严禁与皮肤和眼睛接触,应佩戴护目镜和橡胶(或塑料)手套,必要时穿聚乙烯防毒服。如不慎与皮肤、眼睛接触,应立刻用大量清水冲洗;误服后应用清水或1%硫代硫酸钠溶液漱口、洗胃,给饮牛奶或蛋清,情况严重,应立即就医。

铬酸洗液用后及时密封,避光储存于阴凉、通风处,远离火种、热源,并与还原剂、易(可)燃物分开存放。失效或废弃的铬酸洗液一定要倒入专用回收容器中。

3.1.3 玻璃量器的校准

实验3.3 玻璃量器的校准

【目的】

了解玻璃量器校准的意义和方法;学习移液管的使用方法;初步掌握移液管的校准,及容量瓶与移液管间相对校准的操作。

【原理】

容量瓶、滴定管、移液管等分析实验室常用的玻璃量器,都具有刻度和标称容量,国家标准规定的容量允差见 2.8 节。合格产品的容量误差往往小于允差,但也常有不合格产品流入市场。尤其是对所用仪器的质量有怀疑或需要使用 A 级产品而只能买到 B 级产品时,或不知道现有仪器的精度级别时,都有必要对仪器进行容量校准。在实际工作中,用于产品质量检验的量器也必须经过校准。总之,在进行分析化学实验之前,应该对所用仪器的计量性能心中有数,特别是进行高精度的定量分析实验时,使用经过校准的仪器,就可保证测量精度满足对实验结果准确度的要求。因此,量器容量的校准是一项不可忽视的工作,否则可能会给实验结果带来系统误差。

校准的方法是,称量被校准的量器中量入或量出纯水的表观质量,再根据当时水温下的表观密度计算出该量器在 20 ℃时的实际容量。此时,应该使用纯水在空气中的密度值。由于空气对物体的浮力作用和空气成分在水中的溶解等因素,纯水在真空中和在空气中的密度值稍有差别。

校准是一项技术性很强的工作,操作要正确、规范;实验室还要具备以下条件:

(1) 具有足够承载范围和称量空间的分析天平,其分度值应小于被校量器容量允差的 1/10。

(2) 新制备的蒸馏水或去离子水。

(3) 分度值为 0.1 ℃的温度计。

(4) 室温最好控制在 20±5 ℃,且温度变化不超过 1 ℃ · h^{-1}。校准前,量器和纯水应在该室温下达到平衡。

(5) 光线要均匀、明亮,近处的台架或墙壁最好是单一的浅色调。

(6) 量入式量器校准前要进行干燥,可用热气流(最好用气流烘干器)烘干或用乙醇润洗后晾干。干燥后再放到天平室平衡。

特别值得一提的是,校准不当和使用不当一样,都是产生容量误差的主要原因,其误差可能超过允差或量器本身固有的误差。所以,校准时必须仔细、正确地进行操作,以使校准误差减至最小。凡是要使用校正值的,其校准次数都不可少于两次,且两次校准数据的偏差应不超过该量器容量允差的 1/4,并以其平均值为校准结果。

如果对校准的精确度要求很高,并且温度超出 20±5 ℃,大气压力及湿度变化较大,则应根据实测的空气压力、温度求出空气密度,利用下式计算实际容量①:

---

① 此式引自国际标准 ISO 4787—1984《实验室玻璃仪器—玻璃量器容量的校准和使用方法》。ρ_W 和 ρ_A 可从有关手册中查到,ρ_B 可用砝码的统一名义密度值 8.0 g · mL^{-1},γ 值要根据量器原材料确定。

$$V_{20}=(I_L-I_E)\cdot[1/(\rho_W-\rho_A)]\cdot(1-\rho_A/\rho_B)\cdot[1-\gamma(t-20)]$$

式中，I_L 为盛水容器的天平读数(g)，I_E 为空容器的天平读数(g)，ρ_W 为温度 t 时纯水的密度($g\cdot mL^{-1}$)，ρ_A 为空气密度($g\cdot mL^{-1}$)，ρ_B 为砝码密度($g\cdot mL^{-1}$)，γ 为量器材料的体热膨胀系数($℃^{-1}$)，t 为校准时所用纯水的温度(℃)。

产品标准中规定玻璃量器采用钠钙玻璃(体热膨胀系数为 $25\times10^{-6}K^{-1}$)或硼硅玻璃(体热膨胀系数为 $10\times10^{-6}K^{-1}$)制造。温度对玻璃体积的影响很小，例如，用钠钙玻璃制造的量器，如果在 20℃时校准而在 27℃时使用，由玻璃材料本身膨胀所引起的容量误差只有0.02%(相对误差)，一般都可忽略。为了统一基准，国际标准和我国标准都规定以 20℃为标准温度，即量器的标称容量都是在 20℃时标定的。

但是，液体的体积受温度的影响往往是不可忽略的。水及稀溶液的热膨胀系数比玻璃大10 倍左右(可从有关手册上查到数据)，所以，在校准和使用量器时必须注意温度对液体密度或浓度的影响。

【试剂及仪器】

乙醇(无水或 95%)：供干燥容量瓶用。

具塞锥形瓶(50 mL)，温度计(分度值 0.1℃)。

电子天平：150 g/0.001 g(千分之一)。

【实验内容】

(1) 移液管(单标线吸量管)的校准：在电子天平上称量一 50 mL 具塞锥形瓶至毫克位。用已洗净的 25 mL 移液管吸取烧杯中的去离子水至标线以上几毫米，用滤纸片擦干管下端的外壁，将流液口接触烧杯内壁，移液管垂直，烧杯倾斜(图 3.17)。调节移液管内液面使其最低点与标线上边缘水平相切，手指按紧上端口，取出移液管并将其插入锥形瓶内，使流液口尖部

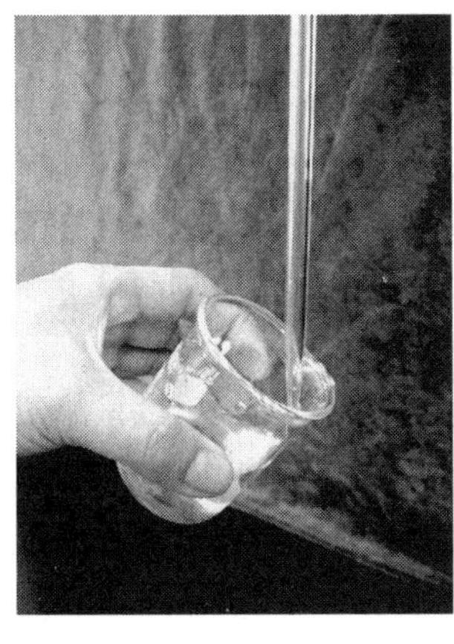

图 3.17 移液管吸液操作

图 3.18 移液管放液操作

接触磨口以下的内壁,让水沿壁流下,待管内液面静止后再等待15 s。在放水及等待过程中,移液管要始终保持垂直,流液口一直接触瓶壁,但不可接触瓶内液面,盛液器皿要保持倾斜(图3.18)。放完水后要随即盖紧瓶塞,在天平上称量到毫克位。两次称得质量之差即释出水的质量 m_W。重复操作一次,两次释出水的质量之差应小于0.01 g。

将温度计插入水中5～10 min,测量水温读数时不可将温度计的下端提出水面(为什么?)。从附录13中查出该温度下纯水的表观密度 ρ_W,并利用下式计算移液管的实际容量:

$$V = m_W / \rho_W$$

(2) 移液管与容量瓶的相对校准:在分析化学实验中,经常利用容量瓶配制溶液,并用移液管取出其中的一部分进行测定,此时重要的不是知道容量瓶及移液管各自的准确容量,而是二者的容量是否为准确的整数倍关系。例如,称取一定量的试样,溶解后定容于100 mL容量瓶中,用25 mL移液管从中取出一份试液是否确为这份试样的1/4,这就需要进行这两件量器之间的相对校准。此法简单,在实际工作中使用较多,但必须是这两件器皿配套使用时才有意义。

将100 mL容量瓶洗净、晾干(或用几毫升乙醇润洗内壁后倒置),用25 mL移液管准确吸取四次去离子水至容量瓶中,若液面最低点不与标线相切,其间距超过2 mm,应重新作一标记(可使用透明胶带)。

【说明】

(1) 请同时预习2.8节中相关内容。

(2) 量器的洗涤效果和操作技术是校准成败的关键。如果操作不够正确、规范,其校准结果不宜在以后的实验中使用。

(3) 一件仪器的校准应连续、迅速地完成,以避免温度波动和水的蒸发所导致的误差。

【选做内容】

(1) 容量瓶的校准:将100 mL容量瓶洗净、晾干,在电子天平上称准至0.01 g。取下容量瓶,注入去离子水至标线以上几毫米,等待2 min,用滴管吸出多余的水,使弯液面的最低点与标线水平相切(此时调定液面的做法与使用时有所不同,但效果相同),盖上瓶塞再放到电子天平上称准至0.01 g,然后插入温度计测量水温。两次称得质量之差即该容量瓶所容纳去离子水的质量,最后计算该容量瓶的实际容量。

(2) 滴定管的校准:洗净一支50 mL具塞滴定管,用洁布擦干外壁,倒挂于滴定台5 min以上。将其正挂后打开旋塞,滴定管尖部插入水中,用洗耳球从管尖部吸水,仔细观察液面上升过程中是否变形(液面边缘是否起皱),如果变形,应重新洗涤。将滴定管注水至标线以上约5 mm处,垂直挂在滴定台上,等待30 s后调节液面至0.00 mL。

取一洗净晾干的50 mL具塞锥形瓶,在电子天平上称准至0.001 g。从滴定管向锥形瓶中排水，当液面降至被校分度线以上约 0.5 mL 时，等待 15 s。然后在 10 s 内将液面调整至被校分度线，随即用锥形瓶内壁靠下挂在尖嘴下的液滴，立即盖上瓶塞进行称量。测量水温后即可计算被校分度线的实际容量，并求出校正值 ΔV。

按照表 3.2 所列的容量间隔进行分段校准，每次都应从滴定管的 0.00 mL 标线开始，每支滴定管重复校准一次。表中 V_{20} 为标称容量。以滴定管被校分度线的标称容量为横坐标，相应的校正值为纵坐标，绘出校准曲线。

表 3.2 滴定管校准记录

校准分段/mL	称量记录/g				纯水的质量/g			实际体积 V/mL	校正值 ΔV/mL ($\Delta V = V - V_{20}$)
	瓶	瓶＋水	瓶	瓶＋水	第 1 次	第 2 次	平均		
0～10.00									
0～15.00									
0～20.00									
0～25.00									
0～30.00									
0～35.00									
0～40.00									
0～45.00									
0～50.00									

(3) 分别测定酸式、碱式滴定管一滴或半滴溶液的体积(想一想如何测定)。

思考题

1. 容量仪器为什么要进行校准?
2. 称量纯水所用的具塞锥形瓶，为什么要避免磨口和瓶塞沾湿?
3. 本实验在称量纯水时为什么只要求准确到 0.01 g 或 0.001 g?
4. 分段校准滴定管时，为何每次都要从 0.00 mL 开始?
5. 试设计一个方案，使其既作了移液管与容量瓶之间的相对校准，又作了各自的绝对校准。

3.1.4 酸碱滴定法

实验 3.4 滴定法操作练习

【目的】

学习通过稀释浓溶液配制稀溶液；学习并掌握滴定分析常用玻璃仪器的润洗方法；了解

常用玻璃量器使用的基本知识和操作原理;学习滴定分析基本操作、滴定终点正确判断,以及滴定管的读数方法。

【原理】

一定浓度的 HCl 溶液和 NaOH 溶液相互滴定时,在指示剂不变的情况下,改变被滴定溶液的体积,所消耗的体积之比 $V(\mathrm{HCl})/V(\mathrm{NaOH})$ 应基本不变。借此,既可以检验滴定操作是否规范,也可以检验终点判断是否正确。

甲基橙(methyl orange, MO)的 pH 变色区间是 3.1(红)～4.4(黄),pH 4.0 附近为橙色。以 MO 为指示剂,用 NaOH 溶液滴定酸性溶液时,终点颜色变化是由橙变黄;而用 HCl 溶液滴定碱性溶液时,则应以由黄变橙时为终点。判断橙色,对初学者有一定的难度,所以在作滴定练习之前,应先练习判断和验证终点。具体做法是：在锥形瓶中加入约 30 mL 水和一滴 MO 指示剂,从碱式滴定管中放出 2～3 滴 NaOH 溶液,观察其黄色,然后用酸式滴定管滴加 HCl 溶液至由黄变橙,如果已滴到红色,再滴加 NaOH 溶液至黄。如此反复滴加 HCl 和 NaOH 溶液,直至能做到加半滴 NaOH 溶液由橙变黄(验证：再加半滴 NaOH 溶液颜色不变,或加半滴 HCl 溶液则变橙),而加半滴 HCl 溶液由黄变橙(验证：再加半滴 HCl 溶液变红,或加半滴 NaOH 溶液变黄)为止,达到能通过加入半滴溶液而确定终点。熟悉了判断终点的方法后,再按实验内容(7)、(8)的步骤进行滴定练习。

滴定终点的判断正确与否是影响滴定分析准确度的重要因素,必须学会判断终点以及检验终点的方法。因此,在以后的各次实验中,每遇到一种未曾用过的指示剂,均应先练习正确地判断终点颜色变化后再开始实验。

【试剂及仪器】

0.1%甲基橙(MO)溶液,0.2%酚酞(phenolphthalein, PP)的乙醇溶液。

$2\,\mathrm{mol\cdot L^{-1}}$ NaOH 溶液：将 80 g NaOH 溶于适量水中,稀释至 1 L,移入细口瓶中,盖上橡胶塞,摇匀。

$6\,\mathrm{mol\cdot L^{-1}}$ HCl 溶液：将市售的 HCl($\rho=1.18\,\mathrm{g\cdot mL^{-1}}$)与等体积的水混合,摇匀后,储于细口瓶中。此溶液的浓度常以“1＋1”或“1∶1”表示。

滴定分析所用的玻璃器皿与实验用品：酸式、碱式滴定管,移液管,橡胶塞、玻璃塞细口试剂瓶,锥形瓶,洗耳球及盛放废液的烧杯等。

【实验内容】

(1) 配制 500 mL　$0.1\,\mathrm{mol\cdot L^{-1}}$ 的 NaOH 溶液：量取约 400 mL 水置于细口试剂瓶中,加入 25 mL NaOH 溶液,用水多次涮洗盛装 NaOH 溶液的量筒,将涮洗液合并于试剂瓶中,并将溶液补充至约 500 mL,盖紧橡胶塞,摇匀。

(2) 配制 500 mL　$0.1\,\mathrm{mol\cdot L^{-1}}$ 的 HCl 溶液：量取约 400 mL 水置于细口试剂瓶中,加入

8 mL HCl 溶液，用水多次涮洗盛装 HCl 溶液的量筒，将涮洗液合并于试剂瓶中，并将溶液补充至约 500 mL，盖紧瓶塞，摇匀。

(3) 润洗酸式、碱式滴定管：用所配 HCl 和 NaOH 溶液分别润洗酸式、碱式滴定管，手握盛装溶液的细口试剂瓶从滴定管上端口缓缓注入约 10 mL 溶液(灌注溶液时不宜借助漏斗、烧杯、滴管等)，双手拿住滴定管两端无刻度部位，慢慢转动滴定管使溶液流遍内壁，再将溶液分别从下端流液口和上端口放出(弃去)。润洗三次后，随即装入溶液，液面应高出零刻线。

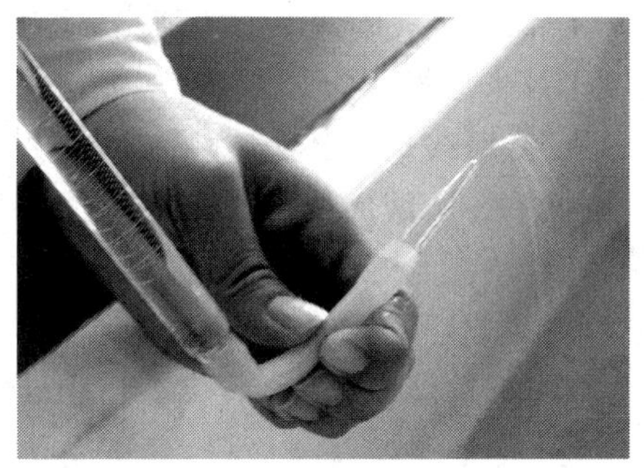

图 3.19 碱式滴定管排除气泡

(4) 滴定管排气泡：打开灌满溶液的酸式滴定管旋塞，同时观察旋塞以下细管中的气泡是否全部被溶液冲出；对于碱式滴定管，右手拿住滴定管上端，并使管身倾斜，左手捏挤玻璃珠周围的乳胶管，并使尖嘴上翘(图 3.19)，使溶液迅速冲出，同时观察玻璃珠以下的管内气泡是否排尽。

(5) 零点的调定和读数方法：确认气泡排除后，续装溶液至滴定管零刻线以上几毫米(若倒入的溶液太多则应先放出溶液使液面降至零刻线以上几毫米)，挂在滴定台上等待 30 s 以上即可调节零点。调定零点和读数时应注意以下几点：

● 滴定管要垂直，操作者身体要端正，滴定读数时视线与零刻线或弯液面要在同一水平面上。A 级滴定管的零刻线和每一毫升的刻线均为环线，调零时如果视线与零刻线呈水平，可观察到环状零刻线前后重合成一条线，在此情况下缓慢地放出溶液直至弯液面最低点与零刻线水平相切，即已调定零点。注意：调零和读数时如果眼睛的位置偏高或偏低，均会造成读数偏差，如图 3.20 所示。

● 为了使弯液面下边缘更清晰，调零和读数时可在液面后方衬一读数卡，该卡是在厚白纸上涂黑一长方形(图 3.21)，使用时将读数卡紧贴于滴定管后面，并使黑色的上边缘位于弯液面最低点以下约 1 mm 处。注意：调零和滴定读数时的条件要一致，或都使用读数卡，或都

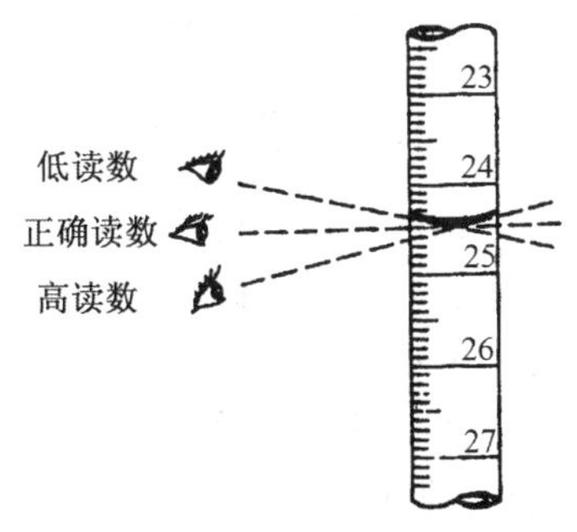

图 3.20 无色及浅色溶液的读数

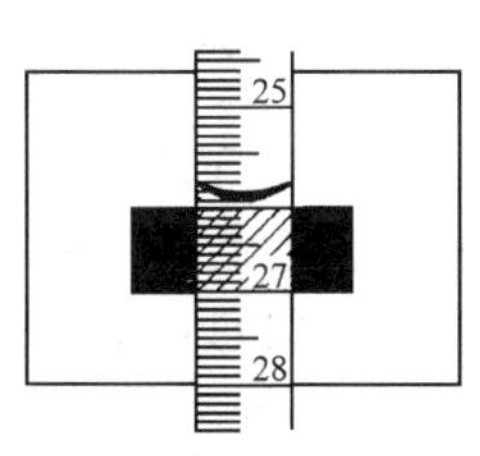

图 3.21 衬读数卡

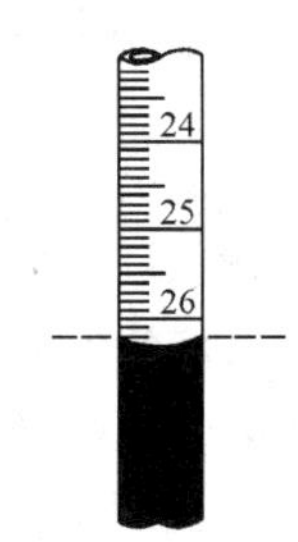

图 3.22 深色溶液的读数

不使用。因为对同一个液面读数时，直接读和衬卡读所得结果是有差别的。当室内光线好、视线前方的背景是白色或明亮的浅色调时，弯液面的下边缘一般都比较清晰易辨，这时可不衬读数卡。同理，调零和滴定读数时视线的方向和背景要一致，并且应使液面避开滴定管夹的位置。

● 深色溶液的弯液面不清晰，应观察液面的上边缘(图3.22)，在光线较暗处读数时可用白纸卡片作后衬。

● 使用碱式滴定管时，调节零点的操作难度较大，如果捏挤胶管的位置偏上，调定零点后手指一松开，液面就会降至零刻线以下；如果捏挤胶管的位置偏下，手一松开滴定管尖嘴(流液口)内就会吸入空气，这两种情况都直接影响滴定结果。若滴定读数时发现尖嘴内有气泡，则必须先小心排除，然后根据具体情况决定是否重新滴定。

(6) 滴定操作：滴定管尖嘴插入锥形瓶的深度，以锥形瓶放在滴定台上时，流液口略低于瓶口为宜。若尖嘴高于瓶口，容易造成滴定剂外溅损失；若尖嘴插入瓶口内太深，则滴定操作不方便。酸式滴定管的握塞方式如图3.10所示，滴定操作见图3.23。左手握塞，右手摇动锥形瓶，使瓶内溶液沿一个方向旋转；边摇边滴，使滴下去的溶液尽快混匀。滴定过程中左手不要离开旋塞，以便根据溶液颜色的变化情况随时调整滴定速度。

碱式滴定管的掌控如图3.11所示，滴定操作见图3.24。其滴定操作要领同酸式滴定管。

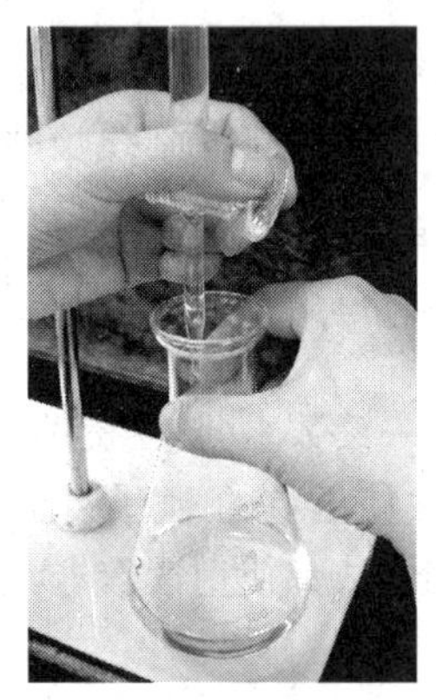

图3.23 酸式滴定管滴定操作

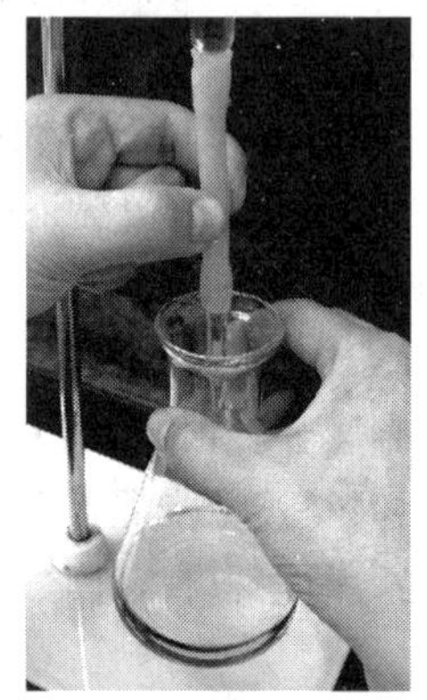

图3.24 碱式滴定管滴定操作

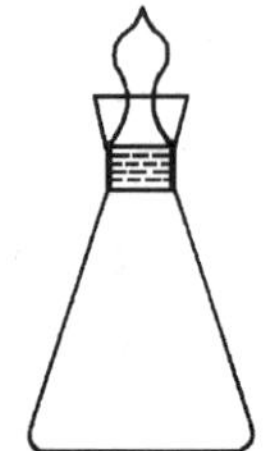

图3.25 碘量瓶

一般情况下，滴定速度以10 mL·min^{-1}左右为宜。滴定开始时可快些，接近终点时速度要放慢，最后还要加一次或多次半滴溶液到达终点。加入半滴溶液时，要仔细观察流液口尖部悬而未落的液滴的大小，估计有半滴左右时立即关闭旋塞或松开挤捏胶管的手指，然后用锥形瓶内壁将半滴溶液沾落，再用洗瓶以尽可能少的水将附于瓶壁上的溶液冲洗下去；也可用涮壁法，即半滴溶液靠入锥形瓶后，小心将瓶倾斜，用瓶中的溶液将附于壁上的半滴溶液涮下去。继续摇动，观察颜色变化。当加入半滴或一滴滴定剂而使被滴溶液颜色发生明显变化且符合终点颜色，并保持半分钟不消失时，即为滴定终点。

通常滴定操作都在锥形瓶中进行，而溴酸钾法、碘量法（滴定碘法）等需在碘量瓶中进行反应和滴定。碘量瓶是带有磨口玻璃塞和水槽的锥形瓶（图3.25），喇叭形瓶口与瓶塞柄之间形成一圈水槽，槽中加入去离子水形成水封，可防止瓶中溶液反应生成的气体（Br_2、I_2）逸失。反应一定时间后，打开瓶塞，水即流下并可冲洗瓶塞和瓶壁，接着进行滴定。另外，有些样品宜在烧杯中进行滴定（例如高锰酸钾法测定钙），烧杯放在滴定台上，滴定管尖嘴伸进烧杯1～2 cm，并位于烧杯左边，右手持玻璃棒搅动溶液，近终点时所加的半滴溶液可用玻璃棒下端轻轻沾落，再浸入溶液中搅匀。

(7) 用 HCl 溶液滴定 NaOH 溶液：在碱式滴定管中装入 NaOH 溶液，排除玻璃珠下部管内的气泡，并将液面调节至0.00 mL 标线。在酸式滴定管中装入 HCl 溶液并调定零点。以 $10\,mL\cdot min^{-1}$ 的流速放出20.00 mL NaOH 溶液至锥形瓶中（或者先快速放出19.5 mL，等待30 s，再继续放到20.00 mL），加一滴 MO 指示剂，用 HCl 溶液滴定到由黄变橙，记录所耗 HCl 溶液的体积（读准至0.01 mL）。再放出2.00 mL NaOH 溶液（此时碱式滴定管读数为22.00 mL），继续用 HCl 溶液滴定至橙色，记录滴定终点读数。如此连续滴定五次，得到五组数据，均为累计体积。计算每次滴定的体积比[V(HCl)/V(NaOH)]和表3.3中列出的项目，其中相对极差应不超过0.2%，否则要重新连续滴定五次。

表3.3 HCl 溶液滴定 NaOH 溶液

项目	1	2	3	4	5
V(NaOH)/mL	20.00	22.00	24.00	26.00	28.00
V(HCl)/mL					
V(HCl)/V(NaOH)					
V(HCl)/V(NaOH)平均值 x					
相对极差/(%)					
偏差 d_i					
平均偏差 $\overline{d}$					
标准差 s					
相对标准偏差 RSD/(%)					

(8) 用 NaOH 溶液滴定 HCl 溶液：用25 mL 移液管量取 HCl 溶液置于锥形瓶中，加两滴 PP 指示剂，用 NaOH 溶液滴定至刚出现浅粉红色，30 s 之内不退色即到终点，记录读数。如此滴定四次，所耗 NaOH 溶液体积的极差（R）应不超过0.04 mL。求出表3.4中记录的 NaOH 溶液体积的平均值，并计算 V(HCl)/V(NaOH)。

表 3.4 NaOH 溶液滴定 HCl 溶液

项　目	1	2	3	4
$V(HCl)/mL$	25.00	25.00	25.00	25.00
$V(NaOH)/mL$				
$V(NaOH)$平均值$/mL$				
R/mL				
$V(HCl)/V(NaOH)$				

【说明】

本实验所配制的 HCl 和 NaOH 溶液并非标准溶液,仅限于在滴定练习中使用。NaOH 标准溶液的配制方法将在实验 3.5 中学习,HCl 标准溶液的配制方法将在实验 3.6 中学习。

润洗移液管时,每次使用 3 mL 左右的润洗液,润洗三次即可。润洗方法同实验 3.2。

【选做内容】

除了用 MO 和 PP 指示剂外,还可比较实验室提供的其他酸碱指示剂,并对数据结果进行解释。

思　考　题

1. 为什么要用滴定剂润洗滴定管,用待测试液或标准溶液润洗移液管?应如何润洗?
2. 移液管排空后遗留在流液口内的少量溶液是否应吹出?
3. HCl 溶液与 NaOH 溶液($0.1\ mol \cdot L^{-1}$)相互滴定的 pH 突跃范围是多少?如果要求终点误差不超过 0.2%,PP 和 MO 是否都可用做指示剂?实验内容(7)和(8)中求得的 $V(HCl)/V(NaOH)$ 比值若有差别,其原因何在?
4. 表 3.3 中为什么用累计体积而不是用各次加入或消耗的体积计算比值及测定的精密度?

实验 3.5　有机酸摩尔质量的测定

【目的】

学习配制 NaOH 标准溶液;学习用固体基准试剂配制标准溶液,其中包括固体试剂的准确称量、溶解、转移至容量瓶中并定容;进一步训练滴定操作技术,从严考核滴定结果,要求其相对误差在±0.3%以内。

【原理】

大部分有机酸是弱酸,且为固体。这类化工产品(试剂级或工业级)纯度即主体含量的测定，很多都采用酸碱滴定法。如果有机酸能溶于水，且 $K_a \geqslant 10^{-7}$，可称取一定量的试样，溶于水后用 NaOH 标准溶液进行滴定。滴定产物是弱碱，滴定突跃发生在弱碱性范围内，一般选用 PP 为指示剂，滴定至呈现浅粉红色为终点。在本实验中，假定未知有机酸的纯度 ≥99.9%，根据 NaOH 标准溶液的浓度、滴定消耗的体积及被滴定的有机酸的质量，便可计算出试样的摩尔质量（$g \cdot mol^{-1}$）。

NaOH 试剂易吸收 H_2O 和 CO_2，如果 NaOH 标准溶液中含有少量的 Na_2CO_3，对观察终点颜色变化和滴定结果都会产生影响。所以，必须防止引入 CO_3^{2-}。通常的做法是：先配制饱和的 NaOH 溶液，其含量约为 50%（在 20 ℃时约为 19 $mol \cdot L^{-1}$）。这种溶液具有不溶解 Na_2CO_3 的性质，经过离心或放置一段时间后，取一定量上清液，用煮沸过并已冷却的纯水稀释至一定体积再进行标定，便可得到不含 Na_2CO_3 的 NaOH 标准溶液。

饱和 NaOH 溶液和 NaOH 标准溶液在存放和使用过程中，常在试剂瓶上安装虹吸管和钠石灰管（图 3.26），以防止其吸收空气中的 CO_2。

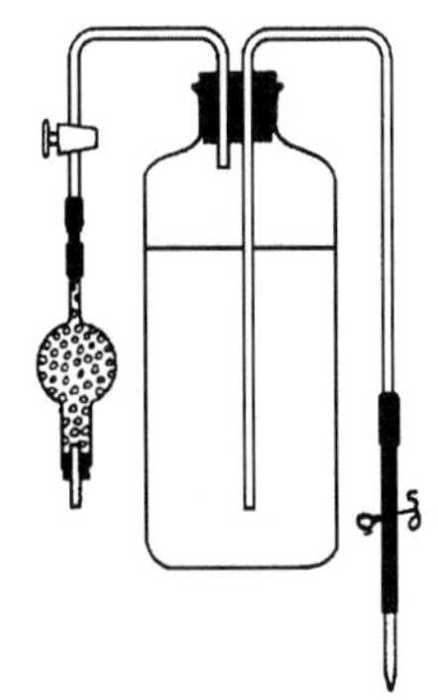

图 3.26 NaOH 溶液的保存

【试剂及仪器】

饱和 NaOH 溶液，草酸（$H_2C_2O_4 \cdot 2H_2O$，优级纯），0.2%酚酞（PP）的乙醇溶液。

配制溶液和滴定分析所用的玻璃仪器，电子天平（千分之一，万分之一），单盘分析天平。

【实验内容】

(1) 配制 0.1 $mol \cdot L^{-1}$的 NaOH 溶液 500 mL：预先煮沸 500 mL 去离子水，冷却至室温后倒入细口瓶中（应剩余少量水用于润洗量取饱和 NaOH 溶液的量筒），加入适量饱和 NaOH 溶液，润洗量筒的水合并于瓶中，立即盖紧橡胶塞，摇匀。

(2) 配制 $c\left(\frac{1}{2}H_2C_2O_4 \cdot 2H_2O\right) = 0.1\ mol \cdot L^{-1}$的草酸标准溶液 100 mL：用干净干燥的称量瓶在千分之一电子天平上粗略称取适量 $H_2C_2O_4 \cdot 2H_2O$，然后用差减法在分析天平上准确称量。称取物置于 100 mL 烧杯中，加入约 30 mL 去离子水，待全部溶解后，小心转移到 100 mL容量瓶中，用少量水涮洗烧杯三次，瓶内的水达 2/3 容积时平摇几下，再加水至标线，颠倒摇动 15 次。根据实际称得 $H_2C_2O_4 \cdot 2H_2O$ 的质量计算其浓度，保留四位有效数字。

(3) 标定 NaOH 溶液：移取 25.00 mL 草酸标准溶液置于锥形瓶中，加入两滴 PP 指示剂，用 0.1 $mol \cdot L^{-1}$ NaOH 溶液滴定至浅粉红色，30 s 内不退色即已到终点。平行滴定三次，所耗 NaOH 溶液体积的极差应不大于 0.04 mL。取其平均值，计算 NaOH 标准溶液的浓度。

(4) 试样的测定：从指导教师处领取一份未知有机酸试样，全部倒入称量瓶中，准确称量其质量[方法同内容(2)],用水溶解后转移定容于 100 mL 容量瓶中,摇匀。用 25 mL 移液管取出三份试液置于锥形瓶中,以 PP 为指示剂,分别滴定至终点。

(5) 列出计算有机酸摩尔质量的完整公式,代入消耗 NaOH 标准溶液的平均体积及有关数据,计算出未知有机酸试样的摩尔质量($g \cdot mol^{-1}$)。

【说明】

(1) 标定 NaOH 最好使用邻苯二甲酸氢钾基准试剂,可以称“小样”(见实验 3.6)。为节省开支,本实验只提供优级纯草酸试剂。未知试样的标准值亦用相同的草酸为基准进行测定。

(2) 配制草酸标准溶液时,称取 $H_2C_2O_4 \cdot 2H_2O$ 的质量在欲称取质量的±20%以内都可使用。称量瓶中剩余的草酸倒入回收瓶中(降级使用),切不可倒回原试剂瓶中。

(3) 配制 NaOH 溶液时,要用较干燥的 10 mL 量筒量取饱和 NaOH 溶液,并立即倒入装有去离子水的试剂瓶中,随即盖紧,以防吸收 CO_2。此溶液只在短时间内使用,因此不必安装虹吸管和钠石灰管。

(4) 容量瓶使用注意事项:

用固体物质(基准试剂或被测样品)配制溶液时,先在烧杯中溶解完全后,再转移至容量瓶中。转移时要使溶液沿搅棒缓缓流入瓶中,其操作方法如图 3.27(a)所示。烧杯中的溶液倒尽后,烧杯不要随即离开搅棒,应将烧杯嘴沿搅棒上提 1～2 cm 的同时,扶正烧杯并离开搅棒,这样可避免烧杯与搅棒之间的一滴溶液流到烧杯外壁。然后再用少量水(或其他溶剂)涮洗烧杯 3～4 次,每次都用洗瓶或滴管冲洗杯壁及搅棒,按同样的方法将涮洗液转入瓶中。当溶液体积达 2/3 容量时,可将容量瓶沿水平方向摆动几周以使溶液初步混合。再加水至标线

(a)

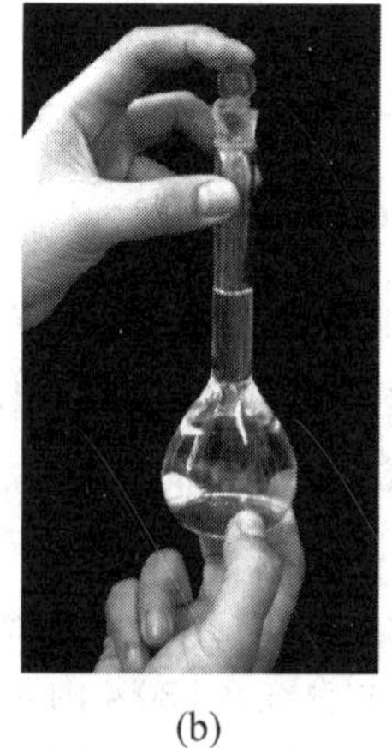

(b)

(c)

图 3.27 容量瓶的操作

以下约 1 cm，等待 1～2 min，最后用滴管从标线以上沿壁缓缓加水（或溶剂）至弯液面最低点与标线水平相切，随即盖紧瓶塞。左手捏住瓶颈上端，食指压住瓶塞，右手三指托住瓶底[图 3.27(b)]，将容量瓶颠倒 15 次以上，每颠倒一次都要使瓶内气泡完全升到顶部，并且在倒置状态时水平摇动几周[图 3.27(c)]。如此重复操作，可使溶液充分混匀。

手托容量瓶时，要尽量减少手与瓶身的接触面积，以免体温对溶液温度的影响。

对容量瓶材料有腐蚀作用的溶液，尤其是碱性溶液，不可在容量瓶内久置，配好后尽快转移到其他容器中密闭存放。

【选做内容】

试用未煮沸的去离子水直接配制 NaOH 溶液，比较实验室提供的去离子水中 CO_2 对有机酸摩尔质量测定结果的影响。

思 考 题

1. 移液管、滴定管使用前要用被取溶液润洗三次，以防止量取溶液的浓度发生变化。试问，锥形瓶是否也要如此处理？如果不这样处理，是否需要干燥？

2. 标定 NaOH 溶液所用的基准物质 $H_2C_2O_4 \cdot 2H_2O$ 在存放过程中若失掉部分结晶水，对标定结果有何影响？

3. 已标定好的 NaOH 标准溶液，在存放过程中若吸收了 CO_2，用它来测定 HCl 溶液的浓度，若以 PP 为指示剂时对测定结果有何影响？如果换用 MO 指示剂又如何？如果用此 NaOH 标准溶液测定有机酸的摩尔质量，结果将偏高还是偏低？

4. 溶解基准有机酸试剂或未知有机酸样品，是否必须用煮沸过的去离子水？为什么？

化学试剂安全

● 浓 NaOH（氢氧化钠，sodium hydroxide）溶液

有强烈腐蚀性，接触皮肤和眼睛可引起灼伤，误服可造成消化道灼伤，黏膜糜烂、出血，休克甚至死亡。对环境有害，可造成水体污染。

操作时注意防护，佩戴护目镜和耐酸碱的橡胶手套。少量液体洒漏，应及时用布抹去，并用大量水冲洗，冲洗液经稀释后排入废水系统。若接触皮肤应立即用清水或 3% 硼酸溶液冲洗；若伤及眼睛应立即提起眼睑，用流动清水或生理盐水冲洗，或用 3% 硼酸溶液冲洗。误服则应立即漱口，口服稀释的醋或柠檬汁。严重时应立即就医。

浓 NaOH 溶液用后及时密封，储存于阴凉、通风、干燥处。

● $H_2C_2O_4$（草酸，或乙二酸，oxalic acid）

具强腐蚀性、强刺激性，其粉尘或浓溶液可导致皮肤、眼或黏膜的严重损害，口服腐蚀口腔和消化道，对肾脏损害明显。草酸对环境有危害，对水体和大气可造成污染。本身可燃，遇高热、明火或与氧化剂接触，有引起燃烧的危险，加热分解会产生毒性气体。可用雾状水、泡沫、干粉、二氧

化碳、砂土灭火。

用后及时密封,避光保存于阴凉处,远离火种、热源、氧化剂及碱类。

实验3.6 工业碳酸钠总碱量的测定

【目的】

掌握HCl标准溶液的配制方法及工业碳酸钠总碱量的测定方法;在实验过程中分批进行操作考查,进一步理解操作原理、纠正不规范操作,使已学过的实验操作基本过关;了解和体会称"小样"的优缺点。

【原理】

用Na_2CO_3基准试剂标定HCl溶液以及用HCl标准溶液测定工业碳酸钠的总碱量,都是利用下列滴定反应:

$$CO_3^{2-} + 2H^+ \longrightarrow H_2CO_3 \rightarrow CO_2\uparrow + H_2O$$

反应所生成的H_2CO_3,过饱和部分不断分解逸出,其饱和溶液的pH约为3.9。以MO为指示剂滴定至橙色(pH≈4.0)为终点;若选用甲基红或者甲基红-溴甲酚绿混合指示剂,则滴定至暗红色时要停下来煮沸溶液以除去大部分CO_2,此时溶液应变为绿色,冷却后再滴定到红色即为终点。本实验采用甲基红-溴甲酚绿混合指示剂(目前工业碳酸钠产品标准中亦用这种指示剂),这种指示剂的变色区间很窄,pH 5.0以下为暗红色,pH 5.1为灰绿色,pH 5.2以上为绿色。

工业碳酸钠的总碱量以Na_2CO_3计。

【试剂及仪器】

6 mol·L^{-1} HCl溶液:即1+1或1∶1。

Na_2CO_3试剂:优级纯,在270~300℃干燥1h,置保干器中冷却并保存于天平室,一周内有效。

甲基红-溴甲酚绿混合指示剂:将0.2%甲基红的乙醇溶液与0.1%溴甲酚绿的乙醇溶液按1+3的体积比混合。

滴定分析所用仪器及玻璃器皿,电子天平(千分之一,万分之一),单盘分析天平。

【实验内容】

(1) 用1+1 HCl溶液配制0.2 mol·L^{-1}的HCl溶液500 mL。

(2) 标定HCl溶液:准确称取Na_2CO_3试剂0.2~0.3 g,置于锥形瓶中,约加30 mL水溶解，然后加入 4～6 滴混合指示剂，用 0.2 $mol \cdot L^{-1}$ 的 HCl 溶液滴定至由绿色变为暗红色。煮沸 2 min，用自来水冷却后继续滴定到暗红色为终点。计算 HCl 标准溶液的浓度。

平行标定三次，标定结果的相对极差若不超过 0.3%，则以其平均值为最后结果。如果极差超过上述要求，应重新标定。

(3) 试样总碱量的测定：从指导教师处领取一份工业碳酸钠试样，立即全部倒入称量瓶中。准确称取 0.3～0.4 g 三份，分别置于锥形瓶中，按标定 HCl 溶液的操作方法进行测定，结果以 Na_2CO_3 的质量分数(%)表示。

【说明】

在本实验过程中，指导教师将组织学生分三批进行实验操作考查，每批用时 1.5～2 h。操作考查的内容和要求如下：

(1) 下列操作，每个学生抽签做一个，一般应在 10 min 内完成。

- 准确称取约 0.6 g $H_2C_2O_4 \cdot 2H_2O$ 试剂置于 100 mL 烧杯中。
- 溶解所称的 $H_2C_2O_4 \cdot 2H_2O$，转移并定容于 100 mL 容量瓶中。
- 用 25 mL 移液管从 100 mL 容量瓶中取出三份草酸溶液，分别置于锥形瓶中。
- 为酸式滴定管旋塞涂凡士林，然后注入自来水并夹在滴定台上检漏。
- 在碱式滴定管中灌入 0.1 $mol \cdot L^{-1}$ 的 NaOH 溶液，并调定零点。
- 用碱式滴定管中的 NaOH 溶液滴定锥形瓶中的草酸溶液。

(2) 当一个同学操作时，其他同学要仔细观察并记录其操作中的不妥之处。

(3) 每批同学操作完成后，师生一起讨论实验操作中存在的问题，找出不妥之处并予以纠正。

(4) 考查中所用的药品与玻璃仪器均由指导教师提供。

【选做内容】

称取两份 Na_2CO_3 试剂或工业碳酸钠试样，改用 MO 指示剂，直接滴定到由黄变橙为终点。比较 MO 和混合指示剂的终点颜色变化及测定结果的差异。

思 考 题

1. Na_2CO_3 基准试剂使用前为什么要在 270～300 ℃进行干燥？温度过低对标定 HCl 溶液有何影响？

2. 用两种做法标定 HCl 溶液：① 称取一份基准试剂(又叫称“大样”)，配成标准溶液后，再取出一定体积的溶液进行滴定；② 分别称取几份基准试剂(又叫称“小样”)，溶解后直接进行滴定。这两种做法各有什么优缺点？

3. 以 MO 为指示剂滴定 Na_2CO_3 时，终点前应不应该煮沸？用混合指示剂时终点前不煮沸行不行？若混合指示剂煮沸时为绿色，冷却至室温后为红色，如何解释？

实验 3.7 乙酰水杨酸含量的测定

【目的】

学习医用药品乙酰水杨酸含量的测定方法,了解该药物纯品(即原料药)与片剂分析方法的差异;进一步熟练容量分析的滴定操作。

【原理】

乙酰水杨酸(俗称阿司匹林)是最常用的药物之一。它是有机弱酸($pK_a=3.0$),摩尔质量为 180.16 $g \cdot mol^{-1}$,微溶于水,易溶于乙醇。在 NaOH 或 Na_2CO_3 等强碱性溶液中溶解并分解为水杨酸(即邻羟基苯甲酸)和乙酸盐:

$$C_6H_4(COOH)(OCOCH_3) + 3OH^- = C_6H_4(COO^-)(O^-) + CH_3COO^- + 2H_2O$$

由于乙酰水杨酸的 pK_a 较小,可以作为一元酸用 NaOH 溶液直接滴定,以 PP 为指示剂。为了防止乙酰基水解,应在 10 ℃以下的中性冷乙醇介质中进行滴定,滴定反应为

$$C_6H_4(COOH)(OCOCH_3) + OH^- = C_6H_4(COO^-)(OCOCH_3) + H_2O$$

直接滴定法适用于乙酰水杨酸纯品的测定,而药片中一般都混有淀粉等不溶物,在冷乙醇中不易溶解完全,不宜直接滴定,可以利用上述水解反应,采用反滴定法进行测定。将药片研磨成粉状后,定量加入过量的 NaOH 标准溶液,加热一定时间使乙酰基水解完全。用 HCl 标准溶液回滴过量的 NaOH,以酚酞的粉红色刚刚消失为终点。在这一滴定中,1 mol 乙酰水杨酸消耗 2 mol NaOH。

【试剂及仪器】

草酸($H_2C_2O_4 \cdot 2H_2O$,优级纯),6 $mol \cdot L^{-1}$ HCl 溶液,95%乙醇(CH_3CH_2OH),0.2%酚酞的乙醇溶液。

瓷研钵(直径 75 mm,洗净晾干),配备药匙,滴定分析所用仪器及玻璃器皿,电子天平(千分之一,万分之一),单盘分析天平。

【实验内容】

(1) 配制 0.1 mol・L^{-1}的 HCl 溶液 400 mL。

(2) NaOH 标准溶液：使用实验 3.5 中的剩余溶液或如法配制 500 mL。

(3) 乙醇的预中和：量取约 60 mL 乙醇置于 100 mL 烧杯中，加入八滴 PP 指示剂，在搅拌下滴加 0.1 mol・L^{-1}的 NaOH 溶液至刚刚出现微红色，盖上表面皿，置于冰水浴中。

(4) 乙酰水杨酸(晶体)纯度的测定：准确称取试样约 0.4 g，置于干燥的锥形瓶中，加入 20 mL 中性冷乙醇，摇动溶解后，加入适量 PP 指示剂，立即用 NaOH 标准溶液滴定至浅粉红色为终点。平行滴定三次，计算试样的纯度(%)。三次滴定结果的极差应不大于 0.3%，以其平均值为最终结果。

(5) 乙酰水杨酸药片的测定：

从指导教师处领取四粒药片，称量其总量(称准至 0.001 g)，在瓷研钵中将药片充分研细并混匀，转入称量瓶中。准确称取 0.4±0.05 g 药粉置于锥形瓶中，加入 40.00 mL NaOH 标准溶液，盖上表面皿，轻轻摇动后放在热水浴上用蒸汽加热 15±2 min，其间摇动两次并冲洗瓶壁一次。迅速用自来水冷却，然后加入三滴 PP 溶液，立即用0.1 mol・L^{-1}的 HCl 溶液滴定至粉红色刚刚消失为终点。平行测定三份。

NaOH 标准溶液与 HCl 溶液体积比的测定：在锥形瓶中加入 20.00 mL NaOH 标准溶液和 20 mL 水，在与测定药粉相同的实验条件下进行加热、冷却和滴定。平行测定两次或三次，计算 $V(\mathrm{NaOH})/V(\mathrm{HCl})$ 值。

计算测定结果：分别计算药粉中乙酰水杨酸的含量(%)和每片药中乙酰水杨酸的含量(g/片)。

【说明】

(1) 实验内容(5)中“体积比的测定”也是一种空白试验。由于 NaOH 溶液在加热过程中会受空气中 CO_2 的干扰，给测定造成一定程度的系统误差(可称为空白值)，而在与测定样品相同的条件下测定两种溶液的体积比，就可以基本上扣除空白。

(2) 待测液在水浴上的加热时间应该一样，冷却时间也要相互一致。

(3) 学生可以自带样品进行分析。

思考题

1. 称取纯品试样药粉时，所用锥形瓶为什么要干燥?

2. 在测定药片的实验中，为什么 1 mol 乙酰水杨酸消耗 2 mol NaOH，而不是 3 mol NaOH? 回滴后的溶液中，水解产物的存在形式是什么?

3. 请列出计算药粉中乙酰水杨酸含量的关系式。

化学试剂安全

● 乙酰水杨酸(acetylsalicylic acid)

俗称阿司匹林。对眼和皮肤可造成灼伤,吸入其水解产物(水杨酸和乙酸)可造成严重伤害,甚至死亡。本身易燃,遇高热、明火有引燃的危险;燃烧时可产生刺激性、有毒气体;其蒸气可与空气形成爆炸性混合物。可用雾状水、抗溶性泡沫、二氧化碳灭火。

操作时适当注意防护。若与皮肤、眼睛接触,应立即用大量清水冲洗。用后及时密封,避光保存于阴凉、干燥处。

实验 3.8 酸碱指示剂 pH 变色区间的测定

【目的】

通过测定指示剂的变色区间,对酸碱滴定实验中指示剂颜色变化过程建立感性认识;了解常用缓冲溶液的制备方法。

【原理】

酸碱指示剂一般为有机弱酸或弱碱。由于指示剂的酸形和碱形具有不同的结构,当溶液 pH 变化时,将会呈现不同的颜色。变色区间(又称变色间隔),是指其色泽因溶液 pH 的改变所引起的明显变化的范围。此范围的两个端点就是指示剂的两个变色点,其一呈酸形色,另一个呈碱形色,均为颜色不变点。而在 pH 变色区间内,指示剂颜色呈现酸形与碱形的复合色,也称“中间色”或“过渡色”。

本实验是在不同 pH 的缓冲溶液中,根据指示剂颜色的变化特征,确定不同酸碱指示剂的 pH 变色区间。

【试剂及仪器】

0.2 mol·L^{-1}邻苯二甲酸氢钾溶液:准确称取在 105±2 ℃干燥至恒重的邻苯二甲酸氢钾 20.423 g,用水溶解后转移至 500 mL 容量瓶,加水定容后摇匀。

0.2 mol·L^{-1} KH_2PO_4 溶液:准确称取在 105±2 ℃干燥至恒重的 KH_2PO_4 13.609 g,用水溶解后转移至 500 mL 容量瓶中,加水定容后摇匀。

0.4 mol·L^{-1} H_3BO_3 溶液:准确称取在 80±2 ℃干燥至恒重的 H_3BO_3 12.276 g,溶于水后转移至 500 mL 容量瓶中,加水定容并摇匀。

0.4 mol·L^{-1} KCl 溶液:准确称取在 500~550 ℃干燥至恒重的 KCl 14.910 g,溶于水后转移至 500 mL 容量瓶中,加水定容并摇匀。

0.1 mol·L^{-1} NaOH 溶液:量取饱和 NaOH 溶液 5.5 mL,加水稀释至 1000 mL,然后用

邻苯二甲酸氢钾标定其浓度,并调整为 0.1000 mol·L^{-1}。

0.1 mol·L^{-1} HCl 溶液：量取浓盐酸 9.0 mL,加水稀释至 1000 mL,然后用 NaOH 标准溶液标定其浓度,并调整为 0.1000 mol·L^{-1}。

0.1%甲基橙溶液：称取 0.10 g 甲基橙,加水溶解并稀释至 100 mL。

0.04%甲基红溶液：称取 0.10 g 甲基红,加入 3.72 mL 0.1000 mol·L^{-1}的 NaOH 溶液和少量水进行溶解,然后稀释至 250 mL。

0.1%酚酞溶液：称取 0.10 g 酚酞,溶于 60 mL 95%的乙醇中,用水稀释至 100 mL。

0.04%百里酚蓝溶液：称取 0.10 g 百里酚蓝钠盐,加水溶解后稀释至 250 mL。

722 型可见分光光度计(配两只 10 mm 吸收池),50 mL 比色管若干，比色管架,四支 5 mL 吸量管,四支 1 mL 吸量管。

【实验内容】

(1) 甲基橙 pH 变色区间的测定[pH 3.0(红)～4.4(黄)]：按表 3.5 所示,在九支比色管中加入各种试剂,配成 pH 2.8～4.6 的系列缓冲溶液,然后各加入 0.10 mL 甲基橙溶液,用水稀释至 25 mL 标线,摇匀。进行目视比色,确定两端变色点和中间变色点。

表 3.5 pH 2.8～4.6 的系列缓冲溶液配制方案

pH	2.8	3.0	3.2	3.6	3.8	4.0	4.2	4.4	4.6
HCl 溶液/mL	7.23	5.58	3.93	1.60	0.73	0.02			
NaOH 溶液/mL							0.75	1.65	2.78
邻苯二甲酸氢钾溶液/mL	6.25	6.25	6.25	6.25	6.25	6.25	6.25	6.25	6.25

(2) 甲基红 pH 变色区间的测定[pH 4.2(红)～6.2(黄)]：按表 3.6 所示,在十一支比色管中加入各种试剂,配成 pH 4.0～6.4 的系列缓冲溶液,然后各加入 0.10 mL 甲基红溶液,用水稀释至 25 mL 标线,摇匀。进行目视比色,确定两端变色点和中间变色点。

表 3.6 pH 4.0～6.4 的系列缓冲溶液配制方案

pH	4.0	4.2	4.4	4.8	5.0	5.2	5.4	5.6	6.0	6.2	6.4
NaOH 溶液/mL		0.75	1.65	4.13	5.65	7.20	8.53	9.70	1.40	2.03	2.90
HCl 溶液/mL	0.02										
邻苯二甲酸氢钾溶液/mL	6.25	6.25	6.25	6.25	6.25	6.25	6.25	6.25			
KH_2PO_4 溶液/mL									6.25	6.25	6.25

(3) 酚酞 pH 变色区间的测定[pH 8.0(无色)～9.8(红)]：

目视比色法：按表 3.7 所示,在十支比色管中加入各种试剂,配成 pH 7.8～10.2 的系列缓冲溶液,然后各加入 0.10 mL 酚酞溶液,用水稀释至 25 mL 标线,摇匀。进行目视比色,确定 pH 变色区间。

分光光度法：按表 3.7 所示,在十支比色管中加入各种试剂,配成 pH 7.8～10.2 的系列缓冲溶液,然后各加入0.25 mL酚酞溶液,用水稀释至25 mL标线,摇匀。以水为参比,用分光光度计于553 nm波长处测定各溶液的吸光度,确定酚酞指示剂的pH变色区间。

表3.7 pH 7.8~10.2的系列缓冲溶液配制方案

pH	7.8	8.0	8.2	8.4	8.8	9.2	9.6	9.8	10.0	10.2
NaOH溶液/mL	11.1	11.5	1.50	2.15	3.95	6.60	9.23	10.2	10.9	11.6
H_3BO_3 溶液/mL			3.13	3.13	3.13	3.13	3.13	3.13	3.13	3.13
KH_2PO_4 溶液/mL	6.25	6.25								
KCl溶液/mL			3.13	3.13	3.13	3.13	3.13	3.13	3.13	3.13

测定结果分析:按照产品标准的规定,pH 8.0时,溶液应为无色,吸光度应小于0.020;pH 10.2时与pH 10.0时溶液的吸光度之差应小于pH 10.0时与pH 9.8时溶液的吸光度之差。

(4) 百里酚蓝pH变色区间的测定[pH 8.0(黄)~9.6(蓝)]:按表3.8所示,在十一支比色管中加入各种试剂,配成pH 7.8~9.8的系列缓冲溶液,然后各加入0.10 mL百里酚蓝溶液,用水稀释至25 mL标线,摇匀。进行目视比色,确定两端变色点和中间变色点。

表3.8 pH 7.8~9.8的系列缓冲溶液配制方案

pH	7.8	8.0	8.2	8.4	8.6	8.8	9.0	9.2	9.4	9.6	9.8
NaOH溶液/mL	11.1	11.5	1.50	2.15	2.95	3.95	5.20	6.60	8.03	9.23	10.2
H_3BO_3 溶液/mL			3.13	3.13	3.13	3.13	3.13	3.13	3.13	3.13	3.13
KH_2PO_4 溶液/mL	6.25	6.25									
KCl溶液/mL			3.13	3.13	3.13	3.13	3.13	3.13	3.13	3.13	3.13

【说明】

(1) 本实验的测定方法是参考国家标准《化学试剂—酸碱指示剂pH变色域—测定通用方法》(GB 604—88)编排的。

(2) 实验所用纯水为不含 CO_2 的水。

(3) 检验指示剂的每个变色点时,采用甲、乙、丙三种缓冲溶液为一组。乙缓冲溶液的pH等于该指示剂高变色点或低变色点的pH,甲缓冲溶液的pH比变色点的pH低0.2 pH单位,丙缓冲溶液的pH比变色点的pH高0.2 pH单位。

(4) 三种缓冲溶液的显色情况应符合下列规定:

测定变色区间的低pH变色点时,乙缓冲溶液所呈颜色应与甲缓冲溶液的颜色相近,且符合标准所规定的颜色,丙缓冲溶液所呈颜色与甲、乙缓冲溶液所呈颜色有差异,应趋向于该指示剂变色区间的高pH变色点的色泽。

测定变色区间的高pH变色点时,乙缓冲溶液所呈颜色应与丙缓冲溶液的颜色相近,且符合标准所规定的颜色，甲缓冲溶液所呈颜色与乙、丙缓冲溶液所呈颜色有差异，应趋向于该指示剂变色区间的低 pH 变色点的色泽。

(5) 指示剂的中间变色点，应是目视能观察到的颜色变化点。

(6) 双色指示剂(如甲基橙、甲基红)用量增大，颜色总体加深，变色点的 pH 不改变；单色指示剂(如酚酞)用量增大，颜色总体加深，变色点的 pH 将发生移动。

思考题

1. 实验中为什么要用不含 CO_2 的水？
2. 酸碱指示剂的变色机理是什么？
3. 酚酞指示剂用量增加，对变色点的 pH 有什么影响？为什么？

化学试剂安全

- $KHC_8H_4O_4$(邻苯二甲酸氢钾，potassium hydrogen phthalate)

可能对皮肤、呼吸道、消化道有刺激性。燃烧时可能会产生刺激性的有毒气体。操作时注意防护、通风。若与皮肤、眼睛接触，应立即用清水冲洗。用后及时密封，储存于阴凉、干燥、通风处，远离火种、热源。

实验 3.9 凯氏定氮法测定奶粉中的蛋白质含量

【目的】

通过本实验了解凯氏定氮法的原理和实验操作。

【原理】

蛋白质为复杂的含氮有机化合物，是由各种氨基酸以肽键连接而成，所含元素主要是碳、氢、氧、氮和硫等。各类食物的蛋白质含量很不均衡，因此，蛋白质含量是评价食物营养价值的重要指标之一。蛋白质的测定方法很多，例如总氮量法、福林-酚试剂法、双缩脲法、紫外分光光度法，以及近年来发展的专用蛋白质分析仪。但经典的凯氏定氮法仍然是食品分析、饲料分析、种子鉴定，以及营养研究和生化研究中应用最广泛且具足够精确度的简便分析方法，而其缺点是只能测定氮的总量，无法区分其是否真正全部来自蛋白质。

有机物中的氮在强热及浓 H_2SO_4 的作用下，以 $CuSO_4$ 为催化剂，消化生成 $(NH_4)_2SO_4$，之后在凯氏定氮装置中与碱作用，通过蒸馏释放出 NH_3，将其收集于 H_3BO_3 溶液中。用 HCl 标准溶液滴定收集液，根据所耗 HCl 标准溶液的体积计算出氮的含量，再乘以相应的换算因子，即得到蛋白质的含量。反应式如下：

$$H_2SO_4 \xrightarrow{\triangle} SO_2 + [O]$$

$$\underset{\displaystyle NH_2}{\underset{|}{RCHCOOH}} + [O] = RCOCOOH + NH_3$$

$$RCOCOOH + [O] \longrightarrow nCO_2 + mH_2O$$

$$2NH_3 + H_2SO_4 = (NH_4)_2SO_4$$

$$NH_4^+ + OH^- = NH_3\uparrow + H_2O$$

$$NH_3 + H_3BO_3 = NH_4^+ + H_2BO_3^-$$

$$H_2BO_3^- + H^+ = H_3BO_3$$

【试剂及仪器】

0.05 mol·L^{-1} HCl 标准溶液，2% H_3BO_3 溶液，浓 H_2SO_4，50% NaOH 溶液，0.0200 mol·L^{-1} $(NH_4)_2SO_4$ 溶液，K_2SO_4，$CuSO_4·5H_2O$，0.2%甲基红的乙醇溶液，甲基红-次甲基蓝混合指示剂或甲基红-溴甲酚绿混合指示剂。

两个 100 mL 凯氏烧瓶，凯氏定氮装置，两支 10 mL 移液管，一支 10 mL 酸式滴定管，电子天平(千分之一，万分之一)，单盘分析天平。

【实验内容】

(1) 制备样品消化液：准确称取奶粉样品 0.5 g 置于凯氏烧瓶内，加入 5 g K_2SO_4、0.4 g $CuSO_4·5H_2O$ 及 15 mL H_2SO_4，样品应全部浸于 H_2SO_4 溶液内。放入几粒玻璃珠，缓慢加热，尽量减少泡沫产生，防止溶液外溢。待泡沫消失后再加大火力至溶液澄清，继续加热约 1 h，然后冷却至室温。沿瓶壁加入 50 mL 水溶解盐类，冷却后定量转移至 100 mL 容量瓶中，用水稀释至标线，摇匀。同样条件下做一空白试验。

(2) 按图 3.28 搭建凯氏定氮装置。向蒸汽发生瓶的水中加入数滴甲基红指示剂、几滴 H_2SO_4 及数粒沸石，在整个蒸馏过程中需保持此液为橙红色，否则应补充 H_2SO_4。收集液是 20 mL H_3BO_3 溶液，其中加入两滴混合指示剂，收集时冷凝管下口应浸入吸收液液面之下。

(3) 移取 10.0 mL 样品消化液，从进样口注入反应室内，用少量水冲洗进样口，然后加入 10 mL NaOH 溶液，立即盖严塞子，以防止 NH_3 逸出。从开始回流计时，蒸馏 4 min，移动冷凝管下口使其脱离收集液，再蒸馏 1 min，用水冲洗冷凝管下口，洗液流入收集液内。

(4) 用 HCl 标准溶液滴定收集液至变成暗红色为终点。以相同的操作测试空白溶液。计算奶粉中蛋白质的含量。

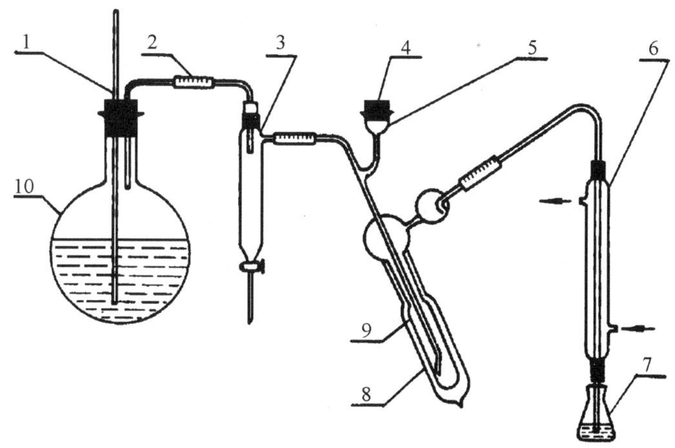

图 3.28　凯氏定氮装置(微量)

1. 安全管；2. 导管；3. 汽水分离器；4. 塞子；5. 进样口；6. 冷凝管；7. 吸收瓶；8. 隔热液套；9. 反应管；10. 蒸汽发生瓶

【说明】

(1) 消化样品要在通风柜中进行，烧瓶应预先洗净并进行干燥，加入样品时要防止粘附在瓶颈内壁上。

(2) 蒸馏时向反应室加 NaOH 的动作要快，防止 NH_3 逸出。

(3) 蒸馏过程中火力要均匀，不得中途停火。

(4) 在测定样品前(可在消化样品过程中)，应先用标准$(NH_4)_2SO_4$作氮回收率的测定，以验证仪器、试剂及操作方面的可靠性，氮回收率应在 95%～105%之间。

(5) 空白试验消耗 HCl 标准溶液的量很少时，可以忽略不计。

(6) 蛋白质含量的计算：

$$w_{蛋白质} = K \cdot w_{总氮}$$

式中 K 为换算因数，各种食品蛋白质换算因数稍有差别，例如乳类为 6.38，大米为 5.95，花生为 5.46。测定这些食品中的蛋白质时，应将测得的含氮量乘以各自的换算因数。

思　考　题

1. 凯式定氮法的原理是什么？

2. 消化样品时加入 K_2SO_4 和 $CuSO_4 \cdot 5H_2O$ 的作用是什么？K_2SO_4 加入量是否越多越好？为什么？

3. 为什么用 H_3BO_3 溶液作吸收液？它对后面的测定有无影响？用 HAc 溶液作吸收液可以吗？为什么？

实验3.10　非水酸碱滴定

【目的】

通过对NaAc和几种α-氨基酸样品含量的测定，熟悉非水滴定在实际分析测定中的应用；加深对酸、碱强度的相对性的理解；了解指示剂法和电位法这两种确定滴定终点方法的优缺点。

【原理】

在水溶液中，当酸碱弱到一定程度时就无法进行滴定分析，这时若选择合适的非水溶剂，就可以用强酸(或强碱)准确滴定这种弱碱(或弱酸)。例如，NaAc是很弱的碱($pK_b=9.24$)，在水溶液中无法用酸碱滴定法来测定其含量。但以冰乙酸为溶剂，就可以用$HClO_4$准确滴定。滴定反应为

$$H_2Ac^+ \cdot ClO_4^- + NaAc = 2HAc + NaClO_4$$

α-氨基酸分子中同时含有—NH_2基和—COOH基。在水溶液中，由于—NH_2基的碱性、—COOH基的酸性均很弱，都无法准确滴定。但以冰乙酸为溶剂，用$HClO_4$可以进行准确滴定。滴定反应的产物为α-氨基酸的高氯酸盐，反应式如下：

$$R-\underset{NH_2}{\overset{H}{\underset{|}{\overset{|}{C}}}}-COOH + HClO_4 \xlongequal{HAc} R-\underset{NH_3^+ \cdot ClO_4^-}{\overset{H}{\underset{|}{\overset{|}{C}}}}-COOH$$

非水滴定可以用指示剂确定终点，但在滴定过程中指示剂的颜色会发生一系列变化，终点不易掌握；若以电位法指示终点就很准确。

本实验以冰乙酸为溶剂，用$HClO_4$的冰乙酸溶液为滴定剂，分别以指示剂法和电位法确定滴定终点。

【试剂及仪器】

冰乙酸，乙酸酐，甲酸，0.2%甲基紫的冰乙酸溶液。

邻苯二甲酸氢钾：优级纯，在105℃干燥2h，放入保干器中备用。

$0.1\,mol \cdot L^{-1}$ $HClO_4$的冰乙酸溶液：在低于25℃的800mL冰乙酸中缓缓加入8.5mL $HClO_4$，混匀后再缓慢滴加9.5g(8.8～9.0mL)乙酸酐，仔细搅拌混匀，冷却至室温后再用冰乙酸稀释至1000mL，放置24h后使用。

25mL酸式滴定管，50mL量筒，50mL烧杯，精密pH计(PHS-3B)，玻璃电极，217型双盐桥甘汞电极，电磁搅拌器。

【实验内容】

(1) 指示剂法：

$HClO_4$ 的冰乙酸溶液的标定：准确称取 0.16～0.20 g 邻苯二甲酸氢钾，置于洁净、干燥的锥形瓶中，加入 25 mL 冰乙酸，使其溶解完全，必要时可温热数分钟再冷却至室温，加入两滴甲基紫溶液，用 $HClO_4$ 的冰乙酸溶液滴定至紫色消失、蓝色刚出现为终点。用相同量的冰乙酸做空白试验，扣除空白后计算 $HClO_4$ 的冰乙酸溶液的准确浓度。

样品含量的测定：准确称取 0.08～0.10 g 试样，置于洁净、干燥的锥形瓶中，加入 25 mL 冰乙酸，温热使其溶解完全(如果样品难溶于冰乙酸，可加入 3 mL 甲酸助溶)，冷却至室温后加入两滴甲基紫溶液，用 $HClO_4$ 的冰乙酸标准溶液滴定至紫色消失、蓝色刚出现为终点。同时做空白试验，扣除空白后计算样品的含量。

(2) 电位法：

按照酸度计的使用说明(见 6.1.2 节)调好仪器，实验用 mV 挡。

$HClO_4$ 的冰乙酸溶液的标定：准确称取 0.16～0.20 g 邻苯二甲酸氢钾，置于洁净、干燥的 50 mL 烧杯中，加入 20 mL 冰乙酸，温热使其溶解，冷却至室温。放入搅拌磁子并滴入两滴甲基紫溶液，插入电极，开启电磁搅拌器，测定溶液的电位，然后用 $HClO_4$ 的冰乙酸溶液进行滴定。滴加一次，记录一次滴定管读数和电极电位(mV)。在滴定开始阶段和滴定结束前，每次可多加些滴定剂，但在终点前后要逐滴加入(每次加入约 0.05 mL)。待数据显示稳定后，记录电极电位并读取所消耗的滴定剂体积，同时记录溶液颜色的变化情况(紫→蓝紫→蓝→蓝绿→绿→黄)。用相同量的冰乙酸做空白试验。

样品含量的测定：准确称取 0.08～0.10 g 样品，置于洁净、干燥的 50 mL 烧杯中，加入 20 mL 冰乙酸，温热溶解后再冷却至室温(如果样品难溶于冰乙酸，可加入 3 mL 甲酸助溶)，然后按照上一步骤进行滴定，记录滴定体积及电极电位。如果加了甲酸，应做空白试验；若未加，可利用标定时所测的空白数据。

数据处理方法：以滴定过程中所测的电极电位值对相应的滴定剂体积作图，得到滴定曲线。用二阶近似微商法(见 7.1 节)确定终点，扣除空白值，分别求出标定结果和样品的测定结果。比较两种滴定终点判断方法的优缺点。

【说明】

(1) 实验所用玻璃器皿必须洗净、烘干。

(2) 在非水滴定中，参比电极通常使用 217 型双盐桥甘汞电极，在外套管内充入 KCl 的乙醇溶液。

(3) 配制 $HClO_4$ 的冰乙酸溶液时，不得使 $HClO_4$ 与乙酸酐直接混合，而只能是将 $HClO_4$ 缓缓滴入冰乙酸中，然后再滴入乙酸酐。

(4) 使用冰乙酸时要小心,避免洒到身上或实验台上。

(5) 本实验可提供四种样品:丙氨酸、甘氨酸、味精和 NaAc。其中味精与前两种氨基酸不同,它是谷氨酸的钠盐,与滴定剂的反应为

$$R-\underset{\displaystyle NH_2}{\overset{\displaystyle H}{\underset{|}{\overset{|}{C}}}}-COONa + 2HClO_4 \Longrightarrow R-\underset{\displaystyle NH_3^+ \cdot ClO_4^-}{\overset{\displaystyle H}{\underset{|}{\overset{|}{C}}}}-COOH + NaClO_4$$

(6) 电位法确定终点,最简便的方法是用自动电位滴定仪进行滴定,但由于冰乙酸对普通自动电位滴定仪所配置的滴定管推进活塞有腐蚀作用,所以不适于以冰乙酸为溶剂的非水滴定。

思 考 题

1. 以 $HClO_4$ 的冰乙酸溶液作为滴定剂时,为什么要加入乙酸酐?

2. 邻苯二甲酸氢钾常作为标定 NaOH 水溶液浓度的基准物。在本实验中,为何它又作为标定 $HClO_4$ 的冰乙酸溶液(酸性滴定剂)的基准物?

3. 本实验的测定中,为什么选用冰乙酸作溶剂,这是利用了冰乙酸的什么性质?

4. 某些有机酸在水溶液中不能准确滴定,为了能准确滴定,应选用何种性质的溶剂?

化学试剂安全

● $KHC_8H_4O_4$(邻苯二甲酸氢钾, potassium hydrogen phthalate)

见实验 3.8。

● $HClO_4$(高氯酸, perchloric acid)

具有强烈腐蚀性,吸入、食入或经皮肤吸收均有害,可引起强烈刺激症状。高氯酸助燃,尤其在少量水的润湿下,与可燃物的混合物在轻微的碰撞或摩擦下会燃烧。

操作时应注意防护,必要时穿聚乙烯防护服。若与皮肤或眼睛接触,立即用水冲洗。用后及时密封,储存于阴凉、通风处,远离火种、热源,并与酸类、碱类、胺类等分开存放。

● CH_2O_2(甲酸, formic acid)

低毒类,具较强腐蚀性,可引起皮肤、黏膜的刺激症状,口服后可腐蚀口腔及消化道黏膜,皮肤接触可引起炎症和溃疡。操作时注意防护。甲酸对环境有害,可污染水体。本身可燃,遇明火、高热能引起燃烧爆炸,其蒸气与空气形成爆炸性混合物。可用抗溶性泡沫、干粉、二氧化碳灭火。

● $C_4H_6O_3$(乙酸酐, acetic anhydride)

低毒类,对呼吸道、眼、皮肤有刺激作用,眼和皮肤直接接触液体可致灼伤。口服灼伤口腔和消化道,出现腹痛、恶心、呕吐和休克等,其蒸气为催泪毒气。对环境有害,可污染水体。本身易燃,遇明火、高热能引起燃烧爆炸,其蒸气与空气可形成爆炸性混合物。可用雾状水、抗溶性泡沫、二氧化碳、砂土灭火。

操作时需要戴橡胶耐酸碱手套,注意防护、通风。若与皮肤、眼睛接触,应立即用大量清水冲洗。用后及时密封,储存于阴凉、通风处,远离火种、热源、强氧化剂、强还原剂、酸类、碱类和活性金属粉末。注意回收废液。

3.1.5 络合滴定法

实验 3.11 铅铋合金中铋和铅的连续络合滴定

【目的】

学习 EDTA 标准溶液的配制方法，以及通过控制不同酸度连续滴定 Bi^{3+} 和 Pb^{2+} 的分析方法；学习金属或合金样品的化学预处理方法。

【原理】

Bi^{3+} 与乙二胺四乙酸二钠（简写为 $Na_2H_2Y \cdot 2H_2O$ 或者 EDTA）的络合物远比 Pb^{2+} 与 EDTA的络合物稳定[$\lg K(BiY)=27.9$，$\lg K(PbY)=18.0$]，可用控制酸度的方法在一份试液中连续滴定 Bi^{3+} 和 Pb^{2+}。二甲酚橙在 pH＜6 时显黄色，并能与 Bi^{3+}、Pb^{2+} 形成紫红色络合物，它与 Bi^{3+} 的络合物更稳定，因此，可作为 Bi^{3+}、Pb^{2+} 连续滴定的指示剂。

首先调节试液的酸度为 pH≈1.0，加入二甲酚橙指示剂后呈现 Bi^{3+} 与二甲酚橙络合物的紫红色，用 EDTA 标准溶液滴定至亮黄色，即可测得铋的含量。随后，加入六次甲基四胺[$(CH_2)_6N_4$]使溶液的 pH 达到 5.5 左右，此时 Pb^{2+} 与二甲酚橙形成紫红色络合物，继续用 EDTA 标准溶液滴定至溶液再次变为亮黄色，由此可测得铅的含量。

铅铋合金试样用 HNO_3 溶解，滴定 Bi^{3+} 时的酸度是由加入 HNO_3 的量来控制的。滴定 Pb^{2+} 的酸度是由在滴定 Bi^{3+} 之后的溶液中加入适量的 $(CH_2)_6N_4$ 所形成的缓冲溶液决定的。

【试剂及仪器】

EDTA，金属锌片或氧化锌（纯度≥99.9%），$(CH_2)_6N_4$，HCl 溶液（1＋1），HNO_3 溶液（1＋2），0.2%二甲酚橙溶液。

pH 试纸（pH 0.5～5.0，1～14），滴定分析所用仪器及玻璃器皿，电子天平（百分之一，万分之一），单盘分析天平。

【实验内容】

（1）配制 EDTA 溶液（0.02 mol·L^{-1}）：称取 4.5 g $Na_2H_2Y \cdot 2H_2O$ 置于 400 mL 烧杯中，加 300 mL 水，搅拌使其溶解完全，转入细口瓶中，稀释至 600 mL 并摇匀。

（2）配制锌标准溶液（0.02 mol·L^{-1}）：准确称取金属锌或氧化锌（?）g①，置于 100 mL 烧杯中，盖上表面皿，从杯嘴处缓慢加入 8 mL HCl 溶液，待完全溶解后冲洗表面皿及杯壁，定量

① （?）表示请学生自己计算数值，下文同此。

转移到250 mL 容量瓶中,定容后摇匀。计算锌标准溶液的浓度。

(3) 标定 EDTA 溶液:移取 25.00 mL 锌标准溶液于锥形瓶中,加入两滴二甲酚橙溶液及 2 g $(CH_2)_6N_4$,用 EDTA 溶液滴定至由紫红变成亮黄色为终点。平行滴定三次,所耗 EDTA 溶液体积的极差应不超过 0.04 mL。计算 EDTA 标准溶液的浓度。

(4) 铅铋合金的测定:准确称取 0.5~0.6 g 合金试样,置于 100 mL 烧杯中,加入 6~7 mL HNO_3 溶液,盖上表面皿,小火加热溶解(不可煮沸)。待合金溶解完全后,趁热用稀 HNO_3 溶液(0.05 mol·L^{-1},每人配 100 mL)淋洗表面皿及杯壁,冷却后将试液定量转移到 100 mL 容量瓶中,用稀 HNO_3 定容后摇匀。移取 25.00 mL 试液于锥形瓶中,加入两滴二甲酚橙指示剂,用 EDTA 标准溶液滴定至亮黄色,记录读数 V_1;随后加入 2 g $(CH_2)_6N_4$,溶液变为紫红色,继续用 EDTA 标准溶液滴定至亮黄色,记录读数 V_2。平行滴定三份,计算合金中铋和铅的质量分数(%)。

【说明】

(1) 溶解合金时切勿煮沸,溶解完全后即停止加热,防止 HNO_3 过度蒸发以致造成崩溅或 Bi^{3+} 的水解。

(2) 所加 $(CH_2)_6N_4$ 是否足量,应在第一次滴定时设法检验,如不够应补加。

【选做内容】

(1) 试过量加入 $(CH_2)_6N_4$,观察 EDTA 滴定的情况与预计的是否相符。

(2) 如果出现(或有意造成)BiOCl 及 $BiONO_3$ 的生成,观察 EDTA 滴定的情况。

思 考 题

1. 请通过计算说明,标定 EDTA 溶液时,加入 2 g $(CH_2)_6N_4$ 后溶液的 pH 为多少?滴定至终点时溶液的 pH 又为多少?加入的 $(CH_2)_6N_4$ 过多或过少将会对滴定产生什么影响?

2. 合金溶解后,转移和定容时为什么用稀硝酸而不用水?

3. 滴定 Bi^{3+} 时要控制 pH≈1.0,酸度过低或过高对测定结果有何影响?实验中是如何控制这个酸度的?

4. 滴定 Pb^{2+} 时要调整 pH≈5.5,为什么使用 $(CH_2)_6N_4$ 而不用强碱或氨水、乙酸钠等弱碱?

5. 假定 25 mL 试液中 Bi^{3+} 的浓度为 0.02 mol·L^{-1},在 pH 1.0 滴定 Bi^{3+} 后,加入 2 g $(CH_2)_6N_4$,其 pH 是多少?若欲调整溶液的 pH 为 5.0,应加多少克 $(CH_2)_6N_4$?

化学试剂安全

- $(CH_2)_6N_4$(六次甲基四胺, hexamethylenetetraamine)

有致敏作用，会引起皮疹和湿疹，可能具有致癌性。本身易燃，遇明火、高热可燃。与氧化剂混合可形成有爆炸性的混合物，受热分解放出有毒的氧化氮烟气。可用泡沫、二氧化碳、雾状水、砂土灭火。

操作时应注意防护，避免接触皮肤与眼睛，防止误服和吸入呼吸道。若与皮肤、眼睛接触，应立即用大量清水冲洗。用后及时密封，储存于阴凉、通风处，远离火种、热源、氧化剂和酸类。

- EDTA（乙二胺四乙酸二钠，disodium ethylenediamine tetraacetate）

对黏膜、眼睛、皮肤和上呼吸道有刺激作用。长时间皮肤接触可能引起皮炎；吸入可引起喉部和支气管痉挛，对肝脏和肾脏有伤害；可能会对神经系统有影响。本身可燃，受高热分解产生有毒的腐蚀性烟气。燃烧时可用雾状水、泡沫、二氧化碳、干粉灭火。

操作时注意防护、通风。若与皮肤、眼睛接触，应立即用大量清水冲洗。用后及时密封，储存于阴凉、通风处，远离火种、热源、氧化剂、酸类和碱类。

实验 3.12 自来水总硬度的测定

【目的】

学习 EDTA 标准溶液的配制方法和水的总硬度的测定方法。

【原理】

水的硬度是一种比较古老的概念，最初是指水沉淀肥皂的程度。使肥皂沉淀的主要原因是水中存在钙、镁离子，此外，铁、铝、锰、锶及锌等的离子也有同样的作用。但因其他离子浓度很低，所以国家标准规定，用 EDTA 滴定法测定钙、镁离子的总量，经换算后以每升水中碳酸钙的质量表示总硬度。总硬度包括碳酸盐硬度（也叫暂时硬度，即通过加热能以碳酸盐形式沉淀下来的钙、镁离子）和非碳酸盐硬度（亦称永久硬度，即加热后不能沉淀下来的那部分钙、镁离子）。

硬度对工业用水影响很大，尤其是锅炉用水。硬度较高的水都要经过软化处理和分析测定，达到一定标准后才能输入锅炉。其他很多工业用水对水的硬度也都有一定的要求。生活饮用水中硬度过高会影响肠胃的消化功能。我国《生活饮用水卫生标准》（GB 5749—85）中规定硬度（以 $CaCO_3$ 计）不得超过 450 mg · L^{-1}。

国际标准、我国国家标准及有关部门的行业标准中，总硬度测定的指定方法都是以铬黑 T 为指示剂的络合滴定法。这一方法适用于生活饮用水、工业锅炉用水、冷却水、地下水及没有严重污染的地表水。

在 pH 6.3～11.3 的水溶液中，铬黑 T 本身呈蓝色，它与 Ca^{2+}、Mg^{2+} 形成的络合物呈紫红色，滴定至由紫变蓝为终点。铬黑 T 与 Mg^{2+} 的络合物较其与 Ca^{2+} 的络合物稳定。如果水

样中没有或极少有 Mg^{2+}，则终点变色不够敏锐，此时应加入少许 $MgNa_2Y$ 溶液，或者改用酸性铬蓝K作指示剂。

根据滴定第一份水样所消耗的EDTA溶液的体积，在滴定第二份和第三份水样时，应预置95%左右的EDTA标准溶液，然后再加入缓冲溶液(升高pH)进行滴定，这样可以降低水或试剂中的 CO_3^{2-} 对 Ca^{2+} 的干扰，使终点变色比较敏锐。

【试剂及仪器】

乙二胺四乙酸二钠(简写为 $Na_2H_2Y \cdot 2H_2O$ 或EDTA)，优级纯 $CaCO_3$，HCl溶液(1+1)，三乙醇胺[$(HOCH_2CH_2)_3N$]溶液(1+3)。

铬黑T(eriochrome black T, EBT)指示剂：1 g 铬黑T与100 g NaCl混合、研磨，储存于保干器中。

氨性缓冲溶液(pH 10)：将67 g NH_4Cl 溶于300 mL水中，加入570 mL氨水，用水稀释至1 L，混匀。

Mg-EDTA溶液：称取5.0 g $MgNa_2Y \cdot 4H_2O$ 或 $MgK_2Y \cdot 2H_2O$，溶解于1 L水中。如无此试剂，可按下述方法配制：将2.44 g $MgCl_2 \cdot 6H_2O$ 及4.44 g $Na_2H_2Y \cdot 2H_2O$ 溶于200 mL水中，加入20 mL氨性缓冲溶液及适量铬黑T，应显紫红色(如呈蓝色，应再加入少量 $MgCl_2 \cdot 6H_2O$ 至显紫红色)。在搅拌下滴加0.02 $mol \cdot L^{-1}$ 的EDTA溶液至刚刚变为蓝色，然后加水稀释到1 L。

100 mL移液管，滴定分析所用仪器及玻璃器皿，电子天平(百分之一，万分之一)，单盘分析天平。

【实验内容】

(1) 配制EDTA标准溶液(0.02 $mol \cdot L^{-1}$)：使用实验3.11中剩余的溶液或如法配制200 mL。

(2) 配制钙标准溶液(0.02 $mol \cdot L^{-1}$)：准确称取约0.2～0.25 g $CaCO_3$，置于100 mL烧杯中，加几滴水润湿，盖上表面皿，沿杯壁缓缓滴加HCl溶液至 $CaCO_3$ 溶解完全，加20 mL水，小火煮沸2 min，冷却后定量转移至100 mL容量瓶中，加水稀释至标线，摇匀。计算此标准溶液的浓度。

(3) 标定EDTA溶液：移取25.00 mL钙标准溶液于锥形瓶中，加50 mL水及2 mL Mg-EDTA溶液，预加15 mL EDTA溶液，再加5 mL氨性缓冲溶液及适量EBT指示剂，立即用EDTA溶液滴定至由紫红色变成纯蓝色为终点。平行滴定三份(从滴定第二份开始，应将预加EDTA溶液的量调整为95%)，其体积极差应小于0.05 mL，以其平均体积计算EDTA标准溶液的浓度。

(4) 自来水总硬度的测定：用 100 mL 移液管量取自来水样置于锥形瓶中，加入 5 mL 氨性缓冲溶液及适量 EBT 指示剂，立即用 EDTA 标准溶液滴定。近终点时应慢滴多摇，由紫红色变成纯蓝色为终点。平行滴定三份（从滴定第二份开始，应先预加 95% 的 EDTA 标准溶液，然后再加其他试剂），所耗 EDTA 标准溶液体积极差应不大于 0.10 mL。计算水的总硬度，以 $CaCO_3$（$mg \cdot L^{-1}$）表示。

【说明】

(1) 如果时间不够，可不配制 $CaCO_3$ 标准溶液，而用实验 3.11 中所配制的锌标准溶液标定 EDTA 溶液。操作方法为：移取 25.00 mL 锌标准溶液于锥形瓶中，加入 50 mL 水、5 mL 氨性缓冲溶液及适量 EBT，用 EDTA 溶液滴定到由紫红变蓝为终点。

(2) 如果水样中 HCO_3^-、H_2CO_3 含量较高，终点变色不敏锐，可经酸化并煮沸再滴定或采用返滴定法。

(3) 水样中若含有 Fe^{3+}、Al^{3+}、Cu^{2+}、Pb^{2+} 等离子，会干扰 Ca^{2+}、Mg^{2+} 的测定，可加入三乙醇胺、KCN、Na_2S 等进行掩蔽，本实验只提供三乙醇胺溶液。所测水样是否需要加入三乙醇胺及 Mg-EDTA 溶液，应由实验决定。

【选做内容】

试验氨性缓冲溶液加入量，及其与 EBT 加入顺序的不同对 EBT 指示剂终点颜色变化的影响。

思 考 题

1. 在 pH 10、以 EBT 为指示剂时，为什么滴定的是 Ca^{2+}、Mg^{2+} 总量，而不是 Ca^{2+} 或 Mg^{2+} 的分量？

2. 用钙标准溶液标定 EDTA 以及测定水硬度时，为何要在加入缓冲溶液后立即滴定？量取三份水样时，若在滴定前同时都加入氨性缓冲溶液，有何不妥？用钙标定 EDTA 溶液时，为什么在加入氨性缓冲溶液前，先预加一部分 EDTA 溶液？

3. 配制 Mg-EDTA 溶液时，为什么二者的比例一定要恰好为 1∶1？否则，对实验结果有何影响？

4. 本实验如果使用在实验 3.11 中已标定好的 EDTA 溶液，为什么还要在碱性介质中重新标定一次？如果本实验仍用锌标准溶液进行标定，试比较两种 pH 条件下标定的结果是否一致。若一致，说明什么？若不一致，其原因是什么？

5. 若用三乙醇胺作为掩蔽剂，为什么必须在加入氨水之前加入？

3.1.6 氧化还原滴定法

实验3.13 三氯化钛-重铬酸钾法测定铁矿石中的铁

【目的】

了解铁矿石中铁含量测定的标准方法;学习矿样的分解、试液的预处理、试剂空白的测定等操作技术与方法。

【原理】

用经典的重铬酸钾法(即氯化亚锡-氯化汞-重铬酸钾法)测定铁矿石中的铁含量,方法准确、简便,但所用氯化汞是剧毒物质,会严重污染环境。为了减少污染,近年来研究出了多种无汞盐分析方法。

本实验采用改进的重铬酸钾法,即三氯化钛-重铬酸钾法。矿样(粉碎至能通过160～200目标准筛)用盐酸分解后,先用 $SnCl_2$ 将大部分 Fe^{3+} 还原为 Fe^{2+},试液由红棕色变为浅黄色,再以 Na_2WO_4 为指示剂,用 $TiCl_3$ 将剩余的 Fe^{3+} 全部还原为 Fe^{2+},而过量的 $TiCl_3$ 又将 Na_2WO_4 还原并呈现"钨蓝"色。随后用少量 $K_2Cr_2O_7$ 溶液将过量的 $TiCl_3$ 氧化,且进一步使"钨蓝"氧化,颜色消失。然后以二苯胺磺酸钠为指示剂,用重铬酸钾标准溶液滴定试液中的 Fe^{2+}。根据所消耗的 $K_2Cr_2O_7$ 标准溶液的体积便可测得铁的含量。

这种无汞盐的重铬酸钾法和经典的重铬酸钾法均已列为铁矿石分析的国家标准(GB 6730.4—86和GB 6730.5—86),但无汞盐法不适用于含钒量大于0.5%的铁矿样品。

【试剂及仪器】

HCl溶液(1+1),1% $KMnO_4$ 溶液,0.5% 二苯胺磺酸钠溶液。

$K_2Cr_2O_7$:工作基准或优级纯,于140℃干燥2h,存于保干器中。

10% $SnCl_2$ 溶液:称取100g $SnCl_2 \cdot 2H_2O$,溶于500mL盐酸中,加热至澄清,然后加水稀释至1L。

10% Na_2WO_4 溶液:称取100g Na_2WO_4,溶于约400mL水中,若浑浊则进行过滤,然后加入50mL H_3PO_4,用水稀释至1L。

$TiCl_3$ 溶液(1+9):将100mL $TiCl_3$ 试剂(15%～20%)与200mL HCl溶液(1+1)及700mL水混合,转入棕色细口瓶中,加入10粒无砷锌,放置过夜。

硫磷混合酸:在搅动下将200mL H_2SO_4 缓缓加到500mL水中,冷却后再加300mL H_3PO_4,混匀。

0.1 mol·L^{-1} $(NH_4)_2Fe(SO_4)_2$ 溶液：称取 40 g $(NH_4)_2Fe(SO_4)_2\cdot6H_2O$，溶于400 mL 1 mol·$L^{-1}$稀 H_2SO_4 中，若浑浊则加热至澄清，然后转移至棕色细口瓶中，加稀 H_2SO_4 稀释至1 L。一星期内有效。

5 mL 移液管，滴定分析所用仪器及玻璃器皿，电子天平(千分之一，万分之一)，单盘分析天平。

【实验内容】

(1) 配制 $K_2Cr_2O_7$ 标准溶液$\left[c\left(\frac{1}{6}K_2Cr_2O_7\right)=0.08\ mol\cdot L^{-1}\right]$250 mL：准确称取(?)g $K_2Cr_2O_7$，置于 100 mL 烧杯中，用水溶解后定量转移至 250 mL 容量瓶中，定容后摇匀。计算其浓度。

(2) 试样的分解和滴定：从指导教师处领取一份铁矿试样，准确称取约 0.2 g 置于锥形瓶中，加入 20 mL HCl 溶液，盖上表皿，小火加热至近沸。铁矿分解后呈现红棕色，此时应滴加 $SnCl_2$ 溶液使试液变为浅黄色。大部分铁矿溶解后，小火微沸 1～2 min，以使铁矿分解完全(即残渣中已无黑色颗粒)。如果溶液黄色太深，应再加少许 $SnCl_2$ 溶液使之变为浅黄色；若黄色消失而呈现无色，则可加少许 $KMnO_4$ 溶液至出现浅黄色，停止加热。

用洗瓶冲洗表皿及瓶壁，加 50 mL 水及八滴 Na_2WO_4 溶液，在摇动下滴加 $TiCl_3$ 溶液至出现浅蓝色，再过量两滴。用自来水冷却至室温，小心滴加 $K_2Cr_2O_7$ 溶液至蓝色刚刚消失(思考：是否需要记录滴定体积?)，再加 50 mL 水、10 mL 硫磷混合酸及两滴二苯胺磺酸钠溶液，立即用 $K_2Cr_2O_7$ 标准溶液滴定到显紫红色为终点。平行测定三次。

(3) 空白测定：除不用加入 $SnCl_2$ 溶液外，所用试剂与试样分解时完全相同，且取自同一瓶。操作步骤也基本一致，只是在加入硫磷混合酸之前加入 5.00 mL 硫酸亚铁铵溶液，滴定所耗 $K_2Cr_2O_7$ 标准溶液的体积记为 A；随即再加入 5.00 mL 硫酸亚铁铵溶液，立即滴定，所耗 $K_2Cr_2O_7$ 标准溶液的体积记为 B。$A-B$ 即空白值 V_0(mL)。

(4) 计算结果：从滴定矿样所耗 $K_2Cr_2O_7$ 标准溶液的体积中减去试剂空白值 V_0，计算铁矿试样中铁的含量(%)。平行三次测定结果的极差应不大于 0.20%，取其平均值为最终结果。

【说明】

(1) 各种类型的铁矿其组成都有差异，多数铁矿只用酸溶并不能分解完全。通常的做法是：先用 HCl 溶解，过滤后将残渣(即 HCl 不溶物)于铂坩埚中进行灰化、灼烧，然后加硫酸和氢氟酸分解硅酸盐，蒸干后再加 $K_2S_2O_7$ 熔融，冷却后用稀盐酸浸取，连同酸溶试液一起进行滴定。在实际工作中，测定试样的同时还要做校正实验，即随同试样分析同类型的铁矿标准样品。标样的分析结果如果超过规定的允差(铁含量≤50%，允差 0.14%；铁含量>50%，允差 0.21%)，则试样的分析结果无效，要重新进行分析。

受实验条件和学时所限,不可能按上述方法分解样品。本实验专门选择了用盐酸即可分解完全的磁铁矿(铁以 Fe_3O_4 形式存在)作为试样,而且酸不溶物是极少量的游离氧化硅(白色),便于观察是否溶解完全。

(2) 大部分样品溶解后,试液呈红棕色,即 $FeCl_3$ 浓度较高,此时若煮沸可能使 $FeCl_3$ 部分挥发。应在出现红棕色后立即滴加 $SnCl_2$ 溶液至浅黄色,红棕色时不宜煮沸。

(3) 用 $K_2Cr_2O_7$ 氧化过量的 $TiCl_3$ 时,一般只需1~3滴,要防止过量加入,否则会直接影响实验结果。

(4) 为使空白值的测定可靠,可重复测定一次。

思 考 题

1. 如果将三份试样都处理完再进行滴定,应处理到哪一步?
2. 还原 Fe^{3+} 时,为什么要使用两种还原剂? 只使用其中的一种有何不妥?
3. 本实验中硫磷混合酸的作用是什么? 试样分解完,加入硫磷混合酸和指示剂后为什么必须立即滴定?
4. 做空白试验时,为什么要加硫酸亚铁铵溶液? 为什么只加5.00 mL?

化学试剂安全

● $K_2Cr_2O_7$(重铬酸钾, potassium dichromate)

见实验3.2。

● Na_2WO_4(钨酸钠, sodium tungstate)

对皮肤、眼有刺激作用,长期接触可导致皮疹、久咳和支气管痉挛。本身不会被点燃,但温度过高会分解产生腐蚀性的有害气体。

● $SnCl_2 \cdot 2H_2O$(氯化亚锡, stannous chloride)

有毒,对呼吸道、胃肠道、皮肤、眼有刺激,对肝脏和肾脏有损伤;与皮肤反复接触可能会造成皮疹;大量吸入其粉尘会引起肺尘症。加热至分解时会产生有腐蚀性的有毒烟气。

● $TiCl_3$(三氯化钛, titanium trichloride)

具腐蚀性,吸入、食入或经皮肤吸收可造成伤害。对黏膜、上呼吸道、眼和皮肤有强烈的刺激性。强还原剂,易自燃,暴露在空气或潮气中能燃烧;受高热分解产生有毒的腐蚀性烟气;在潮湿空气存在下,放出热和近似白色烟雾状有刺激性和腐蚀性的氯化氢气体。可用干粉、砂土、雾状水、二氧化碳灭火,禁止以水、泡沫灭火。

实验3.14 碘量法测定铜

【目的】

掌握 $Na_2S_2O_3$ 标准溶液的配制方法;熟悉间接碘量法测定铜的原理及实验操作。

【原理】

碘量法是无机物和有机物分析中应用较为广泛的一种氧化还原滴定法。

很多含铜物质(如铜矿、铜盐、铜合金等)中铜含量的测定都采用间接碘量法。其依据是,Cu^{2+}可以被I^-还原为CuI,同时析出等量的I_2(在有过量I^-的溶液中以I_3^-形式存在):

$$2Cu^{2+}+5I^- \longrightarrow 2CuI\downarrow+I_3^-$$

反应产生的I_2用$Na_2S_2O_3$标准溶液滴定:

$$2S_2O_3^{2-}+I_3^- \longrightarrow S_4O_6^{2-}+3I^-$$

以淀粉为指示剂,蓝色消失时为终点。

I^-不仅是还原剂,而且也是Cu(Ⅰ)的沉淀剂(可以提高Cu^{2+}/Cu^+的氧化还原电位,使Cu^{2+}被定量地还原)和I_2的络合剂(增大I_2的溶解度,抑制其挥发)。

上述反应须在弱酸性或中性溶液中进行,通常用NH_4HF_2控制溶液的pH为3.5~4.0。这种介质对测定铜矿和铜合金特别有利,铜矿中的Fe、As、Sb及铜合金中的Fe都干扰铜的测定,F^-可以掩蔽Fe^{3+},pH>3.5时五价As、Sb的氧化性可降低至不能氧化I^-。

CuI沉淀易吸附少量的I_2,使终点变色不够敏锐并产生误差。因此,通常于近终点时加入KSCN,将CuI转化为溶解度更小的CuSCN沉淀,它基本上不吸附I_2,使终点变色敏锐。

$Na_2S_2O_3$标准溶液的配制方法是:先将配溶液用的水煮沸,冷却后再加入$Na_2S_2O_3\cdot 5H_2O$试剂。如果需要使用较长一段时间,应加入少量($\approx 0.2\,g\cdot L^{-1}$)$Na_2CO_3$。

标定$Na_2S_2O_3$溶液常用的基准物质有KIO_3和$K_2Cr_2O_7$,用它们标定$Na_2S_2O_3$溶液时都是采用滴定碘法:

$$IO_3^-+8I^-+6H^+ \longrightarrow 3I_3^-+3H_2O$$

$$Cr_2O_7^{2-}+9I^-+14H^+ \longrightarrow 3I_3^-+2Cr^{3+}+7H_2O$$

IO_3^-和I^-的反应一般在0.1~0.5 $mol\cdot L^{-1}$的酸度下可迅速完成,而$Cr_2O_7^{2-}$和I^-通常在0.5~1 $mol\cdot L^{-1}$的酸度下放置5 min反应完全。滴定时还要适当降低酸度,以抑制淀粉的水解。

【试剂及仪器】

$Na_2S_2O_3\cdot 5H_2O$,KI,2 $mol\cdot L^{-1}$ HCl溶液,氨水(1+1),20% NH_4HF_2溶液(储于塑料瓶中),20% KSCN或NH_4SCN溶液,30% H_2O_2溶液,2 $mol\cdot L^{-1}$乙酸溶液。

KIO_3:分析纯,于130℃干燥2 h,储存于保干器中。

0.5%淀粉溶液:称取5 g淀粉置于小烧杯中,用水调成糊状,在搅动下加到煮沸的1 L水中,继续煮沸至透明。冷却后转入洁净的滴瓶中,夏季一周内有效,冬季两周内有效。如果随同淀粉糊加入少许HgI_2,可使溶液稳定较长时间。

滴定分析所用仪器及玻璃器皿,电子天平(百分之一,千分之一,万分之一),单盘分析天平。

【实验内容】

(1) 配制 $Na_2S_2O_3$ 溶液($0.05\ mol\cdot L^{-1}$):称取(?)g $Na_2S_2O_3\cdot 5H_2O$,溶于 500 mL 煮沸并冷却的水中,转入细口瓶中,摇匀。

(2) 配制 KIO_3 标准溶液$\left[c\left(\frac{1}{6}KIO_3\right)=0.06\ mol\cdot L^{-1}\right]$:准确称取(?)g KIO_3 置于 100 mL 烧杯中,加水溶解后定量转入 100 mL 容量瓶中,定容后摇匀。

(3) 标定 $Na_2S_2O_3$ 溶液:移取 25.00 mL KIO_3 标准溶液于锥形瓶中,加入 1 g KI,摇动溶解后加入一定体积的 HCl 溶液,立即用 $Na_2S_2O_3$ 溶液滴定至由红棕色变为淡黄绿色,加入 2 mL 淀粉溶液,继续滴定至蓝色刚好消失为终点。平行滴定三份,所耗 $Na_2S_2O_3$ 溶液体积的极差应不超过 0.03 mL,取其平均值,计算 $Na_2S_2O_3$ 标准溶液的浓度。

(4) 试液(含 Cu^{2+} 和 Fe^{3+})中 Cu^{2+} 浓度的测定:洗净并烘干一个 100 mL 烧杯,从指导教师处领取一份试液,粗测其大致浓度后决定是否需要稀释。移取 25.00 mL 试液置于锥形瓶中,在摇动下滴加氨水至刚刚出现浑浊[$Fe(OH)_3$ 沉淀],加入 3 mL NH_4HF_2 溶液,混匀后加入 1 g KI,立即用 $Na_2S_2O_3$ 标准溶液滴定至由黄褐色变为浅黄色,加入 2 mL 淀粉溶液,继续滴定至浅蓝紫色,再加 3 mL KSCN 溶液,摇动数秒钟后继续滴定至蓝紫色消失(CuI 沉淀呈白色或乳白色)为终点。平行滴定三份,所耗 $Na_2S_2O_3$ 标准溶液体积的极差应不大于 0.04 mL。计算试液中 Cu^{2+} 的浓度($mol\cdot L^{-1}$)。

注意:滴定完毕,要尽快将废液倒掉,以免氟化物腐蚀锥形瓶。

(5) 铜合金中铜含量的测定:准确称取铜合金试样(约 0.15 g)置于锥形瓶中,加入 10 mL HCl溶液,加热至近沸,分几次加入约 2 mL H_2O_2;待合金溶解完全后,煮沸 2 min 以赶尽多余的 H_2O_2。冷却后加入 20 mL 水,在摇动下滴加氨水至刚出现沉淀,再加 10 mL 乙酸溶液、5 mL NH_4HF_2 溶液及 1.5 g KI,立即用 $Na_2S_2O_3$ 标准溶液滴定至浅黄色,加入 2 mL 淀粉溶液,继续滴定至浅蓝紫色,加入 5 mL KSCN 溶液,摇动数秒钟后继续滴定至蓝紫色消失为终点。平行滴定三份,计算试样中铜的质量分数(%)。三份样品测定结果的相对极差应不超过 0.2%。

【说明】

(1) 为减少环境污染,标定 $Na_2S_2O_3$ 溶液时用 KIO_3 代替 $K_2Cr_2O_7$。

(2) 淀粉溶液最好能在终点前约 0.5 mL 时加入,在滴定第二份时应做到这一点。试测或第一次滴定时应了解终点前后颜色变化的情况。

(3) 铜合金溶解后加热赶 H_2O_2 时,火力不要太大。如果体积太小,可补加几毫升水。

【选做内容】

(1) 用未煮过的去离子水配制 $Na_2S_2O_3$,比较滴定结果有何不同。

(2) 试验淀粉指示剂过早加入对终点判断和测定结果有何影响。

(3) 试验 KSCN 过早加入对终点判断和测定结果有何影响。

思 考 题

1. 配制 $Na_2S_2O_3$ 溶液用的水为什么要煮沸?

2. 用 25.00 mL 0.06 mol·L^{-1} KIO_3 标准溶液标定 $Na_2S_2O_3$ 时,需在 KIO_3 溶液中加入多少毫升的 2 mol·L^{-1} HCl?

3. 为什么不能用 $K_2Cr_2O_7$ 或 KIO_3 直接标定 $Na_2S_2O_3$ 溶液,而要采用间接法?为什么 $K_2Cr_2O_7$ 与 KI 反应必须加酸,且要放置 5 min?

4. $Na_2S_2O_3$ 与 I_3^- 反应的适宜酸度是中性和弱碱性,本实验中标定 $Na_2S_2O_3$ 时溶液的酸度为多少?为什么可以准确滴定?

5. 标定 $Na_2S_2O_3$ 溶液时,为什么要在滴定到淡黄绿色时再加入淀粉?

6. 用氨水调节试液的 pH 时,如何控制 pH 在 3~4 之间?

7. 加 NH_4HF_2 溶液的作用是什么?能否用 NH_4F 溶液替代?

8. 加 KSCN 溶液的作用是什么?为什么不能过早加入?

化学试剂安全

● KIO_3(碘酸钾, potassium iodate)

对上呼吸道、眼及皮肤有刺激性,可导致肝、肾、视神经、血液系统以及中枢神经系统受损。本身助燃,与还原剂、有机物、易燃物(如硫、磷或金属粉末等)混合可形成爆炸性混合物。

● $K_2Cr_2O_7$(重铬酸钾, potassium dichromate)

见实验 3.2。

● KI(碘化钾, potassium iodide)

对皮肤、呼吸道具有刺激性,对消化道可能会造成严重的、永久性的伤害。受热分解或燃烧可产生刺激性的有毒气体。

操作时应当佩戴手套和护目镜,谨防吸入、吞入。若与皮肤接触,立即用清水冲洗;吸入则迅速脱离现场至空气新鲜处;误服应饮牛奶或水,情况严重时立即就医。

● $Na_2S_2O_3 \cdot 5H_2O$ (硫代硫酸钠, sodium thiosulfate)

对皮肤、呼吸道、眼睛有刺激性,吞食可能有害。受热分解或燃烧可产生刺激性、有毒气体。

● KSCN(硫氰酸钾, potassium thiocyanate)

对眼睛和皮肤有刺激性,大量吸入、吞入会对人体造成一定伤害。该物质对环境有危害,可污染水体。本身不燃,但受高热分解可放出有毒的氰化物和硫化物烟气。

以上试剂用后及时密封,储存于阴凉、通风处,远离火种、热源,并与酸类等分开存放。

实验3.15 碘量法测定葡萄糖

【目的】

学习碘量法的实验操作;熟悉碘价态变化的条件及其在测定葡萄糖时的应用。

【原理】

碘量法在有机分析中的应用比无机分析广泛。一些具有能直接氧化 I^- 或还原 I_2 的官能团的有机物,或通过取代、加成、置换等反应后能与碘定量反应的有机物都可以采用直接或间接碘量法进行测定。

I_2 与 NaOH 作用可生成次碘酸钠(NaIO),葡萄糖分子中的醛基可定量地被 NaIO 氧化成羧基:

$$I_2 + 2OH^- = IO^- + I^- + H_2O$$

$$CH_2OH(CHOH)_4CHO + IO^- + OH^- = CH_2OH(CHOH)_4COO^- + I^- + H_2O$$

未与葡萄糖作用的 NaIO 在碱性溶液中歧化成 NaI 和 $NaIO_3$:

$$3IO^- = IO_3^- + 2I^-$$

当酸化溶液时 $NaIO_3$ 又恢复成 I_2 析出:

$$IO_3^- + 5I^- + 6H^+ = 3I_2 + 3H_2O$$

这样,用 $Na_2S_2O_3$ 标准溶液滴定析出的 I_2,便可求出葡萄糖的含量。

$$I_2 + 2S_2O_3^{2-} = S_4O_6^{2-} + 2I^-$$

因为 1 mol I_2 产生 1 mol IO^-,而 1 mol 葡萄糖消耗 1 mol IO^-,所以,相当于 1 mol 葡萄糖消耗 1 mol I_2。

【试剂及仪器】

$Na_2S_2O_3 \cdot 5H_2O$, I_2, KI, HCl 溶液(1+1), 2 mol·L^{-1} NaOH 溶液, 0.5%淀粉溶液(配制方法见实验3.14)。

KIO_3:分析纯,于130℃干燥2 h,储于保干器中。

滴定分析所用仪器及玻璃器皿,电子天平(百分之一,千分之一,万分之一),单盘分析天平。

【实验内容】

(1) 配制稀 NaOH 溶液(0.1 mol·L^{-1}):取5 mL NaOH 溶液加水稀释到100 mL。

(2) 配制 I_2 溶液 $\left[c\left(\frac{1}{2}I_2\right)=0.05\ mol\cdot L^{-1}\right]$:称取7 g KI 置于100 mL 烧杯中,加入20 mL 水和2 g I_2,充分搅拌使 I_2 溶解完全,转移至棕色细口瓶中,加水稀释至300 mL,

摇匀。

(3) 配制 $Na_2S_2O_3$ 标准溶液(0.05 mol·L^{-1})500 mL：配制与标定方法见实验 3.14。

(4) 测定 $Na_2S_2O_3$ 标准溶液与 I_2 溶液的体积比：将两种溶液分别装入碱式和酸式滴定管中。从酸式滴定管中放出 20.00 mL I_2 溶液于锥形瓶中，加水至 100 mL，用 $Na_2S_2O_3$ 标准溶液滴定至浅黄色，加入 2 mL 淀粉溶液，继续滴定至蓝色消失为终点。平行滴定三份，计算每毫升 I_2 溶液相当于多少毫升 $Na_2S_2O_3$ 溶液，即 $V(Na_2S_2O_3)/V(I_2)$。

(5) 葡萄糖($C_6H_{12}O_6 \cdot H_2O$，M=198.2 g·mol^{-1})含量的测定：准确称取约 0.5 g 葡萄糖样品置于烧杯中，加少量水溶解后定量转移至 100 mL 容量瓶中，加水定容后摇匀。

移取 25.00 mL 试液于锥形瓶中，加入 40.00 mL I_2 溶液，在不断摇动下缓慢滴加稀 NaOH 溶液，直至溶液变为浅黄色(约需 30 mL)。盖上表面皿，放置 15 min。然后加入 2 mL HCl 溶液，立即用 $Na_2S_2O_3$ 标准溶液滴定至浅黄色，加入 2 mL 淀粉溶液，继续滴定至蓝色消失为终点。平行滴定三份，计算试样中葡萄糖的含量(%)。

【说明】

(1) 配制 I_2 溶液时，一定要等固体 I_2 完全溶解后再转移。做完实验后将剩余的 I_2 溶液倒入回收瓶中。

(2) 氧化葡萄糖时，加稀 NaOH 溶液的速度要慢，否则，暂时过量的 IO^- 来不及和葡萄糖反应就歧化为不具氧化性的 IO_3^-，致使葡萄糖氧化不完全。

思 考 题

1. 配制 I_2 溶液时为什么要加入过量的 KI？为什么先用很少量的水进行溶解？
2. 计算葡萄糖含量时是否需要 I_2 溶液的浓度值？
3. I_2 溶液可否装在碱式滴定管中？为什么？

化学试剂安全

● I_2(碘，iodine)

对皮肤和眼睛可能会造成一定伤害，易升华，其蒸气对黏膜具有强烈的刺激性。本身不燃，受热分解会放出有毒的碘化物烟气。操作时注意防护，避免吸入、吞入。

用后及时密封，储存于阴凉、通风处，远离火种、热源，并与氨、活性金属粉末等分开存放。少量残渣可用砂土、干燥石灰或苏打灰混合，收集于干燥、洁净、有盖的容器中，转移至安全场所。

● 其他试剂

安全说明见实验 3.14。

实验3.16 碘量法测定水中的溶解氧

【目的】

学习化学法测定溶解氧的原理及实验操作;了解溶解氧含量与水质的关系;熟悉干扰物质的检验和处理方法。

【原理】

水质分析中溶解氧的测定,国际标准指定了两种方法:碘量法(ISO 5813—1983)和电化学探头法(ISO 5814—1984)。我国的国家标准(GB 7489—87, GB 11913—89)分别等效采用和等同采用了国际标准。碘量法简单、准确,适用于溶解氧浓度为0.2 mg・L^{-1}至小于饱和度两倍(约20 mg・L^{-1})的水样,但易氧化的有机物、硫化物等,或水样颜色太深都会干扰测定。这些干扰存在时,宜采用电化学探头法。此法选择性较高,测定速度快,并且可连续监测,适用于测定水中饱和度0%~100%的溶解氧。但仪器价格较高,且仪器的稳定性和探头寿命都不够理想。Cl_2、SO_2、H_2S、I_2 等能透过探头薄膜的气体分子,或者能阻塞、腐蚀薄膜的物质,都会干扰测定。

水中氧的浓度与大气压力、水温、含盐量等因素有关(表3.9)。大气压力低、水温高、含盐量大都会使氧的溶解度有所降低。然而水的污染程度对水中氧的浓度影响最大,很多污染物(如 H_2S、NO_2^-、NH_4^+ 及某些有机物等耗氧物质)都和氧的浓度相互制约。还原性污染物浓度高时,氧的浓度就必然要降低。所以,水中溶解氧的测定对于水质监测、环境评价、水产品养殖等都有重要意义。

本实验采用碘量法测定湖水或与空气平衡的自来水(此水样基本无干扰)中溶解氧的含量。

水样中加入 $MnSO_4$ 溶液和 KI-NaOH 溶液,先产生 $Mn(OH)_2$ 沉淀,随后二价锰被水中的氧氧化为四价:

$$Mn^{2+} + 2OH^- = Mn(OH)_2 \downarrow$$

$$2Mn(OH)_2 + O_2 = 2MnO(OH)_2 \downarrow$$

溶液酸化后(pH 1.0~2.5),沉淀溶解,同时四价锰将 I^- 氧化为 I_2:

$$MnO(OH)_2 + 2I^- + 4H^+ = Mn^{2+} + I_2 + 3H_2O$$

然后以淀粉为指示剂,用 $Na_2S_2O_3$ 标准溶液滴定 I_2,即可求出水中溶解氧的含量。

如果怀疑水样中有干扰测定的还原性物质或除了氧以外的氧化性物质,应进行检验,并设法消除干扰。

亚硝酸态氮的含量大于0.05 mg・L^{-1}时,会干扰测定,可加入叠氮化钠(NaN_3)予以消除。因 NaN_3 是剧毒试剂,若已知亚硝酸态氮的含量小于0.05 mg・L^{-1},则不要加 NaN_3。

表 3.9 氧在水中的溶解度与温度和压力的关系

溶解度 /(mg·L^{-1}) 大气压力 /kPa 温度/℃	99.0	99.5	100.0	100.5	101.0	101.5	102.0	102.5
0	14.29	14.37	14.44	14.51	14.58	14.66	14.73	14.80
5	12.46	12.52	12.59	12.65	12.71	12.78	12.84	12.90
10	11.01	11.06	11.12	11.17	11.23	11.29	11.34	11.40
12	10.51	10.56	10.62	10.67	10.72	10.78	10.83	10.88
14	10.05	10.10	10.15	10.21	10.26	10.31	10.36	10.41
16	9.63	9.68	9.73	9.78	9.83	9.88	9.93	9.98
18	9.24	9.29	9.33	9.38	9.43	9.48	9.52	9.57
20	8.88	8.92	8.97	9.01	9.06	9.10	9.15	9.20
22	8.54	8.58	8.63	8.67	8.71	8.76	8.80	8.85
24	8.22	8.26	8.31	8.35	8.39	8.43	8.48	8.52
26	7.92	7.96	8.00	8.05	8.09	8.13	8.17	8.21
28	7.64	7.68	7.72	7.76	7.80	7.84	7.88	7.92
30	7.38	7.42	7.45	7.49	7.53	7.57	7.61	7.65

【试剂及仪器】

H_2SO_4 溶液(Ⅰ,1+1),H_2SO_4 溶液(Ⅱ,1 mol·L^{-1}),KI。

2 mol·L^{-1} $MnSO_4$ 溶液:称取 170 g $MnSO_4 \cdot H_2O$,溶于适量水中,然后稀释至 500 mL。如有不溶物,应过滤。

KI-NaOH 溶液:将 150 g KI 溶于 200 mL 水中,再将 180 g NaOH 溶于 200 mL 水中,冷却后将两种溶液合并,稀释至 500 mL,储于棕色细口瓶中。

0.5%淀粉溶液:配制方法见实验 3.14。

0.01 mol·L^{-1} $Na_2S_2O_3$ 溶液:称取 10 g $Na_2S_2O_3 \cdot 5H_2O$,溶于 4 L 煮沸并冷却的水中,加入 1 g Na_2CO_3,储于细口瓶中,安装虹吸管后摇匀。

KIO_3 标准溶液:准确称取 3.567 g 在 180 ℃干燥 1 h 的 KIO_3,用水溶解后转入 1 L 容量瓶中,用水稀释至标线。临用前移取 100.0 mL 于 1 L 容量瓶中,加水定容,此液浓度为 $c\left(\frac{1}{6}KIO_3\right)=0.01000\ mol \cdot L^{-1}$。

0.005 mol·L^{-1} I_2 溶液:将 10 g KI 溶于 50 mL 水中,加入 0.6 g I_2,搅拌溶解后转入棕色细口瓶中,稀释至 500 mL,摇匀。

NaClO 溶液(含游离氯为 4 g·L^{-1}):市售 NaClO 试剂(水溶液)含量约为 5%,将其稀释 12 倍后用碘量法标定。具体做法是:量取 2.00 mL 稀释液于碘量瓶中,加 30 mL 水、10 mL

H_2SO_4 溶液(Ⅱ)、2 g KI,盖上瓶塞,摇动至溶解完全。用 $Na_2S_2O_3$ 标准溶液滴定至浅黄色,加 2 mL 淀粉溶液,继续滴定至蓝色消失为终点,计算稀释液中游离氯(ClO^-)的浓度($g \cdot L^{-1}$)。

水样瓶:250 mL 细口瓶,将其容量校准至±1 mL,贴上标签(标明实际全容量及编号)。

25 mL 酸式滴定管,10 mL、100 mL 移液管,5 mL 吸量管,三支分别做出 1.0 mL、1.7 mL、2.0 mL 标线的滴管,250 mL 锥形瓶。

【实验内容】

(1) 标定 $Na_2S_2O_3$ 溶液:移取 10.00 mL KIO_3 标准溶液于锥形瓶中,加入 100 mL 水、1 g KI、5 mL H_2SO_4 溶液(Ⅱ),立即用 $Na_2S_2O_3$ 溶液滴定至浅黄色,加入 3 mL 淀粉溶液,继续滴定至蓝色消失为终点。平行滴定三份,计算 $Na_2S_2O_3$ 标准溶液的浓度。

(2) 水样中氧的固定:将水样注入水样瓶中并使水溢流,迅速盖上瓶塞,然后再打开塞子加入 1.0 mL $MnSO_4$ 溶液及 2.0 mL KI-NaOH 溶液(用带标线的滴管将试剂加到液面以下至少 5 cm),立即盖好。颠倒摇动 10 次,放置 5 min,再颠倒 10 次。平行固定三份水样中的氧。

(3) 水样中氧含量的测定:当水样中的沉淀物下降到瓶口以下 1/3 距离时,缓缓加入 1.7 mL H_2SO_4 溶液(Ⅰ)至液面以下,盖好,颠倒摇动使沉淀物溶解完全,并分布均匀。取出 100.0 mL 至锥形瓶中,用 $Na_2S_2O_3$ 标准溶液滴定至浅黄色,加 3 mL 淀粉溶液,继续滴定至蓝色消失。计算水样中氧的浓度,以 $mg \cdot L^{-1}$ 表示。

(4) 氧化性或还原性干扰物质的检验:取 50 mL 水样,置于锥形瓶中,加入 0.5 mL H_2SO_4 溶液(Ⅱ)、0.5 g KI 和几滴淀粉溶液,混匀。如果溶液变蓝,证明存在氧化性干扰物质;如果溶液仍为无色,则再加入 0.2 mL I_2 溶液,混匀。30 s 后,若蓝色消失,说明有还原性干扰物质存在[随后继续加 I_2 溶液,可以估计实验内容(6)中所需 NaClO 溶液的体积]。

(5) 若水样中存在氧化性干扰物质,可通过以下做法对测定结果进行校正:在测定溶解氧的同时,另取 200 mL 水样置于锥形瓶中,加入 1.7 mL H_2SO_4 溶液(Ⅰ),然后再加 2.0 mL KI-NaOH 溶液和 1.0 mL $MnSO_4$ 溶液,混匀后放置 5 min,用 $Na_2S_3O_3$ 标准溶液滴定。

将氧化性干扰物质的滴定结果换算为氧的浓度($mg \cdot L^{-1}$),并从实验内容(3)所得结果中扣除。

(6) 若水样中含有还原性干扰物质,可通过以下做法加以消除:用水样瓶取两份水样,各加 1.00 mL NaClO 溶液至水样液面以下 5 cm,立即盖上瓶塞,颠倒摇动 10 次以上。

其中一瓶按照实验内容(2)和(3)的操作步骤测定氧,另一瓶按照实验内容(5)的步骤测定过量的游离氯。两瓶的测定结果均以氧的浓度($mg \cdot L^{-1}$)表示,其差值即水样中溶解氧的浓度。一般应平行测定两份。

【说明】

(1) 水样瓶的容量是指其充水至溢出时，盖上瓶塞后所容纳水的体积。在处理水样时，所加入的试剂均应使用滴管或吸量管加至距液面 5 cm 以下，以防止盖上瓶塞时试剂与水一起溢出。溢出的水样体积应在计算结果时加以校正。

(2) 如果水样中有 Fe^{3+}，应将所用 H_2SO_4 溶液(Ⅰ)改为浓 H_3PO_4。

(3) 实验内容(4)～(6)为选做实验。如果想做，则先不做(2)和(3)，应根据实验内容(4)的检验结果决定如何往下做。

(4) 学生可在实验课前自行采集水样约 800 mL。

(5) 在实际工作中，要用专用的采样器在现场采集水样并随即固定氧，然后再拿到实验室进行测定。固定后的水样在暗处可保存 24 h。

思考题

1. 酸化水样时，为什么要待沉淀物下降到一定程度后再加入 H_2SO_4？
2. 在实验内容(5)中，加入试剂的顺序为什么与实验内容(2)不同？
3. 水样中加入试剂后所溢出的体积要在计算结果时加以校正，如何计算出校正因子？
4. 处理水样时，所加的试剂中若含有少量的氧或其他氧化性干扰物质，应测定试剂空白，试问应如何测定？

实验 3.17　地下水和地面水中高锰酸盐指数的测定

【目的】

了解水体中高锰酸盐指数的含义及其测定方法。

【原理】

在水质分析中，高锰酸盐指数是反映水体被微量有机物及无机可氧化物质污染程度的常用指标。国家标准和国际标准中给出的定义为：在规定条件下，用 $KMnO_4$ 氧化水样中的某些有机物及无机还原性物质，与所消耗高锰酸根的量相当的氧量，以 I_{Mn}(以 O_2 计，$mg \cdot L^{-1}$)表示。

国家标准对地下水、地面水等水体的高锰酸盐指数都规定了质量指标(表 3.10)，并规定了相应的分析方法。在实际工作中，必须按照规定的标准分析方法进行测定，才能使所测结果在水质和环境评价方面有可比性。

高锰酸盐指数不能被看做理论需氧量或总有机物含量的指标，因为在规定条件下，许多有机物仅部分被氧化。此法适用于生活饮用水、水源水和地面水的测定。取 100 mL 水样时，测定范围为 0.05～5.0 $mg \cdot L^{-1}$(以 O_2 计，$mg \cdot L^{-1}$)，高锰酸盐指数高的水样应经适当稀释

表 3.10 地下水、地面水高锰酸盐指数的质量标准

水体及指标 \ 类别		Ⅰ类	Ⅱ类	Ⅲ类	Ⅳ类	Ⅴ类
地下水	I_{Mn}	≤1.0	≤2.0	≤3.0	≤10	>10
	适用水域	化学组分的天然低背景含量	化学组分的天然背景含量	生活饮用水水源、工农业用水	农业、工业用水	不宜饮用
地面水	I_{Mn}	≤2	≤4	≤6	≤8	≤10
	适用水域	源头水、国家自然保护区	饮用水水源地、珍贵鱼类保护区	饮用水水源地、一般鱼类保护区	一般工业用水区	农业用水一般景观

后再进行测定。此法不适用于工业废水和污染严重的环境水,这样的水体应采用重铬酸钾法测定化学需氧量(chemical oxygen demand, COD)。重铬酸钾法测定 COD 的实验过程较长,规定在银盐催化下煮沸回流 2 h。所以,COD 值较低的水样,一般以高锰酸盐指数来反映水体被还原性物质污染的程度。

水样中加入一定量的 $KMnO_4$ 和 H_2SO_4,在沸水浴中加热 30 min,某些有机物和无机还原性物质(NO_2^-、S^{2-}、Fe^{2+} 等)被 $KMnO_4$ 氧化,然后加入过量的 $Na_2C_2O_4$ 还原剩余的 $KMnO_4$,最后再用 $KMnO_4$ 溶液回滴过量的 $Na_2C_2O_4$,即可计算水样的高锰酸盐指数。

水样中氯化物浓度高于 300 mg · L^{-1}时(以 Cl^- 计),宜采用在碱性中氧化,而后在酸性中回滴的方法测定水中需氧量。

采集水样后要尽快加入 H_2SO_4,使其 pH 为 1～2,置于暗处可保存数小时,在冰箱中可保存两天。

本实验使用不含还原性物质的蒸馏水。

【试剂及仪器】

蒸馏水:将去离子水在全玻璃蒸馏器中蒸馏一次,每升去离子水中加入 10 mL H_2SO_4(1+3)和少许 $KMnO_4$ 溶液至呈现粉红色。弃去初馏水 100 mL,所得蒸馏水存于具塞细口瓶中。

H_2SO_4 溶液(1+3):在搅动下将 200 mL H_2SO_4 缓慢加到 600 mL 水中,趁热滴加 $KMnO_4$ 溶液至呈现粉红色。

$Na_2C_2O_4$ 标准溶液$\left[c\left(\frac{1}{2}Na_2C_2O_4\right)=0.0100\ mol \cdot L^{-1}\right]$:称取 0.6700 g 已于 105 ℃烘干至恒重的 $Na_2C_2O_4$,用蒸馏水溶解并定容于 1000 mL 容量瓶中,摇匀。

$KMnO_4$ 溶液$\left[c\left(\frac{1}{5}KMnO_4\right)=0.1\ mol \cdot L^{-1}\right]$:将 3.2 g $KMnO_4$ 溶于 1 L 水中,加热至微沸 15 min,放置一周后用 G_4 号玻璃砂漏斗抽滤,滤液存于棕色瓶中。临用前再用蒸馏水稀

释 10 倍，使滴定剂浓度为 0.01 $mol \cdot L^{-1}$。

水浴锅(或电热水浴)，25 mL 酸式滴定管，10 mL、100 mL 移液管，5 mL 量筒及其他滴定分析所需玻璃器皿，电子天平(千分之一，万分之一)，单盘分析天平。

【实验内容】

(1) 将水样充分摇动后，量取 100.0 mL 置于锥形瓶中，加入 5.0 mL H_2SO_4 溶液和 10.00 mL $KMnO_4$ 溶液。将锥形瓶置于沸腾的水浴内加热 30±2 min。

取出加热的锥形瓶，加入 10.00 mL $Na_2C_2O_4$ 标准溶液(混合后应变为无色)，趁热用 $KMnO_4$ 溶液滴定至呈现稳定的粉红色为终点，记录所耗 $KMnO_4$ 溶液的体积(V_1)。

(2) 空白试验：用 100 mL 蒸馏水代替水样，重复实验内容(1)的操作，记录所耗 $KMnO_4$ 溶液的体积(V_0)。

(3) 校正系数的测定：向空白试验之后的溶液中，加入 10.00 mL $Na_2C_2O_4$ 标准溶液，加热至 70～80 ℃，用 $KMnO_4$ 溶液滴定至出现稳定的粉红色，记录所耗 $KMnO_4$ 溶液的体积(V_2)。计算校正系数，即每毫升 $KMnO_4$ 溶液相当于多少毫升 $Na_2C_2O_4$ 标准溶液。

以上三个实验内容，均应平行做两次或三次。最后，利用(1)、(3)中的数据计算测定结果。如果水样已预先稀释，则还需利用空白试验数据及稀释倍数计算测定结果。

【说明】

(1) 学生可在实验课之前采集地面水水样 500 mL(如湖水)，地下水水样或实验室的自来水 500 mL。

(2) 预习时应列出有关的计算式。

(3) 滴定所用的 $KMnO_4$ 溶液，其浓度不要大于 $Na_2C_2O_4$ 溶液的浓度。

(4) 如果水样在加热氧化过程中红色退去，说明还原性物质较多，应适当定量稀释后再取样测定。稀释的程度以加热氧化后剩余的 $KMnO_4$ 为其加入量的 1/3～1/2 为宜。如果剩余量小于 1/3，亦可不稀释水样，而多加几毫升 $KMnO_4$ 溶液。

思考题

1. 本实验为什么不能直接用去离子水，而要对其进行一次蒸馏？蒸馏时为什么要加入 H_2SO_4 和 $KMnO_4$？
2. 水样加热氧化的温度和时间为什么要严格控制？
3. 做校正实验时，为什么要利用空白试验后的溶液？
4. 测定校正系数的意义何在？

化学试剂安全

- $KMnO_4$(高锰酸钾，potassium permanganate)

具腐蚀性,可致人体灼伤,对呼吸道、皮肤、黏膜、眼有刺激作用,口服大剂量可导致休克、循环衰竭而死。本身助燃,遇硫酸、铵盐或过氧化氢能发生爆炸;遇甘油、乙醇能引起自燃;与有机物、还原剂、易燃物(如硫、磷等)接触或混合时有引起燃烧爆炸的危险。

操作时应注意防护,如不慎入眼或者与皮肤接触,需尽快用大量清水冲洗。用后及时密封,储存于阴凉、通风处,远离火种、热源,并与还原剂、活性金属粉末等分开存放。

3.1.7 沉淀重量法与沉淀滴定法

在重量分析中,试样的称取及溶解等操作与其他分析方法相同,应当注意的是如何定量地得到稳定的称量形,这与沉淀、转移、过滤、洗涤、干燥、恒重和称量等操作技能密切相关。另外,最终所得称量形的量要适宜。一般晶形沉淀不超过0.5 g,胶状沉淀不超过0.2 g。

1. 沉淀

制备沉淀的条件,即加入试剂的顺序、加入试剂的量与浓度、加入试剂的速度、沉淀时溶液的温度和酸度及陈化时间等,都将分别在各实验中写明。要理解这些操作的原理,仔细按照实验的具体步骤进行操作,否则将会产生较大误差。

如果试剂可以一次加到溶液里,则应沿着烧杯壁或玻璃棒倾倒,要小心操作,避免溶液溅出。通常,沉淀剂是用滴管逐滴加入,并同时搅拌,以防沉淀剂局部过浓。搅拌时尽量不使搅棒摩擦烧杯内壁。在热溶液中沉淀时,不得使溶液沸腾,否则会因液滴的飞溅而造成损失,因此,通常使用水浴加热。

进行沉淀时,所用烧杯、搅棒、表面皿要三者一套,不要分开或弄混,直到沉淀完全转移出烧杯为止。

2. 沉淀的过滤和洗涤

根据沉淀在灼烧中是否会被纸灰还原及称量形的性质,决定采用玻璃坩埚过滤还是滤纸过滤。

若采用滤纸,则其大小及紧密程度要视沉淀的性质而定,例如,$BaSO_4$、CaC_2O_4 为晶形沉淀,用较小而致密者(直径9~11 cm,慢速);$Fe_2O_3 \cdot xH_2O$ 为胶状(无定形)沉淀,难于过滤,则需用大而疏松者(直径11~12.5 cm,快速)。

滤纸放入漏斗后,其边缘不得高于漏斗,应比漏斗口低至少0.5 cm。当含有沉淀的溶液转移至漏斗中时,液面高度应低于滤纸边缘至少0.5 cm,而沉淀不应超出滤纸的1/3高度。

(1) 滤纸的折叠与安放:标准的漏斗应具有60°的圆锥角,但有些漏斗并非正好60°。因此,在过滤以前应按下述方法折叠并放好滤纸:用洁净干燥的手将滤纸整齐对折,再对折成圆锥形,为保证滤纸与漏斗密合,第二次对折暂时不要折死。将圆锥体打开放入漏斗,若滤纸与漏斗不完全密合,可稍稍改变滤纸的折叠角度直到完全密合。这时可把第二次的折边压紧;取出滤纸,将外层折边撕掉一点,这样可以使内层滤纸更加贴紧漏斗,否则,三层和单层滤纸交界处会有一条缝隙(滤纸的折叠和安放见图3.29)。撕下来的纸角保存在洁净干燥的表皿上,待以后擦拭烧杯用。此时,一手按住三层滤纸重叠处,一手用水润湿滤纸,然后用手指堵住漏斗下口,稍稍掀起滤纸的一边,向滤纸和漏斗之间的缝隙注水,直到漏斗颈及锥体的一部分被水充满,缓缓放松堵住漏水口的手指,滤纸"下沉",排除漏斗颈内的气泡,同时用手指轻按滤纸排除锥体部分的气泡使其贴紧漏斗,水柱随即形成。如果滤纸中的水渗尽后水柱不能保持,则说明滤纸与漏斗没有完全密合,应再试一次。在过滤和洗涤过程中,借助水柱的抽吸作用可使滤速明显加快。

注意:在做水柱的过程中,切勿用力按压滤纸,以免使滤纸变薄或破裂而在过滤时造成穿滤。

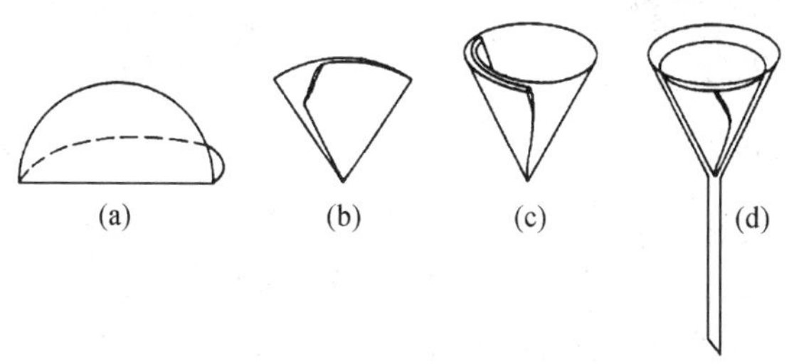

图 3.29 滤纸的折叠和安放

(a) 对折;(b) 折成合适角度并撕去一角;(c) 展开成锥形;(d) 放进漏斗

准备好的漏斗放在漏斗架上,漏斗下方放一盛接滤液的烧杯(一般为 400 mL),漏斗颈伸入杯内并靠近杯壁(避免滤液冲溅),但不要紧贴,以防水柱消失。为了万一穿滤时可进行补救,盛接滤液的烧杯应当洗净。漏斗位置的高低,以过滤过程中漏斗的流液口不接触滤液为度。当同时过滤几个样品时,应分别在盛装待滤试液的烧杯和相应的漏斗上作好标记。

(2) 过滤和洗涤:过滤一般是用倾注法(亦称倾泻法,见图 3.30)。即待沉淀沉降后,尽量不搅起沉淀,将上清液倾入漏斗内。注意:一手将搅棒垂直立在三层滤纸重叠处,但勿接触滤纸。另一只手将盛有沉淀的烧杯嘴贴着搅棒,缓慢将烧杯倾斜使上清液沿搅棒流入漏斗中。停止倾倒时要使烧杯嘴沿搅棒上提 1~2 cm,同时逐渐扶正烧杯,随即离开搅棒。在烧杯扶正之前,绝不能让杯嘴离开搅棒。将搅棒放回烧杯时,勿靠在杯嘴处。清液倒尽后,用少量洗涤液或去离子水从上到下旋转冲洗烧杯内壁,每次用 15 mL 左右。用搅棒搅起沉淀进行充分洗涤。静置时可在烧杯底部一侧放一表皿或白瓷板,使烧杯略微倾斜,沉淀集中沉降在烧杯一侧(图 3.31),以便再次倾出上清液时沉淀不会"滑坡",使溶液混浊。

洗涤应遵循少量多次的原则,洗涤的次数要视沉淀的性质及杂质的含量而定。在每次用去离子水洗涤沉淀的间隙,要用少量水淋洗滤纸,水要从滤纸上沿淋入,以有效地洗去滤纸纤维所吸附的杂质离子。

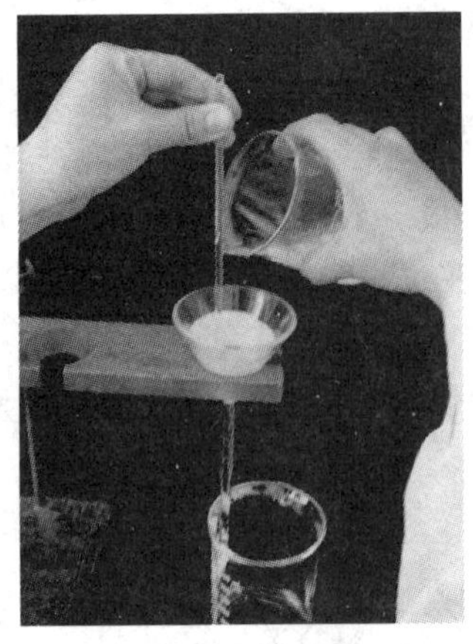

图 3.30 倾泻法过滤

图 3.31 倾斜放置烧杯

欲将沉淀全部转移到滤纸上时，先加入适量洗涤液(加入量应以漏斗中滤纸上所能容纳量为限)，搅起沉淀，立即将浑浊液按倾泻法转移到滤纸上。如此操作几次，基本可将绝大部分沉淀转至漏斗中，剩下极少量的沉淀，可参照图 3.32 所示的方法，用洗瓶的水从上到下冲洗杯壁。注意，搅棒下端对着三层滤纸重叠处，边冲边流入漏斗，这样可使“爬壁”的沉淀和较沉重的沉淀尽快转入漏斗。要特别注意上下照应，操作协调，防止漏斗中滤液不慎充满。沉淀转移这一步最容易引起沉淀的损失，要小心仔细，规范操作。

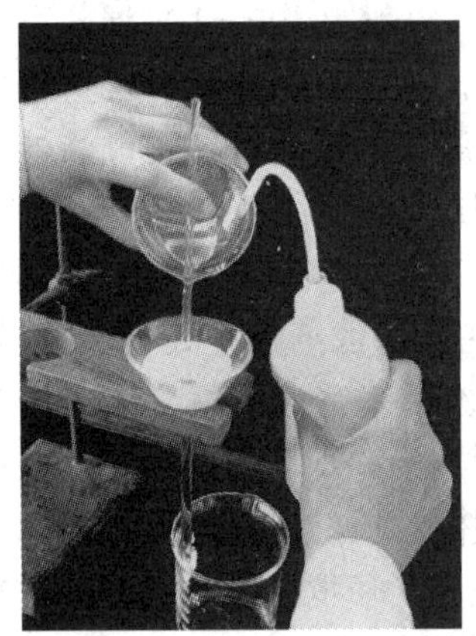

图 3.32 冲洗转移沉淀的方法

图 3.33 淀帚扫“活”沉淀

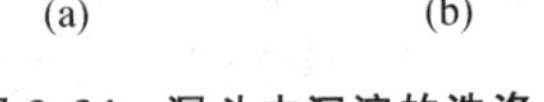

图 3.34 漏斗中沉淀的洗涤

加热陈化过程往往会使一些细小沉淀粘附在烧杯壁和搅棒上而不能被水冲洗下来，需要用淀帚(即玻璃棒下端套一段顶端封闭的乳胶管)扫“活”后再冲洗(图 3.33)，也可用一小块定量滤纸擦“活”后再冲洗。后者可用折叠滤纸时撕下的纸角，将其放入烧杯壁的中上部位，用水润湿后先擦拭搅棒上的沉淀，再用搅棒按住此纸片自上而下旋转着将壁上的沉淀擦“活”直至杯底，然后将此纸片放入漏斗中，再用洗瓶按照图3.32的方法把擦“活”的沉淀微粒冲洗到漏斗中。在明亮处仔细检查烧杯内壁和搅棒上是否还有肉眼可见的沉淀，若仍有一点点痕迹，应再行擦拭和转移，直至干净为止。

最后，在滤纸中洗涤沉淀。由于洗瓶的导管中有空气，捏挤洗瓶开始出来的水和气若直接冲在沉淀上，会造成损失，应先对着一个空烧杯（或水槽）捏挤，待空气排除后再移到漏斗上方淋洗滤纸和沉淀，要自上而下螺旋式进行淋洗，并同时将沉淀集中到滤纸锥体的下部，见图3.34。

洗涤过程中，应在前一次洗液完全滤出后再进行下一次洗涤。如果所用洗涤液的总量相同，则采用“少量多次”的做法比“多量少次”的效果要好得多。洗涤数次以后，用洁净的表面皿接取数滴滤液，选择灵敏而又能迅速显示结果的定性反应来检验沉淀是否洗净。注意，若接取滤液时，漏斗下端已触及烧杯中的滤液，检验则毫无意义。

过滤与洗涤沉淀的操作，必须一气呵成。如果间隔较久，沉淀干涸，粘成一团，则很难将其洗涤干净。

对于一些可以或必须在低温下进行烘干的沉淀，应该用玻璃坩埚进行过滤。沉淀的过滤、洗涤和转移的操作及注意事项与用滤纸过滤基本相同。具体要求参见实验3.19。

3. 沉淀的灼烧和恒重

(1) 坩埚的准备：沉淀的灼烧是在预先已经洗净、经过两次以上灼烧而至恒重的瓷坩埚中进行的。

先将坩埚用自来水洗去污物，然后放入热盐酸中浸泡10 min以上，用玻璃棒夹出，依次用自来水和去离子水涮洗干净，放在洁净的表面皿上于电热恒温干燥箱中烘干。洗净烘干后的坩埚不能再用手直接拿取，挪动时必须用坩埚钳。烘干后的坩埚只能放在干净的表皿、培养皿、白瓷板或泥三角上，不要放在桌上，以免弄脏。

灼烧坩埚时会引起坩埚瓷釉组分中的铁发生氧化而增重，水及某些其他物质被烧失而减重，因此必须预先在与灼烧沉淀时相同的条件下，将空坩埚灼烧至恒重。将烘干后的坩埚放在架于铁环上的泥三角上，用天然气灯逐步加热灼烧，也可于恒温电炉中、在规定温度下灼烧。

灼烧坩埚大约15～30 min。停火后，让坩埚在泥三角上稍稍冷却至红热退去（约半分钟），然后用预热过的坩埚钳将其夹入保干器中。灼热的坩埚会使保干器内的空气膨胀，压力增大，甚至会将保干器的盖子“顶开”，而当放置一段时间后，因空气冷却、压力降低，又会将盖吸住而打不开。所以，灼热的坩埚放进保干器后，暂不要完全盖严，留一缝隙（约3 mm宽），让膨胀的气体逸出，约1 min后盖严。在冷却过程中还应开启一两次，每次只可开缝几毫米宽，等待2～3 s后，立即盖严。

冷却所需时间视坩埚的大小、薄厚、多少以及保干器的大小和环境温度而定。在800 ℃左右灼烧的两三个30 mL坩埚于16～20 cm直径的保干器中冷却，40～50 min即可。无论是空的还是有沉淀的坩埚，每次进行冷却的条件（时间、地点等）必须相同。坩埚必须完全冷却后才能称量。

灼烧过的坩埚易吸湿,必须快速称量。称量以后,按上述做法再灼烧、冷却、称量,直至连续两次称得质量之差不超过沉淀质量的千分之一,就可认为坩埚已经恒重。实际上,通常是希望第一次能够烧透,即质量基本恒定,第二次灼烧是验证,所以第一次灼烧时间要长些,第二次时间可短些。

如果坩埚盖不予称量,则不必灼烧、恒重。

(2) 沉淀的包裹:沉淀和滤纸都洗净后,用搅棒将三层滤纸重叠部分挑起,然后用洗净的拇指和食指捏住滤纸的翘起部分,慢慢将其取出,手指不要接触沉淀。包裹沉淀时不应把滤纸完全打开。若是晶形沉淀,可按图3.35所示的任一种方法将沉淀包好,应包得稍紧些,但不能用手指挤压沉淀。最后用不接触沉淀的那部分滤纸将漏斗内壁轻轻擦拭,把滤纸包的三层部分朝上放入已恒重的坩埚中。

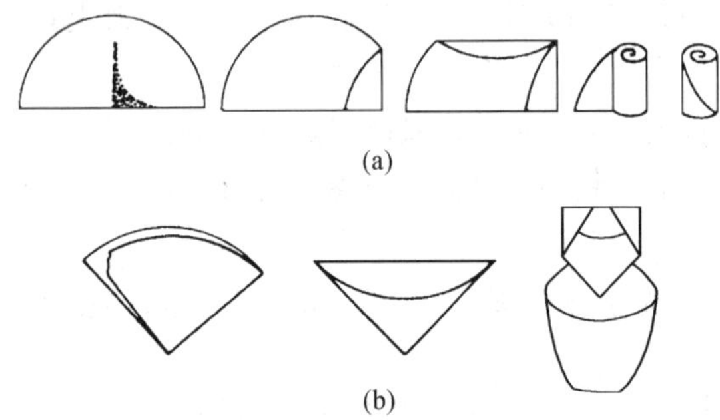

图3.35　包裹晶形沉淀的两种方法

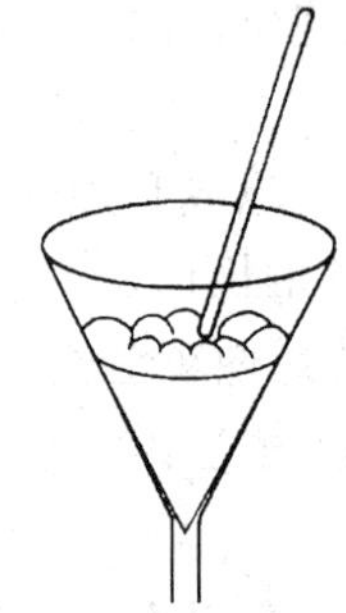

图3.36　胶状沉淀的包裹方法

若包裹胶状沉淀,可在漏斗中用搅棒将滤纸周边向内折,如图3.36,然后取出,倒过来尖朝上放入坩埚中。

(3) 沉淀的灼烧:将盛有沉淀的坩埚倾斜地架在泥三角上,其埚底枕在泥三角的一个横边上(图3.37),然后把坩埚盖半掩着倚于坩埚口,这样会使火焰热气反射,有利于滤纸的烘干和炭化[图3.38(a)]。

图3.37　坩埚在泥三角上的位置

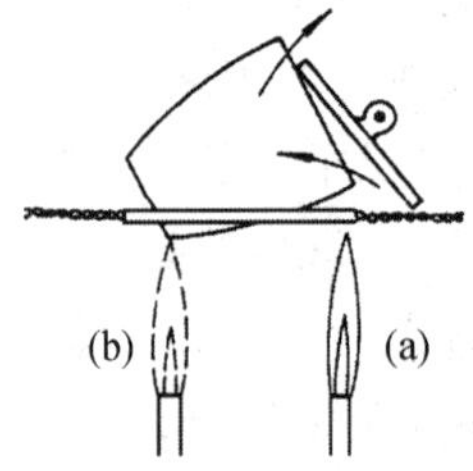

图3.38　干燥与炭化(a);灰化与灼烧(b)

用小火来回扫过坩埚,使其均匀而缓慢地受热,以避免坩埚因骤热而破裂。然后将天然气灯置于坩埚盖中心之下,利用反射焰将滤纸和沉淀烘干。这一步不能太快,火焰亦可在图

3.38 所示的(a),(b)两处交替加热。若加热太猛,会引起沉淀崩溅,造成失败。当滤纸被烘干后即开始冒烟,万一着火,立即用坩埚钳夹住坩埚盖轻轻盖住坩埚,火焰就会熄灭(也可立即将天然气灯暂时移开)。千万不能用嘴去吹!也不要企图用其他方式处理,以防打翻坩埚。

滤纸全部炭化以后,撤走坩埚盖(放在白瓷板上),将天然气灯置于坩埚底部,逐渐加强火力,并使氧化焰包住坩埚,烧至红热,以便把炭完全烧掉,这一步叫做灰化。炭黑基本消失、沉淀现出本色以后,稍稍转动坩埚,使沉淀在坩埚底部轻轻翻动,借此可把沉淀各部分烧透,把包裹住的滤纸残片烧光,并把坩埚壁上的炭黑烧掉,然后应将坩埚直立,用强火灼烧一定时间(如 $BaSO_4$ 15～30 min, $Mg_2P_2O_7$、Al_2O_3、SiO_2 30 min, CaO 60 min)。停火后,让坩埚在泥三角上稍冷(约 30 s),随即置于保干器中冷却,称量。

冷却后,保干器内往往稍有负压,欲取出装有沉淀的坩埚时,要注意开盖处避开坩埚上方,以防开缝时瞬间进去的气流吹跑沉淀。

沉淀第二次灼烧 15 min,冷却,称量,直至恒重。

(4) 灼烧后沉淀的称量:称量方法基本上与称空坩埚时相同。但操作应尽可能快,特别是对于灼烧后吸湿性很强的沉淀更应如此。第二次称量时,可根据第一次称得的质量预先设置好砝码,然后再放上坩埚,迅速记录平衡点的质量。

称量坩埚和沉淀时,试图多次校对平衡点是否正确的想法,显然是不妥的。灼烧后的坩埚,特别是沉淀,会在空气中吸水,遇到天气湿度大时更是如此,必须快速称量。试图以强火长时间灼烧一次代替多次灼烧求得恒重的做法也是不允许的。

另外,在称完带有沉淀的坩埚以后将沉淀倒出,再称空坩埚以求沉淀质量的做法,也是非常错误的。因为用机械的办法一般不能将灼烧后的沉淀自坩埚中完全倒出,有时沉淀会与坩埚烧结在一起。

灼烧带有沉淀的坩埚时,也要求连续两次称量的结果相差在 0.4 mg 以内为恒重。

(5) 沉淀的低温烘干:除在高温下灼烧沉淀以外,有时也可以或必须在低温甚至室温下干燥沉淀,例如 AgCl、丁二肟镍等。采用这种干燥、恒重的方法就不能用滤纸过滤沉淀,而需使用玻璃坩埚或填以石棉的古氏坩埚。烘干沉淀时应注意电热干燥箱温度的控制,一般应保持在指定温度的±5 ℃范围内。空坩埚和装有沉淀的坩埚亦应在相同的条件下烘干和称量。多人同时做实验时,第一次烘干和第二次烘干的坩埚最好不要混在一个电热干燥箱中进行烘干,否则,后者会吸收前者所挥发的水分,进而延长了后者的烘干时间。

实验 3.18 沉淀重量法测定钡(灼烧干燥恒重)

【目的】

学习晶形沉淀的制备方法及重量分析的基本操作;建立恒重的概念,熟悉恒重的操作条件。

【原理】

重量分析法不需要基准物质作参比(为“绝对分析法”),通过直接沉淀和称量而测得物质的含量,其测定结果的准确度很高。尽管沉淀重量法的操作过程较长,但由于它有不可替代的特点,目前在常量的S、Ni、P、Si等元素或其化合物的定量分析中仍经常使用。

含Ba^{2+}试液用HCl酸化,加热至近沸,在不断搅动下缓慢滴加热的稀硫酸,形成的$BaSO_4$沉淀经陈化、过滤、洗涤、灼烧后以$BaSO_4$形式称量,即可求得钡的含量。

为获得颗粒较大、纯净的晶形沉淀,应在酸性、较稀的热溶液中缓慢地加入沉淀剂,以降低过饱和度;沉淀完成后还需陈化。为保证沉淀完全,沉淀剂必须过量,并在自然冷却后再过滤。沉淀前试液经酸化可防止碳酸盐等钡的弱酸盐沉淀产生。选用稀硫酸为洗涤剂可减少$BaSO_4$的溶解损失,H_2SO_4在灼烧时可被分解除掉。

【试剂及仪器】

2 mol·L^{-1} HCl溶液,1 mol·L^{-1} H_2SO_4溶液,0.1 mol·L^{-1} $AgNO_3$溶液。

瓷坩埚,玻璃漏斗,慢速定量滤纸,淀帚,坩埚钳,水浴锅,泥三角,电子天平(万分之一),单盘分析天平。

【实验内容】

(1) 瓷坩埚的准备:洗净两个瓷坩埚,晾干或在电热干燥箱中烘干。先用天然气灯小火烧几分钟,然后用大火灼烧,第一次烧30 min,第二次烧15 min,每次烧完停火后,等待约半分钟再放入保干器中,不可马上盖严,要暂留一缝隙(约3 mm),过1 min后盖严。冷却40～50 min,前20 min在实验室中冷却,然后放到天平室冷却(各次灼烧后的冷却时间要一致)。在分析天平上准确称量,为了防止受潮,称量速度要快,平衡后马上读数。两次灼烧后所称得坩埚质量之差若不超过0.3 mg,即已恒重,否则还要再烧15 min,冷却、称量,直至恒重。

(2) 沉淀的制备:准确称取0.4～0.6 g $BaCl_2\cdot 2H_2O$试样两份,分别置于250 mL烧杯中,各加70 mL水溶解(若是液体试样,则移取25.00 mL两份,各加50 mL水稀释),各加2 mL HCl溶液,盖上表面皿,在水浴锅上用蒸汽加热至80℃以上。

在两个小烧杯中各加入4 mL H_2SO_4溶液,并加水稀释至50 mL,加热至近沸,在连续搅拌下逐滴加到试液中。沉淀剂加完后,待沉淀下降溶液变清时,向上清液中加两滴H_2SO_4溶液,仔细观察是否沉淀完全。若清液变浊,应补加一些沉淀剂。盖上表面皿,在微沸的水浴上陈化1 h,其间要搅动数次。

(3) 配制稀硫酸洗涤液:取1 mL H_2SO_4溶液,稀释至100 mL。

(4) 称量形的获得:沉淀自然冷却后,用慢速定量滤纸以倾泻法过滤。先滤去上清液,再用稀硫酸洗涤沉淀三次，每次用 15 mL；然后将沉淀转移到滤纸上，再用滤纸角擦“活”粘附在搅棒和杯壁上的细微沉淀，而后用水少量多次冲洗杯壁和搅棒，直至转移完全。最后用水淋洗滤纸和沉淀数次至滤液中无 Cl^- 可检出为止。将滤纸取出并包好，放进已恒重的坩埚中，经小火烘干、中火炭化、大火灰化后，再用大火灼烧 30 min，冷却、称量。再灼烧 15 min，冷却、称量，直至恒重。灼烧及冷却的条件要与空坩埚恒重时相同。

计算两份固体样品中 $BaCl_2 \cdot 2H_2O$ 的含量(%)或两份液体样品中 Ba^{2+} 的浓度($mg \cdot mL^{-1}$)。

【说明】

(1) 认真预习本小节中关于重量分析的基本操作。

(2) $BaCl_2 \cdot 2H_2O$ 是有毒试剂，剩余样品应倒入回收瓶中。

(3) $BaSO_4$ 沉淀的灼烧温度应控制在 800～850 ℃，可以在自动恒温的马弗炉中灼烧(须预先用煤气灯或电炉烘干、炭化、灰化)，也可以在天然气灯上大火灼烧，要调出分层的氧化焰才能达到 800 ℃。

(4) 练习做水柱时用定性滤纸和自来水，过滤沉淀时要用慢速定量滤纸和去离子水。

(5) 检查滤液中的 Cl^- 时，用小表面皿接取数滴滤液，加入 1～2 滴 $AgNO_3$ 溶液，混匀后放置 1 min，观察是否出现浑浊，并与去离子水进行对照。

思考题

1. 为什么沉淀 Ba^{2+} 时要稀释试液，加入 HCl，加热并在不断搅拌下逐滴加入沉淀剂？

2. 沉淀完全后为什么还要在水浴上陈化？过滤前为何要自然冷却？趁热过滤或强制冷却好不好？

3. 用洗涤液或去离子水洗涤沉淀时，为什么都要少量多次？

4. 本实验根据什么称取 0.4～0.6 g $BaCl_2 \cdot 2H_2O$ 试样？称样过多或过少有什么影响？某样品含 S 约为 5%，用 $BaSO_4$ 重量法测定 S 应称取多少克样品？

5. 测定样品中的 S 或 SO_4^{2-} 时，以 $BaCl_2$ 为沉淀剂，这时应选用何种洗涤液洗涤沉淀？为什么？

6. 为保证 $BaSO_4$ 沉淀的溶解损失不超过 0.1%，洗涤沉淀所用去离子水最多不能超过多少毫升？

实验 3.19　沉淀重量法测定钡(微波干燥恒重)

【目的】

学习晶形沉淀的制备方法及重量分析的基本操作，建立恒重的概念；了解微波技术在样品干燥方面的应用。

【原理】

方法原理及沉淀操作条件与实验3.18中的"原理"部分基本相同。不同之处是,本实验使用微波炉干燥 $BaSO_4$ 沉淀,与传统的灼烧干燥法相比,既可节省1/3以上的实验时间,又可节约能源。

使用微波炉干燥 $BaSO_4$ 沉淀时,如果沉淀中包藏有 H_2SO_4 等高沸点杂质,则不能在干燥过程中分解或挥发掉(灼烧干燥时可以除掉 H_2SO_4)。因此,对沉淀条件和洗涤操作的要求更加严格,不仅要进一步稀释含 Ba^{2+} 试液,还必须将沉淀剂(H_2SO_4)控制在过量20%~50%以内,滴加沉淀剂的速度还要缓慢。这样,既可减少 $BaSO_4$ 沉淀中包藏 H_2SO_4 及其他杂质,又能使测定结果的准确度与传统的灼烧法相同。

【试剂及仪器】

2 mol·L^{-1} HCl溶液,0.50 mol·L^{-1} H_2SO_4 溶液,0.1 mol·L^{-1} $AgNO_3$ 溶液。

两个玻璃坩埚(G_4 或P16),淀帚,坩埚钳,水浴锅,电动循环水真空泵(配抽滤瓶),微波炉,电子天平(万分之一),单盘分析天平。

【实验内容】

(1) 沉淀的制备:准确称取0.4~0.5 g $BaCl_2\cdot 2H_2O$ 试样两份,分别置于250 mL烧杯中,各加入150 mL水(或移取25.00 mL $BaCl_2$ 试液两份,各加入120 mL水)及3 mL HCl溶液,在水浴锅上用蒸汽加热至80℃以上。

于100 mL小烧杯中加入10~12 mL H_2SO_4 溶液及80 mL水(此溶液为沉淀剂,供两份样品使用),加热至近沸。在连续搅拌下,将沉淀剂逐滴、缓慢地加入热试液中,当试液出现明显浑浊时,加快滴加速度,直至消耗45 mL左右。待试液澄清后,向清液中加入两滴 H_2SO_4 溶液,仔细观察是否已沉淀完全。若出现浑浊,说明沉淀剂不够,应补加至 Ba^{2+} 沉淀完全。在蒸汽浴上陈化1 h,其间要每隔几分钟搅动一次。

(2) 玻璃坩埚的准备:用去离子水洗净两个坩埚,用真空泵抽除玻璃砂板微孔中的水分(抽滤瓶中白色水雾消失后,再抽1~2 min),放进微波炉,在适当"火力"下进行干燥。第一次干燥10~12 min,第二次4 min。每次干燥后放入保干器中冷却12~15 min,然后在分析天平上快速称量。两次干燥后称量所得质量之差若不超过0.4 mg,即已恒重,否则,还要再次干燥4 min,冷却、称量,直至恒重。

(3) 准备洗涤液:在100 mL水中加入3~5滴 H_2SO_4 溶液,混匀。

(4) 称量形的获得:含有 $BaSO_4$ 沉淀的溶液自然冷却后,用倾泻法在已恒重的玻璃坩埚中进行减压过滤[图3.39(a)]。上清液滤完后,用洗涤液将烧杯中的沉淀洗涤三次,每次消耗约15 mL,再用去离子水洗一次。然后将沉淀转移到坩埚中,用淀帚擦"活"粘附在杯壁和搅棒上的沉淀，再用去离子水冲洗烧杯和搅棒直至沉淀转移完全。最后用去离子水淋洗沉淀及坩埚内壁六次以上，这时沉淀基本已洗涤干净(思考：如何检验?)。继续抽至抽滤瓶中白色水雾消失后，再抽 1～2 min，将坩埚放入微波炉进行干燥(第一次 10～12 min，第二次 4 min)，冷却、称量，直至恒重。

计算两份固体试样中 $BaCl_2 \cdot 2H_2O$ 的含量(%)或两份液体试样中 Ba^{2+} 的浓度($mg \cdot mL^{-1}$)。

(a)

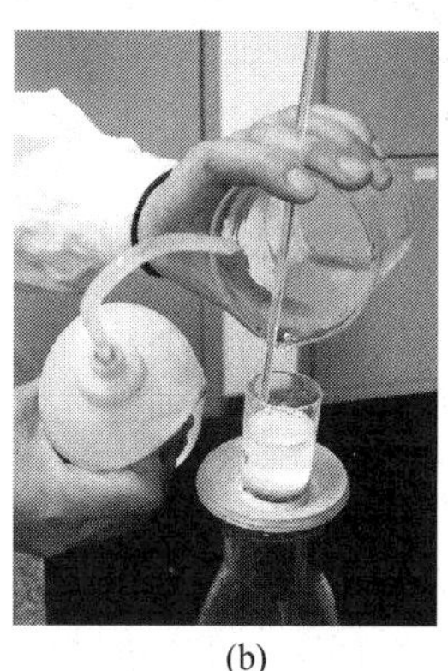

(b)

图 3.39 转移沉淀至玻璃坩埚(减压抽滤)

【说明】

(1) 认真预习本小节中关于重量分析的基本操作。

(2) 使用玻璃坩埚过滤必须在减压条件下进行，因此要准备配有安全瓶的抽滤装置，负压不必很大，水泵或电动循环水泵均可。过滤时应先减压后倾泻溶液，操作一直是在抽滤状态下进行，但应控制压力勿使过滤速度太快，否则会降低洗涤效率。粘附在烧杯壁上的微细沉淀，不能用滤纸去擦“活”，只能用淀帚(即玻璃棒下端套一段顶端封闭的乳胶管)扫“活”，然后用去离子水冲洗淀帚，继续将烧杯中的沉淀冲洗至坩埚中，对于有“爬壁”现象的沉淀，用图 3.39(b)所示的方法进行最后的冲洗转移。停止过滤时应先从安全瓶放气，恢复常压后再取下坩埚，关闭水泵。凡是细微并呈浆状的沉淀不能用玻璃坩埚过滤，因其可能穿滤或堵塞坩埚砂板的细孔。

(3) 了解微波炉及循环水真空泵的使用方法及注意事项，阅读实验室提供的操作规程或遵循指导教师的要求。

(4) 不要将第一次干燥的坩埚(湿的)与第二、三次干燥的坩埚放入同一微波炉中同时加热。

(5) 做完实验后将玻璃坩埚用去离子水洗净，与坩埚钳一起放回专用的搪瓷盘中。

(6) 检查沉淀是否洗净的方法同实验 3.18。

思 考 题

1. 使用微波炉有哪些注意事项?

2. 微波炉用于加热或干燥样品的原理是什么？有什么特点？

3. 实验 3.18 和实验 3.19 所涉及的操作技能和对操作的要求与普通化学实验中所做的无机化合物合成有什么不同？为什么？

实验 3.20　丁二酮肟重量法测定合金钢中的镍

【目的】

了解有机沉淀剂在重量分析中的应用；学习烘干重量法的实验操作，熟悉微波炉用于干燥样品方面的特点。

【原理】

镍铬合金钢中含有百分之几至百分之几十的镍，可以用丁二酮肟重量法或 EDTA 络合滴定法进行测定。虽然 EDTA 容量法比较简便，但必须预先分离大量的铁，因此，在测定钢铁中高含量的镍时，仍常使用丁二酮肟重量法。

丁二酮肟是最早使用的有机试剂之一，是测定镍选择性较高的试剂。它在氨性溶液中与镍生成的络合物结构式如左：

此沉淀呈红色，溶解度很小($K_{sp}=2.3\times10^{-25}$)，组成恒定，烘干后即可直接称量。在酸性溶液中，丁二酮肟与钯和铂生成沉淀，在氨性溶液中与镍、亚铁生成红色沉淀，故当亚铁离子存在时，必须预先氧化以消除干扰。铁(Ⅲ)、铬、钛等虽不与丁二酮肟反应，但在氨性溶液中生成氢氧化物沉淀，亦干扰测定，故必须加入酒石酸或柠檬酸进行掩蔽。

丁二酮肟是二元酸(以 H_2D 表示)，它以 HD^- 形式与 Ni^{2+} 络合，通常要控制溶液的 pH 为 7.0～8.0。若 pH 过高，不但 D^{2-} 较多，而且 Ni^{2+} 与氨形成络合物，都会造成丁二酮肟镍沉淀不完全。

称样量以含 Ni 50～80 mg 为宜。丁二酮肟的用量以过量 40%～80%为宜，太少则沉淀不完全，过多则在沉淀冷却时析出，造成结果严重偏高。

丁二酮肟的缺点之一，是试剂本身在水中的溶解度较小，必须使用乙醇溶液。在沉淀时，溶液要充分稀释，并要使乙醇的浓度控制在 20%左右，以防止过量试剂沉淀出来。但乙醇不可过量太多，否则会增大丁二酮肟镍的溶解度。

【试剂及仪器】

1%丁二酮肟(乙醇溶液)，HCl 溶液(1+1)，HNO_3 溶液(1+2)，$NH_3\cdot H_2O$(1+1)，50%酒石酸溶液，95%乙醇。

两个玻璃坩埚(G_4A 或 P16)，电动循环水真空泵及抽滤瓶，电热恒温水浴，微波炉或电热恒温干燥箱，电子天平(万分之一)，单盘分析天平。

【实验内容】

(1) 坩埚恒重：以下两种方法可任选其一。

微波炉加热干燥：用去离子水洗净坩埚，抽滤至水雾消失。在适宜的输出功率下，第一次加热 8 min(有沉淀时 10 min)，第二次加热 3 min，在保干器中冷却时间均为 10～12 min。两次称得质量之差若不超过 0.4 mg，即已恒重，否则应再次加热、冷却、称量，直至恒重。微波炉的使用方法及注意事项，参阅实验室提供的操作规程。

电热恒温干燥箱加热干燥：控制温度为 145±5 ℃，第一次加热 1 h，第二次加热 30 min。在保干器中冷却时间均为 30 min。两次称得质量之差若不超过 0.4 mg，即已恒重。

(2) 溶解样品及制备沉淀：准确称取两份 0.15 g 镍铬钢样，分别置于 250 mL 烧杯中，盖上表面皿，从杯嘴处加入 20 mL HCl 溶液和 20 mL HNO_3 溶液，于通风柜中小火加热至完全溶解，再煮沸约 10 min，以除去氮氧化物。稍冷，加入 100 mL 水、10 mL 酒石酸溶液，在水浴中加热至 70 ℃，边搅拌边滴加氨水，调节 pH 为 9 左右(溶液由黄绿色→棕黄色→褐色→深绿色)，如有少量白色沉淀应用慢速滤纸过滤除去。滤液用 400 mL 烧杯收集，并用热水洗涤烧杯三次，再用热水淋洗滤纸八次，最后使溶液总体积控制在 250 mL 左右。

在不断搅拌下，滴加 HCl 溶液调节 pH 为 3～4(变为深棕绿色)，在水浴中加热至 70 ℃，再加入 20 mL 乙醇和 35 mL 丁二酮肟溶液，滴加氨水调节 pH 为 7～8 之间，静置陈化 30 min。

(3) 过滤、干燥、恒重：在已干燥恒重的玻璃坩埚中进行抽滤，将全部沉淀转移至坩埚中，先用 20% 乙醇溶液洗两次烧杯和沉淀，每次 10 mL，再用温水洗涤烧杯和沉淀，少量多次，直至无 Cl^-。最后，抽干 2 min 以上，至不再产生水雾。

按照实验内容(1)的操作条件，将沉淀干燥至恒重。计算合金钢试样中镍的质量分数(%)。

【说明】

(1) 请预习本小节关于重量分析的基本操作。

(2) 可向指导教师询问样品中镍的大致含量，并根据实际称取样品的质量适当调整丁二酮肟的用量。

(3) 调节试液的 pH 时，可用 pH 试纸检验，但要尽量减少试液的损失。

(4) 用玻璃坩埚抽滤时，速度不宜太快，不要将沉淀吸干结成饼状。每次倾入洗涤液时应将坩埚中的沉淀冲散，以利于洗涤充分，洗涤用水总量应控制在 200 mL 左右。

(5) 不要将不同干燥次数的坩埚放入同一微波炉或电热干燥箱中同时加热。

思 考 题

1. 如果称取含镍约35%的钢样0.15 g,沉淀时应加1%的丁二酮肟溶液多少毫升?
2. 溶解钢样时,加入HNO_3的作用是什么?沉淀前加入酒石酸的作用是什么?
3. 为什么要先用20%的乙醇溶液洗涤烧杯和沉淀两次?
4. 如何检查Cl^-是否洗净?
5. 本实验与硫酸钡重量法有哪些异同?做完本实验,试总结一下有机沉淀剂的特点。

化学试剂安全

● $C_4H_8N_2O_2$(丁二酮肟,二甲基乙二醛肟,dimethylglyoxime)

口服可能会对消化道造成严重的、永久性的伤害,吸入可能会抑制中枢神经系统,诱发心脏病甚至系统疾病,对眼、皮肤可造成灼伤、刺激。受热分解或引燃时会产生刺激性的剧毒气体。

操作时要注意防护。若与皮肤、眼睛接触应立即用清水冲洗。用后及时密封,储存于阴凉、通风处,并远离火种、热源。

实验3.21 石灰石中钙的测定(高锰酸钾滴定)

【目的】

学习$KMnO_4$标准溶液的配制方法、晶形沉淀的制备及洗涤方法和高锰酸钾法测定钙的基本操作。

【原理】

天然石灰石是工业生产中重要的原材料之一,它的主要成分是$CaCO_3$,以CaO计一般为30%～55%。石灰石及白云石中CaO含量的测定主要采用络合滴定法和高锰酸钾法。前者比较简便但干扰也较多,后者干扰少、准确度高,但较费时。

只有一部分含硅很低的石灰石,其中的钙可被HCl分解完全,大部分石灰石中都有一部分钙以硅酸盐形式存在,不能被HCl分解完全。标准分析方法(GB 3286—82)中规定,先用HCl分解试样,再将不溶物于铂坩埚中灼烧、经氢氟酸除硅后,残渣以Na_2CO_3-H_3BO_3熔融,然后用原试液浸取,这样得到的试液就可测得全钙量。本实验选用含硅量很低、可被HCl分解完全的石灰石作为试样,经粉碎、研磨并于105 ℃进行干燥。

为使测定结果准确,关键是要保证Ca^{2+}与$C_2O_4^{2-}$间1+1的计量关系,并要得到颗粒较大、便于洗涤的沉淀。为此,采取如下措施:试液酸度控制在pH≈4,酸度高时CaC_2O_4沉淀不完全,酸度低则会有$Ca(OH)_2$或碱式草酸钙沉淀产生;采用在酸性溶液中加入$(NH_4)_2C_2O_4$,再滴加氨水逐步中和以求缓慢地增大$C_2O_4^{2-}$浓度的方法进行沉淀,沉淀完全后再稍加陈化，以使沉淀颗粒增大，避免穿滤；必须彻底洗去沉淀表面及滤纸上的 $C_2O_4^{2-}$ 和 Cl^-（这往往是造成结果偏高的主要因素），但又不能用水过多，否则易造成沉淀的溶解损失。

【试剂及仪器】

HCl 溶液(1+1)，H_2SO_4 溶液(1+5)，4% $(NH_4)_2C_2O_4$ 溶液，氨水(1+1)，0.1%甲基橙溶液，0.1 mol·L^{-1} $AgNO_3$ 溶液。

$KMnO_4$，$Na_2C_2O_4$：工作基准或优级纯，于 105 ℃干燥 2 h，储于保干器中。

玻璃漏斗，玻璃砂漏斗(G_4 或 P16)，慢速定量滤纸，滴定分析所用仪器及玻璃器皿，电子天平(万分之一)，单盘分析天平。

【实验内容】

(1) 配制 400 mL $KMnO_4$ 溶液$\left[c\left(\frac{1}{5}KMnO_4\right)=0.1\ mol\cdot L^{-1}\right]$：称取(?)g $KMnO_4$ 置于 1 L 烧杯中，加水约 450 mL，溶解后盖上表面皿，加热至微沸 15 min。放置一周后用 G_4 号(新牌号为 P16)玻璃砂漏斗过滤，滤液储于棕色细口瓶中，摇匀。

(2) 标定 $KMnO_4$ 溶液：准确称取 0.15～0.2 g $Na_2C_2O_4$ 置于锥形瓶中，加入 30 mL 水及 10 mL H_2SO_4，溶解后在水浴(蒸汽浴)上加热至 70～80 ℃。用 $KMnO_4$ 溶液滴定，开始滴定要慢，待红色退掉再继续滴加，滴定过程中要保持温度不低于 60 ℃。当溶液呈现粉红色并且半分钟不退色，即到终点。平行标定三份，其结果的相对极差应小于 0.3%，以其平均值计算 $KMnO_4$ 标准溶液的浓度。

(3) 石灰石试样的测定：准确称取 0.15～0.2 g 试样两份，分别置于 250 mL 烧杯中，加几滴水润湿，盖上表面皿，从杯嘴处缓慢滴加 13～14 mL HCl 溶液，然后在水浴锅上利用蒸汽浴加热 10 min，用水淋洗表面皿及烧杯壁，并稀释至 100 mL。加入 50 mL $(NH_4)_2C_2O_4$ 溶液，继续用蒸汽浴加热至 70～80 ℃，加入两滴甲基橙，在不断搅拌下缓慢滴加氨水至溶液刚刚变成黄色。然后在水浴上陈化 2 h，其间要搅动几次。

配制稀 $(NH_4)_2C_2O_4$ 溶液(0.1%) 100 mL，作为洗涤液。

在玻璃漏斗上放好慢速定量滤纸，并做成水柱。待沉淀自然冷却至室温后以倾泻法过滤，用两个 400 mL 烧杯盛接滤液。先用稀 $(NH_4)_2C_2O_4$ 溶液(0.1%)洗涤三次，每次 15 mL 左右，再用去离子水洗涤至无 Cl^- 为止。在过滤和洗涤过程中，尽量使沉淀留在烧杯中，应多次用水淋洗滤纸上部。在洗涤接近完成时，用小表面皿接取 1 mL 滤液，加入三滴 $AgNO_3$ 溶液，混匀后放置 1 min，如无浑浊现象，证明已洗涤干净。

沉淀与滤纸洗净后，将制备沉淀用的烧杯放在对应的漏斗下面。每份沉淀用 25 mL 加热至近沸的 H_2SO_4 溶液进行溶解，方法是：先滴加约 10 mL 热 H_2SO_4 溶液至漏斗中，轻轻搅动使沉淀基本溶解，然后戳穿滤纸锥部使溶液流入烧杯，用剩余的热 H_2SO_4 溶液淋洗滤纸，再用水淋洗滤纸。移开漏斗,取出烧杯,用水冲洗烧杯壁并使溶液稀释到100 mL左右,将其在水浴上加热到70～80℃,适当搅动使沉淀完全溶解,趁热边搅动边用$KMnO_4$标准溶液滴定到粉红色。将相应漏斗上的滤纸放进烧杯中,用搅棒将滤纸展开并使其充分与溶液接触(**勿搅碎!**),然后将滤纸贴在高于液面的杯壁处,如果粉红色退掉,则继续滴定至呈现稳定的粉红色。

计算试样中CaO的含量(%),两个平行测定结果的相对极差应小于0.4%。

【说明】

(1) 预习本小节中关于重量分析的基本操作。

(2) 从溶解试样至洗涤沉淀的过程中,都应使用去离子水。

(3) 石灰石中含有少量Mg,在沉淀Ca^{2+}的过程中,MgC_2O_4以过饱和的形式保留于液相中。若陈化时间过长,尤其是冷却后再放置过久,则会发生MgC_2O_4后沉淀而导致结果偏高。

(4) 要重视滤纸上部的洗涤,母液中大量的$C_2O_4^{2-}$、Cl^-渗入滤纸中,不易洗净。用水洗涤沉淀三次后,应重点淋洗滤纸,每次用水约1 mL,自上而下淋洗20次以上,然后再检查Cl^-。最终盛接液总体积应不超过400 mL。

思 考 题

1. 用如下方法配制$0.02000\,mol\cdot L^{-1}$的$KMnO_4$溶液:准确称取3.161 g $KMnO_4$,溶于煮沸过的水中,转移至1000 mL容量瓶中,定容后摇匀。这种做法有何不妥?

2. 本实验中为什么选择在酸性介质中滴加氨水的方法制备CaC_2O_4沉淀?请计算溶液中MO变黄时CaC_2O_4的溶解度。

3. 洗涤沉淀时为什么先用稀草酸铵溶液然后用水?用稀$H_2C_2O_4$溶液代替稀$(NH_4)_2C_2O_4$溶液是否可以?

4. 检查沉淀是否洗净,为何只检查Cl^-?

5. 写出沉淀、溶解、滴定过程的反应式,并讨论各步中酸度的影响。

6. 导致本实验结果偏高或偏低的主要因素有哪些?

7. 盛接滤液的烧杯是否应洗净?为什么?

化学试剂安全

● $KMnO_4$(高锰酸钾, potassium permanganate)

见实验3.17。

● 石灰石(limestone)

对眼睛有强烈刺激作用,对皮肤有中度刺激作用。长期接触可造成上呼吸道萎缩性炎症、支气管炎(有时是哮喘性支气管炎),同时伴有肺气肿,还会出现胃炎和肝功能障碍。属于公害尘、常见大气污染物。

操作时注意适当防护,避免吸入其粉尘。若与皮肤接触应立即用肥皂水及清水冲洗。用后及时密封,储存于通风、低温、干燥处,并与酸类、铵盐等分开存放。

实验 3.22 莫尔法测定氯

【目的】

学习 $AgNO_3$ 标准溶液的配制方法和莫尔法的实验操作。

【原理】

莫尔(Mohr)法是在中性或弱碱性溶液中,以 K_2CrO_4 为指示剂,用 $AgNO_3$ 标准溶液直接滴定 Cl^-,稍过量的 $AgNO_3$ 与 K_2CrO_4 反应生成砖红色沉淀以指示终点:

$$Ag^+ + Cl^- \xlongequal{\quad} AgCl\downarrow$$

$$2Ag^+ + CrO_4^{2-} \xlongequal{\quad} Ag_2CrO_4\downarrow \text{(砖红色)}$$

溶液的 pH 应控制在 6.5～10.5 之间,若试液中存在铵盐,则 pH 上限不能超过 7.2。溶液中若存在较多的 Cu^{2+}、Co^{2+}、Cr^{3+} 等有色离子时,将影响目视终点。凡是能与 Ag^+ 或 CrO_4^{2-} 发生化学反应的阴、阳离子都干扰测定。

莫尔法的应用比较广泛,生活饮用水、工业用水、环境水质监测以及一些化工产品、药品、食品中氯的测定都使用莫尔法。

【试剂及仪器】

$AgNO_3$,5%K_2CrO_4 溶液。

NaCl:工作基准或优级纯。在高温电炉中于 550℃干燥 2 h,储于保干器中,一周内有效。也可以取少量 NaCl 置于瓷坩埚中,在石棉网上用天然气灯(中等火力)加热干燥,在搅拌下加热至无爆鸣声,再加热 20 min,稍冷,于保干器中冷却 40 min 以后即可使用。

配制溶液和滴定分析所用的玻璃仪器,电子天平(千分之一,万分之一),单盘分析天平。

【实验内容】

(1) 配制 NaCl 标准溶液(0.05 mol・L^{-1})100 mL。

(2) 配制 $AgNO_3$ 溶液(0.05 mol・L^{-1})400 mL,溶液转入棕色细口瓶中。

(3) 标定 $AgNO_3$ 溶液:移取 25.00 mL NaCl 标准溶液于锥形瓶中,加入 1 mL K_2CrO_4

溶液，用力摇动下以 $AgNO_3$ 溶液滴定至刚刚出现淡橙色即终点。平行滴定三次，计算 $AgNO_3$ 标准溶液的浓度。

(4) 试样中 NaCl 含量的测定：

食盐中 NaCl 含量的测定：参照标定 $AgNO_3$ 溶液的做法进行操作，测定结果以质量分数(%)表示。

液体试样(如生理盐水)中 NaCl 含量的测定：先粗测其大致浓度，再决定如何取样滴定，测定结果以 $g\cdot(100\,mL)^{-1}$ 表示。

【说明】

(1) 滴定至接近终点时，乳浊液有所澄清，AgCl 沉淀开始凝聚下降，终点时是白色沉淀中混有很少量的 Ag_2CrO_4 沉淀，近乎于浅橙色，很容易滴过头。

(2) $AgNO_3$ 溶液及 AgCl 沉淀若洒在台上或溅到水池边上，应随即擦掉或冲掉，以免着色。含银废液应倒入回收瓶中。

思 考 题

1. 用莫尔法测定 Cl^-，为什么不能在酸性溶液中进行？pH 过高又有什么影响？
2. K_2CrO_4 溶液加得过多或过少对测定有何影响？
3. 如果试样是 $BaCl_2$ 水溶液，能否用莫尔法测定 Cl^-？应当怎样测定？

化学试剂安全

● $AgNO_3$(硝酸银，silver nitrate)

高毒，吸入、吞食或皮肤吸收均有害。可导致皮肤和眼灼伤，长期接触会出现全身性银质沉着症，眼部银质沉着可造成眼损害，呼吸道银质沉着可造成慢性支气管炎等。该物质对环境可能有害，在地下水中有蓄积作用。本身助燃，温度过高会造成分解，可能会产生对人体有害、腐蚀性的毒烟。

● K_2CrO_4(铬酸钾，potassium chromate)

有毒，致癌物，对眼、皮肤和黏膜具腐蚀性，可造成严重灼伤。该物质对环境有害，可污染水体。本身助燃，接触有机物有引起燃烧的危险，受高热分解可产生刺激性、毒性气体。

使用以上药品时注意防护，避免接触皮肤和眼睛。若与皮肤接触，立即用清水洗涤；与眼睛接触，应立即提起眼睑，用清水冲洗；吸入则迅速脱离现场至空气新鲜处；误服应用清水洗胃，给饮牛奶或蛋清，并及时就医。

用后及时密封，避光储存于阴凉、通风处，远离火种、热源，并与还原剂、易(可)燃物、食用化学品分开存放。

3.2 自拟方案实验

3.2.1 目的和要求

为了激发学生学习的积极性，鼓励大胆质疑与探索，培养理论联系实际与独立分析解决实际问题的能力，在做完前面的基本实验之后，在此安排若干个自拟方案实验(简称设计实验)。

设计实验与前面已做过的基本实验有截然不同的目的和要求。做基本实验时，要求学生按照给定的实验方法和步骤进行操作，对实验结果要求很高。而设计实验更加注重对整个实验过程的体验，它的主要目的是给学生一个相对自由发挥的机会。在所提供的实验题目中，学生能选择自己感兴趣的内容，独立查阅资料，独立设计方案，独立进行试验，独立撰写报告。提倡学生自始至终抱着探究的态度，大胆、理性地去质疑前人的工作；鼓励针对一种测定对象，尝试多种方法、多种实验条件，以便确定最佳方案；希望运用所学知识认真分析、解释实验现象和实验结果。在分析结果能达到一定准确度的前提下，以简便、经济为最佳方案。实验结束后，由指导教师组织学生进行交流和讨论。

在拟订方案和实验过程中要注意以下几点：

(1) 液体试样待测组分的大致浓度及溶液的酸度都是未知的，要设法进行粗测后再决定如何取样和处理。固体试样一般由指导教师提供样品来源及大致含量的信息。对测定结果的要求，除在“实验题目注释”中说明外，均应保留四位有效数字。

(2) 在能满足测定准确度要求的情况下，应尽量节约使用试剂及样品。所用标准溶液的浓度，一般不要高于 $0.2\,mol\cdot L^{-1}$。

(3) 初步方案确定后，要写出预习报告，包括下列内容：分析方法及简单原理；所用滴定剂、指示剂及其他试剂的名称、浓度和配制方法；具体实验步骤，包括如何粗测样品，实验结果的计算式，实验条件的摸索及探究，参考资料及出处。

(4) 实验结束后要整理实验报告，其中除预习报告中的基本内容和原始数据外，还应写明以下内容：实验数据处理及实验结果；如果实际做法与预习报告中的设计方案不一致，应重新写明操作步骤，改动不多的可加以说明；对所设计的实验方案和实验结果的评价，以及对问题的讨论(包括对分析方法或实验条件进一步改进的设想)。

(5) 特别值得强调的是：为保证整个设计实验课程的顺利进行，实验过程中必须做到所有公用试剂和仪器用后，务必随即放回原固定位置。固体试剂均配有专用药勺，用后务必将药勺和试剂瓶放在同一保干器或专用盒内，切不可乱放乱用。

3.2.2 实验题目

实验 1 HCl-NH_4Cl 溶液中二组分浓度的测定

实验2 食用米醋中总酸量和氨基酸氮含量的测定

总酸量以HAc计,以g·$(100\,mL)^{-1}$表示,保留三位有效数字;氨基酸氮含量以N计,以g·$(100\,mL)^{-1}$表示,保留两位有效数字。

实验3 磷酸、磷酸盐双组分混合溶液中各组分浓度的测定

测定结果保留三位有效数字。

实验4 福尔马林中甲醛含量的测定

HCHO含量以g·$(100\,mL)^{-1}$表示,保留三位有效数字。

方法提示:在过量的Na_2SO_3溶液(pH 9～10)中,甲醛发生下列加成反应:

$$Na_2SO_3 + HCHO + H_2O \longrightarrow H{-}\underset{\underset{SO_3Na}{|}}{\overset{\overset{H}{|}}{C}}{-}OH + NaOH$$

生成的羟基磺酸钠,其pK_a为11.70。上述反应有一定的可逆性,Na_2SO_3应适当过量。

实验5 工业碳酸氢钠中Na_2CO_3和$NaHCO_3$含量的测定

实验6 H_3BO_3-$Na_2B_4O_7$混合物中二组分含量的测定

实验7 鸡蛋壳中钙含量的测定

鸡蛋壳的主要成分是$CaCO_3$,样品为已洗净并烘干的蛋壳碎片。

实验8 石灰石或白云石中CaO及MgO含量的测定

所用样品中Si的含量均很低,可用HCl进行溶解,Al_2O_3和Fe_2O_3的含量均小于0.3%。

实验9 分子筛中Al_2O_3含量的测定

实验10 胃舒平药片中Al_2O_3及MgO含量的测定

胃舒平的主要成分是$Al(OH)_3$和$2MgO \cdot 3SiO_2 \cdot xH_2O$(硅酸镁),并含有淀粉。国家药典规定,每片含$Al_2O_3$不少于0.116 g,含MgO不少于0.020 g。

测定结果分别以Al_2O_3、MgO的质量分数(%)表示,并计算出每片药中的含量。MgO测定结果保留三位有效数字。

实验11 HNO_3-$Pb(NO_3)_2$-$Ca(NO_3)_2$溶液中各组分浓度的测定

实验12 Ca^{2+}-EDTA或La^{3+}-EDTA溶液中各组分浓度的测定

实验13 HCl-$FeCl_3$溶液中各组分浓度的测定

实验14 Al^{3+}-Fe^{3+}溶液中各组分浓度的测定

实验15 Al^{3+}-Pb^{2+}溶液中各组分浓度的测定

实验16 维生素C药片中抗坏血酸含量的测定

实验17 L-胱氨酸试剂纯度的测定

所用样品为生化试剂,$M = 240.3\,g \cdot mol^{-1}$。

方法提示:在过量Br_2存在的强酸性(HCl浓度约为$1\,mol \cdot L^{-1}$)溶液中,胱氨酸(pK_{a_1}～pK_{a_4}分别为1.65,2.26,7.85和9.85)发生下列反应:

$$\begin{array}{l} \qquad\quad NH_2 \\ \qquad\quad | \\ S—CH_2—CH—COOH \\ | \\ S—CH_2—CH—COOH \\ \qquad\quad | \\ \qquad\quad NH_2 \end{array} + 5Br_2 + 4H_2O = 2\left\{ \begin{array}{l} \qquad\quad NH_2 \\ \qquad\quad | \\ CH_2—CH—COOH \\ | \\ SO_2Br \end{array} \right\} + 8HBr$$

此反应在 15 min 内可定量完成，其间应适当摇动。胱氨酸可溶于稀 NaOH 溶液或稀 HCl 溶液。

实验 18 Cr^{3+}-Fe^{3+} 溶液中各组分浓度的测定

实验 19 HCl-NaCl-$MgCl_2$ 溶液中各组分浓度的测定

实验 20 $BaCl_2$ 溶液浓度的测定（不用重量法）

实验 21 硅酸盐水泥熟料中 Fe_2O_3、Al_2O_3、CaO、MgO 含量的测定

所用样品可溶于 HCl 溶液（1＋1）中，其主要成分是 CaO 和 SiO_2，小量成分是 Al_2O_3、Fe_2O_3 和 MgO。小量成分的测定结果可只保留三位有效数字。

实验 22 莫尔盐的纯度与组成测定

样品为学生在普通化学实验中自己合成的莫尔盐[$(NH_4)_2SO_4 \cdot FeSO_4 \cdot 6H_2O$]。首先测定 Fe^{2+} 以确定其纯度；再分别测定 NH_4^+、SO_4^{2-} 或 H_2O 的含量，证实莫尔盐的组成；做 Fe^{3+} 的限量分析。

实验 23 胃速乐（或胃得乐、乐得胃、鼠李铋镁片）药片中 $BiONO_3$、$MgCO_3$ 和 $NaHCO_3$ 三组分测定

实验 24 地表水中 Cl^- 的测定

实验 25 蔬菜水果中维生素 C 含量的测定

实验 26 室内空气污染物甲醛的测定

实验 27 补钙药品（如钙尔奇、液体钙、葡萄糖酸钙锌口服液）中钙、锌、盐酸赖氨酸等含量的测定

实验 28 自来水中永久性硬度与暂时性硬度的分别测定

实验 29 二水合二草酸根络铜（Ⅱ）酸钾的合成制备与分子组成的测定

实验 30 邻二氮菲分光光度法测定铁——实验条件摸索与探究

实验 31 污水井水中溶解氧和某些金属离子含量的测定

实验 32 湖水中溶解氧、高锰酸盐指数和某些金属离子含量的测定

实验 33 饮料中维生素 C、有机酸和某些金属离子含量的测定

实验 34 湖水中需氧量(COD)的测定

实验 35 三水合三草酸高铁（Ⅲ）酸钾的合成及分子式的确定

实验 36 一水合甘氨酸铜（Ⅱ）的合成及分子式的确定

4 分 离 分 析

4.1 气相色谱法

4.1.1 原理

气相色谱(gas chromatography, GC)是1952年出现的,它主要是利用物质的沸点、极性及吸附性质差异来实现混合物的分离。待分析样品在一定温度下气化后被惰性气体(即载气,也叫流动相)带入色谱柱,柱内含有液体或固体固定相,由于样品中各组分的沸点、极性或吸附性能不同,每种组分都倾向于在流动相和固定相之间形成分配或吸附平衡。但由于载气是流动的,这种平衡实际上很难建立起来。也正是由于载气的流动,使样品组分在运动中进行反复多次的分配或吸附/解吸,结果是在载气中分配浓度大(与固定相的作用力较小)的组分先流出色谱柱,而在固定相中分配浓度大(与固定相的作用力较大)的组分后流出。这样就实现了混合物中各组分的分离。

GC还可以分为不同的分支。按所用色谱柱分,有填充柱GC和开管柱GC。按固定相状态,可分为气固色谱和气液色谱。按分离机理,可分为分配色谱(即气液色谱)和吸附色谱(即气固色谱)。应当指出,气液色谱并不总是纯粹的分配色谱,气固色谱也不完全是吸附色谱。一个色谱过程常常是两种或多种机理的结合,只是有一种机理起主导作用而已。此外,按进样方式可分为普通色谱、顶空色谱和裂解色谱等。

除了上面所述,还有一种特殊的GC,叫做逆相色谱(inversed gas chromatography),又叫反相气相色谱。它是将欲研究的对象作为固定相,而用一些有机化合物(叫探针分子)作为样品进行分析。目的是研究固定相与探针分子之间的相互作用。比如在高分子领域,用此法研究聚合物与有机化合物的相互作用参数。

4.1.2 仪器结构与操作

1. 气相色谱仪的构成

虽然目前市场上的GC仪器型号繁多,性能各异,但总的来说,仪器的基本结构是相似的。图 4.1 所示为一台普通 GC 仪器的原理示意图，主要由下面几部分组成：

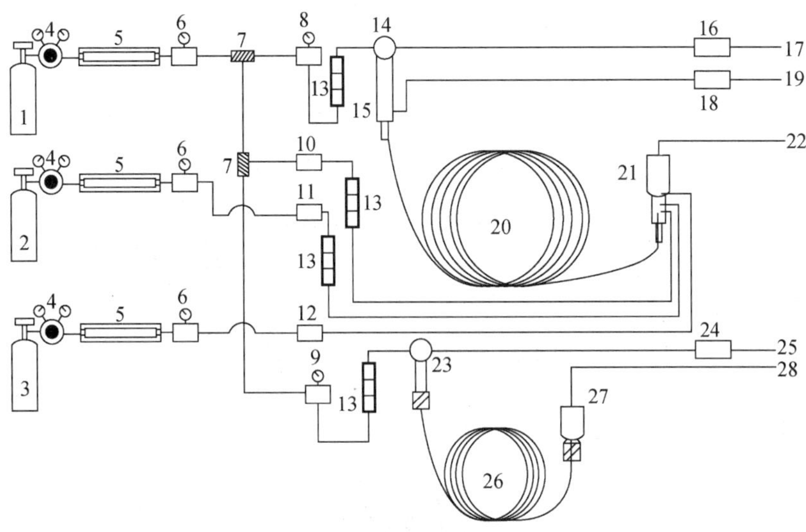

图 4.1 GC 仪器基本原理示意图

1. 载气(氮气或氦气)；2. 氢气；3. 压缩空气；4. 减压阀(若采用气体发生器就可不用减压阀)；5. 气体净化器；6. 稳压阀及压力表；7. 三通连接头；8. 分流/不分流进样口柱前压调节阀及压力表；9. 填充柱进样口柱前压调节阀及压力表；10. 尾吹气调节阀；11. 氢气调节阀；12. 空气调节阀；13. 流量计(有些仪器不安装流量计)；14. 分流/不分流进样口；15. 分流器；16. 隔垫吹扫气调节阀；17. 隔垫吹扫放空口；18. 分流流量控制阀；19. 分流气放空口；20. 毛细管柱；21. FID 检测器；22. 检测器放空出口；23. 填充柱进样口；24. 隔垫吹扫气调节阀；25. 隔垫吹扫放空口；26. 填充柱；27. TCD 检测器；28. TCD 放空口

(1) 气路系统，包括载气和检测器所用气体的气源以及气体净化和气流控制装置(压力表、针型阀，还可能有电磁阀、电子流量计)。

(2) 进样系统，其作用是有效地将样品导入色谱柱进行分离，如自动进样器、进样阀、各种进样口，以及顶空进样器、吹扫一捕集进样器、裂解进样器等辅助进样装置。

(3) 柱系统，包括精确控温的柱加热箱、色谱柱，以及与进样口和检测器的接头。

(4) 检测系统，用各种检测器监测色谱柱的流出物，并将检测到的信号转换为可被记录仪处理的电压信号，或者由计算机处理的数字信号。

(5) 数据处理系统和控制系统。

图 4.2 为典型的气相色谱仪器结构图。

2. 气相色谱仪的操作

图 4.3 为某种 GC 仪器的外观图(未包含气体源，如钢瓶或气体发生器)，主要操作步骤如下(针对此种仪器)：

(1) 准备工作，包括连接气路管线、安装色谱柱、连接电源线和信号线，等等。

(2) 检查氢气发生器的水箱水位。若水位低于红线，则用去离子水及时补充。

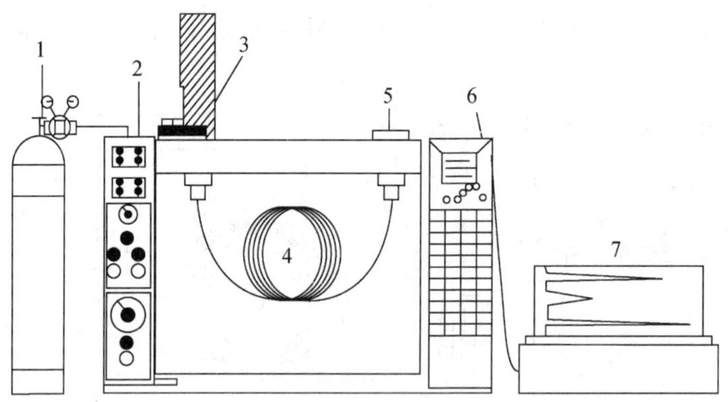

图 4.2 GC 仪器基本结构示意图

1. 气源;2. 气路控制系统;3. 进样系统;4. 柱系统;5. 检测系统;6. 控制系统;7. 数据处理系统

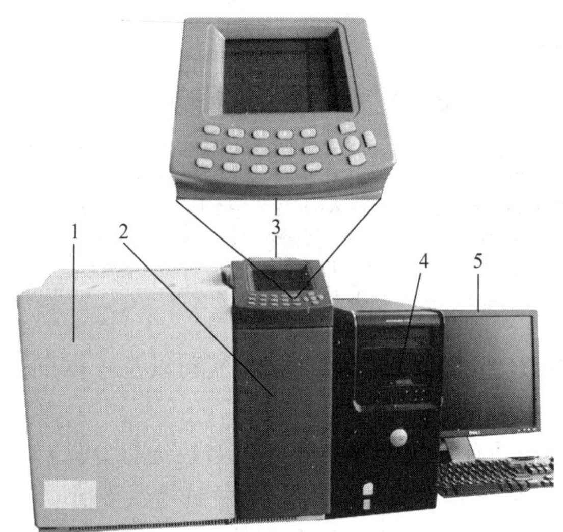

图 4.3 气相色谱仪外观图

1. 色谱柱箱(色谱柱安装在其中);2. 控制部分;3. 键盘和显示屏(上图为这部分的放大图);4. 计算机主机;5. 计算机显示器和键盘

(3) 接通氢气发生器的电源,气压表指示值逐渐升高,直到 0.3 MPa。气体流量一般是数字显示。

(4) 将皂膜流量计接到检测器出口测定载气流速,需要时调节色谱柱前压力,使得载气流速达到实验所需值(填充柱一般为 30 mL/min, 毛细管柱一般为 1 mL/min)。

(5) 打开色谱仪电源开关,进入实验设置菜单。此仪器的实验参数设置在仪器的显示屏和键盘上完成。进行恒温分析时,先将光标依次移动到"柱箱"、"进样Ⅰ"、"热导池"处,设定所需温度。再将光标分别移动到“柱箱”、“进样Ⅰ”、“热导池”后面的“关”位置，输入“1”后回车，此时仪器显示“开”，状态显示为“↑”。柱箱、进样口Ⅰ和热导池开始升温，仪器进入准备状态。如果进行程序升温分析，有关操作请参考仪器说明书。

(6) 按“Menu”键，移动光标至屏幕底层菜单，选择“检测器”为“TCD”。在“极性”栏内输入“0”后回车确认，此时极性显示为“负”，表示应从前进样口进样；若在“极性”栏内输入“1”后回车确认，此时极性显示为“正”，表示应从后进样口进样。将光标移动到“电流”栏，根据实验要求输入热导检测器桥电流值(此值决定热导池温度)。设定范围为100～150 mA，回车确认。然后按“Menu”键，选择“温控”，回到温度控制状态。

(7) 当柱箱、进样口Ⅰ和热导池的温度升至设定值时，屏幕显示“准备好”。此时柱箱、进样口Ⅰ和热导池的温度和实际温度相同，状态分别显示“√”。打开色谱仪前面板，按“复位”键，过载红灯熄灭，再按下“电流保护”键，仪器便准备就绪。

(8) 开启计算机，进入FL9500色谱工作站软件，选择一般气相色谱设置，进入“当前进样”界面。这时软件就可以采集来自色谱仪检测器的信号，等到基线稳定后就可开始进样。

(9) 进样前应注意仪器面板的极性设置灯显示：设置前进样口进样，绿灯亮；设置后进样口进样，红灯亮。若进样口与显示灯不符，应重新设置极性。

(10) 用微量进样器吸取一定量的样品，注入色谱仪进样口，同时按下启动软件的微动开关，计算机同时记录色谱图信号。可根据色谱图调节“衰减”和“时长”，以显示适当大小的色谱图。色谱图自动存入指定目录。数据处理部分详见软件说明书。

(11) 实验结束后，退出色谱工作站软件，关闭计算机。然后将色谱仪检测器的“桥电流”设置为“0”，分别关闭“柱箱”、“进样Ⅰ”、“热导池”。待热导池和柱箱温度分别降低到100 ℃和50 ℃以下时，关闭色谱仪电源，并关闭氢气发生器。

4.1.3 实验部分

实验4.1 气相色谱填充柱的制备

【目的】

掌握气相色谱填充柱的制备方法。

【原理】

色谱柱是气相色谱仪的核心部分，色谱填充柱的制备则是气相色谱实验的基本操作技术。至于毛细管色谱柱，由于其技术要求高，工艺复杂，常常是由专业制造商提供。在气-液色谱中，填充柱的固定相由载体和涂敷在其表面的固定液所组成，而将固定液均匀地涂敷在载体表面是一项技术性很强的工作。为了制备性能良好的填充柱，一般应遵循以下几条原则：第一，尽可能筛选粒度分布均匀的载体或固定相颗粒；第二，保证固定液均匀涂渍在载体表面；第三，保证固定相填料在色谱柱内填充均匀；第四，避免载体颗粒破碎和固定液的氧化作用等。

常用的固定液涂渍方法有三种：溶解—混合—自然挥发(搅拌或不搅拌)、溶解—混合—用旋转蒸发器蒸发、溶解—通过载体过滤。本实验采用简化的第二种方法，用接真空系统和手摇代替旋转蒸发。实践证明这种方法的效果是较好的。

【试剂及仪器】

载体：6201 红色硅藻土载体，60～80 目或 80～100 目。

固定液：邻苯二甲酸二壬酯。

液-载比：10∶90 (固定液与载体之质量比)。

色谱柱：长 1～2 m、内径 3～4 mm 的玻璃柱。

循环水真空泵。

【实验内容】

(1) 载体过筛：将载体通过 60～80 目或 80～100 目筛，除去过细或过粗的筛分。

(2) 载体与固定液的称取：按下式计算色谱柱体积，

$$V = L \cdot \pi \cdot r^2$$

式中 L 为柱长(cm)，r 为柱内半径(cm)，V 为柱体积(mL)。用一已称重的干净量筒量取体积为 1.4 V(mL)的载体，在台秤上称量并计算得载体的量 m_S(g)，再按液载比计算所需固定液的量 m_L(g)：

$$m_L = m_S/9$$

然后，在台秤上用一个 50 mL 烧杯称取 m_L(g)固定液邻苯二甲酸二壬酯。

(3) 固定液的涂渍：用 20 mL 左右丙酮(柱长 1 m 时)分三次将固定液溶解并转移至 250 mL圆底烧瓶中，摇匀，将已称好的载体倒入烧瓶内并摇动。此时，载体应刚好被液面浸没。然后用中心插一玻璃管的橡胶塞将烧瓶塞上，再通过橡胶管将烧瓶接在循环水真空泵上(中间安装缓冲瓶)。启动水泵，在减压条件下使丙酮徐徐蒸发完(水泵形成的负压过大时，载体将被抽入缓冲瓶，而使实验失败!)。当丙酮即将挥发完毕时，载体颗粒呈分散状态而不再抱成团粒。在整个溶剂挥发过程中，应不断轻轻摇动烧瓶，以使载体颗粒与固定液的接触机会均等。这是涂渍优劣的关键，切不可操之过急。

溶剂挥发过程结束后，将涂渍好固定液的载体转移到培养皿中，置于红外灯下烘烤 0.5 h，以便进一步除去残留的丙酮溶剂。

(4) 装填色谱柱：标明色谱柱的出口和入口端，先用适量玻璃棉将出口端塞住(玻璃棉太多,会增加色谱柱的气阻和死体积;太少,又无法堵牢,这样在实验过程中,填料会被载气带出色谱柱)。然后将出口端包上一小块纱布,并接到真空泵缓冲瓶的橡胶管上,入口端通过橡胶管接上漏斗。开动水泵,在减压条件下将填料(即涂好的载体)装入柱中(可用牛角勺将填料徐徐加入漏斗中)。装填过程中要用洗耳球不断轻敲柱子两端,以使色谱柱填充得更为均匀密实,但不要用力过猛,以免载体破碎。色谱柱装满(玻璃柱可以通过肉眼观察到)后再抽真空 5 min 以上,若填料面下降,可再加入一些,直到填充柱床稳定为止。然后,将色谱柱与真空系统脱开,再关水泵。最后在色谱柱入口端堵上玻璃棉(约占柱头 5 mm 长度)。

(5) 色谱柱的老化:将柱入口端与色谱仪的气化室出口连接,检漏(柱出口端在老化过程中切勿与检测器相连接,以免污染检测器!)。然后将柱箱温度调至固定液最高使用温度(邻苯二甲酸二壬酯为 150 ℃)以下 20～30 ℃加热,同时以低载气流速(约 10 mL・min^{-1})通过色谱柱,以进一步除去残留丙酮及载体和固定液中的易挥发物质,并使固定液膜分布更为均匀。老化可采用低速率(如 2 ℃・min^{-1})程序升温,也可采用台阶式升温,即分别在不同温度下老化一定时间。约 4 h 后停机,将柱出口与检测器接通。至此就完成了色谱填充柱的制备。

【数据处理】

根据实验数据,计算相关参数,填入表 4.1。

表 4.1

班级: 合作者:		姓名:		学号: 日期:	
色谱柱长/m		内径/mm		体积/mL	
固定液名称		用量/g		生产厂家	
载体名称		筛目		生产厂家	
载体量取体积/mL		质量/g		液-载比	
溶剂名称		溶剂用量/mL		实际装填量/g	

【说明】

(1) 某些室温下为固态的固定液或高分子固定液在用溶剂溶解时应进行回流。然后冷却、加入载体,再次回流。

(2) 装柱前在台秤上称一下空柱质量,装完后再称实柱,以便计算装填量。

(3) 色谱柱老化实验可以作为选做内容。色谱柱的老化时间因载体和固定液的种类及质量而异,2～72 h 不等。老化温度也可选择为实际工作温度以上 30 ℃。建议以低速率程序升温至最高老化温度,然后在此温度下老化一定的时间。色谱柱老化好的标志是在实际工作条件下空白运行时,基线稳定,漂移小,无干扰峰。个别固定液可先在不通载气的条件下加热一定的时间,然后,再通载气老化。

(4) 色谱柱装满后。应先脱开与真空泵的连接,然后再关真空泵。

思考题

1. 填充柱的制备应遵循哪些原则?
2. 涂渍固定液时,如果溶剂用量太大或太小,对色谱柱性能有何影响?
3. 涂渍固定液时,为使载体和固定液溶液混合均匀,可否采用强烈搅拌,为什么?
4. 色谱柱为什么必须老化?

实验 4.2　色谱柱的评价与分离条件的选择

【目的】

了解载气流量的校正方法,掌握各种流速的测定或计算方法;熟悉色谱柱性能的评价方法,进一步理解柱效与载气流速的关系;学会选择固定液和柱温等色谱分离条件。

【原理】

在 GC 分析中,固定相和流动相(载气)确定之后,载气流速和柱温是影响分离结果的主要参数。掌握各种载气流速的测定和计算方法是选择载气流速的基础。在 GC 研究中,一般要求测定检测器出口的载气流速 F_o 或 F_{co}、色谱柱中载气的平均流速 F_c 和平均线流速 u。它们的定义分述如下:

F_o 是用皂膜流量计在检测器出口实测的载气流速;F_{co} 是扣除水的蒸气压并经温度校正的 F_o,且

$$F_{co} = F_o W_f T_f = F_o (p_o - p_w) T_c / p_o T_r$$

式中 $W_f = (p_o - p_w)/p_o$,称为水蒸气压力校正因子,其中 p_o 和 p_w 分别为测定场所的大气压和测定温度下的饱和水蒸气压;$T_f = T_c/T_r$ 为温度校正因子,其中 T_c 和 T_r 分别为色谱仪柱箱温度和测定时的室温(K)。

F_c 是色谱柱中载气的平均流速。气体是可压缩的,虽然单位时间通过色谱柱中任一横截面的载气质量是不变的,但由于柱中各处载气压力不同,密度不同,故体积流速也不同。为求得色谱柱中载气的平均流速(F_c),还需对 F_c 进行压力校正,即

$$F_c = F_{co} J$$

式中 J 为压力校正因子:

$$J = 3[(p_i/p_o)^2 - 1]/2[(p_i/p_o)^3 - 1]$$

式中 p_i 为色谱柱入口压力,即柱前压;p_o 为柱出口压力,近似等于实验地点的大气压。

u 是载气的平均线性流速。当 F_c 不变时,载气通过色谱柱的线速度随柱内径不同而不同。为此,采用载气线性流速(简称线流速)u 来描述载气在色谱柱中的前进速度。

$$u = L/t_0 (\mathrm{cm \cdot s^{-1}})$$

式中 L 为柱长(cm),t_0 为死时间(s)。使用热导检测器时,常把空气的保留时间作为 t_0;使用氢火焰离子化检测器时,常把甲烷的保留时间作为 t_0。

根据色谱学的“速率理论”,u 与理论塔板高度 H 有如下关系:

$$H = A + B/u + Cu$$

式中 A、B、C 对给定的色谱柱在一定温度下为常数,故 u 直接影响 H。

GC 首先是一种分离技术。色谱柱分离效能的大小称为柱效率。柱效率高,色谱峰形窄,分离能力高,分析速度快。对于难分离的混合物,只有采用高效色谱柱才有可能实现完全分离。

评价色谱柱效率的方法有多种,最常用的是测定色谱柱的理论塔板数 n 或理论塔板高度 H。对于长度为 L 的色谱柱

$$H = L/n$$

本实验采用塔板理论的公式计算 n:

$$n = 5.54(t_r/W_{1/2})^2 \quad 或 \quad n = 16(t_r/W_b)^2$$

式中,$W_{1/2}$ 和 W_b 分别为色谱峰的半峰宽和峰底宽;t_r 为保留值,即从进样到出现峰极大值之间的时间(称为保留时间 t_R),或者载气通过的体积(称为保留体积 V_R),或记录纸移动的距离。计算时 t_r 与 $W_{1/2}$ 和 W_b 的单位应一致。若用调整保留时间 t'_R 取代上式中的 t_r,则所得结果为有效塔板数 N。

表征色谱分离优劣的参数还有容量因子 k、选择性因子 α 和分离度 R_s。其定义如下:

$$k = (t_R - t_0)/t_0, \quad \alpha = t'_{r2}/t'_{r1}, \quad R_s = 2(t_{r2} - t_{r1})/(W_{b1} + W_{b2})$$

在 GC 分离中,除了选择高效率的色谱柱和适当的载气流速外,还必须选择合适的固定液。选择固定液的原则是使混合样品中难分离物质对的 α 或 R_s 尽可能大,以便用较短的色谱柱做快速分析。虽然到目前为止,固定液的选择尚无严格规律可循,但基于经验总结出的一些规律仍能帮助我们在选择合适的固定液时少走弯路。比如按照“相似相溶”规律,如果被分析物质分子与固定液分子之间的化学结构相似,相对极性相似,则分子间的作用力就强,选择性就高。

与载气流速和固定液相比,色谱柱温对分离的影响较小,但也是色谱分析中的重要操作参数。原则上讲,在固定液的使用温度范围内,在样品组分的分解温度以下,只要能获得足够好的分离效果($R_s \geqslant 1.5$),且使所有组分都流出,那么柱温越高分析速度越快。当然,R_s 和 α 会随着柱温的升高而变小。对于复杂混合物的分离,往往需要程序升温才能获得良好的分离效果。

综上所述,色谱分离条件的选择是一个复杂的问题。在实际工作中,常常是首先确定固定液和色谱柱,而后再优化载气流速和柱温,最终在尽可能短的分析时间内获得满意的分离效果。本实验将讨论载气流速、固定液和柱温对分离的影响。

【试剂及仪器】

试剂：苯、环己烷和正辛烷均为分析纯；混合试样为三者的混合物(1∶1∶1)；分析纯丙酮，用于清洗进样器。

9790II T气相色谱仪、FL9500色谱工作站，双填充柱进样器，热导检测器。

色谱柱：1.5 m×3 mm不锈钢柱。

固定液：前柱PEG-20M，后柱SE-30。

载体：6201红色载体，60～80目。

液载比：10∶90。

载气：氢气。

电子皂膜流量计，10 μL微量进样器。

【实验内容】

1. 载气流速的测定

(1) 熟悉气相色谱仪的气路系统，打开气源和仪器上的载气阀门，在气路管道的连接处检漏。若有漏气，则应迅速关闭载气阀门，并报告指导教师进行处理(更换密封垫，拧紧螺母)。在确定整个色谱仪系统处于气密状态后，方可进行以下实验。

(2) 用乳胶管将电子皂膜流量计的支管和色谱仪载气出口相连接，用手指轻轻捏住流量计下端的橡皮头以使其中的皂液液面上升，这样载气即可通过皂液产生皂膜，并推动皂膜上升。气流速度刚好等于皂膜上升的速度。通过电子皂膜流量计读出载气流速 F_o，记录大气压和室温，计算载气流速 F_c(mL·min^{-1})。

2. 色谱柱的评价

(1) 启动色谱仪，实验条件设置如下：柱温80 ℃，气化室温度(即进样口1温度)150 ℃，检测器温度(即热导池温)150 ℃，桥流100 mA。自行选择衰减，使色谱峰达到合适的高度。

(2) 调节柱前压I(p_i)，使电子皂膜流量计测量的载气流速为20 mL·min^{-1}。待仪器处于准备好的状态、基线平直后，用10 μL微量进样器取1 μL苯和4 μL空气注入PEG-20M色谱柱进样口，采集数据，记录死时间 t_0、保留时间 t_R 和半峰宽 $W_{1/2}$，并计算载气线性流速 u、n 和 H 值。

(3) 调节柱前压调节阀，使电子皂膜流量计测量的载气流速在20～120 mL·min^{-1}范围内逐渐变化，重复(2)的操作，分别计算各流速下的 u、n、H，最后绘制 H-u 关系图。

3. 固定液对分离的影响

(1) 将载气流速调到适当范围内，选择适当的衰减，使所有色谱峰的峰高达到屏幕显示坐标高度的1/3以上，其余条件同实验内容2。

(2) 待仪器稳定后，用微量进样器取1 μL混合样和4 μL空气同时注入SE-30色谱柱进样口，采集数据，观察谱峰分离情况，记录死时间 t_0、保留时间 t_R 和半峰宽 $W_{1/2}$。并计算各色

谱峰的 k、相邻两峰的 α 和 R_s 值。

(3) 选择合适流速，在 PEG-20M 柱上重复(2)中的操作，采集数据，记录载气流速、死时间 t_0、保留时间 t_R 和半峰宽 $W_{1/2}$。计算相应的 k、α 和 R_s 值。据此比较混合试样在两种固定液上的分离情况。

4. 柱温对分离的影响

在分离情况较好的色谱柱上，选择适当的载气流速，用 10 μL 微量进样器取 1 μL 混合试样和 4 μL 空气注入进样口，采集数据，记录载气流速，计算各色谱峰的 k、相邻两峰的 α 和 R_s 值。然后，将色谱柱温度分别调到 70 ℃和 90 ℃，重复上述分离实验。比较不同温度的分离情况，讨论柱温对分离的影响，选择合适的柱温。

【数据处理】

记录室温(K)、大气压(kPa)。根据实验数据，计算相关参数，填入下列各表，并对实验结果进行讨论。

表 4.2 色谱柱的评价

实验条件	色谱柱	柱温/℃	检测器	检测器温度/℃	测试物	载气
$F_o/(\mathrm{mL\cdot min^{-1}})$						
p_i/kPa						
$F_c/(\mathrm{mL\cdot min^{-1}})$						
t_0/min						
$u/(\mathrm{cm\cdot min^{-1}})$						
t_R/min						
$W_{1/2}$/min						
n						
H/mm						

表 4.3 固定液和柱温对分离的影响

<table>
<tr><td colspan="2" rowspan="2">分离条件</td><td rowspan="2">参数</td><td colspan="6">混合物(1 μL)</td></tr>
<tr><td colspan="2"></td><td colspan="2"></td><td colspan="2"></td></tr>
<tr><td rowspan="7">柱温
80 ℃</td><td rowspan="2">色谱柱：1.5 m×3 mm
固定液：PEG-20M</td><td>t_R/min</td><td colspan="2"></td><td colspan="2"></td><td colspan="2"></td></tr>
<tr><td>t'_R/min</td><td colspan="2"></td><td colspan="2"></td><td colspan="2"></td></tr>
<tr><td rowspan="3">载气流速 $F_c/(\mathrm{mL\cdot min^{-1}})$：</td><td>$W_{1/2}$/min</td><td colspan="2"></td><td colspan="2"></td><td colspan="2"></td></tr>
<tr><td>W/min</td><td colspan="2"></td><td colspan="2"></td><td colspan="2"></td></tr>
<tr><td>k</td><td colspan="2"></td><td colspan="2"></td><td colspan="2"></td></tr>
<tr><td rowspan="2">死时间 t_0/min：</td><td>α</td><td colspan="3"></td><td colspan="3"></td></tr>
<tr><td>R_s</td><td colspan="3"></td><td colspan="3"></td></tr>
</table>

续表

分离条件		参数	混合物(1 μL)		
柱温 80 ℃	色谱柱：1.5 m×3 mm	t_R/min			
	固定液：SE-30	t'_R/min			
	载气流速 F_c/(mL·min^{-1})：	$W_{1/2}$/min			
		W/min			
		k			
	死时间 t_0/min：	α			
		R_s			
柱温 90℃	色谱柱：1.5 m×3 mm	t_R/min			
	固定液：	t'_R/min			
	载气流速 F_c/(mL·min^{-1})：	$W_{1/2}$/min			
		W/min			
		k			
	死时间 t_0/min：	α			
		R_s			
柱温 70℃	色谱柱：1.5 m×3 mm	t_R/min			
	固定液：	t'_R/min			
	载气流速 F_c/(mL·min^{-1})：	$W_{1/2}$/min			
		W/min			
		k			
	死时间 t_0/min：	α			
		R_s			

【说明】

(1) 测定和计算载气流速时，只要求准确到两位有效数字。

(2) 评价色谱柱时，可对两根色谱柱分别评价，也可只选其一进行评价。

(3) 实验内容3和4中色谱峰的定性可结合实验4.4进行。

思 考 题

1. 对于同一色谱柱，分别用氢气、氮气或氦气做载气时，哪种情况下测得的理论塔板数最高？哪种情况下最佳载气流速最高？

2. 实验用混合试样在不同极性的色谱柱上出峰顺序如何？并加以解释。

3. 在气相色谱分析中，欲提高分离度，应采取什么措施？欲缩短分析时间呢？

实验 4.3 热导检测器灵敏度的测定

【目的】

掌握热导检测器灵敏度的测定方法;进一步理解灵敏度和桥温(或桥流)及载气流速的关系。

【原理】

热导检测器是一种浓度型检测器。当样品组分随着载气从色谱柱流出并进入检测器后,使检测器测量臂的气体组成发生变化,因而气体的热导率、热丝的温度和电阻值也随之发生变化,其结果是使热导检测器桥路产生一个不平衡的电压信号。电压信号的大小与样品在载气中的浓度成比例。单位浓度的样品在检测器中产生的不平衡电压信号值被定义为热导检测器的灵敏度或简称 S 值。S 值的大小除因样品不同而异以外,还和热导池的结构(如热丝材料、池体积大小等)、载气成分以及桥路电流大小有关。国产色谱仪规定测 S 值时,采用苯为样品,氢气为载气。S 值是衡量检测器灵敏度的重要指标,在出厂时调校。用户购买仪器后进行验收,或在使用过程中抽查,均应测定这项指标。

热导检测器的 S 值可按下面公式计算:

$$S = A \cdot F_c / m$$

式中 S 为灵敏度($\mathrm{mV \cdot mL \cdot mg^{-1}}$),$A$ 为苯的峰面积($\mathrm{mV \cdot min}$),F_c 为校正后的载气流速($\mathrm{mL \cdot min^{-1}}$),$m$ 为苯的进样量(mg)(苯的密度请查手册)。

色谱峰面积 A 可由色谱工作站或色谱数据软件直接给出,也可由下式求得:

$$A = 1.06\, hW_{1/2}$$

其中 h 为峰高(cm),$W_{1/2}$为半峰宽(cm)。

【试剂及仪器】

试剂:苯(分析纯)。

9790II T 气相色谱仪、FL9500 色谱工作站,双填充柱进样器,热导检测器。

色谱柱:1.5 m×3 mm 不锈钢柱。

固定液:前柱 PEG-20M,后柱 SE-30。

载体:6201 红色载体,60～80 目。

液载比:10∶90。

载气:氢气。

电子皂膜流量计,10 μL 微量进样器。

【实验内容】

(1) 通载气,启动色谱仪。实验条件设置如下:柱温度 80 ℃,气化室温度 150 ℃,选择合适的载气流速,检测器温度 150 ℃,热导桥流 100 mA。

(2) 待仪器稳定后,用微量进样器取苯 1 μL 注入色谱仪,采集数据。重复进样三次,计算苯的峰面积平均值,再计算 S 值。

(3) 改变热导桥流至 120 mA,重复(2)的操作。

(4) 改变热导桥流至 140 mA,重复(2)的操作。

(5) 恢复热导桥流为 100 mA,升高载气流速,重复(2)的步骤。

(6) 降低载气流速,重复(2)的步骤。

(7) 根据实验结果计算各条件下的 S 值,并完成实验报告。

【数据处理】

根据实验数据,计算相关参数,填入表 4.4,并对实验结果进行讨论。

表 4.4 热导检测器灵敏度的测定

实验条件	色谱柱	柱温/℃	检测器温度/℃	测试物及其进样量	载气
热导桥流/mA	100	120	140	100	
F_o/(mL·min^{-1})					
F_c/(mL·min^{-1})					
A_1/(mV·min^{-1})					
A_2/(mV·min^{-1})					
A_3/(mV·min^{-1})					
$\overline{A}$/(mV·min^{-1})					
S/(mV·mL·mg^{-1})					

【说明】

(1) 实验过程中每做一项应随时记录数据。由于谱图较多,请严格记录所对应的实验条件,以免实验完成后混淆。

(2) 严禁将任何一路载气流量调节到零(思考:为什么?)。

思 考 题

1. 质量型检测器(如火焰离子化检测器)的灵敏度定义与浓度型检测器是否相同,为什么?
2. S 值与桥流大小的关系如何?
3. S 值与载气流速有何关系?

实验 4.4 气相色谱定性定量分析

【目的】

了解气相色谱各种定性定量方法的优缺点；掌握纯标样对照、保留值定性的方法；掌握面积和峰高归一化定量方法。

【原理】

GC是一种高效分离技术，但其定性鉴定能力相对较弱。一般检测器只能“看到”有物质从色谱中流出，而不能直接识别其为何物。若与强有力的鉴定技术如质谱(MS)、傅里叶变换红外光谱(FTIR)及原子发射光谱(AES)等仪器联用，则能大大提高GC的定性能力。

在实际工作中，有时遇到的样品其成分是大体已知的，或者是可以根据样品来源等信息进行推测的。这时利用简单的GC定性方法往往能解决问题。GC定性方法主要有以下几种：① 标准样品对照定性；② 相对保留值定性；③ 利用调整保留时间与同系物碳数的线性关系定性；④ 利用调整保留时间与同系物沸点的线性关系定性；⑤ 利用Kovats保留指数定性；⑥ 双柱定性或多柱定性；⑦ 仪器联用定性。

本实验采用标准样品对照和相对保留值定性方法。

GC在定量分析方面是一种强有力的手段。常用的定量方法有峰面积百分比法、内部归一化法、内标法和外标法等。峰面积百分比法适合于分析响应因子十分接近的组分的含量，它要求样品中所有组分均出峰。内部归一化法定量准确，但它不仅要求样品中所有组分都出峰，而且要求具备所有组分的标准品，以便测定校正因子。内标法是精度最高的色谱定量方法，但要选择一个或几个合适的内标物并不总是易事，而且在分析样品之前必须将内标物加入样品中。外标法简便易行，但定量精度相对较低，且对操作条件的重现性要求较严。本实验采用内部归一化法，其计算公式如下：

$$A_i\% = \frac{A_i f_{mi}}{\sum A_i f_{mi}} \times 100\%$$

式中 A_i 为组分 i 的峰面积，f_{mi} 为组分 i 的相对校正因子，它可由计算相对响应值 S' 的方法求得：

$$f_m = 1/S' = S_s/S_i = A_s \cdot x/y \cdot A_i$$

式中 S_s、S_i 分别为标准物(常为苯)和被测物的响应因子，A_s、y 和 A_i、x 分别为标准物和被测物的色谱峰面积及进样量。有些工具书或参考书记录了文献发表的一些 f_m 或 S' 值，可供参考。但要注意，同一物质在不同的仪器上往往具有不同的 f_m 或 S' 值，所以，要实现准确定量分析，就需要分析人员自己测定 f_m 或 S' 值。

据以上公式，只要用标准物求得有关被测物的 f_m 或 S' 值，再由待测样品测得峰面积，便可得到定量结果。A 的求法可用近似计算法(见实验 4.3)，也可用电子积分仪和(或)计算机色谱数据处理软件来获得。

若用峰高 h 代替上述归一化公式中的峰面积 A,即所谓峰高归一化法。此时也用 h 来求 f_m 或 S'值。

【试剂及仪器】

试剂:环己烷,正辛烷,苯(均为分析纯)。
混合试样:环己烷、正辛烷和苯的混合物(体积比为1∶1∶1)。
9790II T气相色谱仪、FL9500色谱工作站,双填充柱进样器,热导检测器。
色谱柱:1.5 m×3 mm 不锈钢柱。
固定液:前柱 PEG-20M,后柱 SE-30。
载体:6201红色载体,60~80目。
液载比:10∶90。
载气:氢气。
电子皂膜流量计,10 μL 微量进样器。

【实验内容】

(1) 启动色谱仪,实验条件设置如下:根据前面的实验,采用能够完全分离环己烷、正辛烷和苯的色谱柱,柱温80 ℃,气化室温度(即进样口温度)150 ℃,检测器温度(即热导池温度)150 ℃,桥流100 mA。氢气为载气,流速自定,自行选择衰减,使色谱峰达到合适的高度。

(2) 待仪器稳定后,利用微量进样器移取4 μL空气和1 μL含有环己烷、正辛烷和苯的混合试样,进样并采集数据。空气的出峰时间即为死时间 t_0,记录各峰的保留时间。计算相邻两峰的相对保留值 α。

(3) 利用微量进样器取4 μL空气和1 μL环己烷,进样并采集数据,记录保留时间。

(4) 对于正辛烷和苯的纯样品,重复(3)的操作。

(5) 根据(3)、(4)的结果,计算相邻两样品的相对保留值 α。

(6) 将上面测得的 t_R、t'_R及 α 值进行比较,以确定混合物色谱图上各峰相应的组分名称。

(7) 取混合试样1 μL,进样并采集数据,重复进样三次。

(8) 根据色谱工作站或数据处理软件给出的峰面积(也可由上述色谱图上各峰的峰高 h 和半峰宽 $W_{1/2}$ 计算出峰面积)或峰高(三次重复进样的平均值),利用文献报道的 f_m 值,按面积归一化法或峰高归一化法计算三组分的质量分数,并与配制浓度相比较。

【数据处理】

根据实验数据,计算相关参数,填入表4.5,并对实验结果进行讨论。

表 4.5 气相色谱定性定量分析

<table>
<tr><td rowspan="2" colspan="2">实验条件</td><td>色谱柱</td><td>柱温/℃</td><td>检测器</td><td>检测器温度/℃</td><td>载气</td><td>载气流速/($mL \cdot min^{-1}$)</td></tr>
<tr><td></td><td></td><td></td><td></td><td></td><td></td></tr>
<tr><td colspan="2">定性分析</td><td>t_0/min</td><td>t_R/min</td><td>t'_R/min</td><td>α</td><td colspan="2">定性结论</td></tr>
<tr><td rowspan="3">混合样
1 μL</td><td>色谱峰 1</td><td></td><td></td><td></td><td rowspan="3">$\alpha_{1,2}$ =
$\alpha_{2,3}$ =</td><td rowspan="6" colspan="2"></td></tr>
<tr><td>色谱峰 2</td><td></td><td></td><td></td></tr>
<tr><td>色谱峰 3</td><td></td><td></td><td></td></tr>
<tr><td rowspan="3">标样
各 1 μL</td><td>环己烷</td><td></td><td></td><td></td><td rowspan="3">$\alpha_{环,正}$ =
$\alpha_{正,苯}$ =</td></tr>
<tr><td>正辛烷</td><td></td><td></td><td></td></tr>
<tr><td>苯</td><td></td><td></td><td></td></tr>
<tr><td colspan="2">定量分析(进样量 1 μL)</td><td>配制浓度/(%)</td><td>f_m</td><td colspan="2">A/($mV \cdot min^{-1}$)</td><td colspan="2">归一化结果/(%)</td></tr>
<tr><td rowspan="9">组分</td><td rowspan="3">环己烷</td><td rowspan="3"></td><td rowspan="3"></td><td>A_1</td><td></td><td></td><td>均值</td></tr>
<tr><td>A_2</td><td></td><td></td><td rowspan="2"></td></tr>
<tr><td>A_3</td><td></td><td></td></tr>
<tr><td rowspan="3">正辛烷</td><td rowspan="3"></td><td rowspan="3"></td><td>A_1</td><td></td><td></td><td>均值</td></tr>
<tr><td>A_2</td><td></td><td></td><td rowspan="2"></td></tr>
<tr><td>A_3</td><td></td><td></td></tr>
<tr><td rowspan="3">苯</td><td rowspan="3"></td><td rowspan="3"></td><td>A_1</td><td></td><td></td><td>均值</td></tr>
<tr><td>A_2</td><td></td><td></td><td rowspan="2"></td></tr>
<tr><td>A_3</td><td></td><td></td></tr>
</table>

【说明】

(1) 为保证实验结果的准确性,本实验每次操作都应重复进样三次,计算平均值。

(2) 环己烷、正辛烷和苯在热导检测器上的 f_m 值分别为 0.74,0.71 和 0.78。

(3) 由于混合样品中各组分的沸点不同,所以挥发度亦不同。为此,在实验过程中一定要避免样品的挥发。不要将样品放在温度高的地方,少开瓶盖,进样快速。

思考题

1. 从实验结果看,用 t_R、t'_R 及 α 值定性时,哪种方法误差最小,为什么?
2. 色谱定量方法有哪几种,各有什么优缺点?
3. 影响色谱定量精度的因素有哪些?

4.2 高效液相色谱法

4.2.1 原理

高效液相色谱(high performance liquid chromatography, HPLC),又称高压液相色谱(HPLC)、高速液相色谱(HSLC)或高分辨液相色谱(HRLC),是20世纪60年代末在经典LC基础上发展起来的现代色谱分析方法。其分离原理是:流动相在高压输液泵的驱动下流过色谱柱,样品随流动相经过色谱柱时,由于不同的样品组分与固定相及流动相的作用力不同,从而得到分离。实际上,HPLC与经典层析(如薄层色谱)没有本质的区别,但由于HPLC采用了高压泵,高效微粒固定相和高灵敏度检测器,故在分析速度、分离效率、检测灵敏度和操作自动化方面,都达到了可与气相色谱相比的程度,并保持了样品适用范围广、流动相种类多和便于制备的柱层析优点,在生物工程、制药工业、食品工业、环境监测和石油化工等领域获得了广泛的应用。特别是在当今迅速发展的生命科学和材料科学领域,HPLC已经成为必不可少的分析手段。

HPLC的分类方法有多种。按照分离机理可分为吸附色谱、分配色谱、体积排阻色谱、离子交换色谱,以及亲和色谱。按照色谱柱洗脱动力学可分为洗脱色谱、前沿色谱和置换色谱。按照分离目的则可分为分析液相色谱和制备液相色谱。按照流动相和固定相的相对极性又可分为正相色谱和反相色谱。实际工作中85%左右的应用为反相HPLC。还可以按照色谱柱的尺寸分为常规HPLC(色谱柱内径2.1～4.6 mm)和毛细管HPLC(色谱柱内径1～2 mm)。近年来,采用亚微米粒度填料的细内径(≤1 mm)色谱柱越来越多,被称为超高效(或超高压)液相色谱(ultra performance liquid chromatography, UPLC)。

4.2.2 仪器结构与操作

1. 液相色谱仪的构成

液相色谱仪器按照用途可以分为制备型和分析型两大类。前者用于纯物质的制备,一般采用大流量的泵和大容量的色谱柱;后者又可按照流量大小分为常规HPLC、毛细管HPLC、纳流HPLC等类型。虽然目前市场上的HPLC仪器型号繁多,性能各异,但总的来说,仪器的基本结构是相似的。图4.4所示为一台普通分析型HPLC仪器的原理示意图,主要由下面几部分组成:

(1) 溶剂(流动相)输送系统。主要包括储液瓶、过滤头、高压输液泵和连接管线,其功能是将流动相输送到色谱仪中。根据流量大小不同,高压输液泵有制备泵、分析泵,以及微量或纳流泵。分析用的高压输液泵流速范围为0.01～10 mL·min^{-1},耐压可达40 MPa或更高。

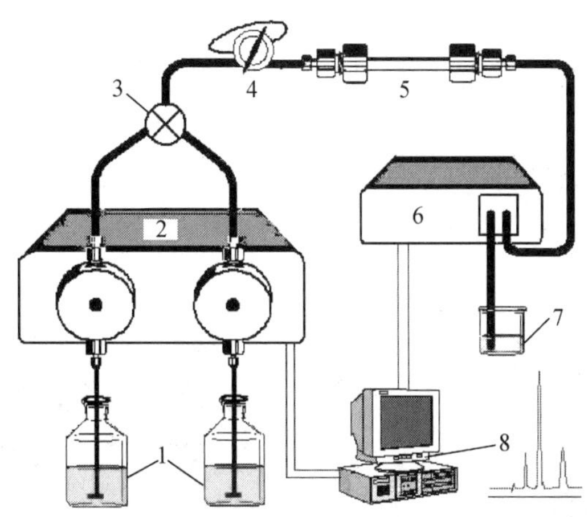

图 4.4 HPLC 仪器组成示意图

1. 储液瓶(输液管入口端安装有过滤器);2. 高压输液泵;3. 混合器和阻尼器;4. 进样器(阀);5. 色谱柱;6. 检测器;7. 废液瓶;8. 数据处理和控制系统

(2) 进样系统。一般采用六通进样阀,其功能是将样品引入仪器系统中。

(3) 柱系统。实现分离的核心部位,多采用不锈钢材料和聚醚醚酮(PEEK)材料,内径为 1.0～4.6 mm,长度 5～25 cm。根据分离模式不同,采用不同的填料。比如最常用的反相色谱填料为十八烷基键合硅胶填料。

(4) 检测系统。HPLC 采用检测器有紫外-可见光吸收检测器、荧光检测器、电化学检测器、示差折光检测器、质谱检测器等。

(5) 数据处理和控制系统。HPLC 的分析流程与 GC 基本相同。无论何种 HPLC 分离模式,其仪器组成也是类似的。储液瓶和泵之间一般用聚四氟乙烯管连接,而从泵到检测器则需要采用细内径(0.17 mm 左右)的不锈钢管连接。因为 HPLC 的色谱柱长度远比 GC 毛细管柱短,柱外效应的影响更为严重,所以 HPLC 的连接管线不但要内径小,而且要尽可能地短。

2. 液相色谱仪的操作

图 4.5 为一种 HPLC 仪器的实物照片,该仪器主要由高压输液泵、进样阀、色谱柱、检测器和色谱软件模数转换器,以及计算机(含色谱数据处理软件)组成。

HPLC 的主要操作步骤如下:

(1) 准备工作,包括安装色谱柱、连接液路管线、连接电源线和信号线,等等。

(2) 配置流动相。如果只用纯水和有机溶剂作流动相,可先分别用 0.45 μm 的水相和有机相滤膜过滤之,然后用量筒按照实验要求的水和有机溶剂的比例混合二者,再超声波脱气 10 min。注意,水相和有机相滤膜不能混用!如果流动相含有缓冲盐,也必须过滤,而且要调节 pH。

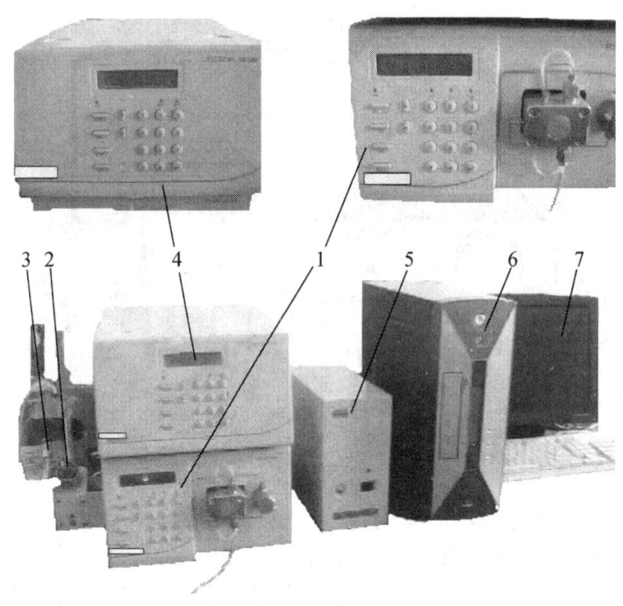

图 4.5　一种液相色谱仪的照片

1. 高压输液泵(左上图为面板放大图);2. 进样阀;3. 色谱柱;4. 检测器(右上图为面板放大图);5. 色谱软件模数转换器;6. 计算机主机;7. 计算机显示器和键盘

(3) 开启仪器高压泵电源,将流动相储液瓶置于仪器上,将输液泵流速设置到 1.0 mL · min^{-1} 开始冲洗系统。此时最好不要连接色谱柱(思考: 为什么?)。等管线出口有液体流出且管中没有气泡后,再接上色谱柱,开启检测器(此处为紫外吸收检测器)和模数转换器的电源,按照实验要求设置检测波长等参数。

(4) 打开计算机,启动色谱数据处理软件,进入数据记录界面。待基线平稳后(建议观察检测器的读数显示),即可开始实验。

(5) 准备样品。包括取样、溶解、萃取、浓缩、交换溶剂、过滤等操作。注意,溶解样品的溶剂必须与流动相互溶,且其洗脱能力不能比流动相强(思考: 为什么?),浓度要适当。

(6) 进样分析。将进样阀手柄拨到“Load”的位置,使用专用的液相色谱微量进样器取 5 μL 样品注入色谱仪进样口,然后将手柄拨到“Inject”位置,记录色谱图。可根据色谱图调节“衰减”和“时长”,以显示适当大小的色谱图。色谱图自动存入指定目录。数据处理部分详见软件说明书。

(7) 实验结束后,退出色谱工作站软件,关闭计算机。然后将色谱仪高压泵的流速设置为“0”,分别关闭高压泵、检测器和模数转换器。注意,如果流动相中含有缓冲盐,则必须在关闭泵之前用不含盐的流动相溶剂仔细冲洗色谱柱和仪器系统(对于 4.6 mm 内径的色谱柱,需要冲洗半小时),直到系统中不再有盐存在为止。

4.2.3 实验部分

实验 4.5 高效液相色谱柱参数测定

【目的】

初步了解高效液相色谱仪的工作原理;熟悉液相色谱柱的主要性能参数的测定方法。

【原理】

HPLC 是色谱法的一个重要分支。与 GC 相同,色谱柱也是整个 HPLC 分离系统的核心,还是需要经常更换和选用的部件。通过色谱柱性能的测定,可以检查整个色谱仪的工作状况是否正常。因此,评价色谱柱是十分重要的。HPLC 的柱管多为不锈钢和 PEEK 材料的,内装基于硅胶或聚苯乙烯-二乙烯苯的小粒度填料,可获得很高的分离效率。目前,基于微粒硅胶的化学键合相是应用最为广泛的 HPLC 固定相。

HPLC 的性能参数主要有以下几项:

(1) 柱效(理论塔板数)n

$$n = 5.54(t_R/W_{1/2})^2$$

式中 t_R 为测试物的保留时间,$W_{1/2}$为色谱峰的半峰宽。

(2) 容量因子 k

$$k = (t_R - t_0)/t_0$$

式中 t_0 为死时间,通常用已知在色谱柱上不保留的物质的出峰时间作死时间。

(3) 选择性因子 α

$$\alpha = k_2/k_1$$

式中 k_1 和 k_2 分别为相邻两峰的容量因子,而且规定峰 1 的保留时间小于峰 2 的。

(4) 分离度 R_s

$$R_s = 2(t_{R2} - t_{R1})/(W_{b1} + W_{b2})$$

式中 t_{R1}、t_{R2}分别为相邻两峰的保留时间,W_{b1}、W_{b2}分别为两峰的底宽。对于高斯峰来讲,$W_b = 1.70W_{1/2}$。

为达到好的分离效果,希望 n、α 和 R_s 值尽可能大。一般的分离(如 $\alpha=1.2$,$R_s=1.5$)需 n 达到 20000 m^{-1}以上,柱压一般为 10^4 kPa 或更小一些。本实验采用多环芳烃作测试物,尿嘧啶为死时间标记物,来评价反相色谱柱。

【试剂及仪器】

样品Ⅰ:含尿嘧啶(0.010 mg · mL^{-1})、萘(0.010 mg · mL^{-1})、联苯(0.010 mg · mL^{-1})、

菲(0.006 mg·mL^{-1})的甲醇混合溶液。

样品Ⅱ:尿嘧啶的甲醇溶液,萘的甲醇溶液,联苯的甲醇溶液,菲的甲醇溶液。前三者溶液浓度约为0.010 mg·mL^{-1},菲的浓度约为0.006 mg·mL^{-1}。

溶剂过滤器和量筒等。

高效液相色谱仪(由P230高压恒流泵、Rheodyne 7725i进样器、UV230+型紫外-可见光吸收检测器和EC2000色谱数据处理工作站组成)。

色谱柱:ODS C18柱(5 cm×4.6 mm I.D.,5 μm)。

流动相:甲醇-水(80∶20)。

【实验内容】

(1) 准备流动相。分别用有机相滤膜和水相滤膜(均为0.45 μm孔径)过滤色谱纯甲醇和纯水,然后用量筒按比例配制200 mL混合溶液,混合均匀并经超声波脱气后加入到仪器储液瓶中。

(2) 检查仪器连接正确以后,接通高压泵、检测器和工作站转换器的电源。设定操作条件为:流速1.0 mL·min^{-1},UV检测波长254 nm,色谱柱温为室温。

(3) 检查液路,确保无气泡、无泄漏,并将检测器后面的液路出口置于废液瓶中。待基线平稳后(建议观察检测器的读数显示),开始进样。

(4) 将进样阀手柄拨到"Load"位置,使用专用的HPLC微量进样器取5 μL样品Ⅰ注入色谱仪进样口,然后将手柄拨到"Inject"位置,记录色谱图。

(5) 待四个色谱峰全部流出后,重复实验内容(4)的实验两次。

(6) 用同样方法进纯样品的甲醇溶液,确定出峰顺序。

(7) 根据三次实验所得结果计算色谱峰的保留时间、半峰宽,然后计算色谱柱参数n、k、ε_T和k_0,以及相邻两峰的α、R_s。

(8) 将流速降为0,待压力降为0后关机。

【数据处理】

根据实验数据,计算相关参数,填入下列各表,并对实验结果进行讨论。

表4.6 实验条件

色谱柱		检测器		流动相		t_0/min	
柱温/℃		波长/nm		流速/(mL·min^{-1})		进样量/μL	

表 4.7　色谱柱参数的测定

		t_R/min	$\overline{t_R}$/min	$W_{1/2}$/min	$\overline{W_{1/2}}$/min	n	k	α	R_s
萘	1								
	2								
	3								
联苯	1								
	2								
	3								
菲	1								
	2								
	3								

表 4.8　色谱峰流出顺序

	1	2	3	4
物质				
保留时间/min				

【说明】

(1) 配制流动相须用色谱纯溶剂,流动相在使用前必须经过滤和脱气。

(2) HPLC 系统要保持压力稳定,如果压力波动较大,说明系统可能有泄漏或者有气体进入,这时必须消除泄漏或排除气泡后才能分析样品。如果压力不断升高,说明系统有堵塞现象,需要立即报告指导教师来解决。

(3) HPLC 微量进样针为圆柱状(俗称平头)针头,这与 GC 的锥形尖针头是不同的。如果错用了 GC 进样针,就会损坏价格昂贵的 HPLC 进样阀!

思考题

1. 高效液相色谱与气相色谱相比有什么相同点和不同点?
2. 影响 HPLC 柱效的因素主要是什么?
3. 如何保护色谱柱,并延长其使用寿命?

实验4.6 水样中多环芳烃的固相萃取和HPLC内标定量分析

【目的】

学习固相萃取处理样品的技术;学会测定样品处理回收率的方法;掌握内标定量方法。

【原理】

对于色谱分析来说,用于分析的样品必须具有代表性;固体样品要以适当的浓度溶解到一定溶剂中,形成均相溶液;样品中不能含有损坏色谱柱或仪器系统的成分,比如颗粒物。此外,用于GC分析的样品应当在所用进样口温度下全部蒸发。事实上,在色谱分析工作中,用于样品处理的时间平均占整个分析时间的60%,真正在仪器上分析的时间仅占25%,还有15%的时间用于数据处理和仪器维护。所以,样品处理是分析工作中极其重要的一环,甚至有人说,色谱分析功在色谱之外!实际分析的成败往往取决于样品处理是否正确而有效。

常见的样品处理过程包括:收集样品、粉碎固体样品、混合样品、选取用于测试的部分样品、萃取、衍生化、浓缩、稀释、加内标、过滤等。比如,分析水样中有机污染物时,首先要收集代表性水样(污水、河水、自来水、饮用水、地下水,等等),其次要将有机物从水中分离出来,这时常用萃取技术,如液-液萃取、固相萃取(solid phase extraction, SPE)、固相微萃取(SPME)等。分析固体样品时要用到液-固萃取、微波辅助萃取、加压溶剂萃取等。本实验针对水中多环芳烃的分析,采用SPE技术处理样品。

固相萃取(SPE)是一种重要的样品处理技术,在分析化学中有广泛的应用。SPE的原理与HPLC类似,即将一定体积的样品溶液通过装有固体吸附剂的小柱,由于样品中不同的组分与吸附剂的作用力不同,故可使用不同强度的洗脱溶剂将被吸附的组分依次洗脱出来,弃去不要的馏分,将感兴趣的馏分定容成小体积的样品溶液,以便分析。使用SPE,可以使样品中的组分得到浓缩,同时可初步除去对感兴趣组分有干扰的成分,起到保护色谱柱、加快分析速度的作用,而且提高了整个分析方法的灵敏度。SPE不仅可用于色谱分析的样品预处理,还可用于红外光谱、质谱、核磁共振、紫外和原子吸收等各种分析方法的样品预处理。C18作为填料的SPE小柱具有疏水作用,对非极性的组分有较强的保留作用,因此可以从水中将多环芳烃萃取出来,完成对样品的浓缩。SPE小柱还有其他类型,如极性、离子交换柱等。

在样品处理过程中,样品中的被分析物可能有一定程度的损失,即最终用于分析的样品中的被测物的量低于处理前样品中被测物的量。衡量样品处理效率的一个重要指标是回收率,即用于分析的样品中的某一被测物的浓度与未经处理的样品中该被测物的浓度的比值。测定回收率的方法一般是采用空白样品基质配制已知浓度的样品,取该样品两份,一份直接测定浓度,另一份经过处理后测定浓度,两个浓度值之比即为回收率。一般分析方法要求样品处理的回收率在60%～100%之间。

内标法定量的原理是，设在 V(mL)样品中含有 m_i(g)待测组分 i，加入 m_s(g)内标物 s，混匀后进样，得组分 i 及内标物 s 的峰面积分别为 A_i 及 A_s。由于峰面积正比于通过检测器的物质量，所以有

$$m_i = f_iA_i, \quad m_s = f_sA_s$$

式中 f_i、f_s 分别为组分 i 和内标 s 的校正因子。两式相除，得

$$m_i = \frac{f_i}{f_s} \cdot \frac{A_i}{A_s} \cdot m_s$$

所以，组分 i 的体积浓度为

$$\frac{m_i}{V} = \frac{f_i}{f_s} \cdot \frac{A_i}{A_s} \cdot \frac{m_s}{V} = f_i' \cdot \frac{A_i}{A_s} \cdot \frac{m_s}{V}$$

f_i'可以通过分析已知被测物 i 和内标物浓度的样品得到。内标法是一种相对测量方法，因此，对进样量的准确度要求不高。

【试剂及仪器】

样品Ⅰ：混合标准样品，为含萘(0.010 mg・mL^{-1})、联苯(0.010 mg・mL^{-1})、菲(0.006 mg・mL^{-1})的甲醇溶液。用于测定校正因子或绘制定量标准曲线。

样品Ⅱ：内标物溶液。含联苯(0.10 mg・mL^{-1})的甲醇溶液。

样品Ⅲ：含萘(0.010 mg・mL^{-1})和菲(0.006 mg・mL^{-1})的水溶液，用于测定回收率。

样品Ⅳ：含萘、菲的被测水样。

高效液相色谱仪(由 P230 高压恒流泵、Rheodyne 7725i 进样器、UV230＋型紫外-可见光吸收检测器和 EC2000 色谱数据处理工作站组成)。

色谱柱：ODS C18 柱(5 cm×4.6 mm I.D.，5 μm)。

流动相：甲醇-水(80：20)。

C18 固相萃取小柱两支，0.45 μm 孔径的样品过滤器两支，25 mL 移液管一支，50 mL 医用注射器一支，10 mL 医用注射器两支，2 mL 容量瓶两个，溶剂过滤器和量筒等。

【实验内容】

(1) 配制样品：按照上述浓度要求，配制样品Ⅰ、样品Ⅱ和样品Ⅲ。

(2) SPE 小柱预处理：用 10 mL 注射器将 3～5 mL 甲醇压过小柱，再将 3～5 mL 纯水压过小柱。流速控制在 3～5 mL・min^{-1}。

(3) 取 2 mL 样品Ⅲ，加到处理过的 SPE 小柱上，以 1 mL・min^{-1}流速压过小柱，弃去流出液。将一个 2 mL 的容量瓶接在小柱下端，用一定量甲醇洗脱至容量瓶中，并加入适量内标联苯溶液，定容摇匀，再经 0.45 μm 孔径的样品过滤器过滤，得到用于测定回收率的样品。

(4) 平行制备两份水样，具体步骤如下：用移液管取 25.00 mL 水样(样品Ⅳ)于 50 mL 注射器针筒中，并以 1 mL・min^{-1}的流速压过小柱，弃去流出液。将一个 2 mL 的容量瓶接在小柱下端，用一定量的甲醇将样品洗脱至容量瓶中，加入适量内标联苯溶液，定容摇匀，再经

0.45 μm孔径的样品过滤器过滤,得到浓缩的待测样品。

(5) 准备流动相。分别用有机相滤膜和水相滤膜(均为0.45 μm孔径)过滤色谱纯甲醇和纯水,然后用量筒按比例配制200 mL混合溶液,混匀并经超声波脱气后加入到储液瓶中。

(6) 检查仪器连接正确以后,接通高压泵、检测器和工作站转换器的电源。设定操作条件为:流速1.0 mL·min^{-1},紫外检测波长254 nm,色谱柱温为室温。

(7) 检查液路,确保无气泡、无泄漏,并将检测器后面的液路出口置于废液瓶中。待基线平稳后(建议观察检测器的读数显示),开始进样。

(8) 将进样阀手柄拨到“Load”位置,使用专用的HPLC微量进样器取5 μL样品Ⅰ注入色谱仪进样口,然后将手柄拨到“Inject”位置,采集数据。

(9) 按(8)的方法对回收率测定样品进样分析三次。

(10) 按(8)的方法对待测水样进样分析三次。

(11) 利用(8)的峰面积A_i数据以及内标化合物的浓度计算萘和菲的f_i'。

(12) 利用上述f_i'和(9)的实验结果计算回收率测定样品中萘和菲的测得浓度,并与样品Ⅲ中萘和菲的已知浓度相比,计算二者的回收率。

(13) 利用上述f_i'和(10)的实验结果计算出萘和菲的浓度,进而计算出待测水样中的浓度(mg·mL^{-1})。

【数据处理】

根据实验数据,计算相关参数,填入下列各表,并对实验结果进行讨论。

表4.9　实验条件

色谱柱		检测器		流动相		t_0/min	
柱温/℃		波长/nm		流速/(mL·min^{-1})		进样量/μL	

表4.10　相对校正因子的测定

混合标准样品	浓度/(mg·mL^{-1})	编号	A_i	f_i'	$\overline{f_i'}$
萘		1			
		2			
		3			
联苯		1		1.00	1.00
		2			
		3			
菲		1			
		2			
		3			

表 4.11 回收率的测定

样品Ⅲ	配制浓度/(mg·mL^{-1})	编号	A_i	测得浓度/(mg·mL^{-1})	平均浓度/(mg·mL^{-1})	回收率/(%)
萘		1				
		2				
		3				
联苯		1		/	/	/
		2				
		3				
菲		1				
		2				
		3				

表 4.12 水样中多环芳烃的 HPLC 内标定量测定

样品Ⅳ	配制浓度/(mg·mL^{-1})	编号	A_i	测得浓度/(mg·mL^{-1})	平均浓度/(mg·mL^{-1})	水样中实际浓度/(mg·mL^{-1})
萘	/	1				
		2				
		3				
联苯		1		/	/	/
		2				
		3				
菲	/	1				
		2				
		3				

【说明】

(1) 实际处理样品时，要根据样品的种类、用量和浓度选择合适的 SPE 小柱(柱管尺寸，填料种类、粒度和用量)。

(2) SPE 处理样品时，上样速度、洗脱溶剂的种类、实验顺序、用量和流速等条件都需要经过优化选择。(本实验给出的 SPE 处理条件为优化条件。)

(3) HPLC 分析样品必须经过过滤，一般用 0.45 μm 孔径的膜过滤器。对于亚微米填料粒径的毛细管色谱柱，则需要使用 0.22 μm 孔径的样品过滤膜过滤样品。

思 考 题

1. 为什么要对色谱分析中的样品进行预处理？简单列出三个以上的原因。
2. 影响 SPE 样品处理回收率的因素有哪些？有时回收率大于 100%，可能的原因是什么？
3. 内标法与外标法各有哪些特点？本实验也可以得到外标法定量结果，请比较二者的差异，并解释之。

4.3 毛细管电泳法

4.3.1 原理

1808年俄国物理学家 von Reuss 首次发现电泳现象,即溶液中的荷电粒子在电场作用下会因为受到排斥或吸引力而发生差速迁移。1937年瑞典科学家 Arene Tiselius 成功地把电泳技术用于人血清中不同蛋白质的分离,因此而获得了1948年诺贝尔化学奖。在传统电泳中凝胶可以抑制因热效应而导致的对流,但如果在自由溶液中施加高的电压,就会导致大的焦耳热,严重影响分离。因此,人们一直致力于减小分离介质的尺寸。1981年美国学者 Jorgenson 和 Lukacs 使用内径为75 μm的熔融石英毛细管,配合30 kV高电压进行自由溶液电泳,获得了高于40万理论塔板数的分离柱效。这标志着毛细管电泳(capillary electrophoresis, CE)作为一种新型分离分析技术的诞生。经过近30年的发展,CE现已广泛应用于无机离子、中性分子、药物、多肽、蛋白质、DNA及糖等各类化合物的分析,并被认为是20世纪分析化学领域中最有影响的进展之一。20世纪90年代后期出现的阵列CE技术作为基因测序的关键方法在人类基因组计划中发挥了极其重要的作用。

CE的分离原理如图4.6所示。在毛细管中充满缓冲液,将其两端置于缓冲溶液瓶中,当样品被引入毛细管后,在毛细管两端施加直流电压,此时,电渗流带动整个溶液在毛细管中流动,不同的带电粒子因其电泳淌度的不同而发生差速迁移,从而实现分离。与传统的电泳技术相比,CE具有应用范围广、分离效率高、分离模式多、样品用量少、分析成本低、环境友好等特点。

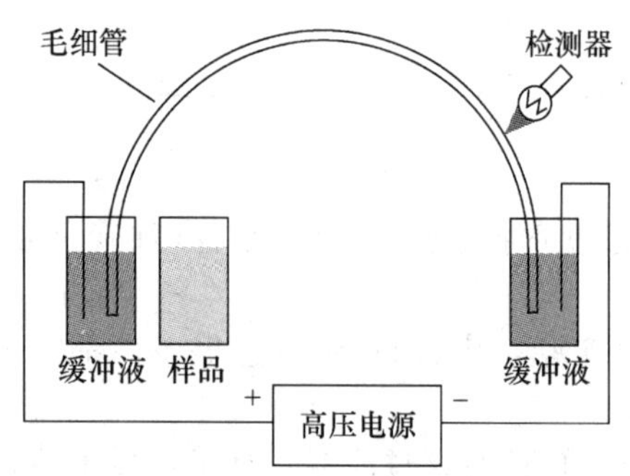

图4.6　CE仪器组成示意图

CE有六种分离模式,见表4.13。毛细管区带电泳(capillary zone electrophoresis, CZE)是最简单的模式,因为毛细管中的分离介质只是缓冲液。在电场的作用下,样品组分以不同的速率在分离的区带内进行迁移而被分离。由于电渗流的作用,正负离子均可以实现分离。在正极进样的情况下,正离子首先流出毛细管,负离子最后流出。中性分子由于不带电荷,故随电渗流(electroosmotic flow, EOF)一起运动,故CZE模式不能分离不同的中性化合物。胶束电动色谱(micelle electrokinetic chromatography, MEKC)和毛细管电色谱(capillary electrochromatography, CEC)则可同时分离带电的和中性化合物。

影响CE分离的主要因素有:缓冲液的种类、浓度和pH,缓冲液添加剂的种类和用量,电压的方向和大小,进样方式和样品的浓度,毛细管的尺寸和温度,以及毛细管内壁的修饰,等等。

表 4.13 6种CE分离模式的分离依据及应用范围

分离模式	分离依据	应用范围
毛细管区带电泳(CZE)	溶质在自由溶液中的淌度差异	可解离的或离子化合物、手性化合物及蛋白质、多肽等
毛细管胶束电动色谱(MEKC)	溶质在胶束与水相间分配系数的差异	中性或强疏水性化合物、核酸、多环芳烃、结构相似的肽段
毛细管凝胶电泳(CGE)	溶质分子大小与电荷/质量比差异	蛋白质和核酸等生物大分子
毛细管等电聚焦(CIEF)	等电点差异	蛋白质、多肽
毛细管等速电泳(CITP)	溶质在电场梯度下的分布差异(移动界面)	同CZE,电泳分离的预浓缩
毛细管电色谱(CEC)	电渗流驱动的色谱分离机制	同HPLC

4.3.2 仪器结构与操作

1. 毛细管电泳仪的构成

图4.6所示为CE仪器示意图。其组成部分主要是高压电源、缓冲液瓶(包括样品瓶)、毛细管、检测器以及控制系统。高压电源是为分离提供动力的,商品化仪器的输出直流电压一般为0～30 kV。大部分直流电源都配有输出极性转换装置,可以根据分离需要选择正电压或负电压。缓冲液瓶多采用塑料(如聚丙烯)或玻璃等绝缘材料制成,容积为1～3 mL。考虑到分析过程中正负电极上发生的电解反应,体积大一些的缓冲液瓶有利于pH的稳定。进样时毛细管的一端伸入样品瓶,采用压力或电动方式将样品加载到毛细管入口,然后将样品瓶换为缓冲液瓶,接通高压电源即可开始分析。

目前CE用的毛细管主要是内径为25～100 μm的熔融石英毛细管,外面涂有聚酰亚胺保护层,长度50 cm左右。CE多用UV检测器,由于光线通过毛细管进行"柱上"检测,故没有柱外效应的问题。当然,毛细管的检测窗口处要除去涂层,保证透明。此外,CE还用电化学检测器、激光诱导荧光检测器和质谱检测器等。

2. 毛细管电泳仪的操作

图4.7为一种CE仪器的实物照片,这是一种半自动操作仪器,数据分析与处理由计算机软件完成。

主要操作步骤如下:

(1) 准备工作,包括安装毛细管、连接电源线和信号线,等等。

(2) 配制缓冲溶液。根据实验要求配制适当浓度和pH的缓冲溶液,并经0.45 μm滤膜过滤,再超声波脱气10 min。然后分装到仪器的缓冲液瓶中,置于仪器样品盘上毛细管入口(inlet)的适当位置。在毛细管出口(outlet)相应的位置放置一个空的废液瓶。

(3) 配制样品溶液,并用0.45 μm滤膜过滤。将样品瓶置于仪器样品盘上毛细管入口的适当位置。

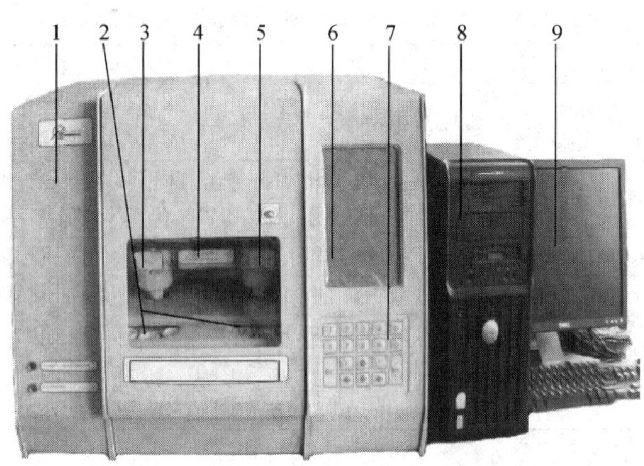

图4.7 一种毛细管电泳仪的照片

1. 高压电源;2. 样品(缓冲液)盘;3. 电极Ⅰ;4. 毛细管卡套;5. 电极Ⅱ;6. 显示屏(里面有UV检测器);7. 键盘;8. 计算机主机;9. 计算机显示器和键盘

(4) 开启仪器电源,设置工作温度,编辑冲洗毛细管程序(Program 1):建议顺序依次是:1 mol·L^{-1} NaOH溶液冲洗1 min,二次水冲洗2 min,缓冲溶液冲洗5 min。冲洗过程中毛细管出口对准废液瓶的位置。然后运行该程序。程序编辑方法请参看仪器操作说明书。

(5) 开启计算机和相应的工作站软件,选择"Standard"文件,点击"Restart Method"的按钮,修改"Title",使工作站处于"Waiting"的状态以后,待检测器基线稳定后便可开始进样分析。

(6) 编辑分析方法,按照实验要求和样品瓶位置,设置毛细管温度、进样条件、分析电压以及检测波长。保存方法(Program 2)。

(7) 运行分析方法,工作站软件自动记录电泳图。

(8) 每次进样前一般都要用分析缓冲液冲洗毛细管3 min左右,以保证分析的重现性。

(9) 完成实验后,用纯水冲洗毛细管10 min,再用空气吹干10 min。

(10) 退出色谱工作站软件,关闭计算机和仪器电源。

4.3.3 实验部分

实验4.7 毛细管区带电泳法分离离子型化合物

【目的】

进一步理解毛细管电泳的基本原理;熟悉毛细管电泳仪器的构成和操作;了解影响毛细管电泳分离的主要操作参数。

【原理】

CE 是以电渗流(EOF)为驱动力，以毛细管为分离通道，依据样品中组分之间淌度和分配行为上的差异而实现分离的一种液相微分离技术。离子在自由溶液中的淌度(μ)可表示为

$$\mu = \frac{q}{6\pi\eta r}$$

式中 q 为粒子的荷电量，η 为介质黏度，r 为带电粒子的流体力学半径。因此，离子的电泳淌度与其荷电量成正比，与其半径及介质黏度成反比。带相反电荷的离子其电泳淌度的方向也相反。需要指出，在物理化学手册中查到的离子淌度常数是绝对淌度，即离子带最大电量时测定并外推至无限稀释条件下所得到的数值。在 CE 分离实验中测定的值往往与此不同，故将实验值称为有效淌度(μ_e)。有些物质因为绝对淌度相同而难以分离，但我们可以通过改变介质的 pH，使离子的荷电量发生改变。这样就可以使不同离子具有不同的有效淌度，从而实现分离。

在水溶液中多数固体表面根据材料性质的不同带有过剩的负电荷或正电荷。就石英毛细管而言，表面的硅羟基在 pH＞3 以后就发生明显的解离，使表面带有负电荷。为了达到电荷平衡，溶液中的正离子就会聚集在表面附近，从而形成所谓双电层。这样，双电层与管壁之间就会产生一个电位差，叫做 Zeta 电势。当毛细管两端施加一个电压时，组成扩散层的阳离子被吸引而向负极移动。由于这些离子是溶剂化的，故将拖动毛细管中的体相溶液一起向负极运动，这便形成了 EOF。

EOF 的大小可用速率和淌度来表示：

$$\nu_{\mathrm{EOF}} = (\varepsilon\zeta/\eta)E$$

$$\mu_{\mathrm{EOF}} = \varepsilon\zeta/\eta$$

式中 ν_{EOF} 为电渗流速率，E 为外加电场强度，μ_{EOF} 为电渗淌度，ζ 为 Zeta 电势，η 和 ε 分别为溶液的黏度和介电常数。可见，影响 EOF 大小的因素主要有电场强度、Zeta 电势和缓冲液的性质。一般来说，E 越大，pH 越高，表面硅羟基的解离程度越大，电荷密度越大，电渗流速率就越大。EOF 还与毛细管的表面性质(硅羟基的数量、是否有涂层等)和溶液的离子强度有关。双电层理论认为，增加离子强度可以使双电层压缩，从而降低 Zeta 电势，减小 EOF；温度升高可以降低介质黏度，增大 EOF。

由上可知，电渗流的方向与电场方向一般是一致的，即从正极到负极。但在溶液中加入阳离子表面活性剂后，由于毛细管表面强力吸附阳离子表面活性剂的亲水端，而阳离子表面活性剂的疏水端又会紧密结合一层表面活性剂分子，结果就形成了带正电的表面，双电层 Zeta 电势的极性发生了反转，最后使电渗流的方向发生了变化。

EOF 的一个重要特性是具有平面流型，其优点是径向扩散对谱带扩展的影响非常小，这是 CE 具有更高分离效率的一个重要原因。EOF 的另一个重要优点是可以使几乎所有被分析物向同一方向运动，而不管其电荷性质如何。这是因为电渗淌度一般比离子的电泳淌度大

得多,故当离子的电泳淌度方向与电渗流方向相反时,仍然可以使其沿电渗流方向迁移。这样,就可在一次进样分析中同时分离阳离子和阴离子。中性分子由于不带电荷,故随 EOF 一起运动,故 CZE 模式不能分离不同的中性化合物。MEKC 和 CEC 则可同时分离带电的和中性化合物。

CE 的分析参数可以用色谱中类似的参数来描述,比如与色谱保留时间相对应的有迁移时间,定义为一种物质从进样口迁移到检测点所用的时间,迁移速率(v)则是迁移距离(l,即被分析物质从进样口迁移到检测点所经过的距离,又称毛细管的有效长度)与迁移时间(t)之比:

$$v=\frac{l}{t}$$

因为电场强度等于施加电压(V)与毛细管长度(L)之比:

$$E=\frac{V}{L}$$

根据电泳的基本公式:$v=\mu E$,可得

$$\mu_a=\frac{l}{tE}=\frac{lL}{tV}$$

μ_a 被称为表观淌度,它是电泳淌度与电渗流淌度的矢量和,即

$$\mu_a=\mu_e+\mu_{EOF}$$

本实验采用一种中性化合物测定电渗流淌度,然后就可求得被分析物的有效淌度。注意,阴离子的有效淌度为负值,因为它与电渗流淌度的方向相反。

【试剂及仪器】

试剂:苯甲醇、苯甲酸、水杨酸的标准储备液,浓度均为 2.00 $mg\cdot mL^{-1}$;对氨基苯甲酸的标准储备液,浓度为 0.20 $mg\cdot mL^{-1}$。

样品:未知浓度混合样品。

缓冲溶液:利用 10 $mmol\cdot L^{-1}$ NaH_2PO_4 和 10 $mmol\cdot L^{-1}$ Na_2HPO_4 溶液配制 pH 分别为 6.0,7.0 和 8.0 的磷酸缓冲液。

NaOH 溶液(1.0 $mol\cdot L^{-1}$),高纯水或超纯水。

Capel-105RT 电泳仪,60 cm 长的熔融石英毛细管(有效长度 51 cm),内径 50 或 75 μm。

5 mL 移液管两支,1 mL 移液管两支。

10 mL 容量瓶两个,滴管两支。

塑料样品管八个,分别用于标准样品、未知样品、三种缓冲溶液、NaOH、水和废液。

滴瓶五个,分别用于加装三种缓冲液、1 $mol\cdot L^{-1}$ 的 NaOH 和乙醇。

镊子、洗瓶、吸耳球、试管架、塑料样品管架、废液烧杯各一个。

【实验内容】

(1) 仪器的预热和毛细管的冲洗:打开仪器(已经安装好毛细管)及计算机工作站,不加分

离电压，设置毛细管温度为25 ℃。分别将装有NaOH、高纯水和pH 7.0的磷酸缓冲溶液的塑料样品管放在电泳仪毛细管进口端的8号、7号和10号位置，标有废液的塑料样品管放在电泳仪毛细管出口端的8号位置，使用仪器的冲洗功能编写冲洗程序(1号程序)，顺序依次是，1.0 mol·L^{-1} NaOH溶液(1 min)，高纯水(2 min)，pH 7.0的磷酸缓冲溶液(5 min)，冲洗过程中出口对准废液的位置。然后运行1号冲洗程序。

(2) 混合标样的配制：分别移取适量的苯甲醇、水杨酸、苯甲酸和对氨基苯甲酸的标准储备液于10 mL容量瓶中，定容，配制混合标样。其中苯甲醇、水杨酸、苯甲酸和对氨基苯甲酸的浓度分别为：250，200，100，1.00 μg·mL^{-1}(混合标样Ⅰ)；375，100，50.0，5.00 μg·mL^{-1}(混合标样Ⅱ)；500，200，100，10.0 μg·mL^{-1}(混合标样Ⅲ)；625，300，150，15.0 μg·mL^{-1}(混合标样Ⅳ)以及750，400，200，20.0 μg·mL^{-1}(混合标样Ⅴ)。

(3) 混合标样的测定：待毛细管冲洗完毕，取1 mL混合标样，置于塑料样品管中，放在电泳仪毛细管进口端的2号位置，将另一个装有磷酸缓冲溶液(pH 7.0)的塑料样品管放置在出口的10号位置；同时在工作站编写进样和分析程序(2号程序)，操作参数为，进样压力30 mbar(1 bar $=10^5$ Pa)，进样时间5 s，分析电压25 kV，检测波长254 nm。运行2号程序，直到四种成分流出毛细管，重复操作三次。利用pH 7.0的磷酸缓冲溶液冲洗3 min，重复(3)的操作，测定其他混合标样，制作校准曲线。

(4) 未知浓度混合样品的测定：方法与条件同(3)，测试未知浓度混合样品。

(5) 不同缓冲溶液对迁移时间的影响：

冲洗毛细管，顺序依次是：1.0 mol·L^{-1} NaOH溶液1 min，高纯水2 min，然后更换毛细管进出口两端的缓冲溶液(进出口的10号位置)为pH 6.0的磷酸缓冲溶液，并用该缓冲溶液冲洗毛细管5 min。然后按照(3)的方法测试混合标样Ⅲ。

按照上述方法再次冲洗毛细管，更换进出口两端的缓冲溶液为pH 8.0的磷酸缓冲溶液，并用该缓冲溶液冲洗毛细管5 min。然后按照(3)的方法测试混合标样Ⅲ。

(6) 完成实验以后，用高纯水冲洗毛细管10 min，再用空气冲洗10 min。然后关闭仪器。

(7) 打印报告，清理实验台。

【数据处理】

(1) 根据电泳的原理，判断两组混合标样中四个峰各自的归属(需要查找被分析物的pK_a值)。

(2) 利用校准曲线，计算未知浓度混合样品中各组分的浓度。

(3) 判断并分析哪个校准组分可以作为电渗流标记物，据此计算各组分的表观淌度和有效淌度。本次CE实验使用的毛细管总长度60 cm，有效长度51 cm。

(4) 根据电泳的原理，判断在另外两种缓冲溶液下各个峰的归属，并对各组分迁移时间的变化做出分析和讨论。

表 4.14 数据记录表

仪器型号		毛细管规格		毛细管温度/℃		分析电压/V	
基本数据							
缓冲溶液	出峰顺序	组分名称	迁移时间/min	电渗流标记物	电渗淌度/$(cm^2 \cdot V^{-1} \cdot s^{-1})$	表观淌度/$(cm^2 \cdot V^{-1} \cdot s^{-1})$	有效淌度/$(cm^2 \cdot V^{-1} \cdot s^{-1})$
	1						
	2						
	3						
	4						
	1						
	2						
	3						
	4						
	1						
	2						
	3						
	4						

定量实验结果

缓冲溶液	组分名称	未知样品中的峰面积				未知样品浓度/$(\mu g \cdot mL^{-1})$
		A_1	A_2	A_3	$\overline{A}$	

【说明】

(1) 冲洗毛细管时禁止在毛细管上加电压。

(2) 在实验过程中要随时注意所需试剂或试样是不是放在正确位置;如果在分析时将样品或者洗涤液当做缓冲溶液,请停止分析并重新用相应缓冲溶液冲洗毛细管 10 min。然后重新开始实验。

(3) 冲洗毛细管对于实验结果的可靠性和重现性至关重要,务必认真完成每一次冲洗。

(4) 实验完成以后一定要用水冲洗毛细管,最后完成实验者还要用空气吹干毛细管,否则可能会导致毛细管堵塞。

(5) 塑料样品管的内壁易产生气泡,轻敲管壁排出气泡以后方可放入托管架。

(6) 进出口端装有缓冲液的塑料样品管中的液面要求高度一致,避免因虹吸作用带来分析误差。

思考题

1. 从理论上分析，为什么 CE 的分离效率高于 GC 和 HPLC？
2. 在 CZE 中，组分的 pK_a 值与出峰顺序有何关系？
3. CE 中何种分离模式可以同时分离带电的和中性的化合物？
4. 与 HPLC 相比，CE 的检测灵敏度是高还是低？

4.4 气相色谱-质谱联用仪

4.4.1 原理

气相色谱-质谱(gas chromatography-mass spectrometry，GC-MS)联用技术是将色谱的分离能力与质谱的定性和结构分析能力有机地结合在一起的现代分析方法。1957 年 Holmes 和 Morrell 首次实现气相色谱和质谱的联用，此后 GC-MS 联用技术得到了迅速的发展并且已经非常成熟和完善。目前，气质联用仪被广泛应用于石油化工、环境、食品、医药分析和司法鉴定等与人们日常生活息息相关的领域当中。

GC-MS 是将气相色谱和质谱仪通过硬件接口连接，实现样品分离分析的技术。其中气相色谱和质谱基本上各自保持原有的工作原理和仪器结构。

气相色谱主要是利用样品中不同物质组分的沸点、极性以及吸附性质的差异，借助气体作为流动相，分离分析复杂的气体和易挥发的液体或固体样品。气相色谱的核心部件是色谱柱，用来实现样品的分离。GC 能直接分析的样品是可挥发且热稳定的，沸点一般不高于 500 ℃。

分离后的组分被连续地送入质谱仪中进行检测。质谱仪是在高真空条件下，在离子源内使被测物质电离，形成运动的气态带电离子，最终在电磁场作用下实现按质荷比(m/z)进行分离的装置。质谱仪由进样系统、离子源、质量分析器和检测器组成。另外，高真空系统是保证质谱仪正常工作的重要部分，仪器控制和数据处理主要通过化学工作站来实现。质谱的进样方式主要包括两种：直接进样和间接进样方式，间接进样主要依靠和分离仪器联用来实现，如 GC-MS 和 LC-MS 等。质谱分析中常用的离子化方式有电子轰击离子化(electron impact，EI)、化学电离(chemical ionization，CI)、场致解析(field desorption，FD)、基质辅助激光解析电离(matrix-assisted laser desorption ionization，MALDI)和电喷雾电离(electrospray ionization，ESI)等。其中 MALDI 和 ESI 两种电离方式广泛应用于多肽和蛋白质大分子及一些小分子的分析，而 EI 法则在有机分析中最为常用。这是因为 EI 的电离效率较高、稳定，谱图具有特征性且有标准谱图库，可以用来表征样品的化学结构。EI 通过具有一定能量(一般为 70 eV)的电子束与样品分子间发生碰撞使分子电离。同时这种相互作用产生约 10～20 eV 的能量交换，足以使有机分子电离，并裂解为较小的碎片离子。在离子源中产生的分子离子和碎片离子被离子推斥电极以及聚焦电极加速,通过一组狭缝等聚焦后进入质谱仪的质量分析器。质量分析器有多种类型,如磁质量分析器、飞行时间(time of flight,TOF)质量分析器、四极杆(quadrupole)滤质器、离子阱(ion trap)质量分析器和傅里叶变换离子回旋共振(Fourier transform ion cyclotron resonance,FTICR)分析器等。其中,四极杆滤质器以其结构简单、扫描速度快、灵敏度高等特点,在气质联用仪中最为常用。

实现气相色谱和质谱联用的技术关键在于如何克服气相色谱柱的出口气压和离子源内的气压之间相差的8~9个数量级的压力差,且气相色谱流出物中含有大量载气,这些问题目前都已经利用合适的接口技术得以解决。最常用的接口技术是毛细管直接进样,即通过一根金属毛细管将毛细管色谱柱的末端和质谱仪的离子源连接在一起,这一方法的样品利用率高,适用于毛细管色谱柱。对于填充柱,常在色谱柱出口和质谱仪之间增加一个喷射式分子分离器或者以分流的方式来实现,但这两种方式的样品利用率均不高。接口的另一个作用是通过在接口处加热,以保证色谱柱的流出物不被冷凝。

4.4.2 仪器结构与操作

1. 仪器的结构

气质联用仪主要由气相色谱、接口、质谱和数据处理系统组成。其中气相色谱部分由气路系统、进样系统和柱系统组成。质谱部分包括离子源(EI源)、质量分析器(四极杆滤质器)、检测器(电子倍增器)和真空系统。接口部分为毛细管连接,气相色谱和接口部件起到了一般质谱仪的进样系统的作用,而质谱仪在这里作为气相色谱的检测器。图4.8为气质联用仪示意图,图4.9为7890A/5975C MSD气质联用仪的实物图(未包含气体源)。

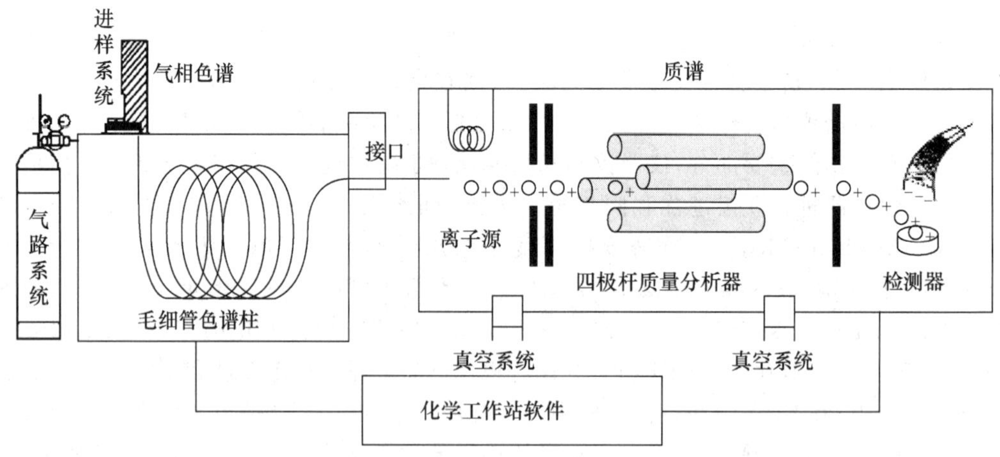

图4.8 气相色谱-质谱联用仪示意图

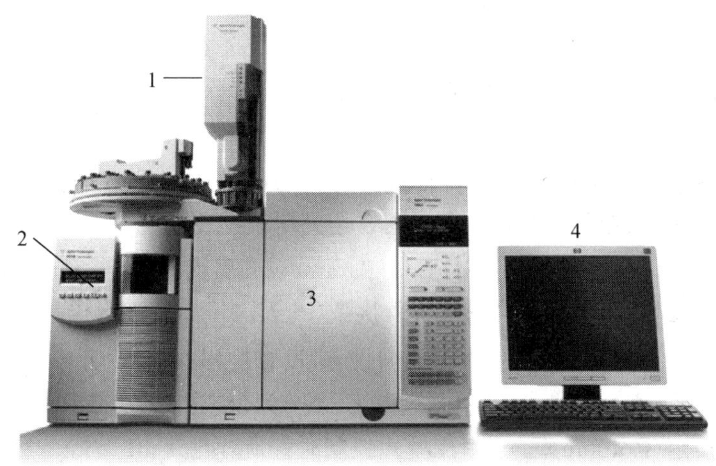

图 4.9 7890A/5975C MSD 的实物图

1. 自动进样器;2. 质谱;3. 气相色谱;4. 化学工作站

2. 样品的准备

GC-MS 联用仪对所使用的样品有比较严格的要求,通常样品应先在气相色谱仪上确定其色谱分离条件。另外,样品浓度过高,可能会引起离子抑制或者信号太强而得不到理想的谱图,还可能对仪器造成不良影响。如果样品浓度太高,可以在进样前将样品适当稀释。浓度稍高的样品,可以通过改变分流比的方式减少进入仪器的样品量。理想的样品溶液浓度大约是 1 ng/μL,此时进样 1 μL 即可以满足检测的需要。

3. 仪器的开机、调谐和校正

(1) 打开载气钢瓶(He)控制阀,设置分压阀压力至 0.5MPa。

(2) 打开计算机。

(3) 打开 7890GC、5975 MSD 的电源。

(4) 双击桌面上 MS5975C 图标进入 MSD 化学工作站。

(5) 在 Instrument Control 菜单中,单击 View,选择 Tune and Vaccum Control 进入调谐与真空控制界面,涡轮泵转速(Turbo Pump Speed)应很快达到 100%。

(6) 调谐应在仪器开机至少 2 个小时后方可进行(注:质谱仪通常情况下始终处于开机状态,因此初次开机调谐完毕后,只需定期做调谐。仪器的质量准确度主要通过定期的校正来保证)。

4. 实验方法建立和数据采集

(1) 检查 GC 的设置:

从 Instrument 菜单中选择 GC Edit Configuration。在 Miscellaneous 列表中,选择压力单位为 psi.;设置最大炉温。ALS(自动进样器)列表中注明注射器体积为 10 μL,溶剂清洗模式选择 A,B。在 Columns 列表中可根据实验需要选择合适的气相色谱柱。

(2) 编辑实验方法:

在 Method 菜单中 Edit Entire Method,选择要编辑的内容,如:Method Information 和 Instrument/Acquisition 等;确认选择 Data Acquisition。

- 气相色谱参数设定

在 Inlet and Injection Parameters 界面选择 GC ALS 进样以及 MS 检测器(注:在实验过程中改变温度参数时,仪器需要等待一段时间以达到所设温度)。

进样器参数设置(Injector):GC Edit Parameters 界面,进样体积为 1 μL。在最大量程下利用溶剂清洗进样针,选择进样前后洗针次数(约五次),然后进行样品洗针和排气泡。

进样口参数设置(Inlets):SSL-front 列表下,设置进样口温度(此温度需保证样品瞬间气化),隔垫吹扫流速为 3 mL · min^{-1},可采用分流/不分流模式[常用分流比为(20~200):1]。

色谱柱参数设定(Column):恒流模式控制时柱流速为 1 mL · min^{-1}。

柱温箱参数设定(Oven):注意 Oven Temp ON,平衡时间为 1 min,后运行时间为 2 min,在此时间内炉温升高至后运行温度,以进一步除去可能残留在色谱柱中的杂质,保护色谱柱。后运行温度应高于样品分析温度,低于色谱柱最高使用温度。

传输线参数设定(Aux):传输线即气质联用仪的接口,温度设定为 250 ℃。

点击 OK 完成色谱参数设定。

- 全扫描(scan)模式参数设定

完成上述操作后进入 MS Tune File,选择 atune. u 作为调谐文件。在 MS SIM/Scan Parameters 中设定 Solvent delay 参数,在 Acquisition Mode 中选择全扫描模式;在样品分析过程中会实时显示总离子流色谱图(total ion chromatography,TIC)和质谱图两个监测窗口。在 Edit Scan Params 中根据被分析物的相对分子质量设定扫描范围。Threshold 阈值设定为 150,Sampling rate 为 2。确认后将方法保存,路径为 C:\MSDCHEM\1\METHODS\,方法名称为 GCMS_scan. m,覆盖原有的同名方法即可。

- SIM(选择离子监控)模式参数设定

本部分实验在全扫描数据的基础上进行。

首先调用全扫描的实验数据(见下文),积分后记录样品中每个化合物的保留时间;取每个化合物的平均谱,并记录具有特征且丰度高的离子的准确质量(精确至±0.2 amu)。

在 Method 菜单下调用全扫描模式的实验方法,保持其他参数不变,在 MSSIM/Scan Parameters 中Acquisition Mode 下选择 SIM 模式,并进一步进行 SIM 参数设定。对于每个化合物,需填写 Group ID、Scan 模式中记录的保留时间和特征离子,确认后将方法保存,路径为 C:\MSDCHEM\1\METHODS\,方法名称为 GCMS_SIM. m,覆盖原有的同名方法即可。

5. 进样和数据采集

将样品瓶放置在自动进样器样品盘上,记录所处位置。在 Instrument Control 界面点击样品瓶,在采集面板中输入 Operator Name,记录 Data Path: C:\MSDCHEM\1\DATA\

GCMS,输入并记录数据文件名(如:月日_组号码_小组号码.d)。其中 Vial number 为自动进样器样品盘上不同位置的号码。

选择 Data Acquisition,点击 OK and Run Method 退出此面板开始采集数据。注意:当采集面板提示"Override solvent delay"时,点击 NO。

6. 定性数据分析

运行结束后,单击桌面上 MS5975C Data Analysis 图标。在 File 菜单,选择 Load Data File…,单击数据采集中设定的文件名,点击 OK。

(1) 色谱图:用鼠标左键选中某一区域拖拽,就可以放大这一区域,双击左键即可恢复;鼠标移至某个色谱峰旁,同时击左右键可显示注释窗口,可输入注释的文字。

(2) 质谱图:用鼠标将一个色谱峰放大,在峰顶部位双击鼠标的右键,即可得到相应的质谱图。按住鼠标的右键在色谱峰半峰宽处从左至右拖拽即可获得若干张质谱图的平均谱,并显示在窗口 1 中。

(3) 本底扣除:利用上述方法用鼠标在样品的某一色谱峰顶部得到一张平均质谱图。用鼠标在同一色谱峰的起点前基线处得到一张平均质谱图,选择 Spectrum/Subtract 进行本底扣除。注意:先取质谱图后取背景谱图!

(4) 积分:选择 Chromatogram/Integrate,为仪器缺省参数,此时小峰可能未被积分。

选择 Chromatogram/MS Signal Integration Parameters…,显示化学工作站积分器的缺省值。选择 Initial Threshold 并在其值框中输入 15,单击 Enter 把新的值输入时间事件表中,单击 Save 用这些新输入的值建立一个积分事件,单击 OK 保存设置在 GCMS.E,单击 OK 退出 Save Events。再击 OK 退出 Edit Integration Events 面板。最后,选择 Chromatogram/Integrate,此时小峰都被积分了。

(5) 谱库检索:如前所述调用数据文件,选择其中的一个色谱峰,在其峰顶选择质谱图,如有必要可以先放大色谱图便于选择。

选择 Spectrum/PBM quick search 后,自动检索结果出现 Search Results 界面,检索结果可以给出化合物的组成和匹配度的信息。在此界面中点击 Difference 后会自动显示质谱图与标准谱图库中的标准谱图的差异。同时也可手动选择谱图库进行检索,NIST05.l 为美国标准局谱图库。

对于每一个被积分的峰可以通过 Chromatogram/Annotate Chromatogram with PBM results 将 PBM 检索的第一个匹配结果连同匹配度标注在峰上。

7. 定量数据分析

本部分实验可采用总离子流色谱图或提取离子色谱图(extracted ion chromatogram, EIC)进行定量分析。

最后打印结果。实验结束后,退出色谱工作站。

4.4.3 实验部分

实验4.8 气相色谱-质谱联用法测定环境中的多环芳烃

【目的】

掌握气相色谱-质谱联用分析的基本原理;了解7890A/5975C MSD气质联用仪的简单操作和实验优化方法;学习利用气质联用仪对多环芳烃混合物进行定性分析的方法。

【原理】

多环芳烃(polycyclic aromatic hydrocarbons,PAHs)是指一类由两个以上苯环以稠环形式相连的化合物,是有机化合物不完全燃烧和地球化学过程中产生的挥发性物质,迄今已发现几百种。PAHs是一类致癌物质,因而对环境中的多环芳烃的监控和检测显得至关重要。

气质联用法以其在分离和定性方面的优势成为环境中PAHs的重要检测方法。本实验利用7890A/5975C MSD气质联用仪对环境中的多环芳烃混合物进行定性分析。

仪器原理见气质联用仪器部分。

【试剂及仪器】

混合标准样品Ⅰ:萘(M_r=128.2),苊烯(152.2),苊(154.2),芴(166.2),菲(178.2),蒽(178.2),荧蒽(202.3),芘(202.3),苯并[a]蒽(228.3),屈(228.3),苯并[b]荧蒽(252.3),苯并[k]荧蒽(252.3),苯并[a]芘(252.3),茚并[1,2,3-cd]芘(276.3),苯并[ghi]苝(276.3),二苯并[a,h]蒽(278.4)。

样品Ⅱ:环境中萃取的实际样品。

7890A/5975C MSD气相色谱-质谱联用仪(带自动进样器)。

毛细管气相色谱柱:30 m * 250 μm * 0.25 μm,HP-5MS或同类色谱柱。

【实验内容】

(1) 将装有混合物样品的样品瓶放入自动进样器的样品盘中,记录所放位置。

(2) 设置仪器各部分的参数,选择数据全扫描模式;保存设置的GC-MS实验方法。注意:记录保存路径、文件名称及后缀。

(3) 在Instrument Control窗口输入相关的实验信息,点击OK and run method,系统自动运行,并适时显示总离子流色谱图和质谱图。

(4) 按实验数据分析中所述的方法,可以得到各化合物的质谱图。依据所得到的分子离子峰利用标准谱图库检索的方法,对混合物样品的组分进行定性分析。

(5) 选择其中的一种化合物，按照参数设置中所述方法进行选择离子扫描模式的检测。

(6) 取样品Ⅱ，按照前述的方法进样 1 μL，利用全扫描模式进行分析，并对其中所含的多环芳烃类化合物进行定性分析。

思 考 题

1. 气相色谱-质谱联用仪有哪些主要部件？它们的作用是什么？说明电子轰击电离源的工作原理和优缺点。

2. 在设定气质联用仪的工作参数时，如何避免记录很大的溶剂峰，并同时起到保护离子源内灯丝的作用？

3. 如果气相色谱不能完全分离两个化合物，可以用气相色谱-质谱联用仪对它们进行定性吗？为什么？

4. 环境中多环芳烃类化合物有哪些常用提取和检测方法？多环芳烃类化合物的 EI 质谱图有什么特点？

实验 4.9 气质谱联用法分析奶粉中的三聚氰胺[①]

【实验目的】

了解气质联用仪器的操作方法；学习三聚氰胺的提取和衍生化方法；了解气质联用方法用于三聚氰胺的定性及定量分析；掌握外标法定量的方法。

【原理】

将奶粉中的三聚氰胺样品利用超声提取和固相萃取纯化后，进行硅烷化衍生，所得的衍生化产物利用气质联用仪进行分析。主要采用全扫描以及选择离子监测模式(SIM)，利用化合物的保留时间或质谱信息进行定性，利用外标法进行定量。

【试剂及仪器】

以下试剂如无特殊说明，均为分析纯。

吡啶(优级纯)，乙酸铅，环己烷，甲醇。

衍生化试剂：N,O-双三甲基硅基三氟乙酰胺(BSTFA)/三甲基氯硅烷(TMCS)(99/1)，色谱纯。

三聚氰胺：CAS 108-78-01，纯度大于 99.0%。

三氯乙酸溶液(1%)：准确称取 10 g 三氯乙酸于 1 L 容量瓶中，用水溶解并定容至刻度，

---

① 参考：中华人民共和国国家标准 GB/T 22388—2008。

混匀。

阳离子交换固相萃取柱：混合型阳离子交换固相萃取柱，基质为苯磺酸化的聚苯乙烯-二乙烯基苯高聚物，60 mg，3 mL。使用前依次用 3 mL 甲醇、5 mL 水活化。

气相色谱-质谱联用仪，离心机(转速不低于 4000 r/min)，超声波水浴，固相萃取装置，氮气吹干仪，涡旋混合器和 50 mL 具塞塑料离心管。

色谱柱：30 m×250 μm×0.25 μm HP-5MS 或同类色谱柱。

【实验内容】

(1) 溶液的准备。乙酸铅溶液(22 g·L^{-1})：取 22 g 乙酸铅用约 300 mL 水溶解后定容至 1 L；三聚氰胺标准溶液：配制浓度为 10 μg·mL^{-1} 的三聚氰胺标准溶液，于 4 ℃避光保存。准确吸取上述溶液 0.8，4，8，16 mL 于 4 个 100 mL 容量瓶中，用甲醇稀释至刻度。各取 1 mL 用氮气吹干，配制成衍生产物浓度分别为 0.1，0.5，1，2 μg·mL^{-1} 的标准溶液。

(2) 取上述氮气吹干残留物，加入 600 μL 的吡啶和 200 μL 衍生化试剂，混匀，70 ℃反应 30 min。

(3) 利用气质联用仪对衍生化的样品进行分析，记录保留时间和特征质谱碎片离子，选择一个碎片离子作为定量离子，以标准工作溶液浓度为横坐标，定量离子质量色谱峰面积为纵坐标，绘制标准工作曲线。

(4) 称取 5 g(精确至 0.01 g)样品于 50 mL 具塞比色管中，加入 25 mL 三氯乙酸溶液，涡旋振荡 30 s，再加入 15 mL 三氯乙酸溶液，超声提取 15 min，加入 2 mL 乙酸铅溶液，用三氯乙酸溶液定容至刻度。充分混匀后，转移上层提取液约 30 mL 至 50 mL 离心试管，以不低于 4000 r/min 转速离心 10 min。

(5) 准确移取 5 mL 实验内容(4)中的上清液至固相萃取柱，分别用 3 mL 水、3 mL 甲醇淋洗，弃淋洗液，抽近干后用 3 mL 氨化甲醇溶液洗脱，收集洗脱液，50℃下氮气吹干。

(6) 取上述氮气吹干残留物，加入 600 μL 的吡啶和 200 μL 衍生化试剂，混匀，70 ℃反应 30 min。

(7) 利用气质联用仪进行分析，重复进样三次，根据外标法计算奶粉中三聚氰胺的含量。

思 考 题

1. 三聚氰胺有哪些常用分析方法？其优缺点是什么？
2. 在 GC-MS 实验中，什么情况下需要先对样品作衍生化处理再利用 GC-MS 分析？为什么？
3. 实验过程中采用哪些操作可以提高三聚氰胺的提取效率？

5 波谱分析

5.1 紫外-可见分光光度法

分子中的电子总是处在某一种运动状态之中，而每一种状态都具有一定的能量，属于一定的能级。电子吸收了光、热、电等外来辐射的能量而被激发，从一个能量较低的能级转移到一个能量较高的能级，称为跃迁。物质对不同波长的光线具有不同的吸收能力，物质也只能选择性地吸收那些能量相当于该分子振动能变化 ΔE_v、转动能变化 ΔE_r 以及电子运动能量变化 ΔE_e 的总和 ΔE 的辐射。由于各种物质分子内部结构的不同，分子的各种能级之间的间隔也互不相同，这样就决定了物质对不同波长光线的选择性吸收。

各种型号的紫外-可见分光光度计，就其基本结构而言，均由五个部分组成，即光源、单色器、吸收池、检测器和信号指示系统。紫外-可见分光光度计主要可归纳为五种类型：单光束分光光度计、双光束分光光度计、双波长分光光度计、多通道分光光度计和探头式分光光度计。这里仅介绍前两种类型。

5.1.1 原理、仪器结构与操作

1. 单光束分光光度计

以卤钨灯为光源的可见分光光度计，一般都是手动调节波长，其构造比较简单，没有自动波长扫描与记录装置，适用于可见光区的定量分析。本书只介绍 722 型光栅分光光度计。

722 型光栅分光光度计是以碘钨灯为光源，衍射光栅（1200 条 · mm^{-1}）为色散元件，端窗式光电管为光电转换器的单光束、数显式可见光分光光度计。波长范围为 325～1000 nm，波长精度为±2 nm，波长重复性为±1 nm，吸光度的显示范围为 0～2.5，透射比的准确度为±1%，透射比的精密度为±0.3%，吸收池架可同时置四个吸收池。仪器的光学系统如图 5.1 所示。

碘钨灯发出的连续光经滤光片选择、聚光镜聚集后投向单色仪的进光狭缝，此狭缝正好处于聚光镜及单色器内准直镜的焦平面上。因此，进入单色器的复合光通过平面反射镜反射到准直镜变成平行光射向光栅，通过光栅的衍射作用形成按一定顺序排列的连续单色光谱。此单色光谱重新回到准直镜上，由于单色器的出光狭缝设置在准直镜的焦平面上，因此，从光栅色散出来的光谱经准直镜后利用聚光原理成像在出光狭缝上，出光狭缝选出指定带宽的单色光通过聚光镜射在被测溶液中心，其透过光经光门射向光电管的阴极面。

波长刻度盘下面的转动轴与光栅上的扇形齿轮相吻合,通过转动波长刻度盘而带动光栅转动,以改变光源出射狭缝的波长。

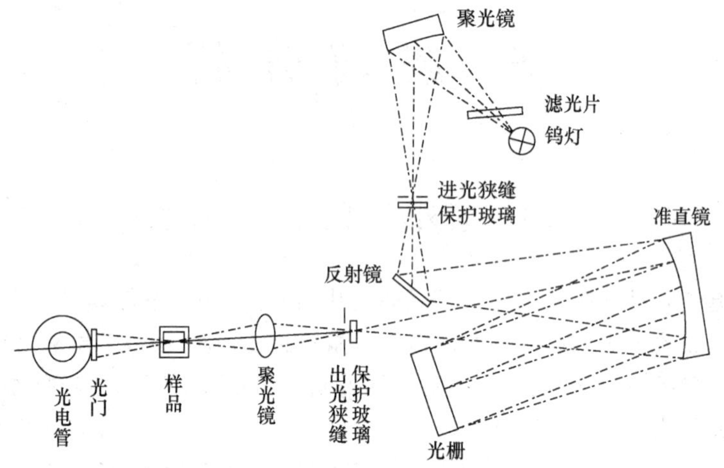

图 5.1 722 型光栅分光光度计的光学系统

722 型光栅分光光度计的外形如图 5.2 所示。

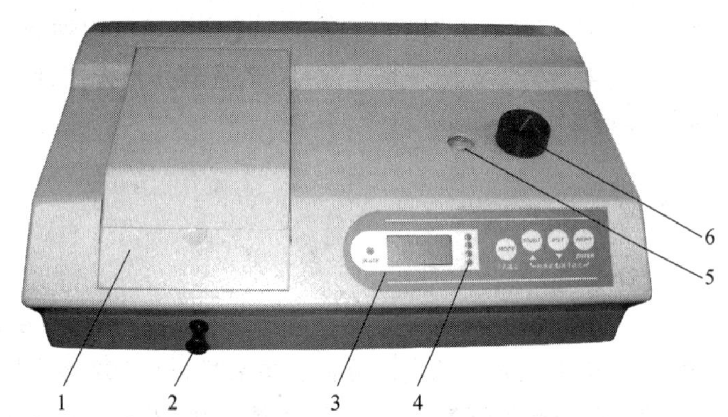

图 5.2 722 型光栅分光光度计外形

1. 样品室;2. 吸收池架拉杆;3. 显示器和操作面板; 4. 测试方式显示灯;5. 波长显示;6. 波长设置

操作步骤如下:

(1) 样品测试前的准备:

取下防尘罩,打开电源开关,预热仪器 20 min;

用"波长设置"按钮,设置分析波长;

打开样品室盖,将黑色挡光体插入吸收池架,将其推入或拉入光路,并盖好样品室盖,按方式设定键"MODE"选择透射比方式,按"0%T"键调透射比为零;

取出挡光体,盖好样品室盖,按"100%T"调 100%透射比。

(2) 测定样品的吸光度：

按“MODE”键选择吸光度方式；

打开样品室盖，将盛有参比溶液和样品溶液的吸收池依次放入吸收池中，盖上样品室盖；

将参比溶液推入光路中，按“100%T”调吸光度为零；

将被测溶液推入或拉入光路中，此时，显示器上显示样品的吸光度；

仪器使用完毕，关闭电源(短时间不用，不必关闭电源)，洗净吸收池并放回原处，盖好仪器防尘罩。

2. 双光束分光光度计

以卤钨灯和氢灯/氘灯为光源的紫外-可见分光光度计，大多都有自动波长扫描、自动切换光源、自动记录吸收曲线、屏幕显示、数据处理、打印输出等功能。这类仪器均由微处理器控制，自动化程度很高，其价格比可见光分光光度计高十倍乃至数十倍，主要用于定性/定量分析、结构分析、分析方法研究等。国内外不同档次的紫外-可见分光光度计产品型号很多，这里仅介绍 Cary 1E 型。

Cary 1E 型紫外-可见分光光度计是以碘钨灯和氘灯为光源。波长范围为 190～900 nm，波长精度为±0.2 nm，谱带宽度为 0.2～4.0 nm，最大扫描速度为 3000 nm · min^{-1}。

Cary 1E 型紫外-可见分光光度计光路图如图 5.3 所示。在单色器和样品池之间安装了一个斩波器，使单色器射出的单色光转变为交替的两束光，分别通过参比池和样品池，然后在样品池与检测器之间的斩波器控制下，两束透射光交替聚焦到同一检测器上，检测器输出信号的大小取决于两束光的强度之差。

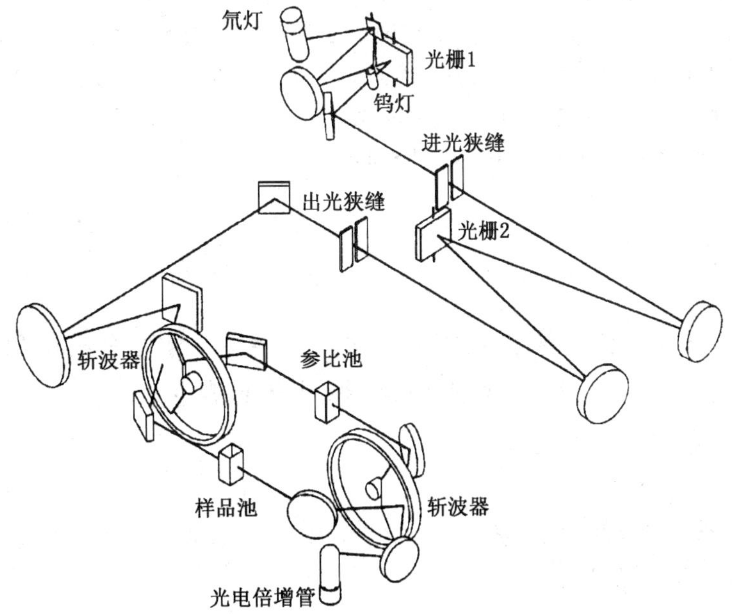

图 5.3 Cary 1E 型紫外-可见分光光度计光路图

操作步骤如下：

(1) 样品测试前的准备：

打开主机、计算机、打印机；

双击 Cary WinUV 图标，双击 Scan 图标；

点 Setup 键，设置实验参数：设定横坐标单位及扫描波长范围(仪器自动选择钨灯或氘灯光源)，设定纵坐标模式及量程范围、狭缝宽度、图谱显示方式等。

(2) 测定样品的吸光度：将样品池及参比池分别插入吸收池架中，点 Start 键，输入样品名，点 OK，完成仪器采集数据。

(3) 处理图谱：选择需要的吸收曲线，标明相关数据，并打印图谱。

3. 吸收池

吸收池亦称比色皿、液槽等。可见光和紫外光分光光度分析中所用的吸收池均是两面由透明材料制成(可见光度分析采用光学玻璃，紫外光度分析则采用石英材料)，另两面由毛玻璃制成的方形容器。石英吸收池一般都带有盖子，以防止溶剂挥发，分子荧光光度分析中用的吸收池四面均由石英材料制成。吸收池的厚度(指内径)有 0.5，1.0，2.0，3.0 cm 等规格，其中最常用的是 1.0 cm 的吸收池。

吸收池中经常盛有色溶液和有机化合物，洗涤吸收池时应先用盐酸-乙醇洗涤液(1+2)浸泡，再用水清洗。要特别注意测定完毕尽快用水洗净，否则，一旦着色就较难彻底洗净。**注意：不可用铬酸洗液清洗吸收池。**

在一般的实验中，所用的几个吸收池之间固有的吸光度之差应不大于 0.005。吸收池在使用中要注意保护透明光面，避免擦伤或被硬物划伤，操作时要手触毛玻璃面。装溶液不要太满，以防溶液溢出腐蚀光度计，一般装溶液至 3/4 容积即可，然后先用滤纸轻轻沾去外面的溶液，再用镜头纸(折叠为四层使用，切勿揉成团)擦至透明，即可放入吸收池架进行测量。石英吸收池价格较高，使用时要特别小心，以防损坏。

5.1.2　实验部分

实验 5.1　邻二氮菲分光光度法测定铁——实验条件的研究及工业碳酸锂中微量铁的测定

【目的】

学习测定微量铁的通用方法；掌握分光光度法分析的基本操作及数据处理方法；初步了解分光光度法分析实验条件研究的一般做法。

【原理】

应用分光光度法进行定量分析时,通常要经过称样、溶解、显色及测量等步骤。显色反应受多种因素的影响,因此认真细致地研究显色反应的条件十分重要。

一般选择络合物的最大吸收波长为工作波长。控制溶液酸度是显色反应的重要因素。因为多数显色剂是有机弱酸或弱碱,溶液的酸度会直接影响显色剂的离解程度,从而影响显色反应的完全程度及络合物的组成。另一方面,酸度大小也影响着金属离子的存在状态,因此也影响了显色反应的程度。应当确定显色剂加入量的合适范围。不同显色反应的络合物达到稳定所需要的时间不同,且达到稳定后能维持多久也大不相同。大多数显色反应在室温下就能很快完成,但有些反应必须加热才能较快进行。此外,加入试剂的顺序、离子的氧化态、干扰物质的影响等,均需一一加以研究,以便拟定合适的分析方案,使测定既准确,又迅速。本实验通过对铁(Ⅱ)-邻二氮菲显色反应的条件实验,初步了解如何拟定一个分光光度法分析实验的测定条件。

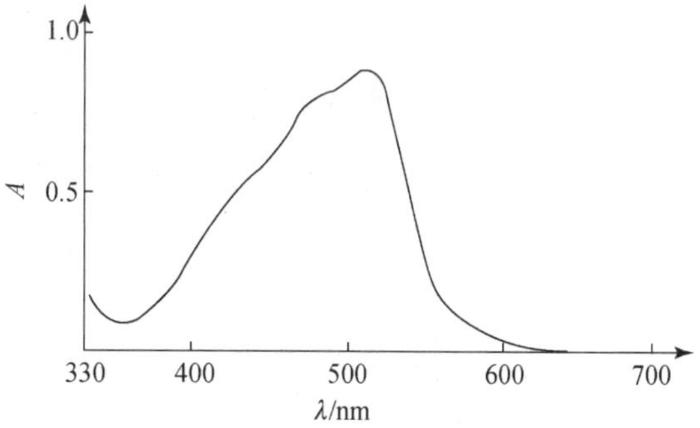

图 5.4　Fe^{2+}-邻二氮菲的吸收曲线

邻二氮菲是测定微量铁的高灵敏性、高选择性试剂之一,邻二氮菲分光光度法是化工产品中微量铁测定的通用方法。在 pH 2～9 的溶液中,Fe^{2+}和邻二氮菲生成 1∶3 橘红色络合物,$\lg\beta_3 = 21.3$ (20℃),$\varepsilon_{508} = 1.1\times10^4\ L\cdot mol^{-1}\cdot cm^{-1}$,其吸收曲线如图 5.4 所示;$Fe^{3+}$与邻二氮菲亦生成 1∶3 络合物,呈淡蓝色,$\lg\beta_3 = 14.1$。因此,在显色前需用盐酸羟胺或抗坏血酸将全部的 Fe^{3+} 还原为 Fe^{2+}。

$$2Fe^{3+} + 2NH_2OH = 2Fe^{2+} + N_2\uparrow + 2H_2O + 2H^+$$

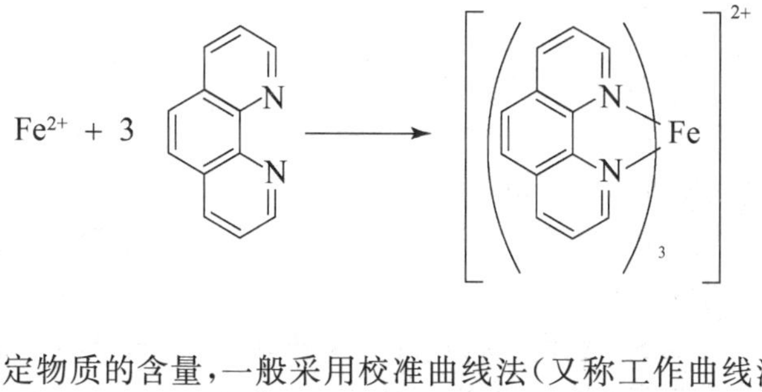

用分光光度法测定物质的含量,一般采用校准曲线法(又称工作曲线法),即配制一系列浓度由小到大的标准溶液,在选定条件下依次测量各标准溶液的吸光度 A,在被测物质的一定浓度范围内,溶液的吸光度与其浓度呈线性关系(邻二氮菲测 Fe^{2+},浓度在 0～5.0 $\mu g\cdot mL^{-1}$范围内

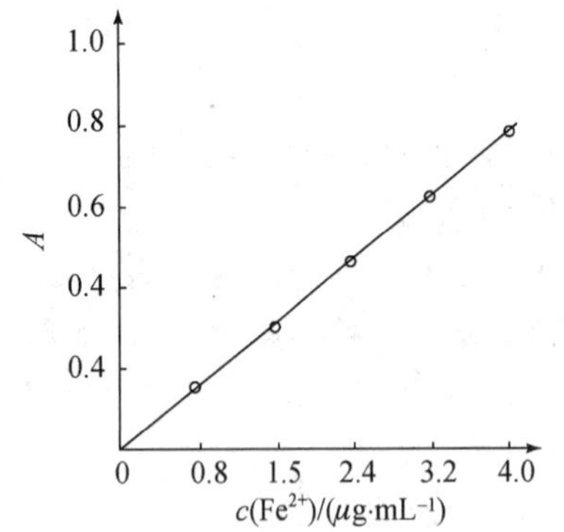

图 5.5 邻二氮菲光度法测定 Fe^{2+} 的校准曲线

呈线性关系)。以溶液的浓度为横坐标,相应的吸光度为纵坐标,在坐标纸上绘制校准曲线,见图5.5。

测绘校准曲线一般要配制3～5个浓度递增的标准溶液,测出的吸光度至少要有三个点在一条直线上。作图时,坐标选择要合适,使直线的斜率约等于1,坐标的分度值要等距标示,应使测量数据的有效数字位数与坐标纸的读数精度相符合。

测定未知样时,操作条件应与测绘校准曲线时相同。根据测得的吸光度从校准曲线上查出相应的浓度,就可计算出试样中被测物质的含量。通常应以试剂空白溶液为参比溶液,调节仪器的吸光度零点。

【试剂及仪器】

1.0 mol·L^{-1}乙酸钠(CH_3COONa)溶液,2.0 mol·L^{-1} HCl 溶液,0.10 mol·L^{-1}柠檬酸($H_3C_6H_5O_7 \cdot H_2O$)溶液,0.200 mol·L^{-1} NaOH 溶液。

40.0 μg·mL^{-1}标准铁溶液:用洁净干燥的100 mL 烧杯准确称取3.454 g 硫酸铁铵[$NH_4Fe(SO_4)_2 \cdot 12H_2O$],加入30 mL 浓盐酸及30 mL 水,溶解后定量转移到1 L 容量瓶中,再加300 mL 浓盐酸,用水稀释至标线,摇匀,此为储备液。临用前,移取100.0 mL 储备液至1 L 容量瓶中,用水稀释至标线,摇匀。

5.0%盐酸羟胺($NH_2OH \cdot HCl$) 溶液:两周内有效。

0.20%邻二氮菲溶液:温水溶解,避光保存,两周内有效,出现红色时即不能使用。

九支25 mL 比色管,一支5 mL 吸量管,一支2 mL 移液管,三支25 mL 酸式滴定管,两支50 mL 碱式滴定管,722 型分光光度计(配两只1.0 cm 吸收池),pH 计(见6.1.2 小节),电热恒温水浴。

【实验内容】

(1) 测绘吸收曲线:移取2.00 mL 标准铁溶液注入比色管中,加入1.0 mL 盐酸羟胺溶液,混匀后放置2 min。加1.0 mL 邻二氮菲溶液和2.0 mL 乙酸钠溶液,加水至25 mL 标线,摇匀。以水为参比,在不同波长下测量相应的吸光度(从440 nm 到560 nm,间隔10 nm 测量一次吸光度,其中在500～520 nm 之内,间隔5 nm 测量一次)。然后在坐标纸上以波长为横坐标、吸光度为纵坐标绘出吸收曲线,并确定适宜的工作波长。

此步实验亦可不单独配制溶液,而选用实验内容(3),(4)或(5)中的某一份合适的溶液进行测定。

(2) 有色(络合物)溶液的稳定性：移取 2.00 mL 标准铁溶液注入比色管中，加入 1.0 mL 盐酸羟胺溶液，混匀后放置 2 min。加入 1.0 mL 邻二氮菲溶液和 2.0 mL 乙酸钠溶液，加水至 25 mL 标线，摇匀。以水为参比，在选定的工作波长下，间隔一段时间测量一次吸光度。放置时间：5 min，20 min，30 min，1 h，2 h，3 h，4 h。

在坐标纸上，以放置时间为横坐标、吸光度为纵坐标，绘出 A-t 曲线，并确定反应时间。

(3) 显色剂用量的影响：在六支比色管中各加入 2.00 mL 标准铁溶液和 1.0 mL 盐酸羟胺溶液，混匀后放置 2 min。分别加入 0.20，0.40，0.80，1.00，1.50，2.00 mL 邻二氮菲溶液，再各加入 2.0 mL 乙酸钠溶液，用水稀释至 25 mL 标线，摇匀。以水为参比，在选定的波长下测量各溶液的吸光度。

在坐标纸上，以邻二氮菲溶液的体积为横坐标、相应的吸光度为纵坐标，绘出 A-V_R(试剂用量)曲线，并确定邻二氮菲溶液的适宜用量。

(4) 溶液 pH 的影响：在九支比色管中各加入 2.00 mL 标准铁溶液和 1.0 mL 盐酸羟胺溶液，混匀后放置 2 min。各加 1.0 mL 邻二氮菲溶液和 4.0 mL 柠檬酸溶液，再分别加入 0，3.0，4.0，4.5，8.0，13.0，13.5，14.0，15.0 mL NaOH 溶液，用水稀释至标线，混匀，在 70℃水浴中加热 15～20 min。冷却至室温后，以水为参比，在选定的波长下测量各溶液的吸光度(测定吸光度后将吸收池中的溶液再倒回原比色管中)，最后用 pH 计测量各溶液的 pH。

在坐标纸上，以溶液的 pH 为横坐标、相应的吸光度为纵坐标，绘制 A-pH 曲线，并确定适宜的 pH 范围。

(5) 校准曲线的制作：在六支比色管中分别加入 0，0.50，1.00，1.50，2.00，2.50 mL 标准铁溶液，各加入 1.0 mL 盐酸羟胺溶液，混匀后放置 2 min。各加 1.0 mL 邻二氮菲溶液和 2.0 mL 乙酸钠溶液，加水稀释至标线，混匀。以试剂空白为参比，在选定的工作波长下测量各溶液的吸光度。

在坐标纸上，以铁的浓度[$\mu g \cdot mL^{-1}$ 或 $\mu g \cdot (25\ mL)^{-1}$]为横坐标、相应的吸光度为纵坐标，绘制校准曲线。

(6) 工业碳酸锂(Li_2CO_3)试样中铁含量的测定：称取试样(预先于 250℃干燥 2 h) 0.1～0.15 g 两份，称准至 0.001 g，分别置于 100 mL 烧杯中。加几滴水润湿，盖上表面皿，从杯嘴处滴加 4.0 mL HCl 溶液，使试样完全溶解。在另一只 100 mL 烧杯中加入 4.0 mL HCl 溶液，做试剂空白试验。将三只烧杯都放在石棉网上，缓缓加热蒸发至干。稍冷后将表面皿下面挂着的液滴沿杯壁靠下去，表面皿不要盖严再继续加热至干(表皿下面及杯壁上均应看不到液体)，稍冷后加入八滴 HCl 溶液，用少量水冲洗表面皿及烧杯内壁，使固体完全溶解。分别将试液转移到比色管中，用少量水涮洗烧杯两次，注意此时比色管中的液体不可超过 20 mL。各加入 1.0 mL 盐酸羟胺溶液，混匀后放置 2 min。再各加入 1.0 mL 邻二氮菲溶液和 3.0 mL 乙酸钠溶液，用水稀释至标线，摇匀。以试剂空白溶液为参比，在选定的工作波长下测定试液的吸光度，并利用校准曲线计算工业碳酸锂试样中铁的质量分数(%)。

【说明】

(1) 做完条件研究实验，应给出结论。

(2) 试样分解并蒸干后，加水溶解和转移时，用水量要尽可能少，以免再加其他试剂时液面超过标线！

思 考 题

1. 在测绘校准曲线和测定试样时，均以试剂空白溶液为参比。为什么在前面的四个条件实验中，可以用水作参比？

2. 称取试样时，为什么只要求称准至 0.001 g？

3. 试样溶解后要将试液蒸干，后来为什么又加入八滴 HCl 溶液？

4. 加入各种试剂的顺序是否有影响？为什么？

5. 实验结果应保留几位有效数字？

6. 根据自己的实验数据，计算所用工作波长下的摩尔吸光系数。

实验 5.2 分光光度法测定水中的氨态氮和亚硝酸态氮

【目的】

学习测定水样中氨态氮和亚硝酸态氮的方法。

【原理】

水中氨(及铵)态氮和亚硝酸态氮的测定是环境监测、海洋调查、水产养殖等方面的例行分析项目，目前一般采用分光光度法。本实验用磺胺、萘乙二胺试剂测定亚硝酸态氮。在 pH≈2 的溶液中，亚硝酸根与磺胺反应生成重氮化物，再与萘乙二胺反应生成偶氮染料，呈紫红色，最大吸收波长为 543 nm，其摩尔吸光系数约为 $5\times10^4\ L\cdot mol^{-1}\cdot cm^{-1}$。亚硝酸态氮的浓度在 $0\sim0.2\ \mu g\cdot mL^{-1}$ 范围内符合朗伯-比尔定律。

在碱性溶液中以次溴酸盐将氨氧化为亚硝酸盐，然后再用上述方法进行氨态氮的测定。如果水样中含有亚硝酸根，这时测得的是氨态氮和亚硝酸态氮的总量。从总量中减去亚硝酸态氮的含量，即可求得氨态氮的含量。用此法测定氨态氮，其摩尔吸光系数约为 $4\times10^4\ L\cdot mol^{-1}\cdot cm^{-1}$，氨态氮浓度在 $0\sim0.1\ \mu g\cdot mL^{-1}$ 范围内符合朗伯-比尔定律。

用溴酸钾和溴化钾制备次溴酸盐的反应：

$$BrO_3^- + 5Br^- + 6H^+ = 3Br_2 + 3H_2O$$

$$Br_2 + 2OH^- = BrO^- + Br^- + H_2O$$

在碱性溶液中次溴酸盐与氨的反应：

$$3BrO^- + NH_3 + OH^- = NO_2^- + 3Br^- + 2H_2O$$

磺胺与亚硝酸的反应：

O_2S-NH_2 对位 $NH_2 \cdot HCl$（苯环） $+ HNO_2 \longrightarrow$ SO_2-NH_2 对位 $N \equiv N \cdot Cl$（苯环） $+ 2H_2O$

生成偶氮染料的反应：

SO_2-NH_2 对位 $N \equiv N \cdot Cl$（苯环） + $H_2C-CH_2-NH_2 \cdot HCl$ / NH（萘环） $\longrightarrow$ H_2N-O_2S—（苯环）—$N=N$—（萘环）/ NH / $H_2C-CH_2-NH_2 \cdot HCl$ $+ HCl$

【试剂及仪器】

制备无氨的水：取新制备的去离子水置于细口瓶中，加入少量强酸性阳离子交换树脂($10\,mg \cdot mL^{-1}$)，摇动，待树脂下降后装上虹吸管。

用无氨的水配制 1+1 HCl 溶液；用无氨的水配制 $10\,mol \cdot L^{-1}$ NaOH 溶液，并安装碱石灰管。

1.0%磺胺溶液：称取 10 g 磺胺，溶于 1 L 1.0 $mol \cdot L^{-1}$ HCl 溶液中，转入棕色细口瓶中存放。

0.20%萘乙二胺盐酸盐溶液：称取 2.0 g N-1-萘乙二胺盐酸盐，溶于 1 L 水中，转入棕色细口瓶中存放，4℃下冷藏可稳定一个月。

$KBr-KBrO_3$ 溶液：称取 1.4 g $KBrO_3$ 和 10 g KBr，溶于 500 mL 无氨的水中，转入棕色细口瓶中保存，4℃下冷藏可稳定六个月。

次溴酸盐溶液：量取 20 mL $KBr-KBrO_3$ 溶液置于棕色细口瓶中，加入 450 mL 无氨的水和 30 mL HCl 溶液(1+1)，立即盖好瓶塞，摇匀，放置 5 min，再加入 500 mL 10 $mol \cdot L^{-1}$ NaOH 溶液，放置 30 min 后即可使用，此溶液 10 h 内有效。

氨态氮标准溶液：① 0.200 $mg \cdot mL^{-1}$ 储备液：称取 0.382 g NH_4Cl (已在 105℃干燥 2 h)，用无氨的水溶解后定容于 500 mL 容量瓶中；② 0.500 $\mu g \cdot mL^{-1}$ 工作液：量取 5.00 mL 储备液于 2 L 容量瓶中，用无氨的水定容。此溶液一周内有效。

亚硝酸态氮标准溶液：① 0.200 $mg \cdot L^{-1}$ 储备液：称取 0.493 g $NaNO_2$(已在 105℃干燥 2 h)，溶于水后在 500 mL 容量瓶中定容；② 1.00 $\mu g \cdot mL^{-1}$ 工作液：量取 10.00 mL 储备液于 2 L 容量瓶中，加水定容。此溶液一周内有效。

25 mL 比色管若干，两支 5 mL 吸量管(用于量取标准溶液)，一支 10 mL 移液管(用于量取水样)，三支 25 mL 酸式滴定管(用于加 HCl 溶液、磺胺溶液和萘乙二胺溶液)，一支 50 mL 碱式滴定管(用于加次溴酸盐溶液)，722 型分光光度计(配两只 1.0 cm 吸收池)。

【实验内容】

(1) 氨态氮校准曲线的制作：在七支比色管中分别加入 0.500 $\mu g \cdot mL^{-1}$ 氨态氮工作液 0,0,1.00,2.00,3.00,4.00,5.00 mL，用无氨的水稀释至 10 mL，各加入 2.0 mL 次溴酸盐溶液，混匀后放置 30 min。然后各加入 1.0 mL 磺胺溶液及 1.5 mL HCl 溶液，混匀后放置 5 min。再各加 1.0 mL 萘乙二胺溶液，加水至标线，摇匀后放置 15 min。以水为参比，在 540 nm 波长处测定各溶液的吸光度。然后计算两份空白溶液吸光度的平均值，从各标准溶液的吸光度中扣除空白，绘制校准曲线。

(2) 亚硝酸态氮校准曲线的制作：参照氨态氮标准曲线的制作方法，自拟实验操作方案。

(3) 水样的测定：

亚硝酸态氮的测定：在两支比色管中各加入 10.0 mL 水样和 1.0 mL 磺胺溶液，混匀后放置 5 min。再各加入 1.0 mL 萘乙二胺溶液，加水至标线，摇匀后放置 15 min。以水为参比，在 540 nm 波长处测量各溶液的吸光度。两份水样吸光度的平均值减去试剂空白溶液吸光度的平均值，即得到水样中亚硝酸根的吸光度。利用校准曲线计算水样中亚硝酸态氮的含量，以 $mg \cdot L^{-1}$ 表示。

氨态氮的测定：在两支比色管中各加入 10.0 mL 水样及 2.0 mL 次溴酸盐溶液，以下操作与氨态氮校准曲线的制作相同。所得两份水样的吸光度平均值减去试剂空白溶液吸光度的平均值，即得到水样中氨态氮和亚硝酸态氮总量的吸光度。利用氨态氮校准曲线计算水样中氨态氮和亚硝酸态氮的总量，以 $mg \cdot L^{-1}$ 表示。由总氮量减去水样中原有亚硝酸态氮含量，即得到氨态氮的含量 ($mg \cdot L^{-1}$)。

【说明】

水样可能是临时就近采集的湖水、河水等地表水，也可能是临时配制的含 NH_4^+ 和 NO_2^- 的人工水样。

思考题

1. 制备无氨的水，除了用离子交换法外还可以用什么方法？
2. 制作亚硝酸态氮校准曲线时，要不要加次溴酸盐溶液和盐酸溶液？
3. 实验中氨态氮和亚硝酸态氮的测定为什么必须同时进行？
4. 如果天然水样稍有浑浊或稍有颜色，对测定结果有无影响？若有影响，应当如何克服？

实验 5.3 钴和镍的离子交换法分离及分光光度法测定

【目的】

初步了解离子交换分离法在定量分析中的应用；学习测定微量钴和镍的分光光度法。

【原理】

在 9 mol·L^{-1}的盐酸介质中，Co^{2+} 与 Cl^- 形成的 $CoCl_4^{2-}$ 络阴离子能被阴离子交换树脂所吸附，而 Ni^{2+} 不形成络阴离子，则不被树脂所吸附。因此，用强碱性阴离子交换树脂可以分离 Co^{2+} 和 Ni^{2+}。分离后再用 1～4 mol·L^{-1} 盐酸溶液淋洗树脂，则 $CoCl_4^{2-}$ 离解，从而 Co^{2+} 被淋洗下来。分离后的 Ni^{2+} 和 Co^{2+}，分别用分光光度法测定。

在氧化剂存在的强碱性溶液中，Ni^{2+} 与丁二酮肟生成橘红色络合物，其最大吸收波长为 465 nm，试剂本身无色。在 pH 4～9 的溶液中，Co^{2+} 与新钴试剂(5-Cl-PADAB)生成红色络合物，然后用 HCl 溶液进行酸化，使酸度达到 3～7 mol·L^{-1}，络合物由红色转变为紫红色，其最大吸收波长为568 nm，试剂本身呈黄色。酸化不但增大了络合物与试剂本身最大吸收波长的对照性，而且使可能存在的其他金属离子的有色络合物受到破坏，从而也就消除了某些金属离子的干扰。新钴试剂是测定钴的灵敏度与选择性均高的显色剂之一。

【试剂及仪器】

9 mol·L^{-1}和 2 mol·L^{-1} HCl 溶液，0.50 mol·L^{-1} NaOH 溶液，3% $(NH_4)_2S_2O_8$ 溶液，1.0 mol·L^{-1}乙酸钠溶液，1.0%丁二酮肟的乙醇溶液，0.05%新钴试剂[4-(5-氯-(2-吡啶偶氮)-1，3-二氨基苯]的乙醇溶液。

50.0 μg·mL^{-1}镍标准溶液：准确称取 2.025 g $NiCl_2\cdot 6H_2O$ 试剂于干燥的 100 mL 烧杯中，加入 10 mL 浓盐酸和 50 mL 去离子水，溶解后转移至 500 mL 容量瓶中，再加入 150 mL 浓盐酸，然后用去离子水稀释至刻线，摇匀，此为含镍 1.00 mg·mL^{-1}的储备液。用时移取 100.0 mL 至 2 L 容量瓶中，以去离子水定容后摇匀。

5.00 μg·mL^{-1}钴标准溶液：准确称取 0.2019 g $CoCl_2\cdot 6H_2O$ 试剂于干燥的 100 mL 烧杯中，加入 10 mL 浓盐酸和 50 mL 去离子水，溶解后移入 500 mL 容量瓶中，再加 150 mL 浓盐酸，然后用去离子水定容后摇匀，此为含钴 100 μg·mL^{-1}的储备液。用时移取 100.0 mL 至 2 L 容量瓶中，以去离子水定容后摇匀。

阴离子交换树脂：强碱性季胺Ⅰ型阴离子交换树脂(80～100 目)。新树脂用自来水漂洗后，在饱和 NaCl 溶液中浸泡 24 h，移出浮起的树脂，用水洗净后再用 2 mol·L^{-1} NaOH 溶液浸泡 2 h，然后用去离子水洗至中性，浸于 2 mol·L^{-1} HCl 溶液中备用。

两支 10 mm×150 mm 层析柱(下端有玻璃砂滤片)，十四支 25 mL 比色管，一支 1 mL 吸量管(用于移取试样),三支 2 mL 吸量管(分别用于移取钴、镍标准溶液和新钴试剂溶液),两支 5 mL 移液管(用于移取分离后的试液),两支 50 mL 碱式滴定管(用于加入 NaOH 溶液和乙酸钠溶液),两支 25 mL 酸式滴定管[用于加入$(NH_4)_2S_2O_8$溶液和丁二酮肟溶液],两只 10 mL 量筒,四只 100 mL 容量瓶,722 型分光光度计(配两只 1.0 cm 吸收池)。

【实验内容】

(1) 层析柱的准备:用滴管将树脂装入两支已洗净的层析柱中,使树脂床高度为 3 cm。松开柱下端的螺旋夹子,将过多的稀盐酸放出,并调节流速为 $0.5\ mL\cdot min^{-1}$。待液面降至树脂床上端时,用 5 mL $9\ mol\cdot L^{-1}$的 HCl 溶液淋洗树脂(用滴管分五次加入)。

(2) 试样的分离:在层析柱下端各放一只 100 mL 容量瓶收集流出液。用吸量管各加入 1.00 mL 试样于柱中,上部的树脂吸附了钴而呈现绿色。用量筒各取 5 mL $9\ mol\cdot L^{-1}$的 HCl 溶液,分五次滴加到柱中淋洗 Ni^{2+}。然后旋紧夹子,将盛接流出液的容量瓶移开并代之以另一只容量瓶收集钴的洗脱液。各取 10 mL $2\ mol\cdot L^{-1}$ HCl 溶液,分十次淋洗 Co^{2+},洗脱过程中树脂上部的绿色谱带不断下降至消失。

四只容量瓶均用去离子水定容,摇匀,待分别测定镍和钴。

(3) 镍的测定:洗净七支比色管,在前五支管中分别加入 0,0.50,1.00,1.50,2.00 mL 镍标准溶液,在后两支管中各加入 5.00 mL 分离后的含镍试液。然后各加 2.0 mL 丁二酮肟溶液,轻轻摇动混合,再各加 3.0 mL $(NH_4)_2S_2O_8$溶液和 5.0 mL NaOH 溶液(后两支管中各加 NaOH 溶液 10 mL),用去离子水稀释至标线,摇匀。放置 20 min(冬季则在 50℃的水浴中加热 10 min,然后冷却至室温)。以试剂空白溶液为参比,在 465 nm 波长处测量吸光度。绘制标准曲线,并计算原试液中镍的浓度,以 $mg\cdot mL^{-1}$表示。

(4) 钴的测定:洗净七支比色管,在前五支管中分别加入 0,0.50,1.00,1.50,2.00 mL 钴标准溶液,在后两支管中各加入 5.00 mL 分离后的含钴试液。然后各加 0.50 mL 新钴试剂溶液和 4.0 mL 乙酸钠溶液,摇匀,放置 10 min。再各加 10 mL $9\ mol\cdot L^{-1}$的 HCl 溶液,用去离子水定容后摇匀。以试剂空白溶液为参比,在 570 nm 波长处测量吸光度。绘制校准曲线,并计算原试液中钴的浓度,以 $mg\cdot mL^{-1}$表示。

(5) 树脂的再生:用 20 mL $2\ mol\cdot L^{-1}$的 HCl 溶液,以 $0.5\ mL\cdot min^{-1}$的流速淋洗树脂。

【说明】

(1) 用盐酸处理树脂以及试样的分离过程中,流速均应控制在 $0.5\ mL\cdot min^{-1}$,过快则分离或洗脱不完全。按本实验规定的操作条件,钴和镍的回收率可分别达到 90%和 95%以上。

(2) 每次加 HCl 溶液都要缓慢地沿柱壁加入,以防止搅动树脂。待液面降至树脂上端时再继续加 HCl 溶液,以便提高分离和洗脱效率。请务必注意避免溶液流干,应始终保持树脂在液面以下。

(3) 实验表明,柱空白与试剂空白基本相同,故本实验不做柱空白试验。

思 考 题

1. 淋洗树脂时,所用 HCl 溶液为什么要分几次加入？淋洗速度与分离效果有什么关系？
2. 测定镍时,为什么后两支比色管要多加 5 mL NaOH 溶液？
3. 测定钴时,为什么加入乙酸钠发色后又加入大量的 HCl？
4. 如何控制流速为 $0.5\,\text{mL}\cdot\text{min}^{-1}$？

实验 5.4 钽试剂萃取光度法测定低合金钢中的钒

【目的】

了解溶剂萃取分离在定量分析中的应用实例;学习合金钢中微量钒测定的标准方法。

【原理】

钒是合金钢中比较理想的一种合金化元素。在钢中加入少量的钒,既可以起到脱氧与脱氮的作用,又可改善钢的性能。大部分的钒都用作钢铁的添加成分,以便生产高强度的低合金钢、高速钢、工具钢、不锈钢及永久磁铁。钢中钒的质量分数一般为 0.04%～0.5%,某些品种钢中钒的质量分数可达 4%。

在钢铁和合金分析中,钒的测定主要采用硫酸亚铁铵容量法和钽试剂萃取光度法。这两种方法都是我国的标准分析方法。前者适用于钒的质量分数在 0.1%～3.5%范围的钢铁试样,后者适用于钒的质量分数在 0.01%～0.5%范围的钢铁试样。

钽试剂即 N-苯甲酰苯基羟胺,又名苯甲酰苯胲,结构式为

$$\begin{array}{l} C_6H_5\text{—}N\text{—}OH \\ \qquad\quad\ | \\ C_6H_5\text{—}C\text{=}O \end{array}$$

它难溶于冷水,易溶于有机溶剂,在三氯甲烷(氯仿)中的溶解度为 $0.58\,\text{mol}\cdot\text{L}^{-1}$,对光、热稳定,不被空气所氧化,但在酸性溶液中可被 $KMnO_4$ 或 $K_2Cr_2O_7$ 氧化为黄色。钽试剂与钒形成的络合物也难溶于水,故通常是将钽试剂配成三氯甲烷溶液,试液中的钒离子被萃入有机相并显色,同时也起到了分离和富集的作用。

合金试样用硫磷混合酸分解后,钒以四价 VO^{2+} 形式存在,它不与钽试剂络合,可用 $KMnO_4$ 将其氧化为五价的 VO^{3+},过量的 $KMnO_4$ 必须除去。一般是在尿素存在下,用 $NaNO_2$ 还原 $KMnO_4$,尿素可以分解过量的 $NaNO_2$,以防止 $NaNO_2$ 还原 VO^{3+}:

$$(NH_2)_2CO + 2NO_2^- + 2H^+ \longrightarrow N_2\uparrow + CO_2 + 3H_2O$$

在不同强酸性介质溶液中,VO^{3+} 与钽试剂形成的络合物颜色也不同,但均可以被有机溶

剂萃取(表5.1)。

表5.1 钽试剂与钒的络合物

介质条件	酸度 /(mol·L^{-1})	有机溶剂	有机相颜色	λ_{max}/nm	ε /(L·mol^{-1}·cm^{-1})	VO^{3+} : R
HCl	2～6	$CHCl_3$	紫	525～530	5.0×10^3	1∶2
$H_2SO_4+H_3PO_4$	2～5	$CHCl_3+C_2H_5OH$	桃红	440	2.5×10^4	1∶2
H_2SO_4+HF	1.5～5	$CHCl_3$	红	475	4.3×10^3	1∶2

在三种介质中生成不同颜色的络合物,其中VO^{3+}与钽试剂之比均为1∶2。颜色之所以不同,是由于生成了不同的多元络合物。在HCl介质中进行萃取,可能形成钒∶钽试剂∶氯=1∶2∶1的三元络合物:

$$\begin{array}{ccccc} & & O & & \\ C_6H_5-N-O & \searrow & \| & \swarrow & O=C-C_6H_5 \\ & & V & & \\ C_6H_5-C=O & \nearrow & | & \nwarrow & O-N-C_6H_5 \\ & & Cl & & \end{array}$$

本实验选用HCl介质进行萃取。试液处理完之后,先加入萃取剂,然后加入盐酸,立即进行振荡萃取。水相中HCl溶液浓度在2～5.5 mol·L^{-1}范围内均可,一般选用3.5 mol·L^{-1}。H_3PO_4溶液浓度小于5 mol·L^{-1},H_2SO_4溶液浓度小于3 mol·L^{-1},对钒的萃取和测定无影响。发色后可稳定7 h。由于$CHCl_3$易挥发,从分液漏斗中放出有机相后必须迅速测定吸光度。能与钽试剂反应的Nb、Ta、Sn、Zr等都生成无色络合物,不干扰钒的测定。只有TiO^{2+}能生成黄色络合物并可被萃取而干扰钒的测定,但在H_3PO_4存在下,5 mg Ti没有显著影响。大量的MoO_4^{2-}能抑制钒的萃取,使钒的测定结果偏低,在高酸度下,2 mg以下的Mo无影响。应预先还原强氧化剂MnO_4^-、$Cr_2O_7^{2-}$等。

【试剂及仪器】

3+1 HCl溶液,1+2 HNO_3溶液,0.3%$KMnO_4$溶液,0.5%$NaNO_2$溶液,10%尿素溶液。

硫磷混合酸:配制方法同实验3.13。

0.1%钽试剂-三氯甲烷溶液:称取0.5 g钽试剂,溶于500 mL三氯甲烷,保存于棕色细口瓶中。

NaCl:在500℃下干燥1 h,存于保干器中。

20.0 μg·mL^{-1}钒标准溶液:称取0.4594 g偏钒酸铵(NH_4VO_3)置于干烧杯中,加入50 mL沸水溶解,冷却后转移到1 L容量瓶中,加入3 mol·L^{-1} H_2SO_4溶液50 mL,加水定容后摇匀,此为含钒200 μg·mL^{-1}储备液。使用时移取100.0 mL至1 L容量瓶中,加水定容后摇匀。

722型分光光度计(配两只1.0 cm吸收池),八只50 mL分液漏斗,八只50 mL烧杯(带表面皿),一支5 mL吸量管,5 mL和10 mL移液管各一支。

【实验内容】

(1) 校准曲线的制作:在六支分液漏斗中分别加入钒标准溶液0,1.00,2.00,3.00,4.00,

5.00 mL，再分别加水 5.0，4.0，3.0，2.0，1.0，0 mL，各加硫磷混合酸 2.0 mL，混匀后在摇动下滴加 $KMnO_4$ 溶液至呈现稳定的红色，放置 2 min。加尿素溶液 5 mL，在摇动下逐滴加入 $NaNO_2$ 溶液至红色刚好消失。然后准确加入 10.0 mL 钽试剂-三氯甲烷溶液，再加 8.0 mL HCl 溶液，立即振荡 1 min（振荡过程中要放气两次），静置分层。将有机相放入盛有 2 g NaCl 的干燥烧杯中，盖上表面皿，轻轻摇动以脱去水分，迅速倒入干燥的吸收池中，以钽试剂-三氯甲烷溶液为参比，在 530 nm 波长下测量吸光度。扣除试剂空白溶液的吸光度后，绘制校准曲线。

(2) 合金试样的测定：称取低合金钢试样 0.1 g，称准至 0.001 g，置于 100 mL 烧杯中，加入硫磷混合酸 20 mL，盖上表面皿，小心加热溶解。待合金完全溶解后，取下烧杯，小心加入 10 滴 HNO_3 溶液（除掉碳及碳化物），缓慢加热蒸发至冒白烟。取下烧杯，再沿壁加入 10 滴 HNO_3 溶液，继续加热至冒白烟 2 min。停火，稍冷后缓缓加水约 30 mL，冷却至室温，移入 50 mL 容量瓶中，加水定容后摇匀。平行溶解两份试样。

将两份试液各移出 5.00 mL，至两只分液漏斗中，各加入 7 mL 水，滴加 $KMnO_4$ 溶液至出现稳定的红色，放置 2 min。以下操作按照实验内容(1)进行。

所测得试液的吸光度要扣除试剂空白溶液的吸光度，利用校准曲线计算合金试样中钒的质量分数(%)。

【说明】

(1) 测绘校准曲线时，本应加入与试样相同量的纯铁溶液或与试样成分相似而不含钒的合金钢溶液，但由于本实验所用试样含钒量较高，称取试样较少，故未加入基体溶液。

(2)所用样品 Ti 和 Mo 的含量都较少，不干扰测定。

思 考 题

1. 在酸性溶液中与钽试剂络合的是 VO^{3+} 还是 VO^{2+}？实验中如何控制条件才能使钒以 VO^{3+} 的形态存在？
2. 为什么测定钒要采用萃取方法？
3. 钽试剂-三氯甲烷溶液为什么要准确加入？
4. 为什么测定吸光度前必须除掉有机相中的水分？

实验 5.5 分光光度法测定铁(Ⅲ)-磺基水杨酸络合物的组成

【目的】

了解络合物组成（络合比）的确定是研究络合反应平衡的基本问题之一；通过本实验了解分光光度法测定络合物组成的常用方法——摩尔比法及等摩尔连续变化法，掌握方法的原理及测定步骤。

【原理】

金属离子 M 和配位体 R 形成络合物的反应(忽略离子所带电荷)为

$$M+nR \rightleftharpoons MR_n$$

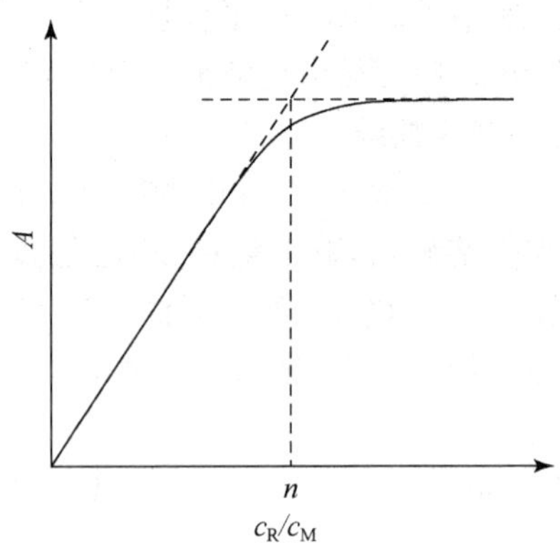

图 5.6 摩尔比法

式中,n 为络合物的配位数,可用分光光度法按摩尔比法或等摩尔连续变化法测定。

(1) 摩尔比法:若 M 与 R 均不干扰 MR_n 的吸收,且其分析浓度分别是 c_M,c_R,那么固定金属离子 M 的浓度,改变显色剂 R 的浓度,可得到一系列 c_R/c_M 不同的溶液。在适宜波长下测量各溶液的吸光度,然后以吸光度 A 对 c_R/c_M 作图(图 5.6)。当加入的试剂 R 还没有使 M 定量转化为 MR_n 时,曲线处于斜线阶段;当加入的试剂 R 已使 M 定量转化为 MR_n 并稍过量时,曲线便出现转折;加入的 R 继续过量,曲线是水平直线。那么转折点所对应的物质的量之比即是络合物的组成比 n。此时用外推法可得到两直线的交点,交点对应的 c_R/c_M 即是 n。本法适用于稳定性较高的络合物的组成测定。

(2) 等摩尔连续变化法:配制一系列溶液,保持 $c_M+c_R=c$(常数)。改变 c_M 与 c_R 的相对比值,在 MR_n 的最大吸收波长下测定各溶液的吸光度 A。当 A 达到最大,即 MR_n 浓度最大时,该溶液中 c_R/c_M 比值即为络合物的组成比。若以吸光度 A 对 c_R/c_M 比值作图(图 5.7),吸光度曲线的最大值所对应的摩尔分数之比 c_R/c_M 即为 n。本法适用于溶液中只形成一种离解度小的、络合比低的络合物组成的测定。

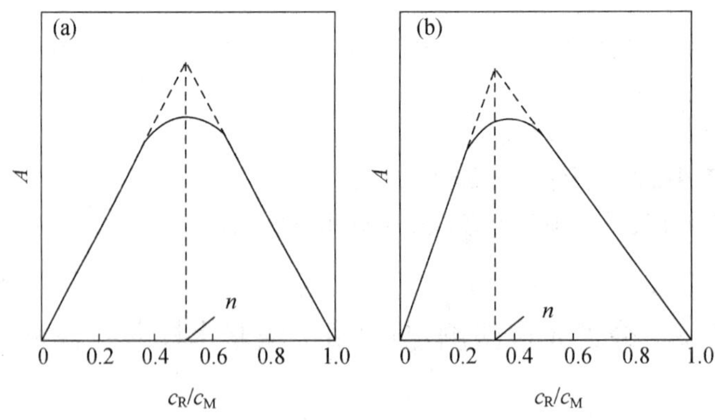

图 5.7 等摩尔连续变化法

为方便起见,实验中配制浓度相同的 M 和 R 的溶液,在维持溶液总体积不变的条件下,按不同体积比配成一系列 M 和 R 的混合溶液,它们的体积比就是摩尔分数之比。

在 pH 2～2.5 的酸性溶液中,磺基水杨酸与 Fe^{3+} 生成紫红色络合物:

$$Fe^{3+} + \text{磺基水杨酸} \rightleftharpoons [\text{Fe-磺基水杨酸络合物}]^{+} + 2H^{+}$$

络合物的最大吸收波长约为 500 nm。

【试剂及仪器】

1.000×10^{-2} mol·L^{-1} Fe^{3+} 溶液:称取 0.4822 g $NH_4Fe(SO_4)_2\cdot12H_2O$,以 $HClO_4$ 溶液溶解后,转入 100 mL 容量瓶,以 $HClO_4$ 溶液稀释至刻度。

1.00×10^{-2} mol·L^{-1} 磺基水杨酸溶液:称取 0.2542 g 磺基水杨酸[$C_6H_3(OH)(COOH)SO_3H\cdot2H_2O$],以 $HClO_4$ 溶液溶解后,转入 100 mL 容量瓶,以 $HClO_4$ 溶液稀释至刻度。

0.025 mol·L^{-1} $HClO_4$ 溶液:移取 2.2 mL 70% $HClO_4$,稀释至 1000 mL。

722 型分光光度计(配两只 1.0 cm 吸收池),九只 50 mL 容量瓶,两支 5 mL 吸量管。

【实验内容】

(1) 摩尔比法:取九只 50 mL 容量瓶,依次编号。按表 5.2 配制溶液,用去离子水稀释至刻度。用 1.0 cm 吸收池,以水为参比,在 500 nm 处测定各溶液的吸光度。以 A 对 c_R/c_M 作图,将曲线的两直线部分延长相交,由交点确定 n。

表 5.2 摩尔比法中溶液的配制及吸光度的测定

编 号	$V(HClO_4)$/mL	$V(Fe^{3+})$/mL	V(磺基水杨酸)/mL	A
1	7.50	2.00	0.50	
2	7.00	2.00	1.00	
3	6.50	2.00	1.50	
4	6.00	2.00	2.00	
5	5.50	2.00	2.50	
6	5.00	2.00	3.00	
7	4.50	2.00	3.50	
8	4.00	2.00	4.00	
9	3.50	2.00	4.50	

(2) 等摩尔连续变化法：取七只 50 mL 容量瓶，依次编号。按表 5.3 配制溶液，用去离子水稀释至刻度。用 1.0 cm 吸收池，以水为参比，在 500 nm 处测定各溶液的吸光度。以 A 对 c_R/c_M 作图，将曲线的两直线部分延长相交，由交点确定 n。

表 5.3 等摩尔连续变化法中溶液的配制及吸光度的测定

编 号	$V(HClO_4)$/mL	$V(Fe^{3+})$/mL	V(磺基水杨酸)/mL	A
1	5.00	5.00	0	
2	5.00	4.50	0.50	
3	5.00	3.50	1.50	
4	5.00	2.50	2.50	
5	5.00	1.50	3.50	
6	5.00	0.50	4.50	
7	5.00	0	5.00	

思 考 题

1. 在什么情况下，才可以使用摩尔比法、等摩尔连续变化法测定络合物的组成？
2. 酸度对测定络合物的组成有什么影响？如何确定适宜的酸度条件？
3. 根据摩尔比法和等摩尔连续变化法的实验曲线，可以确定实验条件下的络合物的表观形成常数。试根据实验结果计算 Fe^{3+}-磺基水杨酸的表观形成常数，并与手册上查得的数据对比。

实验 5.6 分光光度法测定甲基橙的离解常数

【目的】

掌握分光光度法测定一元弱酸(或弱碱)离解常数的原理、方法、测定步骤及实验数据的处理方法。

【原理】

在分析化学中所用的指示剂或显色剂大多是有机弱酸或弱碱，若它们的酸形和碱形的吸收曲线不重叠，就可能用分光光度法测定其离解常数。该法特别适用于溶解度较小的有机弱酸或弱碱。

以一元有机弱酸甲基橙为例，它的酸形和碱形的颜色不同：

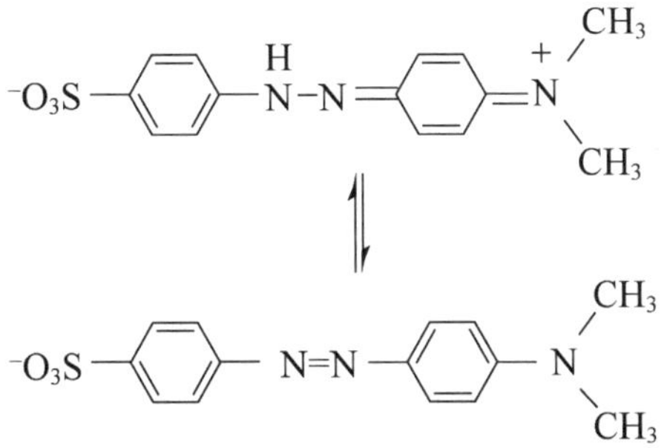

HMO(红色)

$\rightleftharpoons$

MO^-(黄色)

在同一波长下，当使用1.0 cm吸收池，有

$$A = A_{HMO} + A_{MO^-} = \frac{\varepsilon_{HMO} \cdot [H^+] \cdot c}{K_a + [H^+]} + \frac{\varepsilon_{MO^-} \cdot K_a \cdot c}{K_a + [H^+]} \tag{1}$$

在高酸度介质中，有

$$A_{HMO} = \varepsilon_{HMO} \cdot c$$

在高碱度介质中，有

$$A_{MO^-} = \varepsilon_{MO^-} \cdot c$$

代入(1)式并整理，得

$$A = \frac{A_{HMO} \cdot [H^+] + A_{MO^-} \cdot K_a}{K_a + [H^+]} \tag{2}$$

即

$$pK_a = \lg \frac{A - A_{MO^-}}{A_{HMO} - A} + pH \tag{3}$$

以上各式中，c为甲基橙溶液的分析浓度，A为甲基橙溶液的吸光度，A_{HMO}为甲基橙全部以酸形(HMO)存在时的吸光度，A_{MO^-}为甲基橙全部以碱形(MO^-)存在时的吸光度。

维持溶液中甲基橙的分析浓度c和离子强度不变，改变溶液的pH，测得其吸收曲线(图5.8)。在最大吸收波长λ_{max}处，最高曲线为纯酸形(HMO)的吸收曲线，最低曲线为纯碱形(MO^-)的吸收曲线。其他曲线为酸形、碱形共存溶液的吸收曲线，它们的形状与溶液的pH有关。

根据甲基橙在不同pH下测得的各吸收曲线，作如下处理以得到甲基橙的离解常数：

(1) 按(3)式计算：在图5.8中HMO的最大吸收波长(约510 nm)处作一条垂直于波长轴的直线，从直线与各曲线的交点查得A_{HMO}，A_{MO^-}及各不同pH所对应的A，代入(3)式，计算得一组pK_a，其平均值即为测定结果。

(2) 作图法：(3)式可写成

$$\lg \frac{A - A_{MO^-}}{A_{HMO} - A} = -pH + pK_a$$

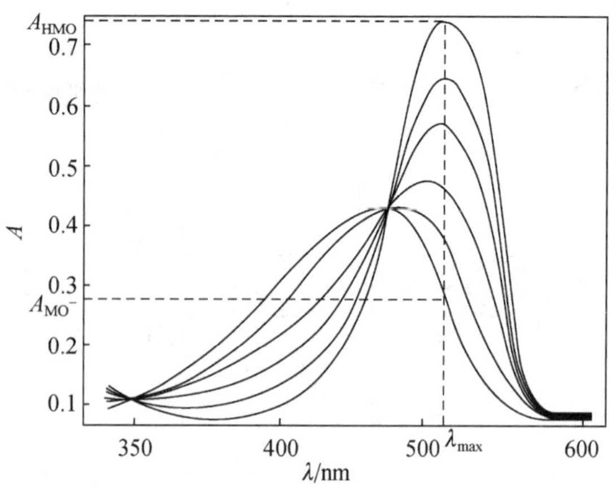

图 5.8　甲基橙溶液吸收曲线

以 $\lg\dfrac{A-A_{MO^-}}{A_{HMO}-A}$ 对 pH 作图得一直线。当 $\lg\dfrac{A-A_{MO^-}}{A_{HMO}-A}=0$ 时，即直线与 pH 轴的交点的 pH，即为 pK_a(图 5.9)。

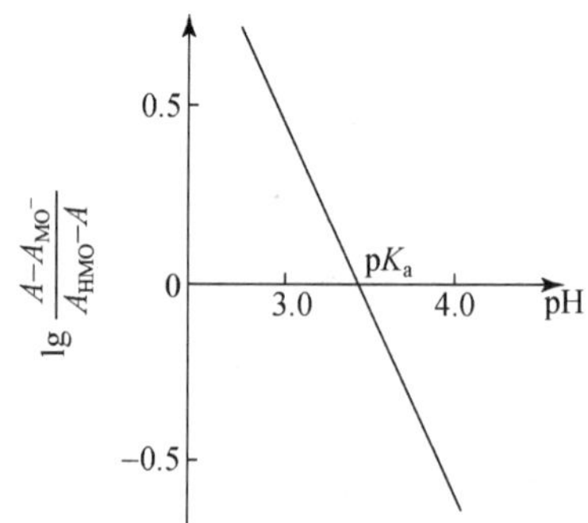

图 5.9　线性作图法确定一元弱酸的离解常数

【试剂及仪器】

2.5 mol·L^{-1}KCl 溶液，2 mol·L^{-1}HCl 溶液。

2×10^{-4} mol·L^{-1}甲基橙溶液：称取 65.4 mg 甲基橙，溶于水后稀释至 1 L。

氯乙酸-氯乙酸钠缓冲溶液：总浓度为 0.50 mol·L^{-1}，pH 分别为 2.7，3.0，3.5。

HAc-Ac^-缓冲溶液：总浓度为 0.50 mol·L^{-1}，pH 分别为 4.0，4.5，6.0。

Cary 1E 型自动记录式分光光度计(配两只 1.0 cm 吸收池，亦可用 722 型分光光度计)，pH 计，三支 5 mL 移液管，50 mL 容量瓶若干。

【实验内容】

取七只 50 mL 容量瓶，分别加入 5.00 mL 甲基橙溶液、2.0 mL KCl 溶液。依次向这七只容量瓶中分别加入 HCl、六种不同 pH 的缓冲溶液各 2.0 mL，以水稀至刻度，摇匀。用 pH 计测量每一种溶液的 pH。以水为参比，在自动记录式分光光度计上扫描各溶液得到一系列吸收曲线。按实验原理处理数据，求得甲基橙的 pK_a。

如果无自动记录式分光光度计，可将 722 型分光光度计波长设定在 510 nm，测量各溶液的吸光度，然后按上法处理数据。

思考题

1. 测定有机弱酸(或弱碱)的离解常数时,纯酸形、纯碱形的吸收曲线是如何得到的?
2. 若有机酸的酸性太强或太弱时,能否用本法测定? 为什么?
3. 试比较电位法和光度法测定有机弱酸(或弱碱)离解常数的优缺点。

实验 5.7 光度滴定法

【目的】

通过本实验了解光度滴定法的原理、特点及操作方法;掌握 Bi^{3+} 和 Cu^{2+} 混合溶液中测两者浓度的光度滴定方法。

【原理】

光度滴定法是依据滴定过程中溶液吸光度变化来确定化学计量点的滴定分析方法。若被滴物质的溶液(或滴定剂)与滴定产物对光的吸收性质不同,在化学计量点前,溶液的吸光度与滴定剂的加入量呈线性关系;在化学计量点后,溶液的吸光度也与滴定剂的加入量呈线性关系。两直线的斜率不同,它们的交点所对应的体积即为化学计量点时所耗滴定剂的体积。常见的光度滴定曲线有图 5.10 所示四种类型。

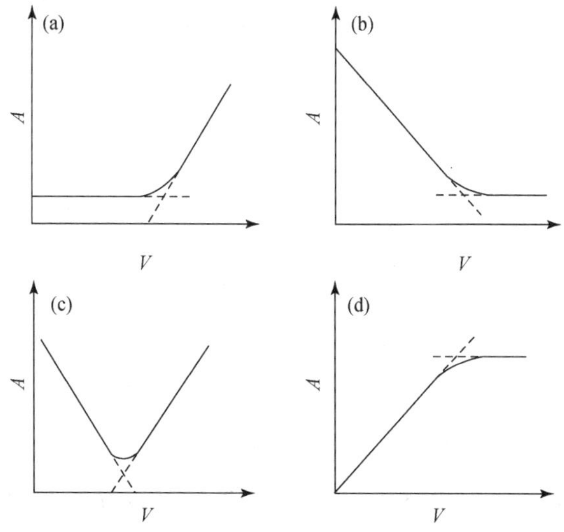

图 5.10 四种类型的光度滴定曲线

(a) 滴定剂有吸收,待测物质与产物均不吸收;(b) 滴定剂与产物均无吸收,待测物有吸收;(c) 滴定剂与待测物均有吸收,产物无吸收;(d) 滴定剂与待测物无吸收,产物有吸收

光度滴定法的优点是：① 在一些滴定体系中无需指示剂；② 因为只有吸光度的变化才有意义，故在被测溶液中有其他有色物质存在时也不妨碍测定；③ 化学计量点由两直线的交点确定，结果准确；④ 选择适当的测量条件，可提高测定的灵敏度和选择性。在指示剂法中，只有在满足 $cK \geqslant 10^{-8}$（此处 c，K 分别为被滴弱酸或弱碱的分析浓度和离解常数）时，才可准确测定弱酸或弱碱的浓度。而在光度滴定法中，浓度小到 10^{-5} mol·L^{-1}，且 $cK \geqslant 10^{-12}$ 时，仍可准确测定弱酸或弱碱的浓度。光度滴定法测定的金属离子浓度比络合滴定小得多。

光度滴定中，用分光光度计(或比色计)测定溶液的吸光度，被滴物盛放在相对大容积的吸收池中，用适当的搅拌装置搅匀溶液，用微量滴定管装入比被滴物浓度大得多的滴定剂进行滴定。滴定过程中，考虑到溶液的稀释效应，若溶液的体积增加超过 1%，应进行吸光度校正：

$$A_{校} = A \cdot \frac{V_0 + V}{V_0}$$

式中，V_0 为被测物溶液的初始体积，V 为加入的滴定剂体积。为了避免干扰和提高灵敏度，应选择适宜的测定波长。

用 EDTA 滴定 pH≈2 的 Bi^{3+} 和 Cu^{2+} 混合溶液，在 745 nm 测定溶液的吸光度时，CuY^{2-} 有强烈的强收，BiY^{-}、EDTA、Cu^{2+} 均无吸收。由于 BiY^{-} 远比 CuY^{2-} 稳定得多，故 Bi^{3+} 先与 EDTA 反应生成 BiY^{-}，Cu^{2+} 不与 EDTA 反应，溶液的吸光度基本上保持不变。当 Bi^{3+} 浓度降至很低时，CuY^{2-} 开始生成，溶液的吸光度开始增大，至 Cu^{2+} 与 EDTA 反应完全时，溶液的吸光度又维持不变。以吸光度 A 对 EDTA 加入的体积作图(图 5.11)，两交点处对应的 V 即分别为 Bi^{3+} 和 Cu^{2+} 的化学计量点时所耗滴定剂的体积。

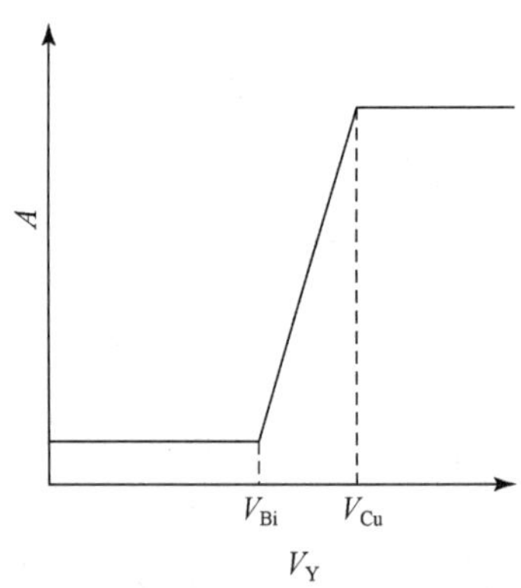

图 5.11 用 EDTA 滴定 Bi^{3+}、Cu^{2+} 混合溶液的光度滴定曲线

【试剂及仪器】

0.2 mol·L^{-1} EDTA 溶液。

4×10^{-3} mol·L^{-1} Bi^{3+} 标准溶液：称取 0.209 g 纯铋，加入 5 mL 5 mol·L^{-1} 的 HNO_3，小

火加热，全部溶解后，转入 250 mL 容量瓶中，以 0.1 mol・L^{-1}氯乙酸溶液稀释至刻度。

4×10^{-3} mol・L^{-1} Cu^{2+}标准溶液：称取 63.5 mg 纯铜，加入 5 mL 5 mol・L^{-1} HNO_3，小心加热，全部溶解后，转入 250 mL 容量瓶中，以水稀释至刻度。

分光光度计(适当改装后，能放下 100 mL 吸收池，并可用搅拌装置对溶液进行搅拌)，一支 5 mL 滴定管，三支 50 mL 移液管。

【实验内容】

(1) EDTA 溶液的标定：移取 50.0 mL Cu^{2+}标准溶液和 50.0 mL Bi^{3+}标准溶液至 100 mL 吸收池中(pH≈2，若偏离较大，应予以调整)。设定分析波长为 745 nm，以水为参比。将吸收池放入光度计中，开启搅拌器搅匀溶液，停止搅拌，读出吸光度。然后以 EDTA 溶液滴定，每次滴加 0.20 mL，搅拌均匀，停止搅拌，读吸光度。对测得的吸光度进行体积校正，再以其对 EDTA 加入的体积作图，确定 EDTA 的准确浓度。

(2) Bi^{3+}和 Cu^{2+}混合液中两者浓度的测定：取 50.0 mL 含 Bi^{3+}和 Cu^{2+}的溶液(人工样或未知试样溶液)，放入 100 mL 吸收池中，用水稀释至 100 mL(溶液用氯乙酸溶液调节到 pH≈2)。用 EDTA 标准溶液滴定，步骤同实验内容(1)。绘制滴定曲线，得出样品溶液中 Bi^{3+}和 Cu^{2+}的浓度。

思考题

1. 何谓线性滴定法？光度滴定法与普通滴定法比较，各有什么优缺点？
2. 对 $cK<10^{-8}$和 $\Delta pK<4$ 的弱酸或弱碱的混合液，为什么不能用指示剂法却可能用光度滴定法测定？
3. 符合什么条件才可用光度滴定法测定物质的含量？

实验 5.8 萃取法分离-紫外分光光度法测定复方乙酰水杨酸片中各组分的含量

【目的】

了解溶剂萃取-紫外分光光度法在药物分离分析中的应用；学习两组分吸收光谱重叠情况下的数据处理方法。

【原理】

复方乙酰水杨酸药片(俗称 APC)曾经是国内外广泛使用的解热镇痛药。它的主要成分是乙酰水杨酸(阿司匹林，aspirin)、N-(4-乙氧基苯基)乙酰胺(非那西汀，phenacetin)和 1，3，7-三甲基黄嘌呤(咖啡因，caffeine)。结构式分别如下：

$COOH$ $OCOCH_3$ 阿司匹林　　$NHCOCH_3$ OCH_2CH_3 非那西汀　　H_3C CH_3 O N N O N N CH_3 咖啡因

这三种物质的溶液在紫外光区都有特征吸收(图5.12)。阿司匹林(A)的最大吸收位于232 nm附近,另一吸收峰在277 nm处。非那西汀(P)的最大吸收在250 nm处,咖啡因(C)的最大吸收在275 nm处。

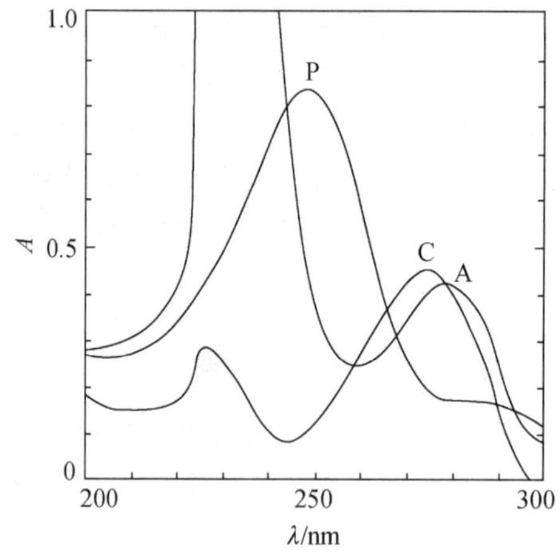

图5.12　阿司匹林(A)、非那西汀(P)、咖啡因(C)的吸收曲线

将药片研磨成粉状,溶于二氯甲烷(CH_2Cl_2)中,再加入$NaHCO_3$水溶液进行萃取。阿司匹林分子的羧基被$NaHCO_3$中和,使其极性增强而进入水相,达到与P和C的分离。然后迅速将水相酸化(防止乙酰基水解),再用CH_2Cl_2萃取水相中的阿司匹林,使其进入有机相,最后在277 nm波长处测量其吸光度。

留在有机相中的P和C在250 nm和275 nm波长处都有重叠吸收,根据朗伯-比尔定律和吸光度的加和性,有如下关系:

$$A_{250}=\varepsilon_{250}^{P}lc^{P}+\varepsilon_{250}^{C}lc^{C}$$

$$A_{275}=\varepsilon_{275}^{P}lc^{P}+\varepsilon_{275}^{C}lc^{C}$$

式中,摩尔吸光系数ε可由相应物质的标准溶液在指定波长下测量吸光度而求得。分别在250 nm和275 nm波长处测定P+C混合液的吸光度,利用以上方程组即可求出混合液中P和C各自的浓度。通过进一步计算便可得到药片中各组分的含量。

【试剂及仪器】

1.0 mol・L^{-1} H_2SO_4 溶液。

CH_2Cl_2：新的一批试剂要在紫外光区进行检查，透光率太低的应蒸馏提纯一次，储于棕色瓶内备用，用过的溶剂要回收。

0.50 mol・L^{-1} $NaHCO_3$ 溶液：称取 21 g $NaHCO_3$ 溶于 500 mL 水中，在搅动下滴加 1+1 HCl 溶液约 5 mL，使其 pH 为 8.0 左右，于使用前泡在冰水中。

50.0 μg・mL^{-1} 阿司匹林标准溶液：称取 0.0500 g 乙酰水杨酸晶体，用 CH_2Cl_2 溶解并定容于 50 mL 容量瓶中。用前量取 5.00 mL，用 CH_2Cl_2 稀释并定容于 100 mL 容量瓶中。

10.0 μg・mL^{-1} 非那西汀标准溶液：称取 0.0200 g 乙氧基苯基乙酰胺晶体，用 CH_2Cl_2 溶解并定容于 50 mL 容量瓶中。用前量取 2.50 mL，用 CH_2Cl_2 稀释并定容于 100 mL 容量瓶中。

10.0 μg・mL^{-1} 咖啡因标准溶液：称取 0.0200 g 1,3,7-三甲基黄嘌呤晶体，用 CH_2Cl_2 溶解并定容于 50 mL 容量瓶中。用前量取 2.50 mL，用 CH_2Cl_2 稀释并定容于 100 mL 容量瓶中。

Cary 1E 型紫外分光光度计(配两只 1.0 cm 石英吸收池)，三只 60 mL 梨形分液漏斗(分别编号为 1#，2#，3#)，一只 50 mL 烧杯，50 mL 和 100 mL 容量瓶各两只，10 mL 和 50 mL 量筒各一只，两只玻璃漏斗(d = 7 cm)，2 mL 和 10 mL 移液管各一支。

【实验内容】

(1) 药片样品的萃取分离：

称量两片 APC 样品的质量，在研钵中迅速研磨成粉状，在电子天平上称取 0.100 g，置于 50 mL 干烧杯中，加入 15 mL CH_2Cl_2，搅动溶解后转入 1# 分液漏斗中，用 5 mL CH_2Cl_2 洗涤烧杯两次。

往 1# 漏斗中加入 10 mL 冰镇的 $NaHCO_3$ 溶液，振荡约 1 min(中间放气两次)，分层后将有机相放入 2# 漏斗中。

向 2# 漏斗中加入 10 mL $NaHCO_3$ 溶液，振荡 1 min 后将有机相放入 3# 漏斗中，水相放入 1# 漏斗中。

向 3# 漏斗中加入 5 mL 冰镇的水，振荡 1 min 后将有机相放入 2# 漏斗中，水相放入 1# 漏斗中。

用 10 mL CH_2Cl_2 洗涤 1# 漏斗中的水相(振荡 0.5 min)，将有机相放入 2# 漏斗中，重复洗涤一次。

立即酸化 1# 漏斗中的水相：在摇动下缓慢滴加 H_2SO_4 溶液至不再产生 CO_2 气泡(约需 6 mL)，再加 2 mL，使其 pH 为 1～2。然后迅速从水相中萃取阿司匹林，每次用 15 mL CH_2Cl_2，振荡 1 min，分层后将有机相放入 3# 漏斗中，如此萃取五次。

用定性滤纸分别将 2# 和 3# 漏斗中的有机相过滤于 100 mL 容量瓶中,并用 CH_2Cl_2 定容。注意:滤纸叠好放入漏斗中,临过滤前用少量 CH_2Cl_2 将滤纸润湿,以利于滤除水分。过滤后,要用少量 CH_2Cl_2 涮洗分液漏斗和滤纸数次,最后用 CH_2Cl_2 定容。

(2) 稀释分离后的试液:

移取 10.0 mL 含 A 试液于 50 mL 容量瓶中,用 CH_2Cl_2 稀释并定容。

移取 2.00 mL 含 P、C 的试液于 50 mL 容量瓶中,用 CH_2Cl_2 稀释并定容。

(3) 测量溶液的吸光度:

以 CH_2Cl_2 为参比,在 277 nm 波长处分别测量阿司匹林标准溶液和含 A 试液的吸光度。

以 CH_2Cl_2 为参比,依次在 250 nm 和 275 nm 波长处测量非那西汀标准溶液、咖啡因标准溶液及含 P、C 试液的吸光度。

(4) 计算结果:利用朗伯-比尔定律 $A=\varepsilon lc$,计算有关的摩尔吸光系数,并计算药片中 A 的含量。利用原理中的方程组计算药片中 P 及 C 各自的含量。最终计算结果均以质量分数(%)和每片中的克数表示。

【说明】

(1) CH_2Cl_2 有毒,应在通风柜中操作,并要防止使其洒到油漆实验台上,以免溶解漆膜。

(2) 所用器皿均应洗净烘干,实验中要注意避水。

(3) 乙酰水杨酸中的乙酰基容易水解,要尽量缩短它在水相中的时间。如要求测定结果更准确,可另外称取药粉用酸碱滴定法(见实验 3.7)测定。

(4) 阿司匹林、非那西汀、咖啡因的摩尔质量分别为 180.2,179.2,212.2 $g \cdot mol^{-1}$。

思考题

1. 本实验为什么选用 CH_2Cl_2 作溶剂?使用 $CHCl_3$ 是否可以?
2. 为什么萃取水相中的阿司匹林时必须进行酸化?
3. 引起误差的因素有哪些?如何减少误差?

实验 5.9 苯和苯的衍生物紫外吸收光谱的测绘及溶剂性质对紫外吸收光谱的影响

【目的】

通过对苯以及苯的一取代物的紫外吸收光谱的测绘,了解不同助色团对苯的吸收光谱的影响;观察溶剂极性对丁酮、异亚丙基丙酮的吸收光谱,以及溶液 pH 对苯酚、苯胺吸收光谱的影响;学习并掌握 Cary 1E 型紫外-可见分光光度计的使用方法。

【原理】

具有不饱和结构的有机化合物，特别是芳香族化合物，在近紫外区（200～400 nm）有特征吸收，为鉴定有机化合物提供了有用的信息。方法是比较未知物与纯的已知化合物在相同条件（溶剂、浓度、pH、温度等）下绘制的吸收光谱，或将绘制的未知物的吸收光谱与标准谱图（如Sadtler紫外光谱图）相比较，如果两者一致，说明它们的生色团和分子母核可能是相同的。

苯在230～270 nm之间出现的精细结构是其特征吸收峰（B带），中心在254 nm附近，其最大吸收峰常随苯环上不同的取代基而发生位移。

溶剂的极性对有机物的紫外吸收光谱有一定的影响。溶剂极性增大，$n\text{-}\pi^*$跃迁产生的吸收带发生紫移，而$\pi\text{-}\pi^*$跃迁产生的吸收带发生红移。

【试剂及仪器】

苯，乙醇，环己烷，氯仿，丁酮，异亚丙基丙酮，正己烷，0.1 mol·L^{-1} HCl溶液，0.1 mol·L^{-1} NaOH溶液，苯的环己烷溶液（1+250），甲苯的环己烷溶液（1+250），苯酚的环己烷溶液（0.3 mg·mL^{-1}），苯甲酸的环己烷溶液（0.8 mg·mL^{-1}），苯胺的环己烷溶液（1+3000），苯酚的水溶液（0.4 mg·mL^{-1}）。

几种异亚丙基丙酮溶液：分别用水、氯仿、正己烷配成浓度为0.4 mg·mL^{-1}的溶液。

Cary 1E型紫外-可见分光光度计（配两只1.0 cm带盖石英吸收池），十三支5 mL具塞比色管，六支1 mL吸量管，两支0.1 mL吸量管。

【实验内容】

（1）苯以及苯的一取代物的吸收光谱的测绘：在石英吸收池中，加入两滴苯，加盖，用手心温热吸收池下方片刻，在紫外分光光度计上，相对石英吸收池，从220～330 nm进行波长扫描，得到吸收光谱。

在五支5 mL具塞比色管中，分别加入苯、甲苯、苯酚、苯甲酸、苯胺的环己烷溶液0.40 mL，用环己烷稀释至刻度，摇匀。在带盖的石英吸收池中，以环己烷为参比溶液，在220～330 nm范围内进行波长扫描，得到吸收光谱。

观察各吸收光谱的图形，确定其λ_{max}，分析各取代基使苯的λ_{max}移动的情况及其原因。

（2）溶剂性质对紫外吸收光谱的影响：

溶剂极性对$n\text{-}\pi^*$跃迁的影响：在三支5 mL具塞比色管中，各加入0.01 mL丁酮，分别用水、乙醇、氯仿稀释至刻度，摇匀。用石英吸收池，以相应溶剂为参比溶液，在220～330 nm范围内进行波长扫描，得到吸收光谱。比较吸收光谱λ_{max}的变化，并简单解释之。

溶剂极性对$\pi\text{-}\pi^*$跃迁的影响：在三支5 mL具塞比色管中，依次加入0.10 mL分别用水、氯仿、正己烷配制的异亚丙基丙酮溶液，并分别用水、氯仿、正己烷稀释至刻度，摇匀。用石英吸收池,以相应溶剂为参比溶液,在220～330 nm范围内进行波长扫描,得到吸收光谱。比较吸收光谱 λ_{max} 的变化,并简单解释之。

溶剂的酸碱性对苯酚吸收光谱的影响:在两支5 mL具塞比色管中,各加入苯酚的水溶液0.20 mL,分别用0.1 mol·L^{-1} HCl、0.1 mol·L^{-1} NaOH溶液稀释至刻度,摇匀。用石英吸收池,以水为参比溶液,在220～330 nm范围内进行波长扫描,得到吸收光谱。比较吸收光谱 λ_{max} 的变化,并简单解释之。

溶剂的酸碱性对苯胺吸收光谱的影响:实验操作同上。

思考题

1. 分子中哪类电子的跃迁将有可能产生紫外吸收光谱?
2. 为什么溶剂极性增大,$n\text{-}\pi^*$ 跃迁产生的吸收带发生紫移,而 $\pi\text{-}\pi^*$ 跃迁产生的吸收带则发生红移?

5.2 红外光谱法

5.2.1 原理

红外光谱(infrared spectrometry, IR)由分子中振动能级的跃迁产生,同时也伴随分子转动能级的跃迁,又称振动转动光谱。当样品受到频率连续变化的红外光照射时,分子吸收了某些频率的辐射,并由其振动或转动运动引起偶极矩的净变化,产生分子振动能级从基态到激发态的跃迁。红外光谱是透射比与波数或波长关系的曲线。

物质分子中的各种不同基团,在有选择地吸收不同频率的红外辐射后,发生振动能级之间的跃迁,形成各自独特的红外吸收光谱。据此,可对物质进行定性、定量分析。

傅里叶变换红外光谱仪(Fourier transform infrared spectroscopy, FTIR)与色散型红外光谱仪测定原理不同。在色散型红外光谱仪中,光源发出的光先照射试样,而后再经分光器(光栅或棱镜)分成单色光,由检测器检测后获得吸收光谱。在傅里叶变换红外光谱仪中,首先是把光源发出的光经迈克尔逊干涉仪变成干涉光,再让干涉光照射样品,经检测器获得干涉图,进而通过傅里叶变换而得到吸收光谱。

红外光谱根据不同的波数范围分为近红外区(12500～4000 cm^{-1})、中红外区(4000～400 cm^{-1})和远红外区(400～10 cm^{-1})。Vector 22 FTIR光谱仪提供中红外区的分析测试。

5.2.2 傅里叶变换红外光谱仪及样品制备

1. 仪器结构与操作

Vector 22 FTIR光谱仪由光学台、计算机、打印机组成(图5.13)。

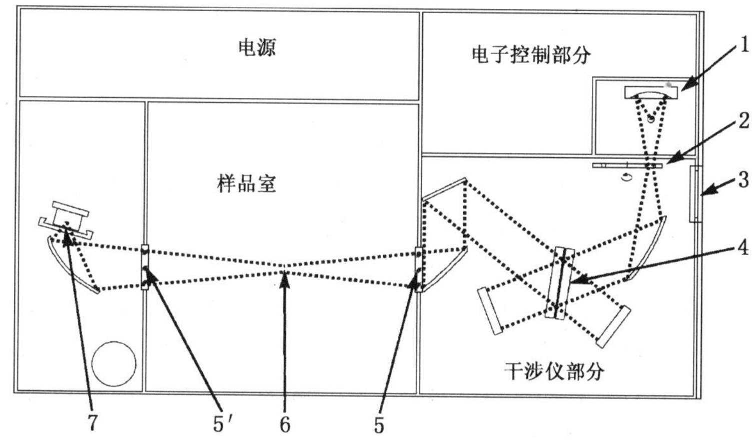

图 5.13 Vector 22 FTIR 光学台光路示意图

1. 红外光源；2. 光阑；3. 出口；4. 光束分裂器；5,5′. 窗口；6. 样品支架；7. 检测器

仪器基本性能指标如下：

光谱范围：7500～370 cm^{-1}

分辨率：1 cm^{-1}

信噪比：5500∶1

波数精度：0.01 cm^{-1}

红外光源：Globar(高强度空气冷却光源)

干涉仪：迈克尔逊干涉仪

分束器：KBr 上镀锗

检测器：DTGS(氘代硫酸三肽)

操作系统：IBM OS/2 Warp™

Vector 22 FTIR 光谱仪开机与关机的顺序是相反的。

开　机	关　机
① 光学台 ON	① File
② 计算机 ON	② EXIT
③ 左双击 OPUS	③ 计算机 OFF
④ 输入密码 OPUS(大写字母)	④ 光学台 OFF

仪器开机后，点击 OPUS，按照软件窗口提示输入样品信息和文件存储路径，并执行扫描。

2. 试样的制备

(1) 对试样的要求：试样应是单一组分的纯物质；试样中不应含有游离水；试样的浓度或测试厚度应合适。

(2) 制样方法：

- 气态试样：使用气体池，先将池内空气抽走，然后吸入待测气体试样。
- 液体试样：常用的方法有液膜法和液体池法。

液膜法：沸点较高的试样，直接滴在两片盐片之间，形成液膜。取两片盐片，用浸有四氯化碳或丙酮的棉球清洗其表面并晾干。在一盐片上滴一滴试样,另一盐片压于其上,装入到可拆式液体样品测试架中进行测定。扫描完毕,取出盐片,用浸有四氯化碳或丙酮的棉球清洁干净后,放回保干器内保存。黏度大的试样可直接涂在一片盐片上测定。

液体池法:沸点较低、挥发性较大的试样或黏度小且流动性较大的高沸点样品,可以注入封闭液体池中进行测试,液层厚度一般为 0.01～1 mm。一些吸收很强的纯液体样品,如果在减小液体池测试厚度后仍得不到好的图谱,可配成溶液测试。

● 固体试样:常用的方法有压片法、石蜡糊法和薄膜法。

压片法:取样品(约 1 mg)与干燥的 KBr(约 200 mg)在玛瑙研钵中混合均匀,充分研磨(使颗粒达到约 2 μm)后,将混合物均匀地放入固体压片模具的顶模和底模之间,然后把模具放入压片机中,在 8 t/cm^2 左右的压力下保持 1～2 min 即可得到透明或均匀半透明的锭片。取出锭片,装入固体样品测试架中。

石蜡糊法:将干燥处理后的试样研细,与液体石蜡或全氟代烃混合,调成糊状,夹在盐片中测试。

薄膜法:主要用于高分子化合物的测定,对于一些低熔点的低相对分子质量化合物也可应用。可将它们直接加热熔融后涂制或压制成膜,也可将试样溶解在低沸点的易挥发溶剂中,涂到盐片上,待溶剂挥发后成膜来测定。

5.2.3 实验部分

实验 5.10 有机物红外光谱的测绘及结构分析

【目的】

掌握液膜法制备液体样品的方法,掌握溴化钾压片法制备固体样品的方法;学习并掌握 Vector 22 型红外光谱仪的使用方法,初步学会对红外吸收光谱图的解析。

【原理】

基团的振动频率和吸收强度与组成基团的相对原子质量、化学键类型及分子的几何构型等有关。因此根据红外吸收光谱的峰位、峰强、峰形和峰的数目,可以判断物质中可能存在的某些官能团,进而推断未知物的结构。如果分子比较复杂,还需结合紫外光谱、核磁共振谱以及质谱等手段作综合判断。还可通过与未知样品相同测定条件下得到的标准样品的谱图或已发表的标准谱图(如 Sadtler 红外光谱图等)进行比较分析,做出进一步的证实。

【试剂及仪器】

苯甲酸(于 80 ℃下干燥 24 h,存于保干器中),溴化钾(于 130 ℃下干燥 24 h,存于保干器中)，无水乙醇，苯胺，乙酰乙酸乙酯，四氯化碳，均为分析纯。

Vector 22 型傅里叶变换红外光谱仪(德国 Bruke 公司)，可拆式液池，压片机，玛瑙研钵，氯化钠盐片，聚苯乙烯薄膜，红外灯。

【实验内容】

(1) 波数检验：将聚苯乙烯薄膜插入红外光谱仪的试样安放处，在 4000～600 cm^{-1} 范围进行扫描，得到吸收光谱。

(2) 测绘无水乙醇、苯胺、乙酰乙酸乙酯的红外吸收光谱——液膜法：取两片氯化钠盐片，用四氯化碳清洗其表面并晾干。在一盐片上滴 1～2 滴无水乙醇，用另一盐片压于其上，装入可拆式液池架中。然后将液池架插入红外光谱仪的试样安放处，在 4000～600 cm^{-1} 范围进行波数扫描，得到吸收光谱。

用同样的方法得到苯胺、乙酰乙酸乙酯的红外吸收光谱。

(3) 测绘苯甲酸的红外吸收光谱——溴化钾压片法：取 2 mg 苯甲酸，加入 100 mg 溴化钾粉末，在玛瑙研钵中充分磨细(颗粒约 2 μm)，使之混合均匀，并将其在红外灯下烘 10 min 左右。在压片机上压成透明薄片。将夹持薄片的螺母装入红外光谱仪的试样安放处，在 4000～600 cm^{-1} 范围进行波数扫描，得到吸收光谱。

(4) 未知有机物的结构分析：从指导教师处领取未知有机物样品。用液膜法或溴化钾压片法测绘未知有机物的红外吸收光谱。

以上红外吸收光谱测定时的参比均为空气。

【结果处理】

(1) 将测得的聚苯乙烯薄膜的吸收光谱与其标准谱图对照。对 2850.7，1601.4 及 906.7 cm^{-1} 的吸收峰进行检验。在 4000～2000 cm^{-1} 范围内，波数误差不大于 ±10 cm^{-1}；在 2000～650 cm^{-1} 范围内，波数误差不大于 ±3 cm^{-1}。

(2) 解析无水乙醇、苯胺、苯甲酸、乙酰乙酸乙酯的红外吸收光谱图，并指出各谱图上主要吸收峰的归属。

(3) 观察羟基的伸缩振动在乙醇及苯甲酸中有何不同。

(4) 根据指导教师给定的未知有机物的化学式及红外吸收光谱图上的吸收峰位置，推断未知有机物可能的结构式。

【说明】

(1) 氯化钠盐片易吸水，取盐片时需戴上指套。扫描完毕，应用浸有四氯化碳的棉球清洗盐片，并立即将盐片放回保干器内保存。

(2) 盐片装入可拆式液池架后，螺丝不宜拧得过紧，否则会压碎盐片。

思 考 题

1. 在含氧有机化合物中,如在 1900～1600 cm^{-1} 区域中有强吸收谱带出现,能否判定分子中有羰基存在?

2. 羟基的伸缩振动在乙醇及苯甲酸中为何不同?

5.3 荧光光度法

5.3.1 原理

荧光是光致发光,即是当分子接受一定波长的光激发之后而在更长波长发出的光。分子吸收激发光,电子由基态跃迁到激发态,再通过发射光的形式回到基态。荧光具有两个特征光谱:固定荧光发射波长,扫描获得激发光谱;固定激发波长,扫描获得发射光谱。荧光发射光谱有如下特点:①在溶液中,分子荧光的发射峰相对于吸收峰位移到较长的波长(斯托克斯位移);②荧光发射光谱与激发波长的选择无关;③荧光发射光谱和它的吸收光谱呈镜像对称关系。

具有 π-π 电子共轭体系的分子和刚性平面结构的分子具有较强的荧光发射。在稀溶液(吸光度小于 0.02)中,荧光强度与发光物质的浓度关系为

$$I_f = 2.303\phi_f I_0 \varepsilon l c$$

可见,荧光强度与光源强度 I_0、荧光物质量子产率 ϕ_f、摩尔吸光系数 ε 以及吸光液层厚度 l 均有关。

荧光法的灵敏度与以下因素有关:被分析物的绝对灵敏度(由摩尔吸光系数和荧光效率决定)、仪器灵敏度(由光源强度、检测器灵敏度以及仪器光学效率决定)和方法灵敏度(主要取决于空白)。仪器灵敏度定义为硫酸奎宁的检测限,现在常用 350 nm 激发下纯水的拉曼峰(395 nm)的信噪比表示。

荧光仪由以下几个基本部件组成:激发光源、样品池、用于选择激发光波长和荧光波长的单色器以及检测器。检测器在位于与激发光垂直的方向上检测发射光。光源常用氙弧灯,样品池四壁均光洁透明,单色器为光栅,检测器一般为光电倍增管。

5.3.2 F-4500 型荧光光度计及其操作

1. 仪器简介

F-4500 型荧光光度计是一种功能比较完善的发光测定装置,可进行荧光、磷光及发光分析,样品可以是液体、固体及气体(另配样品池),可提供三维扫描、激发发射光谱扫描、时间扫描及浓度分析等。仪器原理框图见图 5.14。

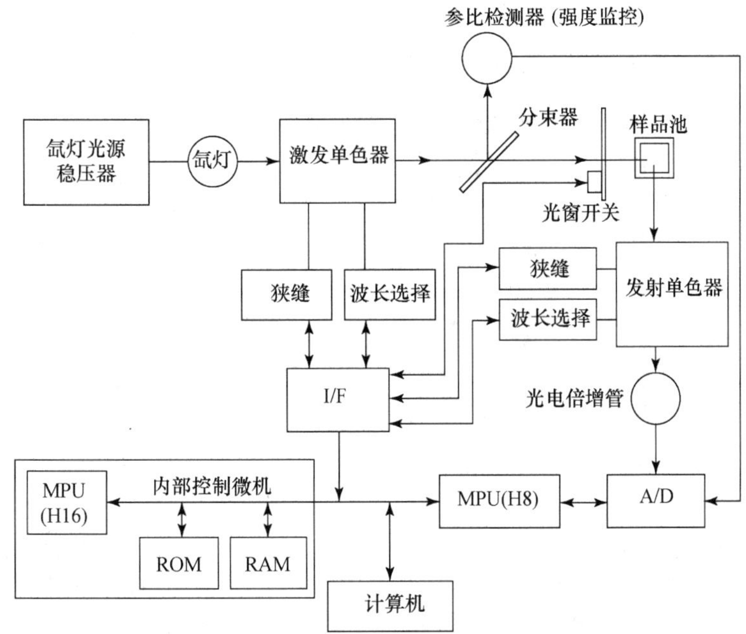

图 5.14 F-4500 型荧光光度计原理框图

开机后，双击 F-4500 操作界面图标，即可进入测试方法选择画面(图 5.15)。其各功能含义如下：

波长扫描(Wavelength Scan)：可获得激发光谱、荧光光谱、磷光光谱等；

时间扫描(Time Scan)：可获得设定激发/荧光波长下强度随时间的变化信息；

光度计(Photometry)：可用于固定激发/荧光波长下的浓度分析；

三维扫描(3-D Scan)：可获得激发光波长、发射光波长及强度的三维等高线图与二维信息。

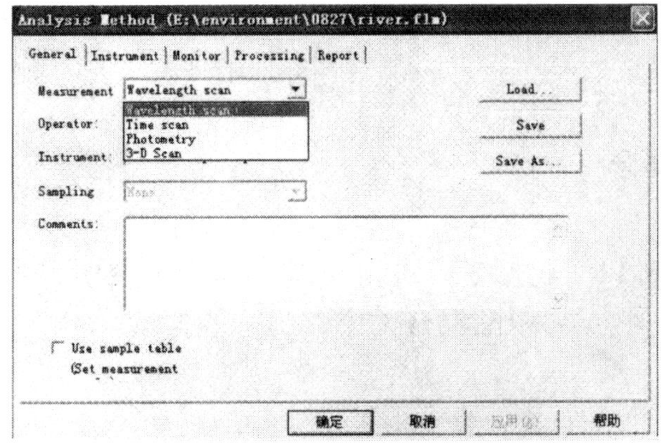

图 5.15 F-4500 型荧光光度计功能选择窗口

2. 主要功能键说明

这里仅介绍波长扫描功能。扫描参数见图 5.16。

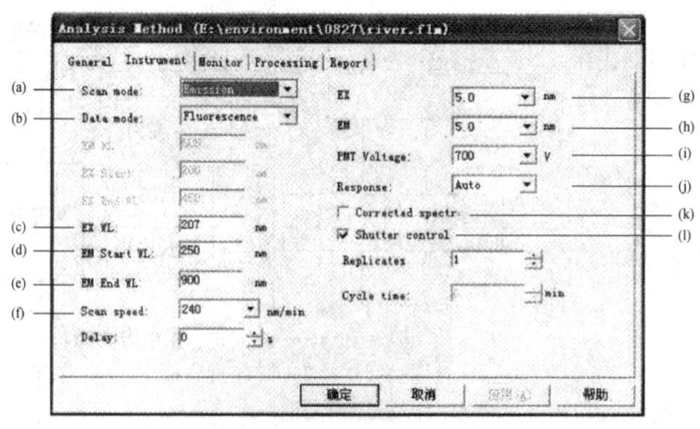

图 5.16 波长扫描参数选择窗口

(a) 扫描模式：发射或激发；(b) 数据采集模式：设置测量光谱方式(荧光、磷光)；(c) 激发波长；(d) 发射光扫描起始波长；(e) 发射光扫描终止波长；(f) 扫描速度；(g) 激发光入射狭缝；(h) 发射光出射狭缝；(i) 光电倍增管高压；(j) 响应时间：一般设为自动，自动按扫描速度设置；(k) 校正光谱：使用校正光谱，可消除单色器及光电倍增管对不同波长的响应情况，使测得的光谱扣除仪器响应：(l) 快门控制：选择快门控制表示入射光只在扫描过程中照射到样品，以减少样品光分解

在工作方法中选择波长扫描(Wavelength Scan)，可进行激发光谱、荧光光谱、磷光光谱、同步荧光光谱的测定。

3. 波长扫描操作

(1) 选定参数：扫描参数中可选择扫描模式(激发、荧光、同步荧光)、数据模式(荧光、磷光、发光)及指定荧光/激发波长等。

Pre-scan 键提供自动设置强度轴的功能，使最大峰值在 70%处。设置完毕后退出。

(2) 执行扫描。

5.3.3 实验部分

实验 5.11 荧光分析法测定邻-羟基苯甲酸和间-羟基苯甲酸混合物中二组分的含量

【目的】

学习荧光分析法的基本原理和仪器的操作方法；用荧光分析法进行多组分含量的测定。

【原理】

在弱酸性水溶液中(pH 5.5),邻-羟基苯甲酸(水杨酸)生成分子内氢键:

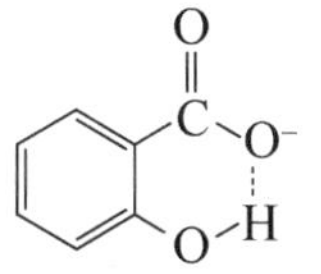

增加分子的刚性而有较强荧光,而间-羟基苯甲酸无荧光。在 pH 12 的碱性溶液中,二者在 310 nm 附近的紫外光照射下均会发生荧光,且邻-羟基苯甲酸的荧光量子产率与其在弱酸性时相同。因此,在 pH 5.5 时可测定水杨酸的含量,间-羟基苯甲酸不干扰;另取同量试样溶液调 pH 至 12,从测得的荧光强度中扣除水杨酸产生的荧光即可求出间-羟基苯甲酸的含量。在0～12 $\mu g \cdot mL^{-1}$范围内荧光强度与二组分浓度均呈线性关系。对-羟基苯甲酸在此条件下无荧光,因而不干扰测定。

【试剂及仪器】

0.10 $mol \cdot L^{-1}$ NaOH。

邻-羟基苯甲酸标准溶液:称取水杨酸 0.1500 g,用水溶解并定容于 1 L 容量瓶中。

间-羟基苯甲酸标准溶液:称取间-羟基苯甲酸 0.1500 g,用水溶解并定容于 1 L 容量瓶中。

醋酸-醋酸钠缓冲溶液:称取 50 g 醋酸钠和 6 g 冰醋酸配成 1 L pH 5.5 的缓冲溶液。

F-4500 型荧光分光光度计(日本 Hitachi 公司),25 mL 比色管,分度吸量管。

【实验内容】

(1) 配制标准系列和未知溶液:

分别移取水杨酸标准溶液 0,0.20,0.40,0.60,0.80,1.00 mL 于 25 mL 比色管中,各加入 2.5 mL pH 5.5 的醋酸盐缓冲溶液,用去离子水稀释至刻度,摇匀。依次按 1～6 编号。

分别移取间-羟基苯甲酸标准溶液 0,0.20,0.40,0.60,0.80,1.00 mL 于 25 mL 比色管中,各加入 3 mL 0.1 $mol \cdot L^{-1}$ NaOH,用去离子水稀释至刻度,摇匀。依次按 7～12 编号。

移取 1.00 mL 未知液两份分别置于 25 mL 比色管中,向其中一份溶液中加入 2.5 mL pH 5.5 的醋酸盐缓冲溶液,向另外一份溶液中加入 3.0 mL 0.10 $mol \cdot L^{-1}$ NaOH,分别用去离子水稀释至刻度,摇匀。分别编号为 13,14 号。

为验证实验原理,测试邻-羟基苯甲酸在强碱性介质、间-羟基苯甲酸在弱酸性介质的吸收光谱。移取 1.00 mL 邻-羟基苯甲酸于 25 mL 比色管中,加入 3 mL 0.1 $mol \cdot L^{-1}$ NaOH,去离子水稀释至刻度,编号 15。移取 1.00 mL 间-羟基苯甲酸于 25 mL 比色管中,加入 2.5 mL pH 5.5 的醋酸-醋酸钠缓冲溶液,去离子水稀释至刻度,编号 16。

(2) 激发光谱和发射光谱的测绘：用3,15号溶液和10,16号溶液测绘邻-羟基苯甲酸和间-羟基苯甲酸分别在弱酸和强碱性pH的激发光谱和发射光谱。先固定激发波长为300 nm，在300～700 nm测定荧光强度，获得溶液的发射光谱，在400 nm附近为最大发射波长λ_{em}；再固定发射波长为λ_{em}，测定激发波长为200～400 nm时的荧光强度，获得溶液的激发光谱，在300 nm附近为最大激发波长λ_{ex}。

(3) 根据(2)中得到的光谱图验证实验原理，并根据3号和10号溶液确定一组测定波长(λ_{ex}和λ_{em})，使之对两组分都有较高的灵敏度。在该组波长下测定1～14号各溶液的荧光强度。

(4) 仪器狭缝宽度对荧光强度的影响：分别按照下述条件改变激发和发射光路狭缝，获得荧光光谱A,B和C,并讨论狭缝对荧光光谱和荧光强度的影响。

光谱	激发狭缝 /nm	发射狭缝 /nm
A	2.5	2.5
B	10.0	2.5
C	2.5	10.0

【数据处理】

(1) 报告水杨酸和间-羟基苯甲酸的荧光光谱(激发和发射光谱)。

(2) 以荧光强度为纵坐标，分别以水杨酸和间-羟基苯甲酸的浓度为横坐标制作校准曲线。

(3) 根据pH 5.5的未知溶液的荧光强度，在水杨酸的校准曲线上确定未知液中水杨酸的浓度。

(4) 根据pH为12的未知液的荧光强度与pH为5.5的未知液的荧光强度之差值，在间-羟基苯甲酸的校准曲线上确定未知液中的间-羟基苯甲酸的浓度。

思考题

1. 在pH为5.5的水溶液中，邻-羟基苯甲酸($pK_{a_1}=3.00$，$pK_{a_2}=12.38$)和间-羟基苯甲酸($pK_{a_1}=4.05$，$pK_{a_2}=9.85$)的存在形式如何？为什么二者的荧光性质不同？
2. 物质的荧光强度与哪些因素有关？
3. 荧光光度计与分光光度计的结构及操作有何异同？

实验5.12 荧光分析法测定饮料中的奎宁

【目的】

了解荧光分析法基本原理，掌握荧光分析法实验技术；掌握荧光分析法测定饮料中的奎宁。

【原理】

奎宁($C_{20}H_{24}N_2O_2$,M=324.43 g·mol^{-1})是从金鸡纳树皮中提取出来的生物碱。多年来一直被用做抗疟疾药品使用。尽管不是治疗疟疾的药物,但是奎宁能够减轻疟疾的症状。通常的药用形式是二盐酸奎宁(quinine dihydrochloride)或二水合硫酸奎宁(quinine sulfate dihydrate)。二水合硫酸奎宁的分子式为$(C_{20}H_{24}N_2O_2)_2 \cdot H_2SO_4 \cdot 2H_2O$,$M$=782.94 g·$mol^{-1}$。

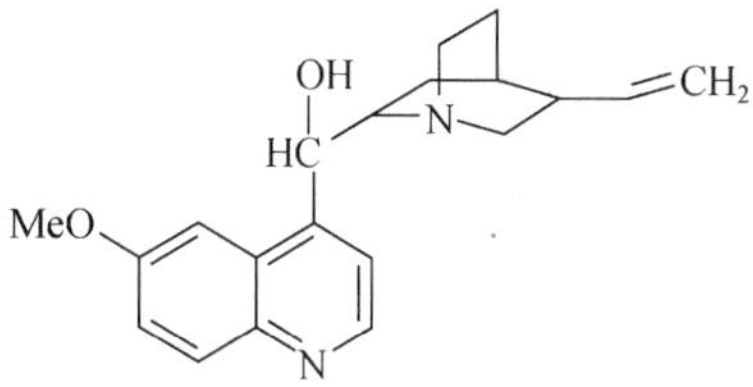

奎宁

在稀酸溶液中,奎宁具有很强的荧光,据此可以检测痕量的奎宁。在 0.05 mol·L^{-1} H_2SO_4 溶液中,奎宁有两个激发峰,分别位于 250 nm 和 350 nm,荧光发射峰为 450 nm。

【试剂及仪器】

0.05 mol·L^{-1} H_2SO_4 溶液。

奎宁储备液(100.0 μg·mL^{-1}):称量 120 mg 二水合硫酸奎宁或 100 mg 奎宁,以 0.05 mol·L^{-1} H_2SO_4 溶液溶解并定容于 1000 mL 容量瓶,避光保存。使用时,以 0.05 mol·L^{-1} H_2SO_4 溶液稀释成 10.0 μg·mL^{-1}的工作液。

F-4500 型荧光分光光度计(日本 Hitachi 公司),25 mL 比色管,分度吸量管。

【实验内容】

(1) 奎宁标准工作溶液的配制:向一系列 25 mL 容量瓶中准确加入 0.25,0.5,1.0,1.5,2.0,2.5 mL 的 10.0 μg·mL^{-1}奎宁工作液,以 0.05 mol·L^{-1} H_2SO_4 溶液定容。在选定的波长激发,测量 450 nm 的荧光强度,制作标准工作曲线。

(2) 检测限的测定:取上述第一份奎宁标准溶液,以 0.05 mol·L^{-1} H_2SO_4 溶液按照 10 倍逐级稀释,直至获得的荧光值与 0.05 mol·L^{-1} H_2SO_4 溶液的值相当。该浓度即为硫酸奎宁的检测限。

(3) 饮料中奎宁浓度的测定:从指导教师处领取配制好的硫酸奎宁溶液(约 60~80 μg·mL^{-1}),以 0.05 mol·L^{-1} H_2SO_4 溶液稀释一定倍数。在标准工作曲线条件下测定其荧光强度并从标准工作曲线获得其准确浓度。

【数据处理】

(1) 以荧光强度为纵坐标,以奎宁的浓度为横坐标制作校准曲线,并获得线性拟合方程,以及相关系数。

(2) 计算奎宁的检测限。

(3) 计算未知样品中奎宁的浓度。

5.4 原子发射光谱法

5.4.1 原理、仪器结构与操作

原子发射光谱分析是根据原子在受激后发射出特征光谱而进行定性与定量分析的。基于此，原子发射光谱仪主要由光源、光学系统、检测系统和数据处理系统组成。

光源的作用是提供足够的能量以使试样蒸发、原子化、激发，从而产生发射光谱。在原子发射光谱中，光源也就是原子源。目前使用的光源主要有：直流电弧光源、火花光源、辉光放电光源、电感耦合高频等离子体光源、微波诱导等离子体光源等。

光学系统则由狭缝、透镜、反射镜和色散元件组成，色散元件为棱镜或光栅。检测系统有摄谱和直读等类型。前者是将光源的发射光谱经色散元件分光后照射到照相干板上，得到粗细深浅不同的、按照波长顺序排列的谱线。根据谱线的波长位置定性，根据谱线的黑度定量。这类仪器称为摄谱仪。如果将光源的发射光谱经色散元件分光后照射到光电转换器件上，再对电信号进行处理，即可得到定性或定量的信息，这类仪器称为直读光谱仪。根据不同组合，又有棱镜摄谱仪、光栅摄谱仪和光电直读光谱仪之分。

图 5.17 是实验将要使用的 WP1 型一米平面光栅摄谱仪外观图，其工作波段为 200～800 nm。光源为电弧或火花。光学系统采用艾伯特垂直对称型装置，慧差及象散可减少到

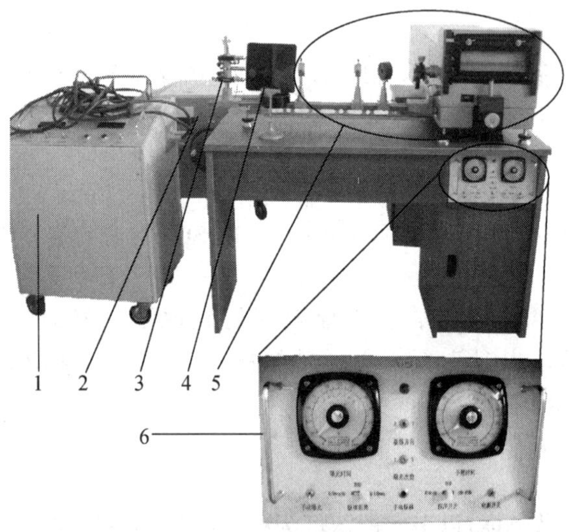

图 5.17 WP1 型一米平面光栅摄谱仪外观图

1. 电弧光源控制器；2. 电源控制器；3. 电极(样品引入)；4. 遮光板(保护眼睛)；5. 光学系统和检测系统；6. 操作面板

理想程度；在较长谱面范围内谱线清晰，结构均匀；采用三透镜消色差照明方式，狭缝得到均匀照明。哈特曼光阑和减光板密封在光栏外壳内，可以减少灰尘对狭缝的污染。通过控制箱操作摄谱过程。

图 5.18 是 WP1 型一米平面光栅摄谱仪光路示意图：试样在光源内激发后发射出的光，穿过三透镜照明系统由狭缝经平面反射镜折向球面反射镜下方的准直镜，经准直镜反射后以平行光束照射到光栅上，由光栅分光后照射到球面反射镜上方的成像物镜，最后按波长排列聚焦于感光板上。旋转光栅转台改变光栅的入射角，便可改变所需的波段范围和光谱级次。

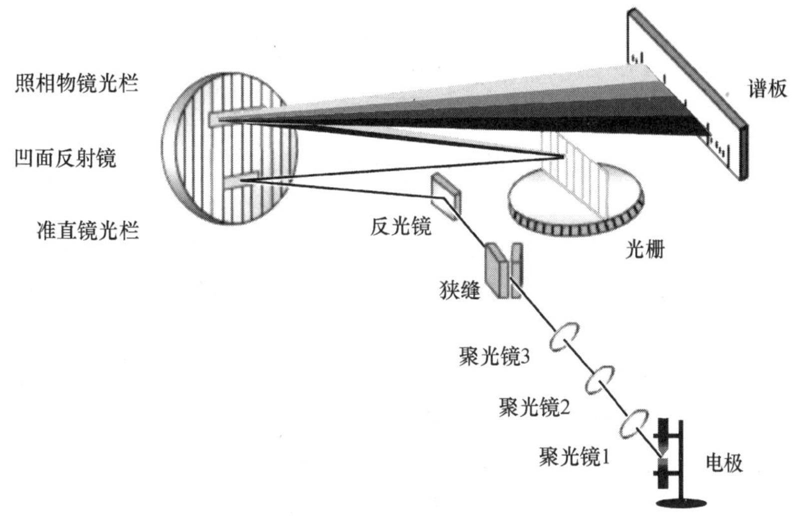

图 5.18 WP1 型一米平面光栅摄谱仪光路图

现将摄谱操作过程中所要涉及的主要部件分述如下：

(1) 狭缝：由一对金属颚片构成，缝宽可调。它是光谱仪的重要部件，感光板上每一条光谱线都是不同波长的光照射于入射狭缝，经过色散分光后获得的狭缝的像。所以狭缝的优劣，条件选择是否合适，维护是否得当以及照明效果的质量等，都对光谱仪器的检测性能有重大影响。调节狭缝时一定要在教师指导下进行，务必小心。

(2) 光阑：又叫哈特曼光阑(见图 5.19)。摄谱仪入射狭缝自身高度的名义值为 10 mm(实际高度为 9.8 mm)，感光板的规格是 240 mm×90 mm。为了充分合理地利用感光板的空间，分析工作中通常利用光阑(内设阶梯减光板)对狭缝高度和谱带位置加以限制。本实验中狭缝高度只需 1 mm(实际高度 0.8 mm)。因此，利用光阑就可以在感光板上得到所需要的通光高度和通光位置。如图 5.19 所示，哈特曼光阑是在一个直径 70 mm 的圆盘上，刻有不同形状或高度的通光孔，固定在入射狭缝前面。工作时，每拍摄一次光谱转动一下光阑，依次变换位置，就可在光谱感光板上得到上下并列的九条光谱，便于对照比较。

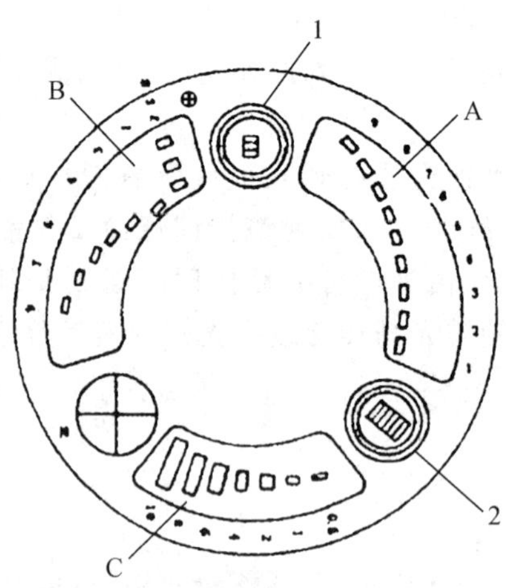

图 5.19 哈特曼光阑

A,B,C 为光阑;1,2 为阶梯减光板

(3) 板移:转动板移可使暗盒上下移动,每转一圈,感光板垂直移动 1 mm。它的作用与照相机转动胶卷的装置相同。在摄谱工作中,光阑与板移配合使用,例如,在定性分析时为了避免转动板移带来的机械误差,引起摄取的铁光谱与样品光谱的波长位置不一致,要选择适宜的光阑,并在摄取每组相互比较的光谱条带过程中,逐条移动哈特曼光阑。由于狭缝的位置没有改变而只是光阑对狭缝不同高度的截取,所以所得该组光谱的谱线位置固定不变,便于定性查找。准备拍摄另一组光谱时,摇动板移,重新设置光阑。

(4) 快门:用做控制曝光。快门打开,感光板曝光;快门关闭,停止曝光。

5.4.2 实验部分

实验 5.13 原子发射光谱对液体和固体样品中微量金属元素的定性分析

【目的】

学习用摄谱法进行元素定性分析。了解 WP1 型一米平面光栅摄谱仪的操作方法;学习暗室冲洗技术;熟悉谱线的辨认查找及判断元素存在与否的方法。用固体粉末法确定化学试剂中有无指定元素。用溶液残渣法进行湖水定性全分析,以监测水质污染情况。

【原理】

各种元素因其原子结构不同而具有不同的原子光谱。因此,当某种元素的基态原子被适宜能量激发后,辐射出特定波长的光谱线,它代表了元素的特征,这是发射光谱定性分析的依据。

然而，一种元素可以发射出多条谱线，各条谱线的强度也不尽相同。当元素含量降低时，光谱中强度弱的谱线相继消失，最后消失的几条谱线叫做最后线，也即灵敏线。最后线是检出限量最低的谱线。每种元素有它自己的最后线。定性分析时，首先要检查该元素光谱中的几条最后线是否出现。如该元素的最后线不出现，则灵敏度较差的谱线也不会出现。这时若在灵敏度较差的谱线位置上观察到了谱线，很可能是其他元素的干扰所致。

事实上，由于试样中许多元素的谱线波长相近，而摄谱仪及感光板的分辨率又有限，因此，在记录到的试样光谱中，谱线可能会相互重叠，发生干扰。当需要确证某一元素的分析线是否受到干扰时，首先要判明干扰元素是否存在(可检查干扰元素的最后线出现与否)。当一条分析线确实受到干扰时，只能寻找别的分析线，即灵敏度较差的线。一般只要观察到该元素的少数几条最后线或者一些特征线，就可以确定该元素的存在。

【试剂及仪器】

氧化铝粉末(CP 级)，碳粉(光谱纯)。

WP1 型一米平面光栅摄谱仪，直流电弧光源，映谱仪。铁电极与石墨电极。

【实验内容】

(1) 电极的准备：两根铁电极，光亮无铁锈；三根平头石墨电极(作为下电极用于液体样品)；两根杯形石墨电极(作为下电极用于固体样品)；五根锥形石墨电极(作为上电极)。

(2) 样品准备：

液体样品：水空白、矿泉水、湖水；固样样品：纯碳粉、掺有氧化铝的碳粉。

液体样品准备：将三根平头石墨电极直竖于电极盘上，在平头面上各加一滴 1%聚苯乙烯的苯溶液。自然晾干后在第二和第三根石墨电极上分别滴加矿泉水和湖水，用红外灯烤干备用。第一根电极作为空白样品。

固体样品准备：将约 20 mg 纯碳粉置于表面皿中，把作为下电极的杯形电极倒置于样品上，填满、压紧粉末后放入电极盘中。另一根杯形电极以同样的方法装入已混匀的氧化铝和碳粉的混合物，放入电极盘中。

(3) 安装感光板：在暗室的红灯下根据乳剂面和玻璃面反光亮度的差异判断感光板的乳剂面(亮度小、粗糙发黏的为乳剂面，光滑的为玻璃面)。开启暗盒，将感光板乳剂面向下装入暗盒槽内。确认装好后，关闭暗盒盖，拧紧螺丝。注意：乳剂面一定要向下，否则实验失败(思考：为什么?)。

(4) 摄谱：

开启摄谱仪电源开关，根据表 5.4 的要求，调好板移、光阑、狭缝宽度，检查无误后抽去暗盒挡板。在电极架上装好上下电极,电极位置是否合适由透镜后面遮光板上所成的像来观察(思考:上下电极的像为什么是倒的?)。准备工作完毕后,点弧,同时打开快门并按下秒表计时。当曝光时间到,关快门,灭弧,一份样品拍摄完毕。

每组摄谱六份样品:标准铁电极、石墨电极空白、两份水样品、碳粉空白及氧化铝粉末(与碳粉混合)。全部拍摄完毕后插上暗盒挡板,取下暗盒以备冲洗。

表 5.4　实验参数与每组分工

<table>
<tr><th>分工</th><th>样品</th><th>电极</th><th>说明</th><th>分工</th><th>光阑</th><th>狭缝</th><th>曝光时间</th><th>板移</th></tr>
<tr><td rowspan="3">学生 A</td><td>铁</td><td>平头铁</td><td rowspan="6">擦拭电极夹</td><td rowspan="3">学生 B</td><td>2, 5, 8</td><td rowspan="3">5 μm</td><td>3 s</td><td rowspan="6">30</td></tr>
<tr><td>液样空白</td><td rowspan="2">平头石墨</td><td>3</td><td>40 s</td></tr>
<tr><td>矿泉水样</td><td>4</td><td>50 s</td></tr>
<tr><td rowspan="3">学生 B</td><td>湖水</td><td>平头石墨</td><td rowspan="3">学生 A</td><td>6</td><td rowspan="3">5 μm</td><td>50 s</td></tr>
<tr><td>纯碳粉</td><td rowspan="2">杯形石墨</td><td>7</td><td>50 s</td></tr>
<tr><td>氧化铝与碳粉混合物</td><td>9</td><td>50 s</td></tr>
</table>

注:下一组实验把板移调到50处,以便在一张感光板上记录两组数据。学生A装电极,启灭弧,调弧焰;学生B调参数,开关快门,秒表记时。

(5) 处理感光板:在暗室红灯下,从暗盒中取出感光板(**注意:任何时候都不要用手触摸感光板的乳剂面**)。将乳剂面向上,放在清水盘中润湿,再浸入20℃的显影液中,显影4 min;其间应缓慢摇动液盘,使显影液与乳剂面作用均匀。显影完毕,将感光板取出浸入停显液中(约30 s),然后再将感光板放入定影液中,直到感光玻璃板完全透明(一般需5～10 min),取出。用自来水缓流冲洗数分钟,然后放在谱片架上自然晾干。谱片如需长期保存,自来水冲洗之后,再用去离子水冲洗,效果会更好。光谱感光板的显、定影操作是一个很重要的环节,要严格遵守操作规程。

(6) 定性分析:

定性全分析分两步进行,首先把试样中出现的光谱线与标准光谱图对照,要逐条对照普查,根据存在的谱线,把可能存在的元素全部记录下来;其次是把可能存在的元素的灵敏线列出。根据选择分析线的原则选出分析线,再依次查对。凡是分析线出现的,就确定该元素存在。若分析线未出现,则加以否定(要注意排除干扰线)。

湖水定性全分析:将已晾干的感光谱板放在映谱仪的置片台上,乳剂面向上,调好焦距(谱线被放大20倍)。由谱片可看到,湖水样在250.0～253.0 nm之间只有六条谱线(图5.20),它们是哪种元素的谱线呢?利用光谱图线表对照比较就可以确定。对照比较时,先将实验所得的谱图与标准光谱图的铁谱对齐,再看湖水样的六条谱线与标准光谱图上的哪些谱线重合,经查对这六条线分别为:250.69 nm^{8},251.43 nm^{8},251.61 nm^{9},251.92 nm^{7},252.41 nm^{8},252.85 nm^{8},都是元素Si的谱线。右上角的小字为该谱线相对强度。采用相同的读谱方法可以确定矿泉水中有何种元素存在。

氧化铝中指定元素铅、铜的定性分析：从元素灵敏线表(实验室备有)中查出指定元素Pb、Cu的灵敏线波长(2～6条)，排除干扰情况后，确定分析线。利用标准光谱图，在映谱仪下对照比较，根据分析线出现与否确定元素是否存在。但必须注意，在确定检出与否时，应对照空白纯碳粉的谱线。

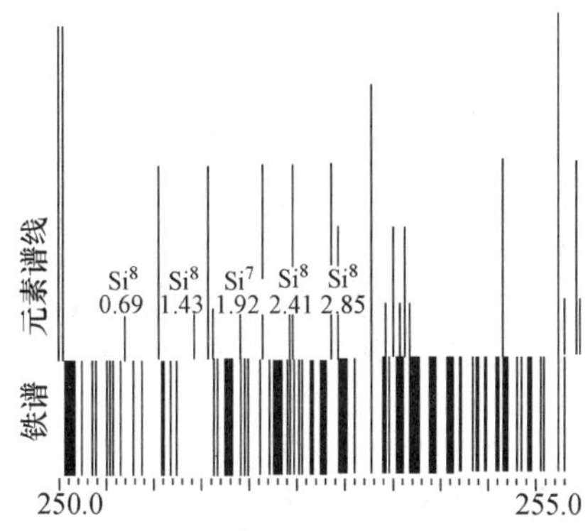

图 5.20 在 250.0～255.0 nm 之间的原子光谱图

思 考 题

1. 原子发射光谱法有何特点?
2. 什么叫元素的共振线、灵敏线和特征谱线?
3. 如何选择分析线?
4. 元素光谱图由哪几部分组成? 为何要拍摄纯铁谱、空白样?

5.5 原子吸收光谱法

5.5.1 原理与仪器

原子吸收光谱法所使用的仪器为原子吸收分光光度计，也称原子吸收光谱仪。它必须具备能产生特征光谱的光源，能将样品中的被测元素转变成基态原子蒸气的原子化器，能分辨出被测元素所需的特征谱线的光学系统，以及能将光信号转变成电信号，并以多种方式输出这一信息的检测系统。图5.21～5.23分别为AA6300C型原子吸收分光光度计的外观图、光度计系统示意图和光学系统示意图。

由图5.22和图5.23可以看出，AA6300C型原子吸收分光光度计是双光束光路系统，并且具备背景校正功能(氘灯和自吸背景扣除)。双光束光路系统是通过半透半反镜将光源发射出的光分成两路，一路为样品光束，穿过原子化器；另一路为参比光束，不通过原子化器。

两路光经斩光器后,合为一路,交替进入单色器(分光系统),经光电转换和信号处理后给出测量数据。双光束的最大优点是测量时基线稳定。

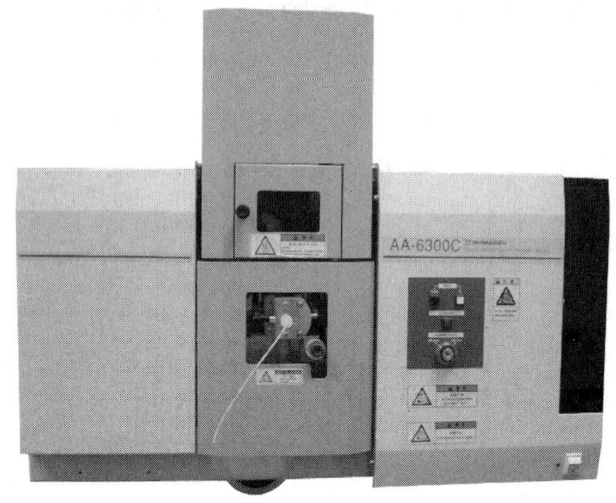

图 5.21 AA6300C 型原子吸收分光光度计外观图

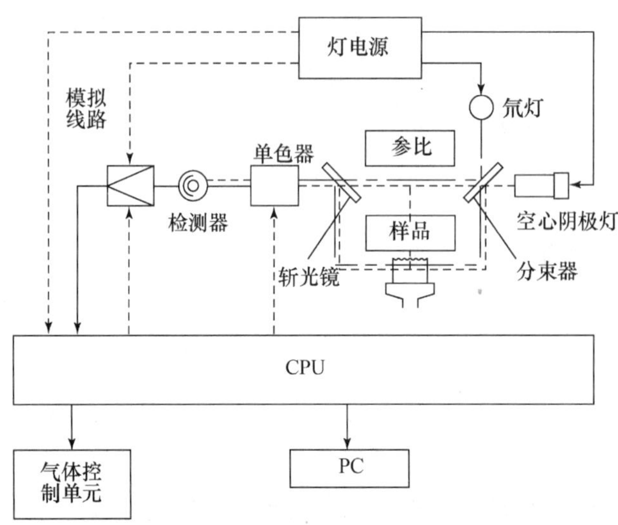

图 5.22 AA6300C 型光度计系统示意图

图 5.24 是火焰原子化器的剖面图。火焰原子化器由三部分组成:雾化器、预混合室和燃烧器头。雾化器是利用空气(助燃气)在喷嘴处产生的负压,将液体样品从毛细管的一端吸入,从另一端喷出时雾化成非常细的液滴,也称湿气溶胶。湿气溶胶与撞击球碰撞后,成为更加细小的液滴,在预混合室内与燃气、助燃气均匀混合后,从燃烧器头的狭缝中喷出。待测元素在燃烧器火焰的高温和化学氛围作用下被原子化。较大的液滴不能被气流从燃烧器的狭缝中带出,沉降后从废液排放口流出。

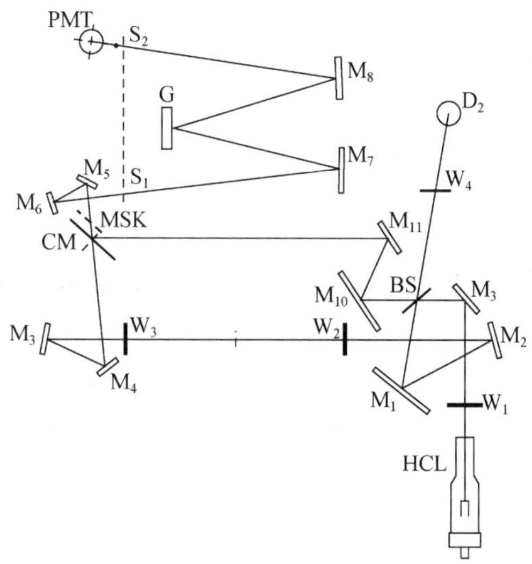

图 5.23 AA6300C 型原子吸收分光光度计光学系统示意图

HCL—空心阴极灯；D2—氘灯；M—反射镜；W—窗板；S—狭缝；CM—斩光镜；G—光栅；BS—分束器；PMT—光电倍增管

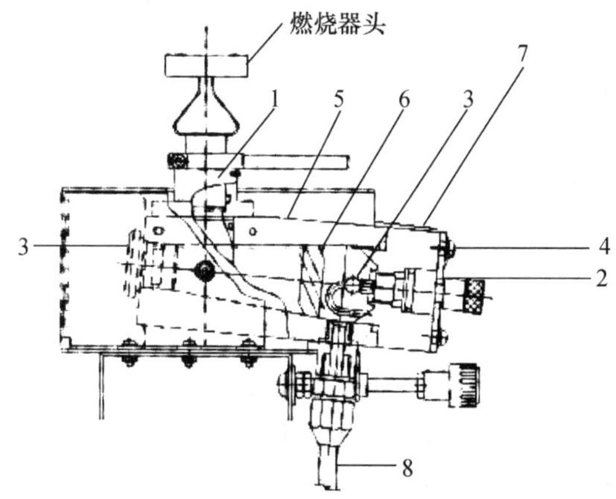

图 5.24 火焰原子化器剖面图

1. 燃烧器插座；2. 雾化器；3. 撞击球；4. 雾化器固定板和固定螺丝；5. 雾化室；6. 混合室；7. 安全塞和安全塞活动板；8. 废液排放口

5.5.2 AA6300C 型原子吸收分光光度计操作

按照实验室提供的操作指南开启 AA6300C 主机的电源开关；打开计算机，启动 Windows 操作系统；双击 WizAArd 图标，在屏幕中央出现“WizAArd 注册”对话框。输入

"admin",注册完毕后出现"Wizard 选择"对话框。根据实验内容与要求选择屏幕上显示的指令,完成测定所需要的设置。

5.5.3 实验部分

实验5.14 火焰原子吸收光谱法测定钙

【目的】

了解原子吸收分光光度计的基本结构和工作原理;学习火焰原子吸收光谱分析的基本操作,通过对钙最佳测定条件的选择,了解与火焰性质有关的一些条件参数对钙测定灵敏度的影响;加深对原子吸收光谱法灵敏度、准确度、空白等概念的认识。

【原理】

原子吸收光谱分析主要用于金属元素的定量分析,它的基本依据是:将一束特定波长的光投射到被测元素的基态原子蒸气中,原子蒸气对这一波长的光产生吸收,未被吸收的光则透射过去。在一定浓度范围内,被测元素的浓度(c)、入射光强(I_0)和透射光强(I_t)三者之间的关系符合朗伯-比尔定律:

$$I_t = I_0 \times 10^{-abc}$$

式中 a 为被测组分对某一波长光的吸收系数,b 为光经过的火焰的长度。根据这一关系可以用校准曲线法或标准加入法来测定未知溶液中某元素的含量。

钙是火焰原子化的敏感元素。测定条件的变化(如燃气与助燃气的比例,简称燃助比)、干扰离子的存在等因素都会严重影响钙在火焰中的原子化效率,从而影响钙的测定灵敏度。

原子化效率,是指原子化器中被测元素的基态原子数目与被测元素所有可能存在状态的原子总数之比。在火焰原子吸收法中,决定原子化效率的主要因素是被测元素的性质和火焰的性质。解离能、电离能和结合能等物理化学参数的大小,决定了被测元素在火焰的高温和燃烧的化学气氛中解离、电离、化合的难易程度。而燃气、助燃气的种类及其配比,决定了火焰的燃烧性质(如火焰的化学组成、温度分布和氧化还原性氛围等),它们直接影响着被测元素在火焰中的存在状态。因此在测定样品之前都应对测定条件进行优化。

【试剂及仪器】

100 $\mu g \cdot mL^{-1}$ Ca^{2+} 标准溶液。

10 $mg \cdot mL^{-1}$ 镧溶液:若去离子水的水质不好,会影响钙的测定灵敏度和校准曲线的线性关系,加入适量的镧可消除这一影响。

本实验以乙炔气为燃气，空气为助燃气。

AA6300C 型原子吸收分光光度计，空气压缩机，乙炔钢瓶及压力表，数支 10 mL 比色管，数支 25 mL 比色管，一个 100 mL 容量瓶，数支 2 mL、5 mL 分度吸量管，塑料洗瓶，洗耳球。

【实验内容】

(1) 测试溶液的制备：

条件试验溶液的配制：将 100 $\mu g \cdot mL^{-1}$ 的 Ca^{2+} 标液稀释成浓度为 2～3 $\mu g \cdot mL^{-1}$ 的 Ca^{2+} 试液 100 mL，摇匀。此溶液用于分析条件选择实验。

标准溶液的配制：用分度吸量管取一定体积的 100 $\mu g \cdot mL^{-1}$ Ca^{2+} 标液于 25 mL 比色管中，用去离子水稀释至 25 mL 刻度处，其浓度应为 10 $\mu g \cdot mL^{-1}$。于六支 10 mL 比色管中分别加入一定体积的 10 $\mu g \cdot mL^{-1}$ Ca^{2+} 标液，用去离子水稀释至 10 mL 刻度处，摇匀。配成浓度分别为 0，0.5，1.0，2.0，2.5，3.0 $\mu g \cdot mL^{-1}$ 的 Ca^{2+} 标准系列溶液，用于制作校准曲线。

(2) 分析条件的选择：

本实验只对火焰燃烧器高度和燃助比这两个条件进行选择。在原子吸收光谱仪中，整个原子化器的上、下、前、后位置和燃烧器头的旋转角度都是可调的。从光源发出的光，其光路是不变的。若改变原子化器的上、下位置，就相当于入射光穿过了火焰的不同部位，如图 5.25 所示。通常原子化器旁装有一标度尺，可读出高度变化的相对值(AA6300C 型原子吸收分光光度计利用计算机调控)。由于火焰燃烧性质和温度分布的不均匀性，在 H1、H2 和 H3 位置测定的吸光度会有一些差别。差别的大小因火焰种类和元素性质而异。钙在火焰中易形成氧化物，若在火焰的还原区或高温区，就可避免或减少氧化钙的形成，使钙的自由原子数目增多。燃烧器高度的选择就是在寻找原子化的最佳区域。

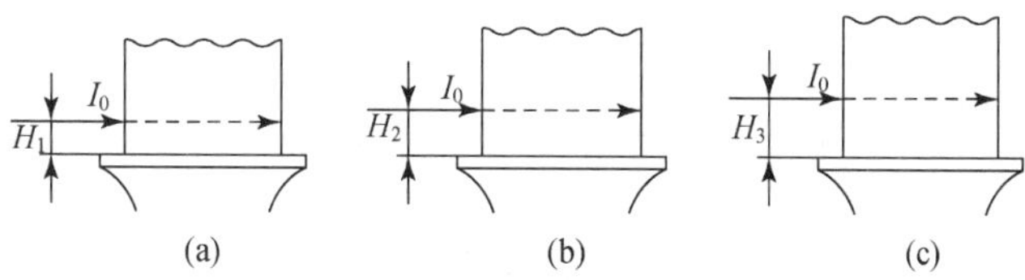

图 5.25 燃烧器高度变化

火焰的燃助比变化也会导致测量灵敏度的变化。同样，变化的大小也因火焰种类和元素的性质而定。即使是相同种类的火焰，燃助比不同，也会引起最佳测量高度的改变，从而使测量灵敏度发生变化。从图 5.26 可看出燃烧器高度与燃助比两个条件的相互依赖关系。

当仪器的光学及电学部分和空气-乙炔火焰处于稳定的工作状态时，就可按照操作规程对分析条件进行选择。首先，根据指导教师提供的燃气(乙炔气)可调范围，确定并设置某一

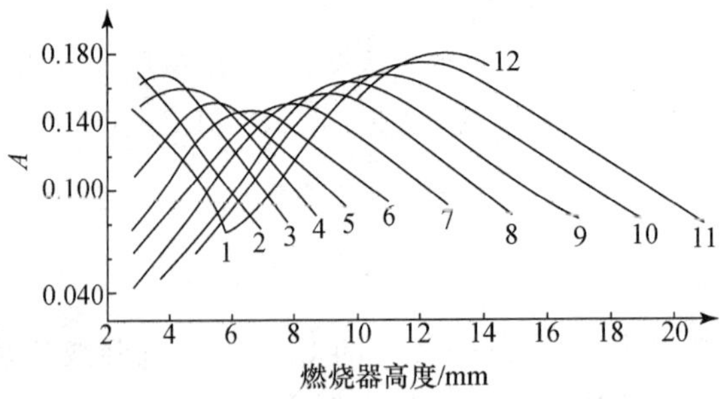

图 5.26　火焰测量高度和燃助比的变化对钙测定灵敏度的影响

WFD-Y2 原子吸收分光光度计，溶液提升量 8 mL · min^{-1}，钙测定波长 422.7 nm，空气(助燃气)流量 320 L · h^{-1}，燃气为乙炔气。曲线 1～12 的燃气流量见下表：

曲线标号	1	2	3	4	5	6	7	8	9	10	11	12
流量/(L · h^{-1})	50	55	60	65	70	75	80	85	90	95	100	105

燃气流量，在此流量不变的情况下，逐一改变燃烧器高度(以 1 mm 为间隔)，分别在各高度下测定钙条件试验溶液的吸光度。从所测数据中看到该乙炔流量条件下，随燃烧器高度变化钙的测定灵敏度变化的趋势后，再将乙炔流量调节到另一定值，重复以上操作。至少测定三种乙炔流量下的燃烧器高度变化曲线，比较测试结果；分别将燃烧器高度和乙炔流量调节到所选择的最佳位置，然后再测定一次条件试验溶液，看能否达到预期的结果。

(3) 制作校准曲线并测定未知样品：在所选择的最佳实验条件下(燃烧器高度和乙炔流量)，依次由稀到浓测定所配制的标准溶液的吸光度。然后向指导教师领取未知样品，在相同实验条件下测定其吸光度。

【数据处理】

(1) 在坐标纸上画出：不同乙炔流量下的吸光度-燃烧器高度曲线、钙的校准曲线(注意空白值如何处理)。

(2) 由校准曲线查出并计算未知样品中钙的含量。

(3) 根据校准曲线计算钙测定的 1%吸收灵敏度。

【选做内容】

(1) 配制两个相同浓度梯度的标准溶液系列，但其中一个系列加入适量的镧溶液，比较两条校准曲线的斜率，并给出解释。

(2) 试测自来水或凉开水中的钙(镁)。根据定量化学分析实验中所测水的硬度的结果和本实验钙测定的灵敏度，判断自来水样品是否需要稀释。若结果与容量分析结果不相符，试给出解释。

(3) 试比较启用氘灯后对钙测定灵敏度的影响。

(4) 试测氯化钠溶液中的钙,比较氘灯扣除分子吸收干扰的效果。

思考题

1. 为什么燃助比和燃烧器高度的变化会明显影响钙的测量灵敏度?
2. 空白溶液的含义是什么?
3. 为什么原子吸收光谱仪的光源需要调制(电学调制或机械调制)?
4. 空心阴极灯的工作原理与火焰原子化器的工作原理有什么相同与不同之处?
5. 为什么在火焰原子吸收光谱仪中的原子化器是长缝式的,而不是圆锥形的?

实验 5.15 磷酸根对火焰原子吸收光谱法测定钙的干扰及消除

【目的】

了解火焰原子吸收光谱分析方法中化学干扰的特点以及消除的方法。

【原理】

在空气-乙炔火焰中,磷酸盐对钙测定的影响是火焰原子吸收光谱法中化学干扰的一个典型实例。干扰机理是在凝聚相形成了含有钙、氧、磷的低挥发性化合物,它阻止了钙自由原子的生成。干扰程度与样品进入预混合室后的雾滴大小、火焰燃烧器高度、火焰温度等多种因素有关;而雾滴大小又取决于样品的黏度、气动雾化器的结构、预混合室内撞击球的位置、碰撞叶片的位置和角度等多种因素。图 5.27~5.29 分别是磷酸根浓度、火焰燃烧器高度和雾化效率对钙测定的影响。

图 5.27 的现象在更高温度的火焰中,如氧化亚氮-乙炔火焰中未观察到。说明更高的火焰温度能使这种低挥发性的化合物解离,释放出钙原子。

图 5.28 中纵坐标“干扰(%)”的含义是:

$$干扰(\%)=\frac{纯钙溶液与含磷酸根的钙溶液吸收信号之差}{纯钙溶液的吸收信号}\times 100\%$$

图 5.29 表明:不同的碰撞器,雾化效率不同;雾滴的粒度不同,干扰程度和灵敏度也不相同。

根据以上现象,减小这类干扰的办法通常有以下几种:

(1) 调节雾化器,使其产生更细的雾滴。

(2) 使用更高温度的火焰(如氧化亚氮-乙炔火焰)。

(3) 改变火焰燃烧器高度并选择其最佳位置。

(4) 使用“释放剂”。“释放剂”的作用机理是它同被测元素竞争,与干扰离子形成低挥发性化合物。根据质量作用定律,加入过量的释放剂,被测元素就会被“释放”出来(例如磷酸盐

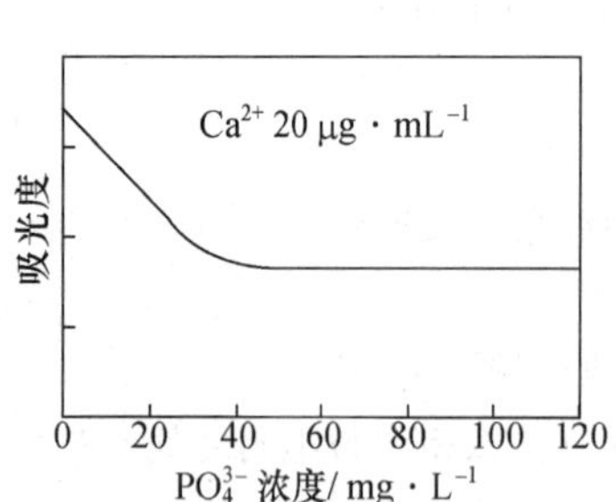

图 5.27 阴离子对钙测定的干扰(PO_4^{3-} 浓度影响)

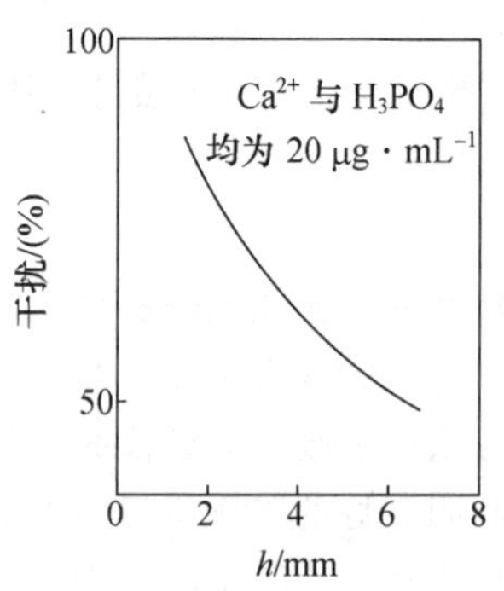

图 5.28 阴离子干扰存在时火焰燃烧器高度对钙测定的影响

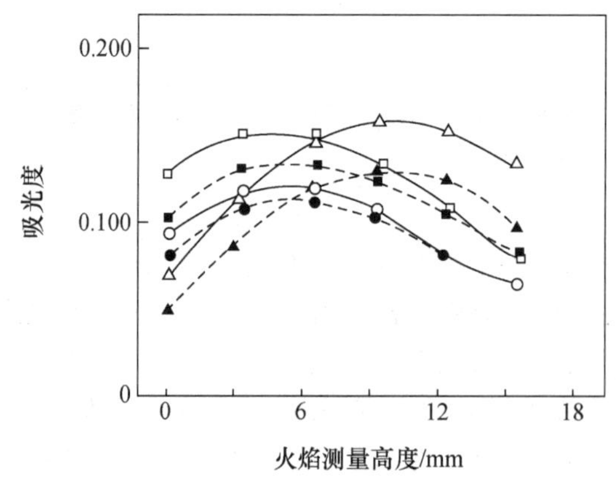

图 5.29 雾化效率与火焰燃烧器高度对钙测定的影响

实线：5 μg · mL^{-1} Ca^{2+}；虚线：5 μg · mL^{-1} Ca^{2+} +1000 μg · mL^{-1} PO_4^{3-}

△▲撞击球； □■ 碰撞叶片； ○● 碰撞芯

对钙的干扰,可加入过量的镧或锶)。

(5) 使用保护络合剂。络合剂能优先与被测元素形成络合物,防止它被干扰离子"抓住"(例如加入过量的 EDTA)。

【实验内容】

通过实验观察磷酸根对钙的化学干扰情况以及镧盐对钙的释放作用。

(1) 根据表 5.5 和表 5.6 中各组分的含量和实验室所给的相应溶液的浓度计算各自的加入量,最后用 1% HCl 溶液稀释至 10 mL 刻度,摇匀。

表 5.5 磷酸根阴离子(PO_4^{3-})对钙测定的干扰

组分浓度 \ 编号	1	2	3	4	5	6
$c(Ca^{2+})/(\mu g\cdot mL^{-1})$	5.0	5.0	5.0	5.0	5.0	5.0
$c(PO_4^{3-})/(\mu g\cdot mL^{-1})$	0.0	2.0	4.0	6.0	8.0	10.0

表 5.6 镧(La^{3+})对磷酸根干扰的消除效果

组分浓度 \ 编号	7	8	9	10	11	12
$c(Ca^{2+})/(\mu g\cdot mL^{-1})$	5.0	5.0	5.0	5.0	5.0	5.0
$c(PO_4^{3-})/(\mu g\cdot mL^{-1})$	0.0	10.0	10.0	10.0	10.0	10.0
$c(La^{3+})/(\mu g\cdot mL^{-1})$	0.0	100.0	150.0	200.0	300.0	400.0

(2) 燃助比及火焰高度对干扰程度的影响：配制含 Ca^{2+} 5.0 $\mu g\cdot mL^{-1}$、PO_4^{3-} 6.0 $\mu g\cdot mL^{-1}$的溶液 100 mL，按照实验 5.14 的测定方法选择燃助比和火焰燃烧器高度。

实验条件及操作步骤参见实验 5.14。

【数据处理】

(1) 画出磷酸根对钙测定的干扰曲线(吸光度对磷酸根浓度作图)。

(2) 画出镧对磷酸根干扰消除效果的曲线(吸光度对镧浓度作图)。

(3) 画出不同燃助比下吸光度随火焰燃烧器高度变化的测定曲线。

思 考 题

1. 通常消除火焰中化学干扰的方法有几种?

2. 将本实验的不同燃助比下吸光度随火焰燃烧器高度变化的曲线与实验 5.14 中相应的曲线和图 5.28 作比较，比较结果说明哪些问题?

5.6 核磁共振波谱法

5.6.1 原理

1. 核磁共振现象

核磁共振(nuclear magnetic resonance，NMR)主要是由核的自旋运动所引起的，核的自旋产生了不同的核自旋能级，当某种频率的电磁辐射与核自旋能级差相同时，原子核从低自旋能级跃迁到高自旋能级，产生了核磁共振现象(图5.30)。

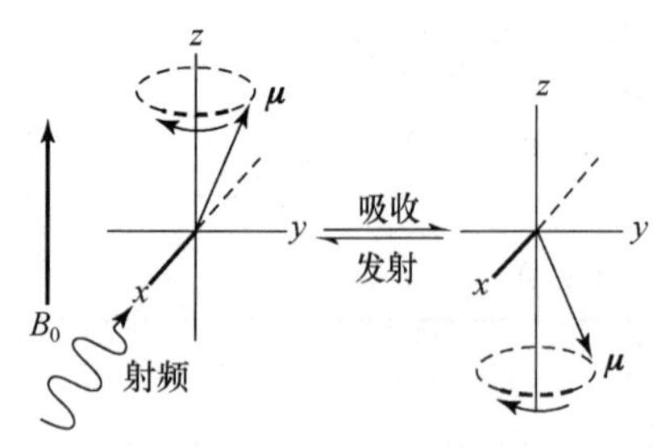

图5.30 核磁共振现象

在原子、分子体系内，电子的轨道运动、电子的自旋运动、核的自旋运动以及整个分子的旋转运动都会产生闭合的电流圈，它们的运动都会产生一定的磁现象。一般有机分子中的电子是成对出现的(角量子数相同、自旋相反)，致使轨道与自旋磁矩相互抵消，因而具有抗磁性；只有那些有未成对电子的稳定的游离基具有顺磁性，相应的磁共振现象称为"电子顺磁共振"或"电子自旋共振"。

与电子相似，自旋相反的核子可以成对，不过要求同一类的核子才行，即质子要和质子成对，中子要和中子成对。这样一来，具有偶数质子和偶数中子的那些核，其自旋量子数为零，没有核磁矩。如果两者当中有一种是奇数，或者两者都是奇数，则它们的核自旋量子数 I 不为零，这种核具有核磁矩，在外磁场中将有不同的能级(取向不同，又称方向量子化)。

自旋量子数与原子的质量数和原子序数之间存在一定的关系，大致分为三种情况(表5.7)。I 为零的原子核可以看做是一种非自旋的球体，I 为1/2的原子核可以看做一种电荷分布均匀的自旋球体，例如 ^{1}H、^{13}C、^{15}N、^{19}F、^{31}P 的 I 均为1/2，它们的原子核皆为电荷分布均匀的自旋球体。I 大于1/2的原子核可以看做一种电荷分布不均匀的自旋椭圆体。

表5.7 常见原子核的自旋量子数

质子数	中子数	I	原子核
偶	偶	0	^{12}C、^{16}O、^{32}S
奇	偶	1/2	^{1}H、^{19}F、^{31}P、^{15}N
奇	偶	3/2	^{11}B、^{35}Cl、^{79}Br、^{127}I
偶	奇	1/2	^{13}C
偶	奇	5/2	^{17}O
奇	奇	1	^{2}H、^{14}N

2. 塞曼能级

具有核自旋量子数 I 的原子核，当存在外磁场时，只能有$(2I+1)$个方向，每种取向代表该核在该磁场中的一种能量状态(能级)。外磁场对于 $I\neq 0$ 的核所起的作用,是把它们原来简并的$(2I+1)$个能级分裂开来,这些能级称为塞曼(Zeeman)能级(图5.31)。

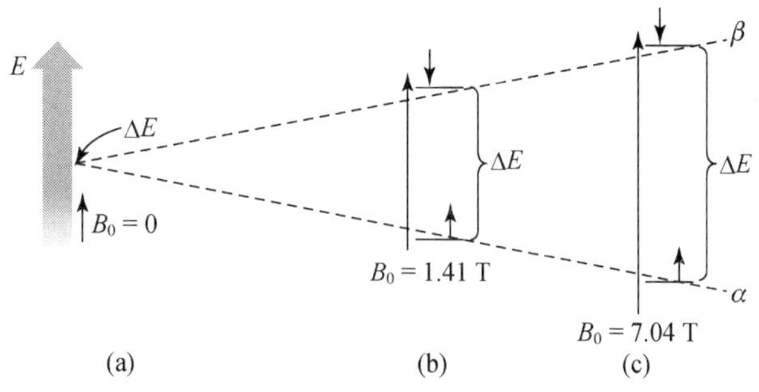

图 5.31 [1]H 的塞曼能级

以质子[1]H为例,它的核自旋量子数为1/2,在外磁场中有 $2\times1/2+1=2$ 个取向,也就是说,它在外磁场中分裂为两个能级,这两个能级的能量分别为

$$E_{1/2}=-\gamma\cdot\frac{1}{2}\cdot\frac{h}{2\pi}B_0 \quad (\text{低能级}, m=1/2) \tag{1}$$

$$E_{-1/2}=\gamma\cdot\frac{1}{2}\cdot\frac{h}{2\pi}B_0 \quad (\text{高能级}, m=-1/2) \tag{2}$$

两者的能量之差是

$$\Delta E=E_{-1/2}-E_{1/2}=\frac{\gamma h}{2\pi}B_0=2\mu_B B_0 \tag{3}$$

式中 μ_B 为自旋核产生的磁矩。当由某种频率的电磁辐射(光)来提供这能量时,核磁子就从能量低的状态($m=1/2$)跃迁到能量高的状态($m=-1/2$),或者说从一种取向变成另一种取向,这就是核磁共振,因此核磁共振本质上也是一种吸收光谱。这时

$$E_{\text{射}}=h\nu_{\text{射}}=\Delta E_{\text{塞曼}}=\frac{\gamma h}{2\pi}B_0=2\mu_B B_0 \tag{4}$$

上式即为核磁共振条件。

由核磁共振条件可知,为使原子核从一种塞曼能级向另一种塞曼能级跃迁,可以固定外磁场 B_0,改变射频振荡磁场 B_1 的频率 $\nu_{\text{射}}$,直到满足共振条件(扫频),也可固定 B_1 的频率于 $\nu_{\text{射}}$,而改变外磁场 B_0 的强度来满足共振条件(扫场)。

图5.32是NMR波谱仪的示意图,它的主要组成是:高强度磁体、产生共振频率或射频脉冲的射频发生器以及检测信号的接收器。样品管轴垂直于磁场方向。当满足共振条件时,样品吸收射频得到共振信号,这些信号经放大并储存在计算机里,计算机对数据进行傅里叶变换或其他方式的处理。最后,波谱图在笔式记录仪或显示器上展示出来。

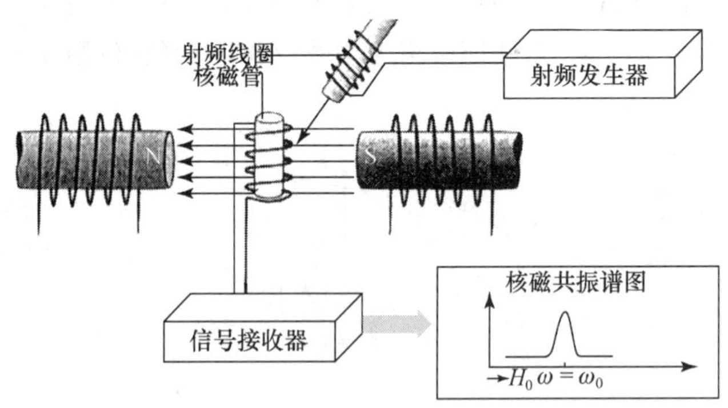

图 5.32 NMR 波谱仪示意图

3. 场频联锁

仪器的高分辨率来自仪器的高性能。首先是磁场的稳定度,在接收和发射线圈范围内磁场的均匀度以及对振荡频率的稳定度都要求达到高水准。为了获得磁场的高度稳定性,仅仅只有好的稳压、稳流是不够的,要采用磁通稳定系统和场频联锁系统。

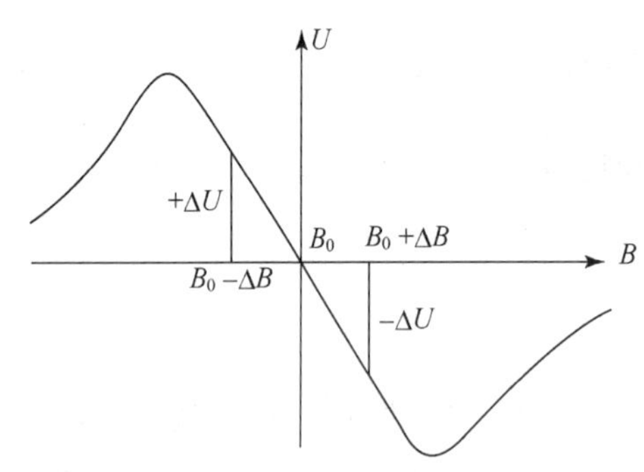

图 5.33 场频联锁原理

两个磁极之间的磁场常由于外界温度等条件的变化而发生改变。例如:温度变化,引起磁极之间距离的变化,从而引起磁场漂移;外界的磁干扰或铁磁物质移动也会造成磁场变化。这些磁场强度的变化,用磁通稳定器加以补偿可以使磁场稳定度提高两个数量级。由于超导体和永磁铁磁场的相对稳定性,往往不需要设置磁通稳定器。

磁通稳定器对稳定磁场的快速变化是有效的,但对磁场的慢漂移则无能为力。因此,又采取一种叫做场频联锁的方法进一步提高稳定度。场频联锁方法的原理如图 5.33 所示。

利用一个强的核磁共振峰,把该峰调成色散信号,横轴为磁场强度 B,纵轴为电压 U。从图 5.33 中可见,当 $B=B_0$ 时,U 值为零,B_0 称为零电点。当 B 偏离零电点 $\pm\Delta B$ 时,就会产生一个小小的 $\pm\Delta U$,把这个电压反馈到磁通稳定器的补偿线圈或稳压稳流系统,使之产生一个电流,这个电流所产生的磁场与所变化的磁场方向相反,从而与所变化的磁场 ΔB 相抵消,使磁场强度又回到零电点。

何谓场频联锁?从拉莫尔(Lamor)进动频率公式可知,对同一种原子核来说,磁旋比 γ 是个常数,它只决定于原子核本身的性质,而与外界条件无关。因此进动频率 ν 与外磁场之比值

ν/B_0 是固定不变的。当谱仪设置满足这个共振条件，就可以在显示器上搜寻到这个信号，我们称之为锁信号。该信号的 ν 与 B_0 的比值严格遵循拉莫尔公式，因此称为场频联锁。当外磁场 B_0 有一个小范围的慢漂移 $\pm\Delta B$，正如上述，系统就会运转加以补偿，使之回到零电点 B_0，又称为共振点。如果磁场发生了大幅度变化，补偿失控，显示器上看到的锁信号很弱，甚至消失，称为“掉锁”。也就是说，外磁场偏离共振点远了，磁场将要重新调整，直至再次锁上。以此使磁场保持高的稳定度。但是，磁场稳定性好并不意味着磁场的均匀性好。如果在样品管外的线圈范围内存在磁场梯度（见图 5.34），谱线也会加宽。因为这条谱峰实际上是由许多共振频率相近的谱线集合而成的。因此要获取高的分辨率，必须消除该小范围内的场梯度。采取的办法除了磁极材料和加工上的精密等措施外，就是在探头上设置几组通以电流的线圈，称为匀场线圈。假设磁场强度有梯度存在，则调节匀场线圈中的电流与方向，使产生的磁场梯度与大小相等、方向相反，从而抵消磁场的不均匀性，达到获取高分辨谱图的目的。

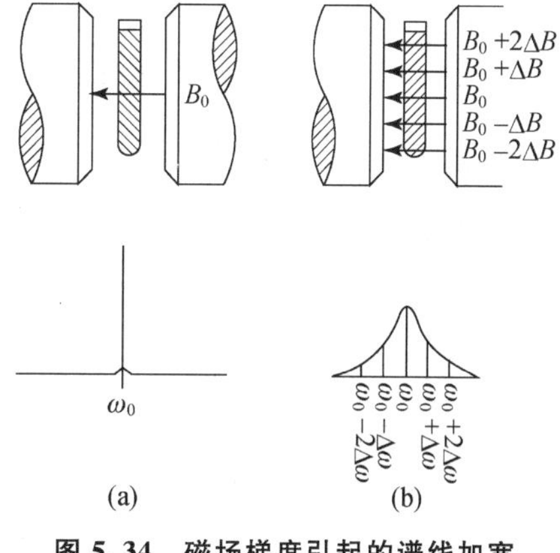

图 5.34 磁场梯度引起的谱线加宽

(a) 均匀磁场；(b) 非均匀磁场

从图 5.35 可以看到，样品管不转，谱峰要宽许多。假设匀场不好，加宽的现象还要严重。这就是说，有了匀场线圈的补偿还不足以使磁场均匀化。因此，通常 NMR 样品管在探头中是以一定速度绕其轴向旋转，这样，除了轴向以外，其余方向的不均匀性也可平均化，从而进一步使谱峰窄化。

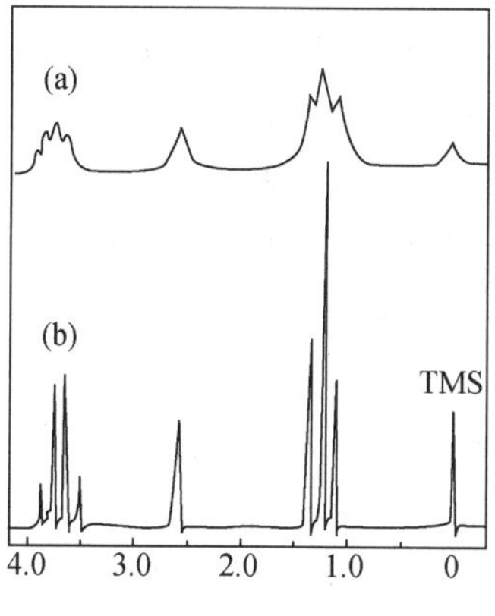

图 5.35 乙醇的 ^{1}H 共振谱

(a) 样品未旋转；(b) 样品旋转

4. 屏蔽效应

核磁共振条件式表示在一定 B_0 外场作用下，所有 ^{1}H 核的拉莫尔旋进频率应当相同。然而由于分子中不同位置的氢所处的化学环境不同，它们被电子云屏蔽的程度也不同，结果在相同的外场 B_0 作用下，它们真正感受到的磁场强度（B_N）会稍有不同，于是各自的拉莫尔旋进频率也不相同。换言之，当存在外场 B_0 时，^{1}H 核外的电子运动产生第二种磁场，它的方向与外场 B_0 相反，因而削弱了外场 B_0，使该 ^{1}H 核真正感受到的磁场强度变弱了，叫做屏蔽效应（图 5.36），削弱的程度随具体的电子屏蔽情况而异，使得各种具体化学环境中的 ^{1}H 核都有它本身特征的拉莫尔旋进频率。

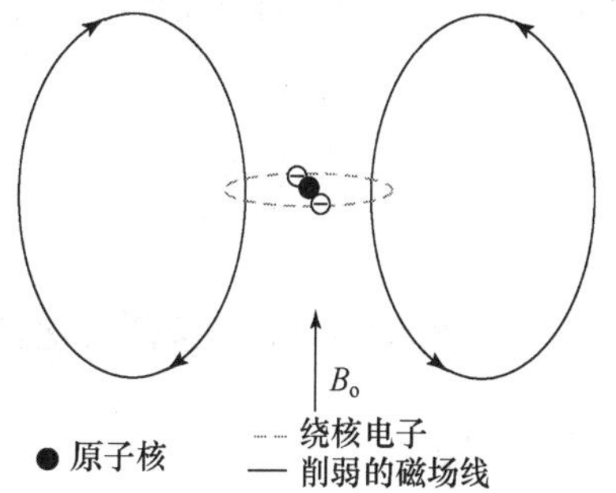

图 5.36 ^{1}H 的屏蔽效应示意图

由于屏蔽效应比例于外场强度 B_0，设比例系数为 σ(称为屏蔽常数)，于是屏蔽效应可用 σB_0 来表示，这样，^{1}H 核真正感受到的外场强度为

$$B_N = B_0 - \sigma B_0 = B_0(1-\sigma) \tag{5}$$

即屏蔽效应将使被外场 B_0 分裂的塞曼能级的间距缩小，所以对于有屏蔽效应的质子，核能级间的差值是

$$\Delta E_{塞曼} = 2\mu_H B_N = 2\mu_H B_0(1-\sigma) \tag{6}$$

因此各种^{1}H 核的共振条件是

$$h\nu_{射} = 2\mu_H B_0(1-\sigma) \tag{7}$$

5. 化学位移

由于 σ 值与电子云密度以及其他许多因素有关，σ 值越大，^{1}H 核真正感受到的外场强度就越小，它的拉莫尔旋进频率就越慢。以 CH_3CH_2OH 分子为例，它有三种化学环境不同的质子，连在碳核上的显然有比较大的电子云密度，而羟基上的质子，则由于氧的电负性较大，会吸引电子导致质子外电子云密度降低。结果在乙醇分子中，甲基上的^{1}H 核屏蔽得比羧基上的^{1}H 核要好，σ 值比较大，拉莫尔旋进频率较慢(图 5.37)。

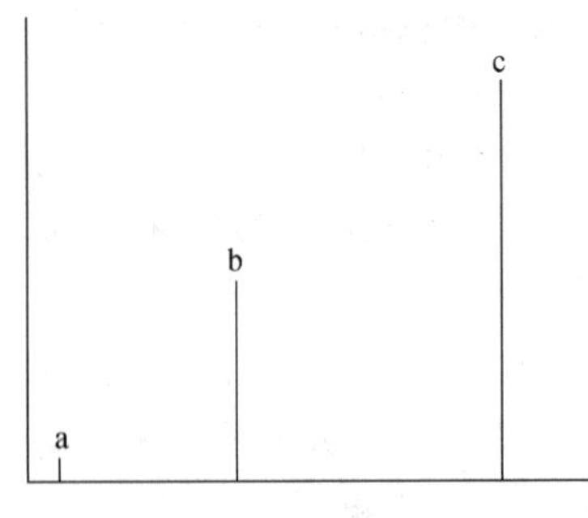

图 5.37　CH_3CH_2OH 的 NMR ^{1}H 谱
c　b　a

由于磁性核的拉莫尔旋进频率比例于外场 B_0，因此精确测定一个具体^{1}H 核的拉莫尔旋进频率的绝对值并无实际价值。为表征一个具体化学环境中的^{1}H 核在外场 B_0 作用下的特性，可选择一个参照标准化合物，把各种^{1}H 核的拉莫尔旋进频率进行比较，并除以这个参照物的拉莫尔旋进频率，就得到一个独立于外场强度 B_0 的参量，称为化学位移(写做 δ)：

$$\delta = \frac{\nu_{试} - \nu_{参}}{\nu_{参}} \times 10^6 \tag{8}$$

通常用做标准参照物的化合物是四甲基硅烷[$(CH_3)_4Si$，简写为 TMS]，它的甲基上的^{1}H 核被接近球形的电子云屏蔽得非常好，所以这种^{1}H 核的拉莫尔旋进频率比绝大多数有机化合物中的各种^{1}H 核都要小，这样绝大多数有机化合物中的^{1}H 核都有正的 δ 值。

5.6.2　实验部分

实验 5.16　室温下乙酰乙酸乙酯互变异构体的核磁共振法测定

【目的】

了解核磁共振的基本原理，掌握核磁共振仪^{1}H 和^{13}C 谱的基本操作，初步掌握简单化合

物 NMR 图谱的解谱技术。

【试剂及仪器】

乙酰乙酸乙酯，氘代氯仿(99.5%氘化度，含 0.03% TMS)，若干未知样品。

Mercury 200MHz 高分辨超导核磁共振谱仪，d=0.5 mm NMR 样品管。

【实验内容】

(1) 配制溶液：用 0.5 mL 吸量管准确吸取 0.10 mL 乙酰乙酸乙酯于 d=5 mm 的 NMR 样品管中。用另一支 0.5 mL 吸量管移取 0.5 mL 氘代氯仿于同一样品管中，加盖摇匀，样品体积约占样品管总体积 17%。

(2) 乙酰乙酸乙酯 NMR 图谱的测定：按 Mercury 高分辨超导核磁共振谱仪常规操作程序将仪器调到最佳状态，分别测定乙酰乙酸乙酯的^{1}H NMR 谱和^{13}C NMR 谱，标出^{1}H NMR 谱中主要峰的化学位移和积分面积。

(3) 室温下乙酰乙酸乙酯的互变异构研究：乙酰乙酸乙酯的酮式和烯醇式有如下平衡：

$$\underset{c}{H_3C}-\underset{d}{\overset{\overset{O}{\|}}{C}}-\overset{H_2}{C}-\overset{\overset{O}{\|}}{C}-O-\underset{e}{\overset{H_2}{C}}-\underset{a}{CH_3} \rightleftharpoons \underset{b}{H_3C}-\overset{\overset{OH}{|}}{C}=\underset{\underset{f}{H}}{C}-\overset{\overset{O}{\|}}{C}-O-\underset{e}{\overset{H_2}{C}}-\underset{a}{CH_3}$$

它们的 NMR 谱图如图 5.38 所示。利用 H_b 和 H_c 的积分面积求算酮式和烯醇式摩尔分数的准确值，以及室温下酮式和烯醇式的互变异构平衡常数。

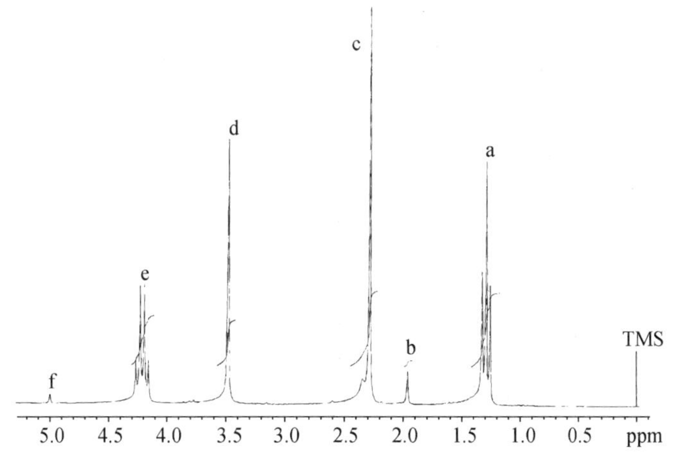

图 5.38 室温下乙酰乙酸乙酯的^{1}H NMR 谱图

(4) 未知样品的 NMR 图谱测定：用同样的方法测定未知样品的^{1}H NMR 谱和^{13}C NMR 谱，并根据图谱信息推断出未知样品的结构。

思 考 题

1. 简述核磁共振现象和塞曼能级的定义及其产生机理。

2. 简述屏蔽效应的定义及其产生机理。

3. 实验中所用的溶剂和内标是什么？在 NMR ^{1}H 和^{13}C 图谱中分别对应哪几个峰(主要是三个),并说明理由？

4. 对于含双键的化合物$(H_a)(H_b)C{=}C(R_1)(R_2)$($R_1$ 和 R_2 上与双键邻近的碳原子上的氢原子数分别为 n_1 和 n_2),试说明 n_1 和 n_2 满足何种条件时,H_a 与 H_b 在 NMR ^{1}H 图谱中化学位移相同,何时它们的化学位移不同。并说明每种情况下是几重峰,请说明理由。

5. 实验所用的核磁共振仪是 Mercury 200 MHz 核磁共振仪,试说明“200 MHz”的含义。

6　电分析化学

6.1　电位分析法

电位分析法的理论基础是能斯特(Nernst)方程。分为直接电位法和电位滴定法。直接电位法是选用适当的指示电极浸入被测试液，测量其相对于一个参比电极的电位，然后根据测出的电位，直接求出被测物质浓度的方法。电位滴定法是向试液中滴加能与被测物质发生化学反应的已知浓度的试剂，然后观察滴定过程中指示电极电位的变化，以确定滴定的终点，再根据所需滴定试剂的量计算出被测物的含量的方法。

6.1.1　电位分析中的电极

在电位分析中，通常有两种电极。电极电位随分析物活度变化的电极，称为指示电极。分析中与被测物活度无关，电位比较稳定，提供测量电位参考的电极，称为参比电极。

1. 指示电极

电位分析法中常用的指示电极有以下几种：

(1) 铂、金等惰性金属指示电极：用于测定同一种金属的两种不同氧化态离子的浓度比，如 Fe(Ⅱ)/Fe(Ⅲ)。金属与其离子有可逆半反应的，如银、铜、汞、铅、镉等纯金属也能作金属指示电极，能测定相应金属的阳离子浓度。

金属指示电极在使用前应对其表面作彻底清洗，可用抛光粉抛光、超声波清洗或用稀硝酸浸泡后，再用去离子水冲洗即可使用。

(2) pH 玻璃电极：是对溶液中氢离子有响应的，用于测定溶液 pH 或酸碱电位滴定的指示电极。pH 玻璃电极的结构示意于图 6.1。电极下端是用特殊玻璃吹制成的薄膜小球，内装 pH 一定的内充液(pH 7 的含有氯离子的磷酸盐缓冲溶液)，溶液中插一支银上镀了一层氯化银(Ag-AgCl)的内参比电极。将甘汞电极和玻璃电极浸入待测溶液，组成一个化学电池。电池电动势随待测液 pH 的变化而变化。

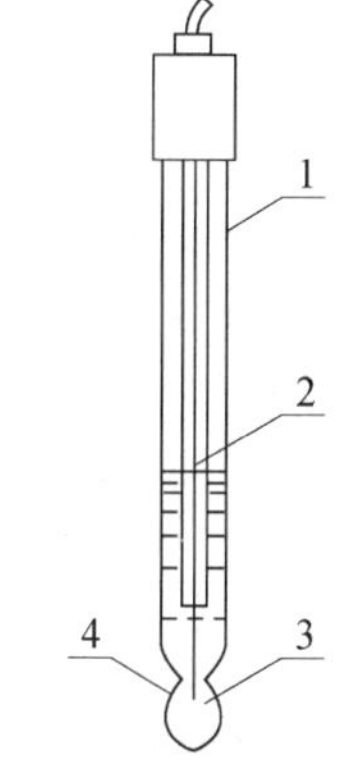

图 6.1　玻璃电极

1. 玻璃外壳；2. Ag-AgCl 电极；3. 含 Cl^- 的缓冲溶液；4. 玻璃薄膜

玻璃电极电阻很高(>10^8 Ω)，不能用普通的电位差计测量电

池电动势,需要用高阻抗的毫伏计(即 pH 计)来测量。在 pH 计上可以直接读出溶液的 pH。

由于玻璃电极存在着不对称电位,且每支电极又有差异;甘汞电极又有液体接界电位,用盐桥也不能完全消除,所以 pH 计上有“定位”补偿器,在测定前需用标准缓冲溶液进行定位校准。

玻璃电极有许多优点:它不受溶液中氧化剂、还原剂及其他活性物质的影响,可在浊性、有色或胶体溶液中使用,少量的溶液即可进行 pH 测定。缺点是:玻璃泡极薄、易碎,阻抗太高,需配合高阻抗电位计才能使用。

使用玻璃电极应注意以下几点:① 切忌与硬物接触,一旦发生破裂则完全失去作用。在安装电极时,甘汞电极下端应稍低于玻璃泡。如果使用电磁搅拌,注意搅拌磁子不能与玻璃泡相碰。② 玻璃电极使用前,先在去离子水中浸泡一昼夜以活化电极。短时间不用时,应经常浸泡在水中。③ 在碱性溶液中使用时应尽快操作,用完后立即用去离子水冲洗。④ 玻璃膜不可沾有油污。如发现有油污,可先浸入酒精中,再放于乙醚中,然后移入酒精中,最后用水冲洗干净。

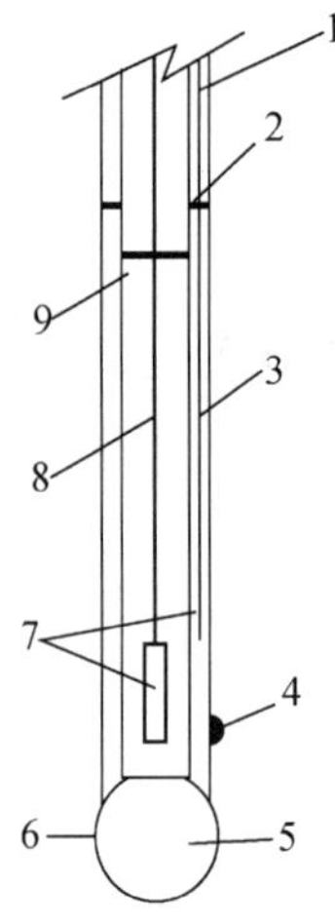

图 6.2　复合式 pH 玻璃电极结构示意图

1. 银丝;2. 外参比半电池;3. 3 mol·L^{-1}KCl 水溶液;4. 多孔塞;5. 含 Cl^- 的缓冲溶液;6. 玻璃膜;7. 氯化银层;8. 银丝;9. 内参比半电池

为简化测定操作,近年又制成了将 pH 玻璃电极与外参比电极结合在一起成为一个整体的 pH 复合电极(图 6.2)。这种电极的内、外两个参比电极间的电位差恒定。外参比电极通过多孔陶瓷塞与未知 pH 的待测液相接触,构成一个化学电池而实现了对待测液 pH 的测定。pH 复合电极使用后立即清洗,并浸泡于 3 mol·L^{-1} KCl 溶液中存放。

(3) 离子选择性电极:是一种电化学传感器,它的电极电位与溶液中指定离子的活度的对数有线性关系。离子选择性电极对“游离”离子活度而不是对特定型体的总浓度响应。在作定量测定时,要配制总离子强度调节缓冲液(TISAB),它由维持试液离子强度的电解质溶液、消除干扰作用的络合剂以及控制试液 pH 的缓冲溶液组成。离子选择性电极包含以下几类:均相膜电极(如 F^- 电极)、多相晶膜电极(如 I^- 电极)、流动载体电极(如 NO_3^- 电极)、气敏电极和酶电极等。测试前要用纯水或含相应离子的溶液浸泡活化。

此外,滴汞电极、伏安法中的固体电极、死停终点法中的两个微铂电极也是指示电极。

2. 参比电极

作为电位标准的理想的参比电极,要求电极反应可逆,电位恒定重现,电流通过时极化电位及机械扰动的影响小,温度系数小。电分析化学中常用的参比电极有甘汞电极、银-氯化银电极和硫酸亚汞电极。

(1) 饱和甘汞电极(SCE)：它由纯汞、Hg_2Cl_2-Hg 混合物和 KCl 溶液组成(图 6.3)。电极可表示为

$$Hg|Hg_2Cl_2(\text{饱和}),\ Cl^-(\text{饱和 KCl})$$

电极反应是

$$Hg_2Cl_2+2e \rightleftharpoons 2Hg+2Cl^-$$

由于 KCl 的溶解度随温度而变化，电极电位与温度有关：

$$\varphi=0.2415-7.6\times10^{-4}(t-25)$$

式中，t 为温度(℃)。SCE 仅能在低于 80 ℃左右的温度下使用，否则氯化亚汞发生歧化反应。

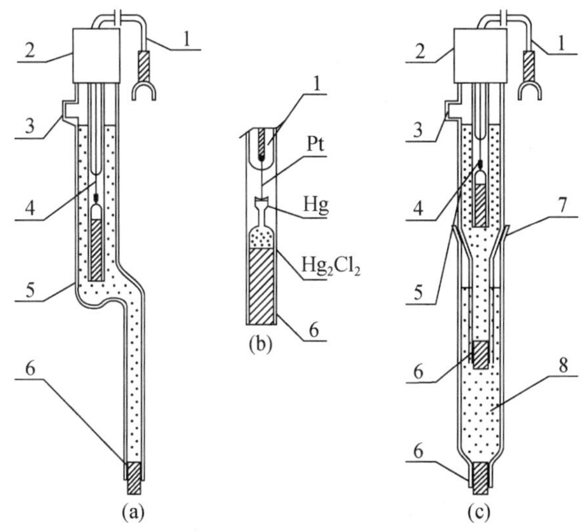

图 6.3　饱和甘汞电极

(a) 单盐桥型；(b) 电极内部结构；(c) 双盐桥型

1. 导线；2. 绝缘帽；3. 加液口；4. 内电极；5. 饱和 KCl 溶液；6. 多孔性物质；7. 可卸盐桥磨口套管；8. 盐桥内充液

(2) 银-氯化银(Ag-AgCl)电极：在金属银丝或银片表面镀一层氯化银，浸在氯化银饱和的氯化钾溶液中，即制得银-氯化银电极。电极可表示为

$$Ag|AgCl(\text{饱和}),\ Cl^-(x\ mol\cdot L^{-1})$$

电极反应为

$$AgCl+e \rightleftharpoons Ag+Cl^-$$

其电极电位决定于 Cl^- 的浓度，在 25 ℃，饱和 KCl 溶液中，银-氯化银电极的电位为0.197 V。

这里介绍一种电镀氯化银的方法。取适当形状的银丝或银片作电极基体，用 HNO_3 溶液(1+1)洗净后，再用去离子水冲洗干净。在 HCl 溶液(0.1 mol·L^{-1})中，银丝接电池的正极，铂丝(或铂片)接负极，使用 10 mA·cm^{-2} 的电流密度，电解至在银丝(或银片)表面呈棕黑色

氯化银镀层为止。电极用去离子水清洗,储存在 0.1 mol·L^{-1} HCl 溶液中备用。

银-氯化银电极常在 pH 玻璃电极和其他各种离子选择性电极中用做内参比电极。在高达 275 ℃的温度下它仍能使用,且具有足够的稳定性,因此可在高温下替代甘汞电极。

(3) 饱和硫酸亚汞电极:它由汞、Hg_2SO_4、饱和 K_2SO_4 组成。其原理、结构和制造方法与饱和甘汞电极相似。在 25 ℃时其电极电位为 0.620 V。当被分析的溶液中不能存在 Cl^- 时,可采用此电极作参比电极。

6.1.2 pHS-3B 型 pH 计的使用

1. 仪器工作原理

该仪器(图 6.4)使用的 E201 型复合电极是由 pH 玻璃电极与银-氯化银电极组成,玻璃电极作为测量电极,银-氯化银作为参比电极。当被测溶液 H^+ 浓度发生变化时,玻璃电极和银-氯化银电极之间的电动势也随之变化,电动势变化关系符合下列公式:

$$\Delta E = 59.16 \cdot \frac{273+t}{298} \cdot \Delta \mathrm{pH}$$

式中,ΔE 为电动势的变化量(mV),ΔpH 为溶液 pH 的变化量,t 为被测溶液的温度(℃)。可见,复合电极电动势的变化正比于被测溶液 pH 的变化。仪器经标准缓冲溶液校准后,即可测量溶液的 pH。

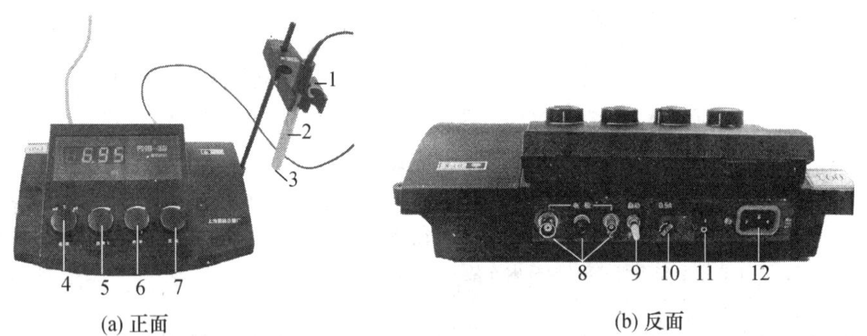

(a) 正面 (b) 反面

图 6.4 pH 测量的仪器面板示意图

1. 电极夹;2. 复合电极;3. 电极套;4. "选择"开关旋钮;5. 温度调节旋钮;6. 斜率调节旋钮;7. 定位调节旋钮;8. 电极及温度传感器插座;9. 温度自动与手动补偿转换开关;10. 保险丝;11. 电源开关;12. 电源插座

2. 操作步骤

1) 开机前准备

电极梗旋入电极梗插座,调节电极夹到适当位置。

2) 开机

(1) 电源线插入电源插座。按下电源开关,电源接通后,预热 30 min,接着进行标定。

(2) pH 自动温度补偿和手动温度补偿的使用:

只要将后面板转换开关置于自动位置,该仪器就可进入 pH 自动温度补偿状态,此时手动温度补偿不起作用。

使用手动温度补偿的方法:将温度传感器拔去,后面板转换开关置于手动位置。将仪器"选择"开关置于"℃"挡,调节温度调节旋钮,使数字显示值与被测溶液中温度计显示值相同。仪器同样将该温度讯号送入 pH-t 混合电路进行运算,从而达到手动温度补偿的目的。

(3) 溶液温度测量方法:将仪器"选择"开关置于"℃"挡,数字显示值即为测温传感器所测量的温度值。

3) 标定

仪器使用前,先要标定。一般说来,仪器在连续使用时,每天要标定一次。

(1) 在测量电极插座处拔去 Q9 短路插头,然后插上复合电极及温度传感器。复合电极和温度传感器夹在电极夹上,取下复合电极前端的电极套。用去离子水清洗电极,用吸水纸吸干或用被测溶液清洗一次。

(2) 如不用复合电极,则在测量电极插座处插上电极转换器的插头,玻璃电极插头插入转换器插座处,参比电极接入参比电极接口处。

(3) 把"选择"开关调到"pH"挡。先测量溶液温度,将"选择"开关置于"℃"挡,数字显示值为溶液温度值。把斜率调节旋钮顺时针旋到底,即调到 100%位置。

(4) 把清洗过的电极插入 pH=6.86 的缓冲溶液中。调节定位调节旋钮,使仪器显示读数与该缓冲溶液当时温度下的 pH 相一致。如用混合磷酸盐定位,温度为 10 ℃时,pH=6.92。用去离子水清洗电极,再插入 pH=4.00(或 pH=9.18)的标准缓冲溶液中,调节斜率调节旋钮使仪器显示读数与该缓冲液当时温度下的 pH 一致。

(5) 重复(4),直至不用再调节定位或斜率两旋钮为止。仪器标定完成。

注意:经标定后,定位调节旋钮及斜率调节旋钮不应再有变动。

标定的缓冲溶液第一次应用 pH=6.86 的溶液,第二次应接近被测溶液的值。如被测溶液为酸性时,应选 pH=4.00 的缓冲溶液;如被测溶液为碱性时,则选 pH=9.18 的缓冲溶液。一般情况下,在 24 h 内仪器不需再标定。

4) 测量 pH

用去离子水清洗电极,然后用滤纸将电极上的水分吸干,或者用被测溶液清洗电极。然后将电极插入被测溶液中,摇动烧杯,待 pH 计读数稳定后读出溶液的 pH。

5) 测量电池电动势

(1) 将离子选择电极(或金属电极)和甘汞电极夹在电极架上。用去离子水清洗电极头部,并用被测溶液清洗一次。把电极转换器的插头插入仪器后部的测量电极插座内,把离子电极的插头插入转换器的插座内。

(2) 把甘汞电极接入仪器后部的参比电极接口上,将选择开关旋钮调到“mV”挡。把两种电极插在被测溶液内。溶液搅拌均匀后,即可在显示屏上读出该电池的电动势(mV值),还可自动显示“±”极性。

(3) 如果被测信号超出仪器的测量范围,或测量端断路时,显示屏会不亮,作超载报警。

3. 仪器维护

pH计具有很高的输入阻抗,使用环境经常接触化学药品,为保证仪器正常使用,所以更需要合理维护。

(1) 仪器的输入端(测量电极插座)必须保持干燥清洁。仪器不用时,将Q9短路插头插入插座,防止灰尘及水汽进入。在环境温度较高的场所使用时,应把电极插头用干净纱布擦干。

(2) Q9插头带夹子连线接触器及电极插座转换器均在配合其他电极时使用,平时注意防潮防震。

(3) 测量时,电极的引入导线应保持静止,否则会引起测量不稳定。

(4) 用缓冲溶液标定仪器时,要保证缓冲溶液的可靠性,不能配错缓冲溶液,否则将导致测量结果产生误差。

(5) 测温传感器采用Pt100线性热敏电阻,使用寿命长,但切勿敲击或摔伤。在温度传感器损坏情况下,可使用手动温度补偿进行测量。

4. 电极使用和维护

(1) 电极在测量前必须用已知pH的标准缓冲溶液进行定位校准,其值愈接近被测值愈好。

(2) 取下电极套后,应避免电极的敏感玻璃泡与硬物接触,因为任何破损或擦毛都会使电极失效。

(3) 测量后,及时清洗电极并将电极保护套套上,套内应放少量3 mol·L^{-1} KCl补充液,以保持电极球泡的湿润。切忌浸泡在去离子水中。若发现干涸,在使用前应在3 mol·L^{-1} KCl溶液或微酸性溶液中浸泡几小时,以降低电极的不对称电位。复合电极的外参比补充溶液为3 mol·L^{-1}KCl溶液,补充液可以从电极上端小孔加入。

(4) 电极的引出端必须保持清洁干燥,绝对防止输出两端短路,否则将导致测量失准或失效。

(5) 电极应与输入阻抗较高的酸度计($\geqslant 10^{12}\ \Omega$)配套,以使其保持良好特性。

(6) 电极应避免长期浸在去离子水、蛋白质溶液和酸性氟化物溶液中,并避免与有机硅油接触。

(7) 电极经长期使用后,如发现斜率略有降低,则可把电极下端浸泡在4% HF(氢氟酸)溶液中3~5 s,用去离子水洗净,然后在0.1 mol·L^{-1}盐酸溶液中浸泡,使之复新。

(8)被测溶液中如含有易污染敏感球泡或堵塞液接界的物质而使电极钝化,也会出现斜率降低现象，显示读数不准。如发生该现象，则应根据污染物质的性质，用适当溶液清洗，使电极复新。注意：选用清洗剂时，不能用四氯化碳、三氯乙烯、四氢呋喃等能溶解聚碳酸树脂的清洗液，因为电极外壳是用聚碳酸树脂制成的，其溶解后极易污染敏感玻璃球泡，从而使电极失效。也不能用复合电极去测上述溶液的 pH。

6.1.3 实验部分

实验 6.1 电位法测量水溶液的 pH

【目的】

了解直接电位法测量水溶液 pH 的原理；掌握用 pH 计测量 pH 的方法；了解用标准缓冲溶液定位的意义。

【原理】

pH 是表示溶液酸碱度的一种标度，定义为氢离子活度的负对数，即

$$pH = -\lg a_{H^+}$$

在生产实践和科学研究中经常会碰到测量 pH 的问题，而比较精确的 pH 测量都是用电位法，就是根据能斯特方程，用 pH 计测量电池电动势来确定 pH。测量时常用 pH 玻璃电极为指示电极（接 pH 计的负极），饱和甘汞电极为参比电极（接 pH 计的正极），与被测溶液组成如下的电池：

$$Ag|AgCl, Cl^-(1\,mol \cdot L^{-1}),\ H^+(a_2)|\text{玻璃膜}\,\|\,H^+(a_1)\ \|\,KCl(\text{饱和}), Hg_2Cl_2|\ Hg$$

|←——玻璃电极——→|←被测溶液→|←——饱和甘汞电极(SCE)——→|

电池的电动势与氢离子活度 a_1 和 a_2 有关，

$$E_{\text{试液}} = \varphi_{SCE} - \varphi_{Ag\text{-}AgCl} - \frac{RT}{F}\ln\frac{a_1}{a_2} + \varphi_a + \varphi_j \tag{1}$$

式中，φ_{SCE}和 $\varphi_{Ag\text{-}AgCl}$分别为外参比电极和内参比电极的电位，φ_a 为不对称电位，φ_j 为液接电位。假设在测定过程中 φ_a 和 φ_j 不变，φ_{SCE}，$\varphi_{Ag\text{-}AgCl}$和玻璃电极内充液的氢离子活度 a_2 的值一定，都可以合并为常数项，则电池的电动势可表示为

$$E_{\text{试液}} = \text{常数} + \frac{2.303RT}{F}pH_{\text{试液}} \tag{2}$$

式中的常数项在一定条件下虽有定值，但却不能准确测定或计算得到。所以在实际测量时，要先用已知 pH 的标准缓冲溶液来定位，然后再在相同条件下测量被测溶液的 pH。

$$E_{\text{标准}} = \text{常数} + \frac{2.303RT}{F}pH_{\text{标准}} \tag{3}$$

因为测量条件(如温度、电极等)相同,将(2),(3)两式相减时常数项被消去。因此水溶液pH 的实用定义可表示为

$$\mathrm{pH}_{试液}=\mathrm{pH}_{标准}+\frac{E_{试液}-E_{标准}}{2.303RT/F} \tag{4}$$

可见,pH 的测量是相对的。每次测量的 $\mathrm{pH}_{试液}$ 都是与其 pH 最接近的标准缓冲溶液进行对比得到的,测量结果的准确度首先取决于标准缓冲溶液 $\mathrm{pH}_{标准}$ 的准确度。标准缓冲溶液是一种稀水溶液,离子强度应小于 0.1 mol · kg^{-1},具有较强的缓冲能力,容易制备,稳定性好。常用的几种标准缓冲溶液的 pH 见表 6.1。

表 6.1 常用标准缓冲溶液的 pH

温度/℃	0.05 mol · L^{-1} 草酸氢钾	酒石酸氢钾(25℃,饱和)	0.05 mol · L^{-1} 邻苯二甲酸氢钾	0.025 mol · L^{-1} 磷酸二氢钾-0.025 mol · L^{-1} 磷酸氢二钠	0.01 mol · L^{-1} 四硼酸钠	氢氧化钙(25℃,饱和)
10	1.670	—	3.998	6.923	9.332	13.003
15	1.670	—	4.000	6.900	9.270	
20	1.675	—	4.002	6.881	9.225	12.627
25	1.679	3.557	4.008	6.865	9.180	12.454
30	1.683	3.552	4.015	6.853	9.139	12.289
35	1.688	3.549	4.024	6.844	9.102	12.133
40	1.694	3.547	4.035	6.838	9.068	11.984

由于 pH 玻璃电极的内阻比较高(约 $10^{8}\ \Omega$),因此要求 pH 计要有比较高的输入阻抗($>10^{12}\ \Omega$),才能保证一定的测量精度。质量好的 pH 计测量 E 的精度达±0.1 mV,测量 pH 的精度可达±0.002 pH。

【试剂及仪器】

两种标准缓冲溶液 A 和 B(25 ℃),三种未知 pH 的溶液,广泛 pH 试纸。

pHS-3B 型 pH 计,电磁搅拌器,E201 型 pH 复合电极。

【实验内容】

(1) 电极的检查:pH 计的使用方法参阅 6.1.2 小节。将 pH 计置于“pH”挡,温度调节至室温。用 pH 试纸粗测 A 和 B 溶液的 pH。将复合电极插入 A 溶液,放入搅拌磁子,开启电磁搅拌器,用定位旋钮调节 pH 读数为粗测值。然后将 pH 计置于“mV”挡,测量电池的电动势 E_1(mV)。用水冲洗电极并用滤纸吸干后(或不用滤纸吸干,而是用待测液润洗),再将电极插入 B 溶液,测得 E_2(mV)。再将 pH 计置于“pH”挡,读数。

观察室温,查附录 6 求得该温度下相隔单位 pH 时的 mV 差值,计算 A 和 B 溶液的 ΔpH,并与直接测得的两溶液的 pH 差值 ΔpH 相比较。若两个 ΔpH 的差值≤0.02pH,则认

为仪器和电极均正常。

(2) 测量三种未知液的 pH：先用 pH 试纸判断其大致的 pH，再选合适的标准缓冲溶液来定位并测量它们的 pH。

思 考 题

1. pH 的理论定义和实用定义各指的是什么？

2. 用 pH 复合电极测定溶液中氢离子活度的响应，在 pH 计上显示的 pH 与 mV 数之间有何定量关系？

实验 6.2 弱酸弱碱的自动电位滴定

【目的】

通过自动记录（滴定曲线）滴定和一次微分滴定，了解自动电位滴定分析法的优越性。

【原理】

某些弱酸、弱碱的离解常数较小，或各级离解常数之间的差别很小，进行目视终点滴定时不易确定终点。若用自动电位滴定仪进行滴定，往往会得到较好的实验结果。

以饱和 KCl 甘汞电极为参比电极，玻璃电极为指示电极，在滴定过程中，自动电位滴定仪可以连续测定溶液电位的变化并自动记录滴定曲线，根据滴定曲线确定终点时所耗滴定剂的体积，便可计算出实验结果。

【试剂及仪器】

0.1 mol·L^{-1} NaOH 溶液，0.1 mol·L^{-1} HCl 溶液，0.2%酚酞的乙醇溶液，0.1%甲基橙溶液，0.1%百里酚蓝溶液。

邻苯二甲酸氢钾（优级纯）：在 105 ℃烘干 2 h，于保干器中存放。

Na_2CO_3（优级纯）：在 270～300 ℃干燥 2 h，于保干器中存放。

15 mL 移液管，ZD-3 型自动电位滴定仪（配 212 型甘汞电极和 231 型玻璃电极），或其他型号的自动电位滴定仪。

【实验内容】

(1) 用邻苯二甲酸氢钾标定 NaOH 溶液。

(2) 用 Na_2CO_3 标定 HCl 溶液。

(3) 用 NaOH 标准溶液滴定 H_3PO_4 溶液或 H_3PO_4-NaH_2PO_4 混合溶液。

(4) 用 HCl 标准溶液滴定混合碱（Na_2CO_3-$NaHCO_3$）试样。

(5) 计算试样中各组分的浓度或含量。

【说明】

(1) ZD-3型(或其他型号)自动电位滴定仪的使用方法见实验室提供的操作规程。

(2) 用“记录滴定”和“一次微分滴定”两种滴定方式进行操作。

(3) 滴定时可加入合适的指示剂,在滴定曲线拐点处同时观察溶液颜色的变化,以进行对比。

思　考　题

1. 滴定速度对实验结果有无影响?
2. 自动电位滴定分析法有何优缺点?

实验6.3　电位滴定法测定卤离子混合液中的氯、溴、碘

【目的】

了解电位滴定法的原理和测定方法;用电位滴定法测定能生成难溶化合物的离子的浓度。

【原理】

以银电极为指示电极,217型双盐桥饱和甘汞电极为参比电极,与被测卤离子溶液组成电池,用pH计测定滴加$AgNO_3$标准溶液时电池的电动势。以电动势对滴加的$AgNO_3$溶液的体积作图得电位滴定曲线,由电位滴定突跃确定化学计量点。滴定过程中发生以下化学反应:

$$Ag^+ + X^- \longrightarrow AgX\downarrow$$

由于
$$\varphi_{Ag^+/Ag} = \varphi^{\ominus}_{Ag^+/Ag} + 0.059\lg a_{Ag^+} \quad (25\ ^\circ C)$$

又
$$a_{Ag^+} = \gamma_{Ag^+}[Ag^+]$$

则电池电动势
$$E_{电池} = \varphi_{Ag^+/Ag} - \varphi_{甘汞}$$
$$= \varphi^{\ominus}_{Ag^+/Ag} - \varphi_{甘汞} + 0.059\ \lg\gamma_{Ag^+} + 0.059\ \lg[Ag^+]$$

在一定的实验条件下,$\varphi^{\ominus}_{Ag^+/Ag}$,$\varphi_{甘汞}$及$\gamma_{Ag^+}$均为定值,所以

$$E_{电池} = 常数 + 0.059\ \lg[Ag^+]$$

$E_{电池}$与溶液中$\lg[Ag^+]$呈线性关系。滴定卤离子混合溶液时,由于

$$K_{sp}(AgI) \ll K_{sp}(AgBr) < K_{sp}(AgCl)$$

故先生成AgI沉淀,再生成AgBr沉淀,最后生成AgCl沉淀,$[Ag^+]$由小变大,产生三次电位突跃,可分别确定三个化学计量点。在滴定过程中,沉淀对卤离子的吸附很严重,加入凝聚剂

NH_4NO_3 可减少共沉淀,从而提高滴定分析的准确度。

用指示剂法确定上述卤离子混合液滴定的化学计量点是困难的。其原因有:没有合适的指示剂;AgBr 和 AgCl 的 K_{sp} 相差不大,滴定突跃较小,难以准确确定化学计量点。

【试剂及仪器】

NaCl(优级纯),NH_4NO_3。

0.1 mol·L^{-1} $AgNO_3$ 溶液:溶解 8.5 g $AgNO_3$ 于 500 mL 去离子水中,储存于棕色试剂瓶中。

pHS-3B 型 pH 计(或其他型号的 pH 计),配以银电极和 217 型双盐桥饱和甘汞电极。电磁搅拌器及搅拌磁子,10 mL 滴定管、10 mL 移液管各一支。

【实验内容】

(1) 按 pH 计的使用说明调节好仪器,选择"mV"挡,预热 0.5 h 后使用。

(2) NaCl 标准溶液(0.05 mol·L^{-1})的配制:准确称取 NaCl 约 0.3 g,用水溶解后转入 100 mL 容量瓶,稀释至刻度,摇匀。计算 NaCl 的浓度。

(3) $AgNO_3$ 溶液的标定:用 10 mL 移液管移取 NaCl 标准溶液一份,放入 50 mL 小烧杯中,加入 20 mL 水,放进搅拌磁子,将电极浸入溶液中。将甘汞电极接 pH 计的正极,银电极接负极,开动搅拌器**(注意:不要使磁子触到电极)**,搅匀后测量电池电动势。

在 10 mL 滴定管中装入 $AgNO_3$ 溶液,开始滴定。滴加一次 $AgNO_3$ 溶液,测一次电动势(为了做到心中有数,可先粗测一次,了解一下电位突跃的位置,再进行正式滴定)。滴定开始时和结束前,每次加入的 $AgNO_3$ 溶液的体积可以多一些(例如,每次滴加 1 mL 或 0.5 mL)。在化学计量点附近,每次滴加 0.10 mL,测一次电动势。根据电位突跃确定 $AgNO_3$ 浓度。

(4) 卤离子混合溶液的滴定:取卤离子混合溶液 10.00 mL,加入 1 g NH_4NO_3、20 mL 水。按实验内容(3)的步骤进行滴定,滴定到三次突跃全部出现后为止。

(5) 每滴定完一份试液后,需将附着在电极上的沉淀洗净后再用。实验结束后,洗净电极,关好仪器。

【数据处理】

(1) 以标定 $AgNO_3$ 溶液时测得的电池电动势(mV)对 $AgNO_3$ 溶液的体积(mL)作图,得滴定曲线。用二阶微商法确定化学计量点,计算 $AgNO_3$ 溶液的浓度。

(2) 以滴定卤离子混合溶液时测得的电池电动势(mV)对 $AgNO_3$ 溶液的体积(mL)作图,得滴定曲线。用二阶微商法确定三个化学计量点,计算卤离子混合液中 Cl^-、Br^-、I^- 的浓度(mol·L^{-1})。

二阶微商及化学计量点的计算可借助于计算机进行,算法见 7.1 节。

思 考 题

1. 滴定卤离子混合液中的 Cl^-、Br^-、I^- 时，能否用指示剂法确定三个化学计量点？为什么？
2. 本实验中对被滴溶液的酸度有何要求？为什么？
3. 电位滴定法中溶液离子强度对测定有无影响？

实验 6.4 电位滴定法测定铜(Ⅱ)-磺基水杨酸络合物的稳定常数

【目的】

了解用电位滴定法测定金属离子与弱碱性配位体形成的络合物的稳定常数的原理；掌握测定步骤和实验数据的处理方法。

【原理】

Cu^{2+} 与磺基水杨酸(以 H_3L 表示)可分步络合生成两种络合物形式：CuL^-、CuL_2^{4-}，它们的形成常数分别为

$$K_1=\frac{[CuL^-]}{[Cu^{2+}][L^{3-}]}$$

$$K_2=\frac{[CuL_2^{4-}]}{[CuL^-][L^{3-}]}$$

若 K_1 和 K_2 相差较大($K_1/K_2\geqslant10^{2.8}$)，则当 $[CuL^-]=[Cu^{2+}]$，即平均配位体数 $\bar{n}$ 为 0.5 时，有

$$\lg K_1=-\lg[L^{3-}]_{\bar{n}=0.5}$$

当 $[CuL_2^{4-}]=[CuL^-]$，即平均配位体数 $\bar{n}$ 为 1.5 时，有

$$\lg K_2=-\lg[L^{3-}]_{\bar{n}=1.5}$$

若根据实验数据作 $\bar{n}$-$\lg[L^{3-}]$ 曲线，可直接从图上得到 $\bar{n}=0.5$，$\bar{n}=1.5$ 的 $-\lg[L^{3-}]$ 值，即得 $\lg K_1$ 和 $\lg K_2$。

本实验采用 pH 电位滴定法测定平均配位体数 $\bar{n}$，方法如下：

磺基水杨酸的离解常数 $pK_{a_2}=2.6$，$pK_{a_3}=11.6$。在酸碱滴定中，它作为二元酸被碱中和：

$$H_3L+2OH^-=\!=\!=HL^{2-}+2H_2O$$

若溶液中有 Cu^{2+} 存在时，由于 Cu^{2+} 与磺基水杨酸形成络合物而使磺基水杨酸得到强化，它可以作为三元酸被碱中和：

$$2H_3L+Cu^{2+}=\!=\!=CuL_2^{4-}+6H^+$$

取同量磺基水杨酸两份：一份以 NaOH 标准溶液滴定，得滴定曲线 1；另一份中加入一定量

Cu^{2+}(Cu^{2+}的加入量少于磺基水杨酸的量),再用 NaOH 标准溶液滴定,得滴定曲线 2(见图 6.5)。

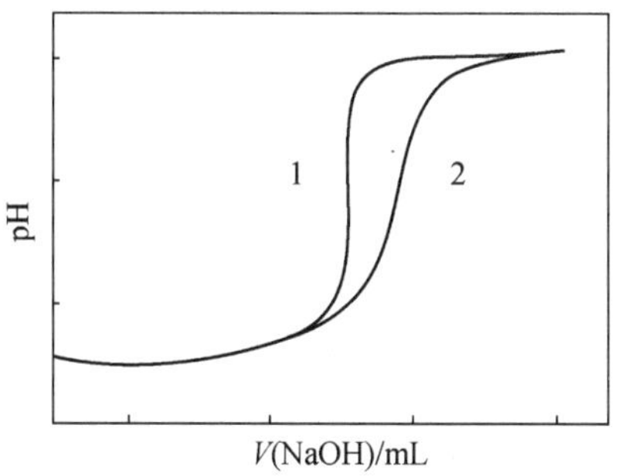

图 6.5 用 NaOH 标准溶液滴定 Cu^{2+}-磺基水杨酸络合物溶液的滴定曲线

曲线 1 为无 Cu^{2+} 存在时的滴定曲线;曲线 2 为有 Cu^{2+} 存在时的滴定曲线

以下对实验数据进行处理:

(1) 计算在不同 pH 下与 Cu^{2+} 络合的磺基水杨酸的浓度$[L]_{络合}$:从图 6.5 上分别读出在同一 pH 下曲线 1(无 Cu^{2+} 存在时)、曲线 2(有 Cu^{2+} 存在时)对应的 NaOH 毫升数 V_1、V_2,则 V_2-V_1 即为由于络合反应放出的酸所消耗的 NaOH 毫升数,因此可算得$[L]_{络合}$。

$$[L]_{络合}=\frac{(V_2-V_1)\cdot c_{NaOH}}{V_{总}}$$

式中,c_{NaOH}为 NaOH 标准溶液的浓度($mol\cdot L^{-1}$),$V_{总}$ 为此时溶液的总体积(mL)。

(2) 按平均配位体数的定义,计算不同 pH 下的 $\bar{n}$ 值:

$$\bar{n}=\frac{[L]_{络合}}{c'_{Cu^{2+}}}$$

式中,$c'_{Cu^{2+}}$ 为此时溶液中 Cu^{2+} 的总浓度,它可由下式算得:

$$c'_{Cu^{2+}}=\frac{c_{Cu^{2+}}\cdot V_{Cu^{2+}}}{V_{总}}$$

式中,$c_{Cu^{2+}}$ 为 Cu^{2+} 标准溶液的浓度($mol\cdot L^{-1}$),$V_{Cu^{2+}}$ 为加入的 Cu^{2+} 标准溶液的体积(mL)。

(3) 计算不同 pH 下磺基水杨酸根的浓度$[L^{3-}]$:

$$[L^{3-}]=\frac{c'_L-[L]_{络合}}{\alpha_{L(H)}}$$

式中,c'_L为磺基水杨酸的总浓度,它可通过所取磺基水杨酸的起始浓度 c_L、体积 V_L 计算得到:

$$c'_L=\frac{c_L V_L}{V_{总}}$$

$\alpha_{L(H)}$是磺基水杨酸的酸效应系数:

$$\alpha_{L(H)}=1+[H^+]K_1^H+[H^+]^2K_1^HK_2^H$$

其中 $K_1^H=1/K_{a_3}$，$K_2^H=1/K_{a_2}$。

(4) 以不同 pH 下的 $\bar{n}$ 对 $-\lg[L^{3-}]$ 作图，从曲线上查出 $\bar{n}$ 为 0.5 和 1.5 时所对应的 $-\lg[L^{3-}]$ 值，即得到 $\lg K_1$ 和 $\lg K_2$。

本实验以玻璃电极与甘汞电极组成电池；用 pHS-3B 型 pH 计(或其他型号的 pH 计)测量滴定过程的 pH。溶液的离子强度以 $NaClO_4$ 调节为 0.1。

以 pH 电位法测定络合物形成常数的方法，适用于配位体是弱酸根(或弱碱)的情况。若配位体质子化倾向太强或络合物太稳定，则不能使用此法。若络合反应速度太慢，也不宜采用此法。

【试剂及仪器】

0.1 mol·L^{-1}磺基水杨酸溶液，0.2 mol·L^{-1} $NaClO_4$ 溶液。

0.1 mol·L^{-1}NaOH 标准溶液：配制和标定方法见实验 3.5。

0.01 mol·L^{-1}$CuSO_4$ 标准溶液：用 $CuSO_4\cdot5H_2O$ 配制，标定方法见实验 3.14。

pHS-3B 型 pH 计(或其他型号的 pH 计)，10 mL 碱式滴定管，5 mL、10 mL 移液管。

【实验内容】

(1) 按 pH 计的使用说明调好仪器，调至"pH"挡，装上玻璃电极(接负极)和饱和甘汞电极(接正极)，使仪器预热 0.5 h 以上，用 pH 6.86(20℃)的标准缓冲溶液校准 pH 计。

(2) 用移液管分别移取 5.00 mL 磺基水杨酸溶液、20 mL $NaClO_4$ 溶液、25 mL 去离子水到 100 mL 烧杯中，加入搅拌磁子，在电磁搅拌器上使溶液搅匀，测量 pH。在 10 mL 滴定管中装入 NaOH 标准溶液，进行滴定。开始时，每加 1 mL NaOH，测一次 pH；以后逐渐减少每次滴加的 NaOH 体积；近终点时，每滴加 0.05 mL NaOH，测一次 pH。以 pH 对 V_{NaOH} 作图得曲线 1，确定磺基水杨酸的准确浓度。

(3) 用移液管分别移取 5.00 mL 磺基水杨酸溶液、20 mL $NaClO_4$ 溶液、10.00 mL $CuSO_4$ 标准溶液、15 mL 去离子水到 100 mL 烧杯中，按实验内容(2)的方法以 NaOH 标准溶液滴定。在同一图上作滴定曲线 2。

(4) 按表 6.2 格式处理实验数据：

表 6.2　Cu^{2+}-磺基水杨酸络合物的稳定常数测定的数据处理

pH	V_2-V_1	$[L]_{络合}$	$\bar{n}$	$\lg\alpha_{L(H)}$	$-\lg[L^{3-}]$

(5) 以 $\bar{n}$ 对 $-\lg[L^{3-}]$ 作图。从图上确定 $\lg K_1$，$\lg K_2$ 的值，并与手册上查得的数据进行比较。

用插值法处理数据可免去作图步骤。插值法的算法见 7.3 节。

思 考 题

1. 为什么只有当 $K_1/K_2 \geqslant 10^{2.8}$ 时，才可以用本法测定 K_1 和 K_2？
2. 本实验方法为什么只适用于配位体是弱酸根(或弱碱)的情况？为什么配位体质子化倾向太强或生成的络合物太稳定，不能采用本实验方法测定稳定常数？
3. 本实验测得的稳定常数 K_1 和 K_2 是活度常数、浓度常数，还是混合常数？这些常数之间如何互相换算？
4. 为什么用 $NaClO_4$ 调节溶液的离子强度？

实验 6.5 氟离子选择电极测定饮用水中的氟

【目的】

了解离子选择电极的主要特性，掌握离子选择电极法测定的原理、方法及实验操作；了解总离子强度调节缓冲液的意义和作用；掌握用校准曲线法和标准加入法测定饮用水中氟离子的浓度的方法。

【原理】

氟离子选择电极(简称氟电极)是晶体膜电极，示意于图 6.6。它的敏感膜是由难溶盐 LaF_3 单晶(为增加导电性，定向掺杂 EuF_2)薄片制成，电极管内装有 $0.1\ mol \cdot L^{-1}$ NaF 和 $0.1\ mol \cdot L^{-1}$ NaCl组成的内充液，浸入一根 Ag-AgCl 内参比电极。测定时，氟电极、饱和甘汞电极(外参比电极)和含氟试液组成下列电池：

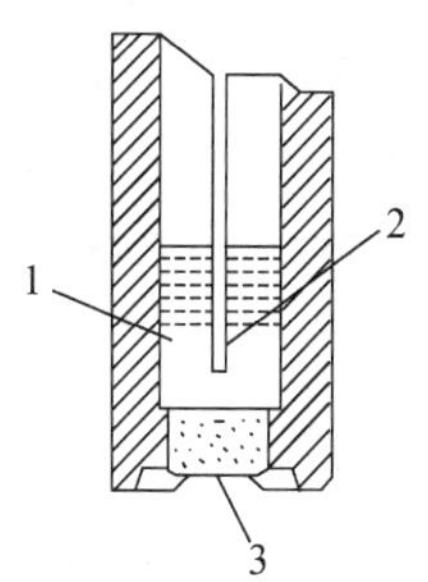

图 6.6 氟离子电极示意图

1. $0.1\ mol \cdot L^{-1}$ NaF，$0.1\ mol \cdot L^{-1}$ NaCl 内充液；2. Ag-AgCl 内参比电极；3. 掺 EuF_2 的 LaF_3 单晶

Ag|AgCl | NaF($0.1\ mol \cdot L^{-1}$)，NaCl($0.1\ mol \cdot L^{-1}$) | LaF_3 单晶|含氟试液($a(F^-)$) ‖ KCl(饱和)，Hg_2Cl_2|Hg

|←——氟电极——→|←—试液—→|←—饱和甘汞电极—→|

一般离子计上氟电极接负极，饱和甘汞电极接正极，测得电池的电动势为

$$E_{电池} = \varphi_{SCE} - \varphi_{膜} - \varphi_{Ag\text{-}AgCl} + \varphi_a + \varphi_j \qquad (1)$$

在一定的实验条件下(如溶液的离子强度、温度等)，外参比电极电位 φ_{SCE}、活度系数 γ、内参比电极电位 $\varphi_{Ag\text{-}AgCl}$、氟电极的不对称电位 φ_a 以及液接电位 φ_j 等都可以作为常数处理，而氟电极的膜电位 $\varphi_{膜}$ 与 F^- 活度的关系符合能斯特方程，因此上述电池的电动势 $E_{电池}$ 与试液中氟离子浓度的对数呈线性关系，即

$$E_{电池}=常数+\frac{2.303RT}{F}\lg a_{F^-}=常数-\frac{2.303RT}{F}pF \qquad (2)$$

式中,R 为摩尔气体常数($8.314\,J\cdot mol^{-1}\cdot K^{-1}$),$T$ 为热力学温度,F 为法拉第常数($96485\,C\cdot mol^{-1}$)。

在应用氟电极时需要考虑以下三个问题:

(1) 试液 pH 的影响:试液的 pH 对氟电极的电位响应有影响,pH 5～6 是氟电极使用的最佳 pH 范围。在低 pH 的溶液中,由于形成 HF、HF_2^- 等在氟电极上不响应的型体,降低了 a_{F^-}。pH 高时,OH^- 浓度增大,OH^- 在氟电极上与 F^- 产生竞争响应。也由于 OH^- 能与 LaF_3 晶体膜产生如下反应:

$$LaF_3+3OH^- = La(OH)_3+3F^-$$

从而干扰电位响应。因此测定需要在 pH 5～6 的缓冲溶液中进行,常用的缓冲溶液是 HAc-NaAc 溶液。

(2) 为了使测定过程中 F^- 的活度系数、液接电位 φ_j 保持恒定,试液要维持一定的离子强度。常在试液中加入一定浓度的惰性电解质,如 KNO_3、NaCl、$KClO_4$ 等,以控制试液的离子强度。

(3) 氟电极的选择性较好,但能与 F^- 形成络合物的阳离子如 Al(Ⅲ)、Fe(Ⅲ)、Th(Ⅳ)等,以及能与 La(Ⅲ)形成络合物的阴离子,对测定有不同程度的干扰。为了消除金属离子的干扰,可以加入掩蔽剂如柠檬酸钾(K_3Cit)、EDTA 等。

因此,用氟电极测定饮用水中的氟含量时,使用总离子强度调节缓冲溶液(total ionic strength adjustment buffer, TISAB)来控制氟电极的最佳使用条件,其组分为 KNO_3、HAc-NaAc 和 K_3Cit。

【试剂及仪器】

TISAB 溶液:将 102 g KNO_3、83 g NaAc、32 g K_3Cit 放入 1 L 烧杯中,再加入冰醋酸 14 mL,用 600 mL 去离子水溶解,溶液的 pH 应为 5.0～5.5,如超出此范围应加 NaOH 或 HAc 调节,调好后加去离子水至总体积为 1 L。

$0.100\,mol\cdot L^{-1}$ NaF 标准溶液:称取 2.100 g NaF(已在 120℃烘干 2 h 以上)放入 500 mL 烧杯中,加入 300 mL 去离子水溶解后转移至 500 mL 容量瓶中,用去离子水稀释至刻度,摇匀,保存于聚乙烯塑料瓶中备用。

pHS-3B 型 pH 计(或其他型号的离子计),氟离子选择电极(使用前应在去离子水中浸泡 1～2 h),饱和甘汞电极,电磁搅拌器。

【实验内容】

本实验采用校准曲线法和标准加入法测定自来水中的含氟量。

(1) 将 pH 计调至“mV”挡,装上氟电极和参比电极(SCE)。氟电极在去离子水中的电极电位应达到本底值方可使用(该电位值由电极的生产厂标明)。

(2) 标准系列溶液的配制：取五个 50 mL 容量瓶，在第一个容量瓶中加入 10 mL TISAB 溶液，其余加入 9 mL TISAB 溶液。用 5 mL 移液管吸取 5.0 mL 0.1 mol·L^{-1} NaF 标准溶液放入第一个容量瓶中，加去离子水至刻度，摇匀即为 1.0×10^{-2} mol·L^{-1} F^- 溶液。然后逐一稀释配制 $10^{-2}\sim10^{-6}$ mol·L^{-1} F^- 溶液。

(3) 校准曲线法：

校准曲线的测绘：将实验内容(2)所配好的溶液分别倒入干燥的 50 mL 塑料烧杯中，放入磁子，插入氟电极和饱和甘汞电极，在电磁搅拌器上搅拌 3～4 min 后读 mV 值。测量的顺序是从稀到浓，这样在转换溶液时电极不必用水洗，仅用滤纸吸去附着的溶液即可。以测得的电动势值(mV)为纵坐标，以 pF 或 $\lg c(F^-)$ 为横坐标，作校准曲线。

水样中氟离子含量的测定：用两个 50 mL 容量瓶，分别加入 10 mL TISAB 溶液，加自来水稀释至刻度，摇匀。将电极在去离子水中洗净，使其在去离子水中的电位值低于起始的本底电位值，方能用来测定水样中的含氟量。把水样倒入 50 mL 烧杯中，插入电极，测定其电位值。从校准曲线上查出样品溶液的 $c(F^-)$ 值，再换算成自来水中的含氟量并以 mg·L^{-1} 表示。

(4) 标准加入法：取两个 100 mL 容量瓶，分别加入 20 mL TISAB 溶液。其中一个容量瓶用自来水稀释至刻度，摇匀后倒入 50 mL 的干燥烧杯中，测定电位值 E_1。

向另一个容量瓶中加入 1.00 mL 浓度为 2.00×10^{-3} mol·L^{-1} 的氟标准溶液，用自来水稀释至刻度，摇匀后转入 50 mL 的干燥烧杯中，测定其电位值 E_2。

由于 $V_s \ll V_x$，可认为标准溶液加入前后试液的其余组分基本不变，离子强度基本不变，故水样试液中 F^- 浓度为

$$c_x=\frac{c_s V_s}{V_x}\left(10^{\frac{E_2-E_1}{S}}-1\right)^{-1}$$

式中，S 为电极响应斜率，理论值(为 $2.303RT/nF$)和实际值有一定的差别，为避免引入误差，可由计算校准曲线的斜率求得。同样，自来水中的含氟量以 mg·L^{-1} 表示。

思　考　题

1. 以本实验所用的 TISAB 溶液各组分所起的作用为例，说明离子选择电极法中用 TISAB 溶液的意义。

2. 从校准曲线上可以得到哪些离子选择电极的特性参数？

实验 6.6　溴离子选择电极对碘离子选择性系数的测定

【目的】

了解离子选择电极选择性系数测定的原理和方法；掌握测定的实验技术。

【原理】

选择性系数是离子选择电极的主要性能指标之一，它是指在有干扰离子存在时，离子选择电极对测定离子的选择性的量度。IUPAC 推荐的离子选择电极电位修正的能斯特方程中给出了选择性系数的定义：

$$\varphi=\varphi^{\ominus}+\frac{RT}{z_{A}F}\ln\left(a_{A}+K_{A,B}^{Pot}\cdot a_{B}^{z_{A}/z_{B}}+K_{A,C}^{Pot}\cdot a_{C}^{z_{A}/z_{C}}+\cdots\right) \quad (1)$$

式中包括了多个干扰离子 B, C, …。在测定主离子 A 时，选择性系数分别为 $K_{A,B}^{Pot}$, $K_{A,C}^{Pot}$, …，通过实验可以分别测定出来。

溴离子选择电极对碘离子选择性系数 $K_{Br,I}^{Pot}$ 的物理意义可以从下式中体现出来：

$$\varphi=\varphi^{\ominus}+\frac{RT}{z_{Br}F}\ln\left[a(Br)+K_{Br,I}^{Pot}\cdot a(I)\right] \quad (2)$$

式中，$a(Br)$、$a(I)$ 分别为 Br^-、I^- 的活度。实验时采用控制恒定的离子强度，将活度系数在给定的条件下作为常数处理，那么(2)式可写为

$$\varphi=\varphi^{\ominus\prime}+\frac{RT}{z_{Br}F}\ln\left[c(Br)+K_{Br,I}^{Pot}\cdot c(I)\right] \quad (3)$$

此式是测定 $K_{Br,I}^{Pot}$ 的理论依据。在测定 $K_{Br,I}^{Pot}$ 时，溴电极和饱和甘汞电极组成以下电池：

溴电极 | Br^-, I^- ‖ SCE

电池电动势 $E_{电池}$ 为

$$E_{电池}=\varphi_{SCE}-\varphi^{\ominus\prime}-\frac{RT}{z_{Br}F}\ln\left[c(Br)+K_{Br,I}^{Pot}\cdot c(I)\right]+\varphi_{j} \quad (4)$$

φ_{SCE} 和液接电位 φ_j 在给定条件下可以看作常数并入 $\varphi^{\ominus\prime}$ 中，那么(4)式可以写为

$$E_{电池}=常数-\frac{RT}{z_{Br}F}\ln\left[c(Br)+K_{Br,I}^{Pot}\cdot c(I)\right] \quad (5)$$

IUPAC 推荐的测定 $K_{A,B}^{Pot}$ 的方法有固定干扰法和分别溶液法。用固定干扰法测定 $K_{A,B}^{Pot}$ 更接近实际情况，本实验采用这一方法测定 $K_{Br,I}^{Pot}$。实验时，用上述电池测定一组固定干扰离子 I^- 的浓度、改变 Br^- 离子浓度的系列溶液的 $E_{电池}$。将 $E_{电池}$ 对 $\lg c(Br)$ 作图，从图中两直线延长线的交点求出浓度 $c(Br)$，再用下式计算 $K_{Br,I}^{Pot}$：

$$K_{Br,I}^{Pot}=c(Br)/c(I) \quad (6)$$

$K_{Br,I}^{Pot}$ 的数值与干扰离子的浓度、测定体系的组成、测定方法及电极状况等有关，所以它只是一个半定量的数据。

【试剂及仪器】

1.00 mol·L^{-1} KNO_3 溶液，1.00 mol·L^{-1} KBr 溶液，1.00×10^{-3} mol·L^{-1} KI 溶液。

pHS-3B 型 pH 计(或其他型号的离子计)，溴离子选择电极(使用前在 1.0×10^{-3} mol·L^{-1}

KBr 溶液中浸泡 2 h)，217 型(双盐桥)饱和甘汞电极(盐桥内充 0.1 $mol \cdot L^{-1}$ KNO_3 溶液)。

【实验内容】

(1) 将溴离子选择电极接 pH 计的负极，饱和甘汞电极接正极。

(2) 取六个 50 mL 容量瓶，在第一个容量瓶中加入 10.00 mL 1.00 $mol \cdot L^{-1}$ KNO_3 溶液、5.00 mL 1.00×10^{-3} $mol \cdot L^{-1}$ KI 溶液和 5.00 mL 1.00 $mol \cdot L^{-1}$ KBr 溶液，用去离子水稀释至刻度。在其余五个容量瓶中分别加入 9.00 mL 1.00 $mol \cdot L^{-1}$ KNO_3 溶液，4.50 mL 1.00×10^{-3} $mol \cdot L^{-1}$ KI 溶液。从第一个容量瓶取 5.00 mL 含 1.00×10^{-1} $mol \cdot L^{-1}$ KBr 的溶液至第二个容量瓶中，并用去离子水稀释至刻度，得到含 1.00×10^{-2} $mol \cdot L^{-1}$ KBr 的溶液。以此类推，在第三至第六个容量瓶中配制含 1.00×10^{-3}～1.00×10^{-6} $mol \cdot L^{-1}$ KBr 的溶液。

(3) 按 KBr 溶液浓度从稀到浓的顺序逐个测量上述系列溶液的 $E_{电池}$(mV 值)。

(4) 将 $E_{电池}$ 值对 $\lg c(Br)$ 作图，并从图上求出 $c(Br)$ 值，用(6)式计算 $K_{Br,I}^{Pot}$ 值。

思 考 题

1. 试解释 $E_{电池}$-$\lg c(Br)$ 曲线各部分溴离子选择电极响应的情况。
2. 能否用测得的 $K_{Br,I}^{Pot}$ 值按(1)式来校正溴离子响应的电位值？为什么？

6.2 电解分析和库仑分析法

6.2.1 原理

电解分析又称电重量法，是通过电解称量沉积于电极表面的沉积物的质量的一种电分析方法。有较高的准确度，适于常量组分的测定，同时也是一种很好的分离手段。根据电解方式的不同，可分为恒电流电解法和控制电位电解法。常采用控制阴极电位的电解分析法进行分别测定和分离。

库仑分析是以测量电解过程中被测物质在电极上发生电化学反应所消耗的电量为基础的电分析方法。要求电流效率为 100%，适用于微量组分的测定。

上述两种方法的共同特点是无须使用基准物质和标准溶液。

库仑分析的基本依据是法拉第(Faraday)电解定律：

$$m=\frac{M}{zF}Q$$

式中，F 为 1 mol 元电荷的电量，称为法拉第常数(96485 $C \cdot mol^{-1}$)；M 为物质的摩尔质量；z 为电极反应中的电子数。电量(Q)与通过该体系的电流(i)及时间成正比：

$$Q = it$$

库仑分析分为恒电位库仑分析和恒电流库仑分析。恒电位库仑分析是在电解过程中，控制工作电极的电位保持恒定值，使被测物质以100%的电流效率进行电解。当电流趋于零时，指示该物质已被电解完全。恒电流库仑分析又称库仑滴定，是用恒电流电解产生滴定剂以滴定被测物质来进行定量分析的方法。其优点是灵敏度高，准确度好，测定的量比经典滴定法低1～2个数量级，但可以达到与经典滴定法同样的准确度，不需要制备标准溶液，不稳定的滴定剂可电解产生，电流和时间可准确测定等，因而应用较广。

库仑滴定的终点指示可以采用以下几种方法：

(1) 化学指示剂法：滴定分析中使用的化学指示剂，只要体系合适仍能在此使用。

(2) 电位法：库仑滴定中使用电位法指示终点，与电位滴定法确定终点的方法相似。选用合适的指示电极来指示终点前后电位的跃变。

(3) 双铂极电流指示法：又称永停法，是在电解池中插入一对铂电极作指示电极，加上一个很小的直流电压(一般为几十毫伏至一二百毫伏)，根据指示电极电流的变化来判断滴定终点。

6.2.2 实验部分

实验6.7 库仑滴定法测定砷

【目的】

了解库仑滴定法的基本原理和要求；掌握库仑滴定法的实验技术；了解双铂极电流法指示滴定终点的原理。

【原理】

库仑滴定法是由电解产生的滴定剂来测定微量或痕量物质的一种分析方法。本实验是利用恒电流电解KI溶液产生滴定剂I_2来测定As(Ⅲ)，电解池工作电极上的反应为

铂阳极　　$3I^- \longrightarrow I_3^- + 2e$

铂阴极　　$2H_2O + 2e \longrightarrow H_2\uparrow + 2OH^-$

溶液中的反应为

$$I_3^- + HAsO_3^{2-} + H_2O = HAsO_4^{2-} + 3I^- + 2H^+$$

砷的含量可以由电解电流I(A)和电解时间t(s)按法拉第电解定律来计算：

$$m_{As} = \frac{I \cdot t \cdot M_{As}}{z \cdot F} \quad (g)$$

式中，M_{As}是As的摩尔质量(74.92 g·mol^{-1})，z是As(Ⅲ)氧化为As(Ⅴ)失去的电子数，F是法拉第常数(96485C·mol^{-1})。

在pH 5～9的介质中，反应定量地向右进行。pH>9时，I_3^-发生歧化反应。为了使电解

产生碘的电流效率达到100%,要求电解液的pH<9。为此,实验中采用磷酸盐缓冲溶液维持电解液的pH在7~8。

电解液中的溶解氧也可以使I^-氧化为I_3^-,使测定结果偏低。在准确度要求较高的测定中应采取除氧措施。此外,凡是对电极反应和化学反应有影响的杂质都应除去。氧和杂质的影响也可以用空白校正来消除。

滴定终点采用双铂极电流法指示,即在电解池中插入一对铂电极作指示电极,加上一个很小的直流电压(一般为几十毫伏至一二百毫伏)。由于As(Ⅴ)/As(Ⅲ)电对的不可逆性,在滴定终点前,在指示电极上该电对不发生电极反应,因此只通过极微小的残余电流。而在滴定终点后,溶液中有了过量的碘,I_3^- 和 I^- 在指示电极上发生如下的可逆电极反应:

阳极 $3I^- \longrightarrow I_3^- + 2e$

阴极 $I_3^- + 2e \longrightarrow 3I^-$

因而通过指示电极的电流明显增大,这可由串联的检流计显示出来。

【试剂及仪器】

As(Ⅲ)溶液:称取As_2O_3(分析纯,预先在硫酸保干器中干燥48 h)0.660 g放入200 mL烧杯中,加少量水润湿,加入0.5 mol·L^{-1} NaOH溶液5~10 mL,搅拌使其溶解,再加入40~50 mL水,用1 mol·L^{-1} H_3PO_4溶液调节pH至7.0,转移到100 mL容量瓶中用水稀释至刻度,摇匀备用。此溶液含As(Ⅲ) 5.00 mg·mL^{-1},使用时需进一步稀释至500 μg·mL^{-1}。

磷酸盐缓冲溶液:7.8 g $NaH_2PO_4 \cdot 2H_2O$和1 g NaOH溶于250 mL水。

0.2 mol·L^{-1} KI溶液:8.3 g KI溶于250 mL水中,保存于棕色试剂瓶中。

直流稳压电源(1~30V),线绕电阻,甲电池一个,电键,毫伏表(mV),电磁搅拌器,毫安表(mA),库仑池,检流计,秒表,电位器。

【实验内容】

(1) 按图6.7准备好实验装置,并在库仑池中加入25 mL磷酸盐缓冲溶液、25 mL KI溶液以及1.00 mL As(Ⅲ)溶液。合上开关K_2,接通指示终点电路,调节电位器使毫伏表上的电压值为100 mV左右,调节检流计上的调零旋钮使检流计的指针在零附近。

(2) 打开直流稳压电源开关,调节电压值在25~30 V左右。

(3) 打开电磁搅拌器,将电解电路开关K_1合上,调节线绕电阻使电解电流在10 mA左右。电解进行至检流计指针迅速漂移为止,断开K_1,K_2及搅拌器开关。

(4) 在库仑池中再加入1.00 mL As(Ⅲ)溶液,打开电磁搅拌器,先合上K_2,再合上K_1同时开始秒表计时,准确记下电解电流(mA数值,精确到小数点后两位)。电解进行至检流计指针迅速漂移时终止。断开K_1同时停止秒表计时,再断开K_2,记下电解时间。

在以上溶液中再加入1.00 mL As(Ⅲ)溶液,至少重复测定三次,以取得平行的实验结果。

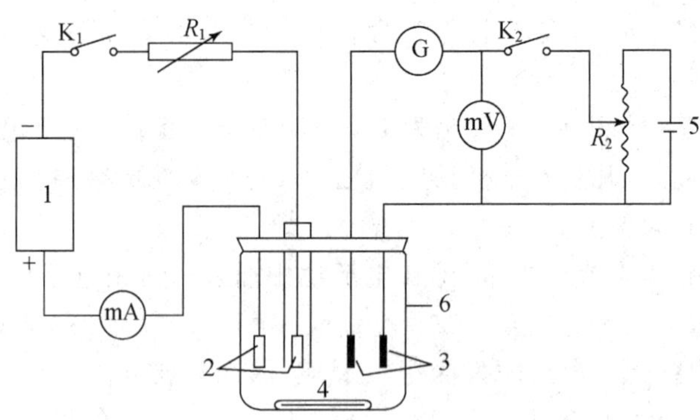

图 6.7　库仑滴定法实验装置

1. 直流稳压电源；2. 工作电极；3. 指示电极；4. 搅拌磁子；5. 甲电池；6. 库仑池

(5) 按公式计算 As(Ⅲ)的含量，以 $\mu g \cdot mL^{-1}$ 表示并与加入 As(Ⅲ)溶液的标准值相比较。

思　考　题

1. 本实验的电解电路是怎样获得恒定的电流的？
2. 试说明本实验中双铂极电流法指示滴定终点的原理。
3. 本实验的误差来源是什么？实验中应注意些什么？

6.3　极谱与伏安法

6.3.1　极谱与伏安法简介

1. 原理及分类

极谱与伏安法是通过测量电解过程中所得到的电流-电压曲线来进行定性、定量分析的方法。极谱法与伏安法的区别在于工作电极的不同。极谱法是使用表面能够周期性更新的液体电极作为工作电极，如滴汞电极。伏安法是使用表面不能更新的液体或固体电极作为工作电极，如玻碳电极，金、银等固体电极。根据对工作电极施加电位的形式不同，伏安法又分为线性扫描伏安法、循环伏安法、微分脉冲伏安法和溶出伏安法等。极谱法又分为直流极谱法、单扫描极谱法、微分脉冲极谱法、方波极谱法、交流极谱法等。

单扫描极谱法是在每滴汞生长的后期，加上一个极化电压的锯齿波脉冲，该脉冲随时间线性增加，记录电流随电位变化所得到的峰形曲线。峰电位 φ_p 与直流极谱波 $\varphi_{1/2}$ 的关系是

$$\varphi_p = \varphi_{1/2} - 1.1\frac{RT}{zF} = \varphi_{1/2} - \frac{0.028}{z} \qquad (25℃)$$

循环伏安法是在固定面积的工作电极上加上对称的三角波扫描电压，记录工作电极上得

到的电流与施加电位的关系曲线。循环伏安法可用来研究电极反应过程、电极吸附现象等。

常规脉冲伏安法是在给定的直流电压上施加一个矩形脉冲电压。脉冲的振幅随时间逐渐增加，脉冲宽度为 40～60 ms，两个脉冲之间的电压恢复至起始电压。在脉冲的后期测量电流，所得的常规脉冲伏安图呈台阶形。

微分脉冲伏安法是在线性变化的直流电压上叠加一个振幅为 5～100 mV、持续时间为 40～80 ms 的矩形脉冲电压。在脉冲加入前 20 ms 和终止前 20 ms 内测量电流。记录的是两次测量的电流差值。所得的微分脉冲伏安图呈峰形。

溶出伏安法是一种灵敏度很高的电化学分析方法，它是通过预电解的方法使被测定的组分富集在电极上，然后改变电极电位，使被富集的物质重新电解溶出，根据溶出过程中所得的伏安曲线来进行测定的方法。根据溶出时工作电极发生的是氧化反应还是还原反应，分为阳极溶出伏安法和阴极溶出伏安法。

2. 滴汞电极的保养

滴汞电极是极谱分析使用的一种特殊电极。它有一根外径为 3～7 mm，内径为 0.05～0.08 mm 的毛细管，用塑料管与储汞瓶相连接。汞滴从毛细管底端约每隔 3～5 s 滴下一滴。一根保养得好的毛细管可以长期使用，最重要的是不允许任何种类的固体物质进入毛细管内部。电极在较大的正电位时由于汞的阳极氧化作用产生的亚汞盐，电解质溶液在毛细管中干燥以及灰尘等往往会使毛细管污染或堵塞。因此在实验操作时，一定要先将储汞瓶提高，待汞滴开始下滴时才能将毛细管浸入电解池中。测量完毕后，将毛细管提出溶液外，用大量去离子水冲洗（或用适当的溶剂，如乙醇、氨水、稀酸等先清洗，最后用去离子水冲洗），用吸水纸吸干后，再将储汞瓶放低。

3. 玻碳电极的准备

与汞电极相比，物质在固体电极上伏安行为的重现性差，其原因与固体电极的表面状态直接有关，因而了解固体电极表面处理的方法和衡量电极表面被净化的程度，以及测算电极有效表面积的方法，是十分重要的。一般对这类问题要根据固体电极材料的不同而采取适当的方法。

对于玻碳电极，一般以 $Fe(CN)_6^{3-/4-}$ 的氧化还原行为作电化学探针。首先，固体电极表面的第一步处理是进行机械研磨、抛光至镜面程度。通常用于抛光电极的材料有金刚砂、CeO_2、ZrO_2、MgO 和 α-Al_2O_3 粉及其抛光液。抛光时总是按抛光剂粒度降低的顺序依次进行研磨，例如，对新电极的表面先经金刚砂纸粗研和细磨后，再用一定粒度的 α-Al_2O_3 粉在抛光布上进行抛光。抛光后先洗去表面污物，再移入超声水浴中清洗，每次 2～3 min，重复三次，直至清洗干净（若需要，可用乙醇、稀酸和水彻底洗涤），得到一个平滑光洁、新鲜的电极表面。将处理好的玻碳电极放入含一定浓度的 $K_3Fe(CN)_6$ 和支持电解质的水溶液中，观察其伏安曲线。如得到如图 6.8 所示的曲线，其阴、阳极峰对称，两峰的电流值相等（$i_{pc}/i_{pa}=1$），峰电位差 ΔE_p 约为 70 mV（理论值约 60 mV，由于 iR 降的影响，实际测量值还与电极面积的大小有关），即说明电极表面已处理好，否则需重新抛光，直至达到要求。

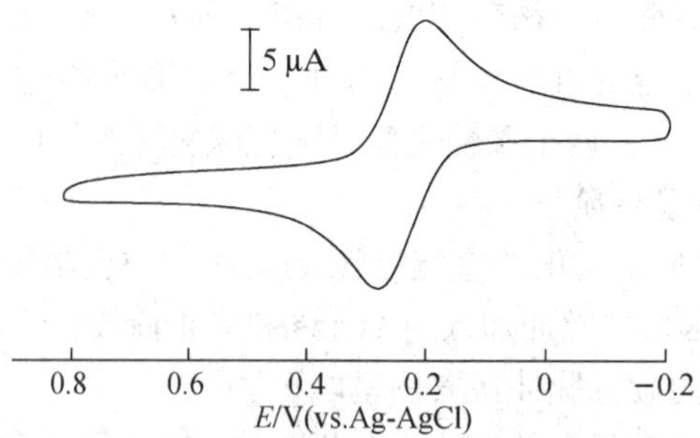

图 6.8 $K_3Fe(CN)_6$ 在玻碳电极上的循环伏安图

1.0×10^{-3} mol·L^{-1} $K_3Fe(CN)_6$，0.1 mol·L^{-1} KCl，扫速：0.05 V·s^{-1}

有关电极的有效面积，可根据 Randles-Sevcik 方程计算：

$$i_p = 2.69\times10^5 z^{3/2} A D_0^{1/2} v^{1/2} c_0 \quad (25\ ℃)$$

式中，A 为电极的有效面积(cm^2)，D_0 为反应物的扩散系数(cm^2·s^{-1})，z 为电极反应的电子转移数，v 为扫描速率(V·s^{-1})，c_0 为反应物的浓度(mol·cm^{-3})。

6.3.2 JP-2 型示波极谱仪

JP-2 型示波极谱仪使用交流 220 V、50/60 Hz 或直流 12 V、3 A 的电源。原点电位范围为 −2.2 V～+2.2 V，扫描电压幅度为 0.5 V。扫描周期为 7 s，其中扫描时间为 2 s。电流测量范围 1.25×10^{-4}～5×10^{-9} A(满量程)，共分 23 挡。仪器有阴极化、阳极化、阴极溶出、阳极溶出等功能，能测常规波、一次及二次导数波。有双电极和三电极两种电极系统，均应避免受机械振动的影响和电磁场的干扰。仪器面板示意如图 6.9 所示。

测量步骤如下：

(1) 开机前先检查滴汞电极、铂电极及甘汞电极三个电缆插头是否已分别插入“电解池”、“辅助电极”及“参比电极”插孔。将电极开关扳向“三电极”，接通电源，将储汞瓶升高。

(2) 选择好适当的“原点电位”。极性开关在“−”时，“原点电位”读负值；转到“+”时，“原点电位”读正值。

(3) 将盛有被测溶液的电解池套入电极，使电极末端浸入溶液的 1/2 深处。

(4) 如果用两电极测量，电极开关从“三电极”转到“两电极”。

(5) 测量开关扳到“阴极化”时，光点由左向右扫描，测还原波；“阳极化”时，光点由右向左扫描，测氧化波。

如果仪器用作“阳极溶出”或“阴极溶出”测定时，测量开关扳到“阳极溶出”或“阴极溶出”，此时，滴汞电极必须用悬汞电极、慢滴汞电极或固体电极代替。按动一次测量开关下方的触发按钮，开始记录富集时间。到达预定的富集时间时，再按动一下触发按钮，荧光屏上即

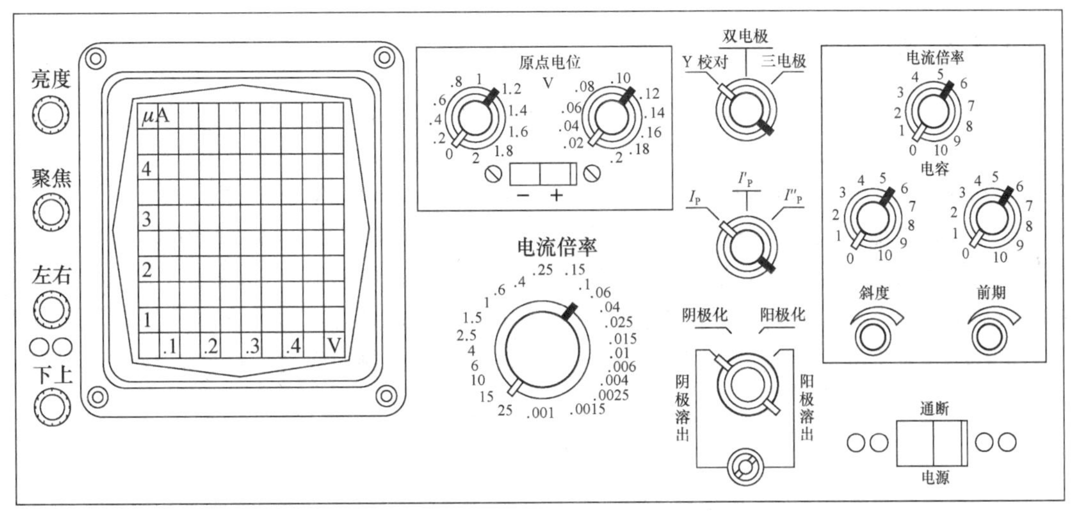

图 6.9 JP-2 型示波极谱仪

显示出电解富集后的伏安曲线。

(6) 如果扫描波形起点出现跳动后再扫描,可以调节"电容补偿"旋钮,使扫描线起点不跳动(极低含量测定时,把"电容补偿"关掉,用"前期补偿"代替)。

(7) 如果极谱波基线倾斜,可以调节"斜度补偿"旋钮,使基线平直。对同一批溶液、同一种物质进行斜度补偿时,一般应以最低含量溶液测量时一次调好。

(8) 如果极谱波在坐标上边界外,调节"前期补偿"旋钮,使波形移入坐标内。也可以用"上下"调节来稍微改变极谱波在荧光屏上的位置。

(9) 测量低含量物质的溶液时,先把"电流倍率"开关置于较低灵敏度的位置(倍率较大)观察波形,如果极谱波峰很低,再改变"电流倍率"的灵敏度往高方向(顺时针方向)旋转,同时适当调节各补偿,直到被测极谱波峰足够高。

若用一次或二次导数波极谱法测量,仍应先在常规波极谱法"I_p"适当调节各补偿,使被测极谱波能呈现在荧光屏范围内,再将开关转换到一次导数波"I_p'"或二次导数波"I_p''"。这时,只能用"上下"调节来改变极谱波在屏上的上下位置。

(10) 波高 i_p(μA)为纵坐标上读数与电流倍率的相应倍数之乘积。波峰电位读数等于原点电位读数 φ_0 与波峰在横坐标上对应读数的代数和。导数波可读取其波高在荧光屏上的格数或波高的 cm 或 mm 数值,并注明所用的电流倍率。

(11) 实验完毕后,用去离子水充分冲洗电极,再用滤纸吸干水,让其自然滴几滴汞后将电极开关扳向"两电极",关闭电源,放低储汞瓶。

6.3.3 CHI630A 电化学系统

国内外不同电化学系统一般都内含快速数字信号发生器、高速数据采集系统、电位电流信号滤波器、多级信号增益、iR 降补偿电路，以及恒电位仪/恒电流仪。本书只介绍国产 CHI630A 电化学系统(图 6.10)。其电位范围为 ±10 V，电流范围为 ±250 mA，电流测量下限低于 50 pA，可直接用于超微电极上的稳态电流测量。如果与 CHI200 微电流放大器及屏蔽箱连接，可测量 1 pA或更低的电流。信号发生器的更新速率为 5 MHz，数据采集速率为 500 kHz。当循环伏安法的扫描速率为 500 V·s^{-1} 时，电位增量仅 0.1 mV；当扫描速率为 5000 V·s^{-1} 时，电位增量为 1 mV。又如，交流阻抗的测量频率可达 100 kHz，交流伏安法的频率可达 10 kHz。仪器可工作于两电极、三电极的方式。

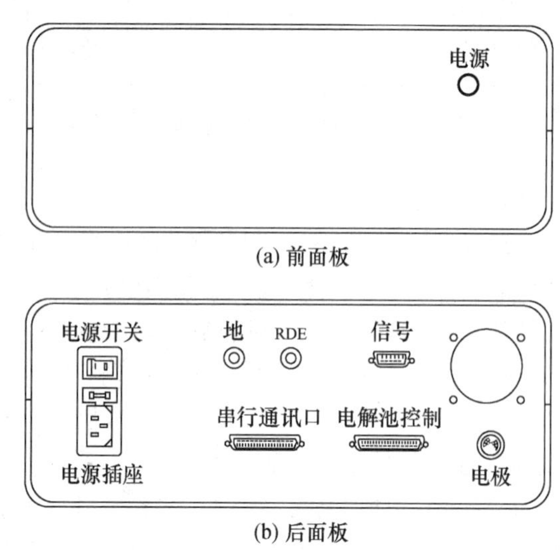

图 6.10 CHI630A 电化学系统面板示意图

仪器由外部计算机控制，在视窗操作系统下工作。一些最常用的命令都在工具栏上有相应的键。该仪器集成了几乎所有常用的电化学测量技术，包括恒电位、恒电流、电位扫描、电流扫描、电位阶跃、电流阶跃、脉冲、方波、交流伏安法、流体力学调制伏安法、库仑法、电位法，以及交流阻抗，等等。

仪器操作步骤如下：

(1) 打开电脑，双击 CHI630A 程序。打开 CHI630A 仪器电源开关。

(2) 将电极夹头分别夹到实际电解池的相应电极上，即将红色夹头接对电极，白色夹头接参比电极，绿色夹头接工作电极。

(3) 在 Setup 菜单中执行 Technique (实验技术)的命令，选择相应的电化学方法。在 Setup 菜单中再执行 Parameters (实验参数)的命令，将实验参数如 Init E(初始电位)和 High

E (高电位)、Low E (低电位)、Sensitivity (灵敏度)等设在相应的值。设定实验技术和参数后，便可进行实验。

(4) 实验中如果需要电位保持或暂停扫描(仅对伏安法而言)，可用 Control 菜单中的 Pause/Resume 命令。此命令在工具栏上有对应的键，如果需要继续扫描，可再按一次该键。若要停止实验，可用 Stop(停止)命令或按工具栏上相应的键。如果实验过程中发现电流溢出(Overflow，经常表现为电流突然成为一水平直线或得到警告)，可停止实验，在参数设定命令中重设灵敏度(Sensitivity)。数值越小，越灵敏(如 1.0e－006 要比 1.0e－005 灵敏)。如果溢出，应将灵敏度调低(数值调大)。灵敏度的设置以尽可能灵敏而又不溢出为准。如果灵敏度太低，虽不致溢出，但由于电流转换成的电压信号太弱，模数转换器只用了其满量程的很小一部分，数据的分辨率会很差，且相对噪声增大。

(5) 实验结束后，可执行 Graphics 菜单中的 Present Data Plot 命令进行数据显示。这时实验参数和结果(如峰高、峰电位和峰面积等)都会在图的右边显示出来。可作各种显示和数据处理。要存储实验数据，可执行 File 菜单中的 Save As 命令。文件总是以二进制(Binary)的格式储存，需要输入文件名，但不必加. bin 的文件类型。当文件名中出现“. ”时，需要加. bin 表明文件类型。

6.3.4 实验部分

实验 6.8 循环伏安法

【目的】

了解可逆扩散波和可逆吸附波的循环伏安图的特性；学习和掌握循环伏安法的原理和实验技术；了解测算玻碳电极有效面积的方法。

【原理】

循环伏安法是在固定面积的工作电极和参比电极之间加上对称的三角波扫描电压(图 6.11)，记录工作电极上得到的电流与施加电位的关系曲线，即循环伏安图(图 6.12)。在三角波的前半部，电极上若发生还原反应(阴极过程)，记录到一个峰形的阴极波；而在三角波的后半部，电极上则发生氧化反应(阳极过程)，记录到一个峰形的阳极波。一次三角波电压扫描，电极上完成了一个氧化还原循环。从循环伏安图的波形、氧化还原峰电流的数值及其比值、峰电位等可以判断电极反应的可逆性。

电极反应的可逆性主要取决于电极反应速率常数的大小，还与电位扫描速率有关。电极反应可逆性的判据列于表 6.3。表中的判据仅限于扩散波，即峰电流和扫描速率的平方根 $v^{1/2}$ 成正比关系的体系。

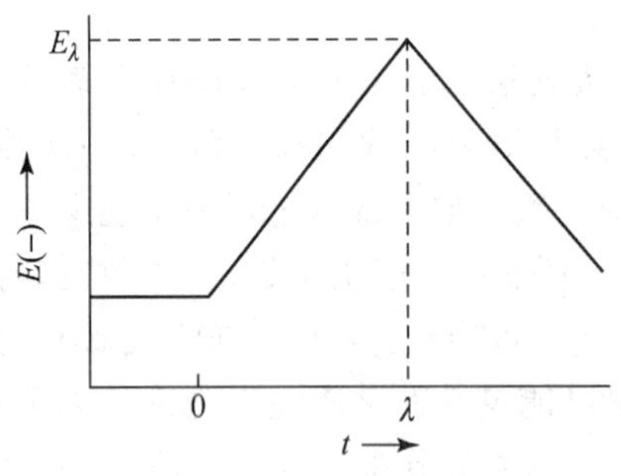

图 6.11 三角波扫描电压

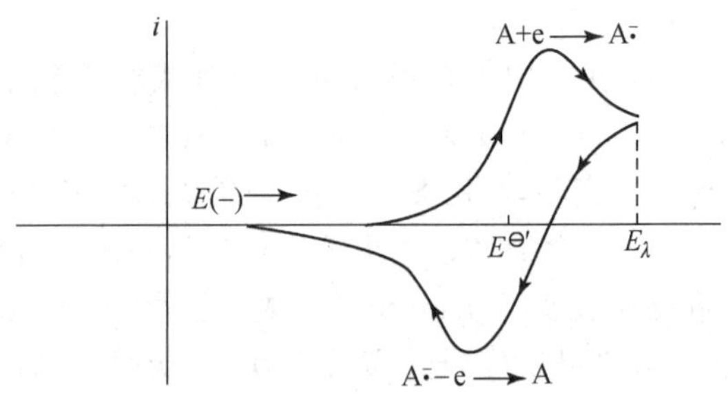

图 6.12 循环伏安图

表 6.3 电极反应可逆性的判据

	可逆电荷跃迁 $O+ze \rightleftharpoons R$	准可逆	不可逆 $O+ze \longrightarrow R$
电位响应的性质	E_p 与 v 无关。25℃时，$\Delta E_p=\frac{59}{z}$mV,与 v 无关	E_p 随 v 移动。低 v 时,ΔE_p 接近于$\frac{60}{z}$mV,但随 v 增加而增加,接近于不可逆	v 增加10倍,E_p 移向阴极化 $\frac{30}{\alpha z}$mV
电流函数性质	$(i_p/v^{1/2})$与 v 无关	$(i_p/v^{1/2})$与 v 无关	$(i_p/v^{1/2})$与 v 无关
阳极电流与阴极电流比的性质	$i_{pa}/i_{pc}\approx1$,与 v 无关	仅在 $\alpha=0.5$ 时,$i_{pa}/i_{pc}\approx1$	反扫时没有氧化电流

对于可逆扩散波,25 ℃时峰电流为

$$i_p=2.69\times10^5 z^{3/2}AD_0^{1/2}v^{1/2}c_0$$

式中,A 为电极的有效面积(cm^2),D_0 为反应物的扩散系数($cm^2 \cdot s^{-1}$),z 为电极反应的电子转移数,v 为扫描速率($V \cdot s^{-1}$),c_0 为反应物的浓度($mol \cdot cm^{-3}$)。

对于反应物吸附在电极上的可逆吸附波,理论上其循环伏安图上下左右对称,峰后电流降至基线,其峰电流可表示为

$$i_p=\frac{(zF)^2}{4RT}A\Gamma v$$

式中,Γ 是电活性物质在电极上的吸附量,A 为电极面积,v 为扫描速率。可见,峰电流与 v 成正比,而不是扩散波中所见到的与 $v^{1/2}$ 成正比。

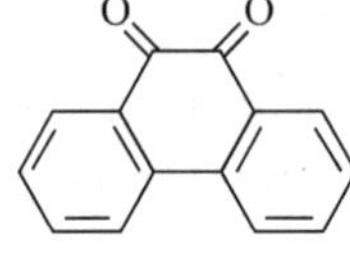

菲醌

因而,对于一个电活性物质,要判断其电极反应是否可逆,首先需要根据峰电流和扫描速率的关系判断所得到的伏安图是扩散波还是吸附波,然后再根据相应的判据进行判断。

本实验拟通过研究 $K_3Fe(CN)_6$ 和菲醌(结构式如左)两种电活性物质在不同扫描速率下在玻碳电极上的电化学响应,了解可逆扩散波和可逆吸

附波的性质。

【试剂及仪器】

固体铁氰化钾，H_2SO_4溶液，1.0×10^{-5} mol·L^{-1}菲醌的水溶液。

100 mL 容量瓶，50 mL 烧杯，玻棒。

CHI630A 电化学系统：玻碳电极(d=3 mm)为工作电极，饱和甘汞电极为参比电极，铂丝电极为辅助电极。超声波清洗器。

【实验内容】

(1) $K_3Fe(CN)_6$溶液的循环伏安图：

配制 5 mmol·L^{-1} $K_3Fe(CN)_6$溶液(含 0.1 mol·L^{-1} H_2SO_4)，倒适量溶液至电解杯中。将玻碳电极在麂皮上用抛光粉抛光后，再用去离子水超声清洗干净。依次接上工作电极、参比电极和辅助电极。开启电化学系统及计算机电源开关，启动电化学程序，在菜单中依次选择 Setup, Technique, CV, Parameter，输入以下参数：

Init E(V)	0.8	Segment	2
High E(V)	0.8	Smpl Interval(V)	0.001
Low E(V)	0	Quiet Time(s)	2
Scan Rate(V/s)	0.02	Sensitivity(A/V)	2e−5

点击 Run 开始扫描，将实验图存盘后，记录氧化还原峰电位 E_{pc}，E_{pa}及峰电流 i_{pc}，i_{pa}。改变扫描速率为 0.05，0.1 和 0.2 V·s^{-1}，分别作循环伏安图。将四个循环伏安图叠加，打印。

(2) 菲醌的循环伏安图：配制 10.0 mL 含 0.1 mol·L^{-1} H_2SO_4 和 1.0×10^{-6} mol·L^{-1}菲醌的溶液。将玻碳电极在麂皮上用抛光粉抛光后，再用去离子水超声清洗干净。将工作电极在菲醌溶液中浸泡10 min。选择起始电位为 0.6 V，终止电位为−0.2 V，Sensitivity(A/V)为 5e−6，其他操作同实验内容(1)，选择0.01，0.02，0.05 和 0.1V·s^{-1}四个不同扫描速率分别作循环伏安图。将四个循环伏安图叠加，打印。

【数据处理】

(1) 从以上所作的循环伏安图上分别求出 E_{pc}，E_{pa}，ΔE_p，i_{pc}，i_{pa}，i_{pc}/i_{pa}等参数，并列表表示。

(2) 绘制 $K_3Fe(CN)_6$ 的氧化还原峰电流 i_{pc}，i_{pa}分别与 $v^{1/2}$ 的关系曲线，并计算所使用的玻碳电极的有效面积(所用参数：电子转移数 $z=1$，$K_3Fe(CN)_6$ 的扩散系数近似值 $D_0=7.6\times10^{-6}$ $cm^2\cdot s^{-1}$，25 ℃)。

(3) 绘制菲醌的 i_{pc}，i_{pa}与相应 $v^{1/2}$，v 的关系曲线。

(4) 从以上数据及有关曲线判断 $K_3Fe(CN)_6$ 和菲醌电极反应的可逆性。

思 考 题

1. 从循环伏安图可以测定哪些电极反应的参数?从这些参数如何判断电极反应的可逆性?
2. 如何判断玻碳电极表面处理的程度?

实验6.9 单扫描极谱法测定氧化锌试剂中的微量铅

【目的】

了解和掌握单扫描极谱法的原理和实验技术,并运用它来测定铅。

【原理】

单扫描极谱法是在一滴汞的生长后期,当汞滴的面积基本保持恒定,将电极电位从一个数值线性改变到另一个数值,同时用示波器或记录仪、绘图仪等观察和记录电流随电位的变化。其扫描速率较直流极谱法要快(例如,国产示波极谱仪的扫描速率为0.25 $V\cdot s^{-1}$),在一滴汞上只加一次扫描电位。如果用示波器来观察极谱曲线,也称为单扫描示波极谱法。

单扫描极谱法的 i-φ 曲线如图6.13所示,其中(a)是常规波,(b)是一次导数波。对常规波来说,电位扫描开始时,电极电位还没有达到被测离子还原的电位,这时的电流为残余电流,也是极谱波的基线。当电极电位负移到被测离子可以还原时,由于电位扫描速率较快,在瞬间使汞滴表面去极剂离子很快在电极上还原,离子浓度急剧下降,若来不及补充,又由于扩散层厚度的增加,则 i-φ 曲线上出现电流峰。电流峰的最大值称为峰电流 i_p,所对应的电位称为峰电位 φ_p。

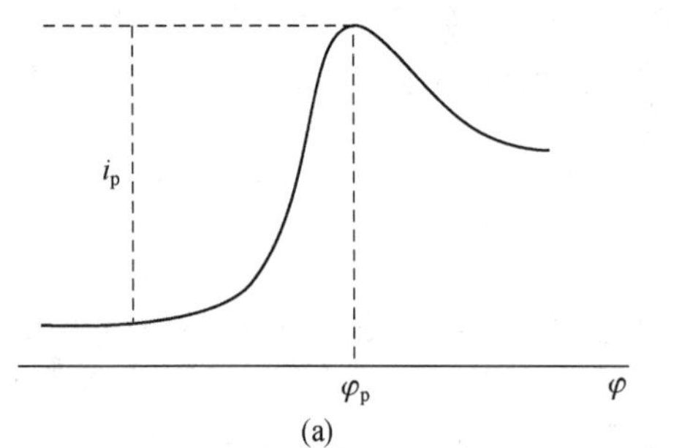

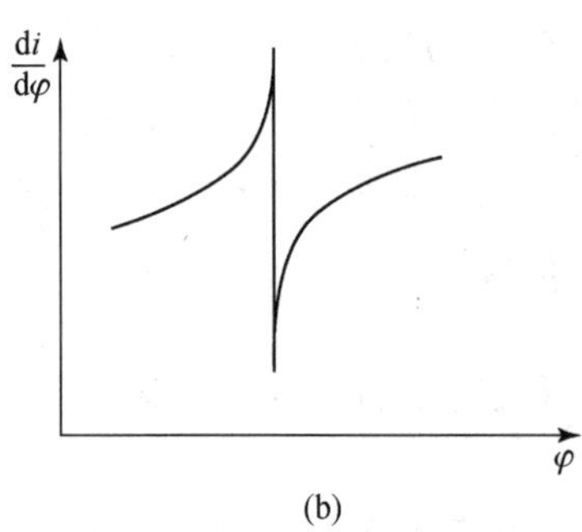

图6.13 单扫描极谱波

(a) 常规波;(b) 一次导数波

对可逆电极反应,峰电流 i_p 可以由 Randles-Sevcik 方程式表示:

$$i_p = 2.29\times10^5 z^{3/2} D^{1/2} v^{1/2} m^{2/3} t_p^{2/3} c$$

式中，z 为电极反应中电子转移数，D 为去极剂的扩散系数($cm^2 \cdot s^{-1}$)，c 为其浓度($mmol \cdot L^{-1}$)，v 为电极电位扫描速率($V \cdot s^{-1}$)，m 为滴汞电极中汞的流速($mg \cdot s^{-1}$)，t_p 为电流峰出现的时间(s，从汞滴开始生长时算起)，i_p 以 μA 表示。

在稀盐酸介质中，Pb(Ⅱ)的还原波是可逆波，峰电位在－0.4 V (vs. SCE)左右。本实验用此法测定分析纯氧化锌试剂中的痕量铅。由于试样的主体元素是锌，因此用标准加入法来测定。

【试剂及仪器】

铅标准溶液：称取 3.312 g $Pb(NO_3)_2$，加几滴 HNO_3，用去离子水溶解后转移至 100 mL 容量瓶中，用水稀释至刻度，得 1.00×10^{-2} $mol \cdot L^{-1}$ Pb(Ⅱ)溶液。使用时稀释至含 Pb(Ⅱ)为 2.00×10^{-4} $mol \cdot L^{-1}$的溶液。

氧化锌：分析纯试剂。

JP-2 型示波极谱仪：三电极系统，饱和甘汞电极为参比电极，铂丝电极为辅助电极。

【实验内容】

(1) 按 6.3.4 小节调试好 JP-2 型示波极谱仪，起始电位为－0.20 V。

(2) 称取约 0.8 g 氧化锌两份，分别用 25 mL 1 $mol \cdot L^{-1}$ HCl 溶液溶解后转移到 100 mL 容量瓶中，用水定容，得 0.1 $mol \cdot L^{-1}$ $ZnCl_2$ 试液。

(3) 移取 $ZnCl_2$ 试液 10.00 mL 于 15 mL 烧杯中，通 N_2 5 min 除氧后在极谱仪上测其常规波和导数波，读取波高值。两份试液同时做平行实验。

(4) 在上述试液中加入 0.10 mL 2.00×10^{-4} $mol \cdot L^{-1}$的 Pb(Ⅱ)标准溶液，通 N_2 5 min 后测其极谱波，读取波高值。共加三次 0.10 mL 2.00×10^{-4} $mol \cdot L^{-1}$Pb(Ⅱ)标准溶液。

(5) 测试完毕后，用去离子水充分冲洗电极，并用滤纸吸干水，放下汞瓶，并关闭仪器电源。

【数据处理】

在坐标纸上以极谱波高为纵坐标，加入 Pb(Ⅱ)标准溶液的体积(mL 数)为横坐标作图。将直线外推与横坐标相交，读出交点的体积 V_x(mL 数)。按下式计算试样中 Pb(Ⅱ)的摩尔分数：

$$x(\text{Pb(Ⅱ)})=\frac{2.00\times10^{-4}V_x}{10.0c(\text{ZnCl}_2)}\times100\%$$

式中，$c(ZnCl_2)$为试液中 $ZnCl_2$ 的物质的量浓度。分析纯 ZnO 试剂中 Pb(Ⅱ)的最高允许含量为 0.01%，可从测定结果确定其是否合格。

思考题

1. 与直流极谱法相比较，单扫描示波极谱法有何特点？
2. 单扫描极谱波为什么呈峰形？

实验 6.10 微分脉冲伏安法测定维生素 C

【目的】

了解微分脉冲伏安法的原理,掌握它的实验技术,并应用其测定市售维生素 C 片剂中 V_C 的含量。

【原理】

微分脉冲伏安法是一种灵敏度较高的伏安分析技术,它是对施加在工作电极上线性变化的电位叠加一个等振幅(ΔU 为 5～100 mV)、持续时间为 40～80 ms 的矩形脉冲电压,测量脉冲加入前 20 ms 和终止前 20 ms 时电流之差 Δi(图 6.14)。在直流极谱波的 $\varphi_{1/2}$ 处 Δi 值最大,因此微分脉冲伏安图呈对称的峰状(图 6.15),峰电位相当于直流极谱波的半波电位。由于采用了两次电流取样的方法,因而能很好地扣除因直流电压引起的背景电流。微分脉冲伏安法峰电流 i_p 的大小与脉冲振幅的大小成正比,但振幅大,分辨率不好。峰电流不受残余电流的影响。

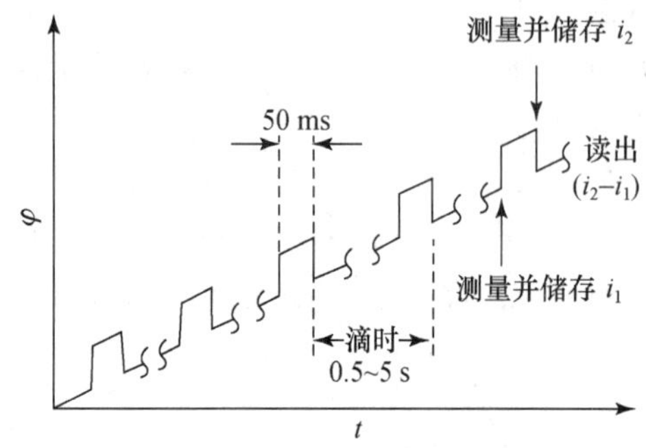

图 6.14 微分脉冲伏安法电极电位与时间的关系

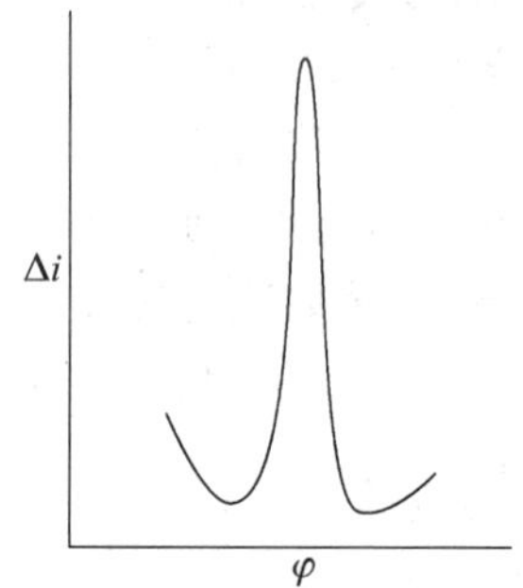

图 6.15 微分脉冲伏安图

维生素 C 又名抗坏血酸,是生命不可缺少的物质。它在玻碳电极上能直接发生氧化反应。

$$\begin{array}{ccccccc}
 & & & & \mathrm{O} & & \\
\mathrm{CH_2} & - & \mathrm{CH} & - & \mathrm{CH} & & \mathrm{C{=}O} \\
| & & | & & | & & | \\
\mathrm{OH} & & \mathrm{OH} & & \mathrm{C} & = & \mathrm{C} \\
 & & & & | & & | \\
 & & & & \mathrm{OH} & & \mathrm{OH}
\end{array}
-2e \longrightarrow
\begin{array}{ccccccc}
 & & & & \mathrm{O} & & \\
\mathrm{CH_2} & - & \mathrm{CH} & - & \mathrm{CH} & & \mathrm{C{=}O} \\
| & & | & & | & & | \\
\mathrm{OH} & & \mathrm{OH} & & \mathrm{C} & - & \mathrm{C} \\
 & & & & \| & & \| \\
 & & & & \mathrm{O} & & \mathrm{O}
\end{array}
+2H^+$$

本实验用微分脉冲伏安法测定维生素 C 片剂中 V_C 的含量。

【试剂及仪器】

1.00 mg·mL^{-1}维生素 C 标液，1.00 mol·L^{-1} HAc-NaAc 缓冲液，市售维生素 C 片剂，实验用水均为煮沸后冷却的去离子水。

CHI630A 电化学系统：玻碳电极(d=4 mm)为工作电极，饱和甘汞电极为参比电极，铂丝电极为辅助电极；或其他脉冲伏安仪。

超声波清洗器，10 mL 比色管七支。

【实验内容】

(1) 在五支 10 mL 比色管中各加入 2 mL HAc-NaAc 缓冲液，再分别加入 0，0.20，0.40，0.60，0.80 mL 维生素 C 标液后用去离子水稀释至刻度。溶液用来制作校准曲线。

(2) 在 50 mL 烧杯中加入市售维生素 C 片剂一片，加适量水搅拌使其溶解后转移至 100 mL 容量瓶中稀释至刻度后放置，使其澄清，用做试液。在 10 mL 比色管中加入 2 mL HAc-NaAc 缓冲液后，再加入上述澄清后的试液 0.50 mL，用去离子水稀释至刻度。配制两份。

(3) 将玻碳电极在麂皮上用抛光粉抛光后，再超声清洗两次，每次用去离子水洗 2 min。

(4) 开启 CHI630A 电化学系统及计算机电源开关，启动电化学程序，在菜单中依次选择 Setup，Technique，DPV，Parameter，输入以下参数：

Init E(V)	−0.2	Pulse Width(Sec)	0.05
High E(V)	0.7	Sampling Width(V)	0.02
Incr E(V)	0.004	Pulse Period(Sec)	0.4
Amplitude(V)	0.05	Sensitivity(A/V)	5e−006

(5) 将实验内容(1)配制的五份溶液由低浓度到高浓度依次作微分脉冲伏安图，并从伏安图上读取峰电流值。由于维生素 C 在电极上氧化的产物吸附在电极上，因而每份溶液测试前将玻碳电极用超声波清洗 4 min。

(6) 试样溶液如实验内容(5)的操作，作微分脉冲伏安图，并从图上读取峰高。

【数据处理】

以五份维生素 C 标液所测得的峰高(以 μA 或 mm 表示)对相应的浓度作校准曲线，并由试样溶液测得的峰高从校准曲线上查得浓度，计算片剂中 V_C 的含量(以 mg/片表示)，与药瓶上的标示值相比较。

思 考 题

1. 微分脉冲伏安法为何能达到较高的灵敏度?
2. 微分脉冲伏安图为什么呈峰形?

实验 6.11 汞膜电极溶出伏安法测定水中的镉

【目的】

了解溶出伏安法的基本原理,掌握银基汞膜电极的制备方法,并运用其测定痕量的镉。

【原理】

溶出伏安法主要分为阳极溶出伏安法、阴极溶出伏安法和吸附溶出伏安法等。阳极溶出伏安法的基本原理是:利用一些金属生成汞齐的性质,用小体积汞电极(悬汞或汞膜)作工作电极,在适当的条件下在一定电位电解一定时间,使被测物质还原生成汞齐在电极上富集;然后再将工作电极电位向正方向扫描,使被富集的物质氧化溶出,同时记录氧化电流与电极电位的关系曲线即溶出伏安图;最后根据峰电流(或者电流函数)的大小来确定被测物质的含量。

本实验用银棒($d \approx 1$ mm)镀上一层汞作汞膜电极,由于电极面积大而体积小,有利于富集。先在 −1.0 V (vs. SCE)电解富集镉,富集后将电极电位由 −1.0 V 线性扫描至 −0.2 V。当达到镉的氧化电位时,镉氧化溶出,产生氧化电流,电流迅速增加。当电位继续正移时,由于沉积在电极上的镉已大部分溶出,汞齐浓度迅速降低,电流减小,因此得到峰形的溶出曲线。峰电流与溶液中金属离子浓度、电解富集时间、富集时溶液的搅拌速度、电极面积大小、电位扫描速率等有关。在其他条件一定时,峰电流与溶液中金属离子浓度成正比。

【试剂及仪器】

1.0 mg · mL^{-1}镉离子标准溶液(用前再稀释到含镉 1.0 μg · mL^{-1}),1.0 mol · L^{-1} KCl 溶液,无水 Na_2SO_3 固体,待测水样。

PAR384 极谱分析仪(或其他型号的伏安仪),电极系统(由汞膜电极、Ag-AgCl 电极和铂辅助电极组成)。

汞膜电极的制备:将银棒电极用湿滤纸沾去污粉擦净电极,用去离子水冲净后,浸入 HNO_3 溶液(1+1)中至表面刚刚均匀变白时,立即用去离子水冲洗,用滤纸吸干水后即可沾汞。一次约沾汞 4~5 mg,让汞靠其本身的重力布满银棒表面后,再用滤纸将其擦拭均匀。

【实验内容】

取待测水样 50 mL 于 50 mL 烧杯中，加入 0.5 mL 1.0 mol·L^{-1} KCl 溶液和少许 Na_2SO_3，搅拌均匀，放置 10 min 除氧。

接通仪器电源，调节起始电位为 −1.0 V，扫描终止电位为 −0.2 V，电位扫描速率为 90 mV·s^{-1}。将除氧后的试液置于电磁搅拌器上，放入清洁的搅拌磁子，插入电极系统。启动搅拌器，将工作电极电位置于 −0.2 V 清洗 2 min，然后在 −1.0 V 富集 2 min(准确计时)，关闭搅拌器，静止 1 min。以 90 mV·s^{-1}的扫描速率从 −1.0 V 向 −0.2 V 扫描，记录溶出伏安曲线。将电极在 −0.2 V并在搅拌下继续清洗 2 min，再如上述重复测定两次。

根据所得镉峰的高度，向溶液中加入 1.0 μg·mL^{-1}镉离子标液 x(mL)，同样进行三次测定。

测量完成后，将工作电极在 −0.2 V 并在搅拌下清洗 2 min，取下电极用去离子水冲洗干净。

【数据处理】

取三次测定的平均峰高，按下式计算水样中 Cd(Ⅱ)的浓度：

$$c(\mathrm{Cd}(\mathrm{II}))=\frac{hc_sV_s}{(H-h)V}$$

式中，h 为测得水样的镉峰峰高，H 为水样加入标准溶液后测得的总高度，c_s 为标准溶液的浓度(μg·mL^{-1})，V_s 为加入标准溶液的体积(mL)，V 为所取水样的体积(mL)。

思 考 题

1. 阳极溶出伏安法有哪两个主要过程？哪几步实验操作应该严格控制？
2. 汞膜电极有哪些优点？

7 分析化学实验数据处理常用方法

分析化学理论计算和实验数据处理，是分析化学的基本工作之一。许多计算用人工的办法就可以实现，但是对复杂体系的理论处理、对大量实验数据的统计处理，人工计算就有困难了。本章只介绍几种分析化学中最常用的数据处理方法，这些方法需要编制程序，由计算机来计算。计算机在分析化学中的其他应用请参考有关专门书籍。

7.1 电位滴定终点的确定

滴定分析法常用指示剂的颜色变化来确定滴定终点。但是，对于滴定突跃很小、溶液混浊或有色、非水滴定等情况，用指示剂法很难确定滴定终点。电位滴定法是根据滴定体系的电位突跃来确定滴定终点的，它可以不受上述溶液情况的影响。电位滴定法可采用三种方法确定终点：

(1) E-V 曲线法：根据 E-V 曲线的拐点确定终点[图 7.1(a)]；

(2) $\Delta E/\Delta V$-V 曲线法：取 E-V 曲线的一阶近似微商的曲线，根据该曲线的极大点确定终点[图 7.1(b)]；

(3) $\Delta^2 E/\Delta V^2$-V 曲线法：取 E-V 曲线的二阶近似微商的曲线，根据该曲线与 V 轴的交点(即 $\Delta^2 E/\Delta V^2=0$)确定终点[图 7.1(c)]。

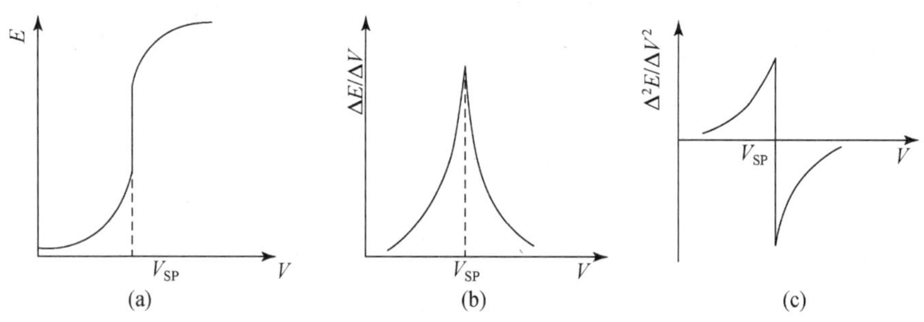

图 7.1 电位滴定终点的确定

(a) E-V 曲线；(b) $\Delta E/\Delta V$-V 曲线；(c) $\Delta^2 E/\Delta V^2$-V 曲线

这三种方法中，前两种方法均需仔细描点作图，麻烦费时，结果也不太准确。第三种方法既可用作图法，也可用计算法直接给出结果，准确可靠，但计算工作量较大，可借助计算机处理数据。计算方法可用下例说明。

设在某滴定中得到的实验数据为：

V/mL	11.00	11.10	11.20	11.30	11.40	11.50
E/mV	202	210	224	250	303	328

由上述数据计算一阶、二阶近似微商，并列表如下：

V/mL	E/mV	ΔV/mL	ΔE/mV	$\Delta E/\Delta V$	$\Delta^2 E/\Delta V^2$
11.00	202				
		0.10	8	80	
11.10	210				600
		0.10	14	140	
11.20	224				1200
		0.10	26	260	
11.30	250				2700
		0.10	53	530	
11.40	303				−2800
		0.10	25	250	
11.50	328				

在化学计量点前后，二阶微商改变符号，其与加入滴定剂体积的关系可用下图表示：

11.30	V_{SP}	11.40
2700	0	−2800

所以 $(V_{SP}-11.30)/(11.40-11.30)=2700/(2700+2800)$

算得 $V_{SP}=11.35\ \text{mL}$

若需计算被滴物浓度 c，则按下式计算：

$$c=c_t V_{SP}/V$$

式中，c_t 为滴定剂浓度，V_{SP}为化学计量点时所消耗的滴定剂的体积，V 为被滴物的体积。

以上计算可以编制一个通用程序来实现(程序略)。

上例计算结果为 $V_{SP}=11.35\ \text{mL}$。用 $0.1000\ \text{mol}\cdot\text{L}^{-1}$滴定剂滴定 20.00 mL 溶液时，测得被滴物的浓度为 $0.05675\ \text{mol}\cdot\text{L}^{-1}$。

7.2 一元线性回归分析

在科学实验中，因变量和自变量之间常常存在线性关系。有些情况下，因变量和自变量之间虽然没有直接的线性关系，但是通过变量变换，也可以得到线性关系式。这些线性关系

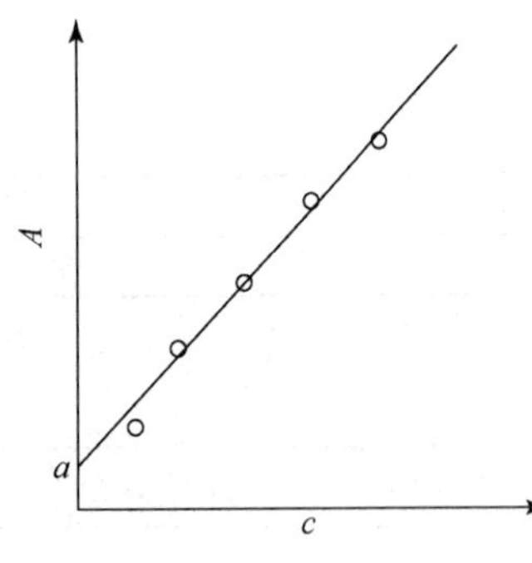

图 7.2 光度法校准曲线

可用线性方程表示

$$y=a+b\,x \tag{7.1}$$

式中,因变量 y 和自变量 x 可由实验测得。例如,在制备分光光度法校准曲线时,溶液的吸光度与吸光物质的浓度成正比(图 7.2)。该线性方程的截距 a、斜率 b 可通过对一组实验数据进行线性拟合得到。

设一组实验数据为

$$x_1, x_2, \cdots, x_n$$

$$y_1, y_2, \cdots, y_n$$

按最小二乘法原理可以导出:

$$a=\left(\sum x_i^2\sum y_i-\sum x_i\sum x_iy_i\right)\Big/\left[n\sum x_i^2-\left(\sum x_i\right)^2\right] \tag{7.2}$$

$$b=\left(n\sum x_iy_i-\sum x_i\sum y_i\right)\Big/\left[n\sum x_i^2-\left(\sum x_i\right)^2\right] \tag{7.3}$$

为了表示线性关系的好坏,可用相关系数 r 来衡量:$|r|$的值越接近于1,线性关系越好。

$$r=\left(n\sum x_iy_i-\sum x_i\sum y_i\right)\Big/\left\{\left[n\sum x_i^2-\left(\sum x_i\right)^2\right]\left[n\sum y_i^2-\left(\sum y_i\right)^2\right]\right\}^{1/2} \tag{7.4}$$

计算得到的 r 值要与 r 检验表中的临界值(表 7.1)进行比较,确定 y 与 x 之间是否存在线性关系。

对拟合直线进行回归分析还可得到以下参数:

剩余标准差:

$$\sigma=\left\{(1-r^2)\left[\sum y_i^2-\frac{1}{n}\left(\sum y_i\right)^2\right]/(n-2)\right\}^{1/2} \tag{7.5}$$

截距 a 的标准差:

$$\sigma_a=\sigma\left\{\sum x_i^2\Big/\left[n\sum x_i^2-\left(\sum x_i\right)^2\right]\right\}^{1/2} \tag{7.6}$$

斜率 b 的标准差:

$$\sigma_b=\sigma/\left\{\left[\sum x_i^2-\frac{1}{n}\left(\sum x_i\right)^2\right]\right\}^{1/2} \tag{7.7}$$

除了用相关系数检验方程的线性关系优劣之外,还可用 F 检验法:

$$F=(n-2)r^2/(1-r^2) \tag{7.8}$$

计算得到的 F 值与 F 检验表(本书略)中的临界值进行比较,确定 y 与 x 之间是否存在线性关系。

以上参数的详细说明请参考有关书籍。

表 7.1 相关系数(r)检验表

$n-2$	$\alpha=5\%$	$\alpha=1\%$	$n-2$	$\alpha=5\%$	$\alpha=1\%$
1	0.997	1.000	24	0.388	0.496
2	0.950	0.990	25	0.381	0.487
3	0.878	0.959	26	0.374	0.478
4	0.811	0.917	27	0.367	0.470
5	0.754	0.878	28	0.361	0.463
6	0.707	0.834	29	0.355	0.456
7	0.666	0.798	30	0.349	0.449
8	0.632	0.765	35	0.325	0.418
9	0.602	0.735	40	0.304	0.393
10	0.576	0.708	45	0.288	0.372
11	0.553	0.684	50	0.273	0.354
12	0.532	0.661	60	0.250	0.325
13	0.514	0.641	70	0.232	0.302
14	0.497	0.623	80	0.217	0.283
15	0.482	0.606	90	0.205	0.267
16	0.468	0.590	100	0.195	0.254
17	0.456	0.575	125	0.174	0.228
18	0.444	0.561	150	0.159	0.208
19	0.433	0.549	200	0.138	0.181
20	0.423	0.537	300	0.113	0.148
21	0.413	0.526	400	0.098	0.128
22	0.404	0.515	1000	0.062	0.081
23	0.396	0.505			

注：$n-2$ 为自由度，α 为显著性水平。

例 Fe^{2+} 与邻二氮菲形成 1∶3 的红色络合物，在适宜条件下于 510 nm 测定，得到一系列标准溶液的吸光度值：

$Fe^{2+}/(\mu g \cdot mL^{-1})$	0.50	1.00	2.00	3.00	4.00
A	0.095	0.188	0.380	0.560	0.754

求表示吸光度 A 与 Fe^{2+} 浓度之间关系的线性方程，并计算在同样条件下测得的吸光度为 0.412 的溶液中 Fe^{2+} 的浓度。

解 编制程序(此处略),计算得

$$y=0.1877x+1.061\times10^{-3}$$
$$b=0.1877$$
$$\sigma_b=1.18954\times10^{-3}$$
$$a=1.061\times10^{-3}$$
$$\sigma_a=2.926\times10^{-3}$$
$$\sigma=3.406\times10^{-3}$$
$$r=0.9999398$$
$$F=24913.66$$

从计算结果知,线性方程的斜率为0.188,截距为1.06×10^{-3},线性相关系数为0.99994。当A为0.412时,Fe^{2+}的浓度为2.19 $\mu g \cdot mL^{-1}$。

7.3 拉格朗日插值

在实验中,常常是测得一组离散数据:

$$x_1, x_2, \cdots, x_n$$
$$y_1, y_2, \cdots, y_n$$

对于x取任意值时所对应的y值是不知道的。若根据测得的离散点数据找到一个函数表达式来表示x和y之间的关系,就可以计算出x取任意值时所对应的y值。这个函数关系可以用拟合法得到(见7.2节),也可以用插值法给出。

插值法的定义为:设$y=f(x)$在区间$[a, b]$上连续,且$y_i=f(x_i)(i=1,2,\cdots,n)$,如果找到一个代数多项式$g(x)$也能满足$y_i=g(x_i)(i=1,2,\cdots,n)$,则$g(x)$叫做$y=f(x)$的插值多项式。$x_i(i=1,2,\cdots,n)$为插值结点,两个端点之间的区间[即$(x_1, y_1)$与$(x_n, y_n)$之间]叫插值区间。插值法的目的就是求出满足上述要求的插值多项式$g(x)$。最常用的方法是拉格朗日(Lagrange)插值。

欲求自变量x所对应的y值,可在x附近确定实验测得的三个实验点(x_i, y_i),(x_{i+1}, y_{i+1})和(x_{i+2}, y_{i+2}),然后按下式计算:

$$y=\frac{(x-x_{i+1})(x-x_{i+2})}{(x_i-x_{i+1})(x_i-x_{i+2})}y_i+\frac{(x-x_i)(x-x_{i+2})}{(x_{i+1}-x_i)(x_{i+1}-x_{i+2})}y_{i+1}+\frac{(x-x_i)(x-x_{i+1})}{(x_{i+2}-x_i)(x_{i+2}-x_{i+1})}y_{i+2} \tag{7.9}$$

式中,若$x\leqslant x_2$,则$i=1$;$x>x_{n-1}$,则$i=n-2$;$x_2\leqslant x\leqslant x_{n-1}$,则$i$的取值应使得$x\geqslant(x_i+x_{i+1})/2$。

拉格朗日插值的几何意义见图7.3。

例 用 EDTA 滴定 Pb^{2+}，已经算得化学计量点的 $pPb_{计}=6.4$，已知用二甲酚橙(XO)为指示剂时，pPb_t 与溶液 pH 的关系为

pH	3.0	4.0	4.5	5.0	5.5	6.0
pPb_t	4.2	4.8	6.2	7.0	7.6	8.2

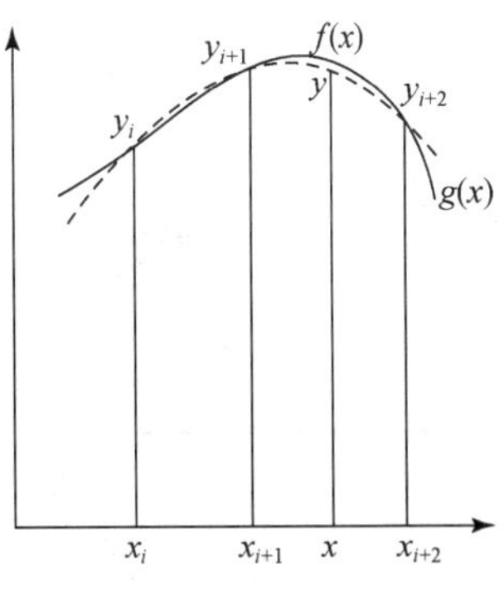

图 7.3 拉格朗日插值示意图

问滴定 Pb^{2+} 的最佳 pH 是多少？

解 因为 $pPb_{计}=pPb_t$ 时，终点误差最小，此时对应之 pH 即为最佳 pH。为此，将 pPb_t 作为自变量(即 x_i)，pH 作为因变量(即 y_i)。根据题意，$n=6$，插值点 $x=6.4$。选作计算用的插值结点应为(4.0,4.8)，(4.5,6.2)和(5.0,7.0)三点[在一般计算中，可根据式(7.9)由程序自动选取插值点]，编制程序(此处略)，用计算机来求得

$$y(6.4)=4.61039$$

即在本题中，滴定 Pb^{2+} 的最佳 pH 为 4.6。

附　录

附录 1　弱酸及弱碱在水溶液中的离解常数(25℃)

表 1-1　弱酸

酸	化学式		$I=0$		$I=0.1$	
			K_a	pK_a	K_a^M	pK_a^M
砷　酸	H_3AsO_4	K_{a_1}	6.5×10^{-3}	2.19	8×10^{-3}	2.1
		K_{a_2}	1.15×10^{-7}	6.94	2×10^{-7}	6.7
		K_{a_3}	3.2×10^{-12}	11.50	6×10^{-12}	11.2
亚砷酸	$HAsO_2$		6.0×10^{-10}	9.22	8×10^{-10}	9.1
硼　酸	H_3BO_3	K_{a_1}	5.8×10^{-10}	9.24		
碳　酸	$H_2CO_3(CO_2+H_2O)$	K_{a_1}	4.2×10^{-7}	6.38	5×10^{-7}	6.3
		K_{a_2}	5.6×10^{-11}	10.25	8×10^{-11}	10.1
铬　酸	H_2CrO_4	K_{a_2}	3.2×10^{-7}	6.50		
氢氰酸	HCN		4.9×10^{-10}	9.31	6×10^{-10}	9.2
氢氟酸	HF		6.8×10^{-4}	3.17	8.9×10^{-4}	3.1
氢硫酸	H_2S	K_{a_1}	8.9×10^{-8}	7.05	1.3×10^{-7}	6.9
		K_{a_2}	1.2×10^{-13}	12.92	3×10^{-13}	12.5
磷　酸	H_3PO_4	K_{a_1}	6.9×10^{-3}	2.16	1×10^{-2}	2.0
		K_{a_2}	6.2×10^{-8}	7.21	1.3×10^{-7}	6.9
		K_{a_3}	4.8×10^{-13}	12.32	2×10^{-12}	11.7
硅　酸	H_2SiO_3	K_{a_1}	1.7×10^{-10}	9.77	3×10^{-10}	9.5
		K_{a_2}	1.6×10^{-12}	11.80	2×10^{-13}	12.7
硫　酸	H_2SO_4	K_{a_2}	1.2×10^{-2}	1.92	1.6×10^{-2}	1.8
亚硫酸	$H_2SO_3(SO_2+H_2O)$	K_{a_1}	1.29×10^{-2}	1.89	1.6×10^{-2}	1.8
		K_{a_2}	6.3×10^{-8}	7.20	1.6×10^{-7}	6.8
甲　酸	$HCOOH$		1.7×10^{-4}	3.77	2.2×10^{-4}	3.65
乙　酸	CH_3COOH		1.75×10^{-5}	4.76	2.2×10^{-5}	4.65
丙　酸	C_2H_5COOH		1.35×10^{-5}	4.87		
氯乙酸	$ClCH_2COOH$		1.38×10^{-3}	2.86	2×10^{-3}	2.7
二氯乙酸	$Cl_2CHCOOH$		5.5×10^{-2}	1.26	8×10^{-2}	1.1
氨基乙酸	$NH_3^+CH_2COOH$	K_{a_1}	4.5×10^{-3}	2.35	3×10^{-3}	2.5
	$NH_3^+CH_2COO^-$	K_{a_2}	1.7×10^{-10}	9.78	2×10^{-10}	9.7
苯甲酸	C_6H_5COOH		6.2×10^{-5}	4.21	8×10^{-5}	4.1
草　酸	$H_2C_2O_4$	K_{a_1}	5.6×10^{-2}	1.25	8×10^{-2}	1.1
		K_{a_2}	5.1×10^{-5}	4.29	1×10^{-4}	4.0

（续表）

酸	化学式		$I=0$ K_a	$I=0$ pK_a	$I=0.1$ K_a^M	$I=0.1$ pK_a^M
α-酒石酸	$CH(OH)COOH-CH(OH)COOH$	K_{a_1}	9.1×10^{-4}	3.04	1.3×10^{-3}	2.9
		K_{a_2}	4.3×10^{-5}	4.37	8×10^{-5}	4.1
琥珀酸	$CH_2COOH-CH_2COOH$	K_{a_1}	6.2×10^{-5}	4.21	1.0×10^{-4}	4.00
		K_{a_2}	2.3×10^{-6}	5.64	5.2×10^{-6}	5.28
邻-苯二甲酸	$C_6H_4(COOH)_2$（邻位）	K_{a_1}	1.12×10^{-3}	2.95	1.6×10^{-3}	2.8
		K_{a_2}	3.91×10^{-6}	5.41	8×10^{-6}	5.1
柠檬酸	$CH_2COOH-C(OH)COOH-CH_2COOH$	K_{a_1}	7.4×10^{-4}	3.13	1×10^{-3}	3.0
		K_{a_2}	1.7×10^{-5}	4.76	4×10^{-5}	4.4
		K_{a_3}	4.0×10^{-7}	6.40	8×10^{-7}	6.1
苯酚	C_6H_5OH		1.12×10^{-10}	9.95	1.6×10^{-10}	9.8
乙酰丙酮	$CH_3COCH_2COCH_3$		1×10^{-9}	9.0	1.3×10^{-9}	8.9
乙二胺四乙酸	$(HOOCCH_2)_2N-CH_2-CH_2-N(CH_2COOH)_2$	K_{a_1}			1.3×10^{-1}	0.9
		K_{a_2}			3×10^{-2}	1.6
		K_{a_3}			8.5×10^{-3}	2.07
		K_{a_4}			1.8×10^{-3}	2.75
		K_{a_5}	5.4×10^{-7}	6.27	5.8×10^{-7}	6.24
		K_{a_6}	1.12×10^{-11}	10.95	4.6×10^{-11}	10.34
8-羟基喹啉	8-羟基喹啉（结构式，N, OH）	K_{a_1}	8×10^{-6}	5.1	1×10^{-5}	5.0
		K_{a_2}	1×10^{-9}	9.0	1.3×10^{-10}	9.9
苹果酸	$HOOCCH_2CH(OH)COOH$	K_{a_1}	4.0×10^{-4}	3.40	5.2×10^{-4}	3.28
		K_{a_2}	8.9×10^{-6}	5.05	1.9×10^{-5}	4.72
苯酚	C_6H_5-OH（结构式）		1.12×10^{-10}	9.95	1.6×10^{-10}	9.8
水杨酸	$C_6H_4(OH)COOH$（邻位，结构式）	K_{a_1}	1.05×10^{-3}	2.98	1.3×10^{-3}	2.9
		K_{a_2}			8×10^{-14}	13.1
磺基水杨酸	$C_6H_3(OH)(COOH)SO_3^-$（结构式）	K_{a_1}			3×10^{-3}	2.6
		K_{a_2}			3×10^{-12}	11.6
顺丁烯二酸	$CH-COOH=CH-COOH$（顺式）	K_{a_1}	1.2×10^{-2}	1.92		
		K_{a_2}	6.0×10^{-7}	6.22		

表 1-2 弱碱

碱	化学式		$I=0$		$I=0.1$	
			K_b	pK_b	K_b^M	pK_b^M
氨	NH_3		1.8×10^{-5}	4.75	2.3×10^{-5}	4.63
联氨	$H_2N\text{-}NH_2$	K_{b_1}	9.8×10^{-7}	6.01	1.3×10^{-6}	5.9
		K_{b_2}	1.32×10^{-15}	14.88		
羟氨	NH_2OH		9.1×10^{-9}	8.04	1.6×10^{-8}	7.8
甲胺	CH_3NH_2		4.2×10^{-4}	3.38		
乙胺	$C_2H_5NH_2$		4.3×10^{-4}	3.37		
苯胺	$C_6H_5NH_2$		4.2×10^{-10}	9.38	5×10^{-10}	9.3
乙二胺	$H_2NCH_2CH_2NH_2$	K_{b_1}	8.5×10^{-5}	4.07		
		K_{b_2}	7.1×10^{-8}	7.15		
三乙醇胺	$N(CH_2CH_2OH)_3$		5.8×10^{-7}	6.24	1.3×10^{-8}	7.9
六次甲基四胺	$(CH_2)_6N_4$		1.35×10^{-9}	8.87	1.8×10^{-9}	8.74
吡啶	C_5H_5N		1.8×10^{-9}	8.74	1.6×10^{-9}	8.79 ($I=0.5$)
邻二氮菲	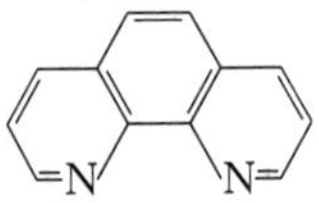		6.9×10^{-10}	9.16	8.9×10^{-10}	9.05

附录 2　金属络合物的稳定常数

表 2-1　常见配体络合物

金属离子	离子强度	i	$\lg\beta_i$
氨络合物			
Ag^+	0.1	1,2	3.40, 7.40
Cd^{2+}	0.1	1,…,6	2.60, 4.65, 6.04, 6.92, 6.6, 4.9
Co^{2+}	0.1	1,…,6	2.05, 3.62, 4.61, 5.31, 5.43, 4.75
Cu^{2+}	2	1,…,4	4.13, 7.61, 10.48, 12.59
Ni^{2+}	0.1	1,…,6	2.75, 4.95, 6.64, 7.79, 8.50, 8.49
Zn^{2+}	0.1	1,…,4	2.27, 4.61, 7.01, 9.06
羟基络合物			
Ag^+	0	1,2,3	2.3, 3.6, 4.8
Al^{3+}	2	4	33.3
Bi^{3+}	3	1	12.4
Cd^{2+}	3	1,…,4	4.3, 7.7, 10.3, 12.0
Cu^{2+}	0	1	6.0
Fe^{2+}	1	1	4.5
Fe^{3+}	3	1.2	11.0, 21.7
Mg^{2+}	0	1	2.6
Ni^{2+}	0.1	1	4.6
Pb^{2+}	0.3	1,…,3	6.2, 10.3,13.3
Zn^{2+}	0	1,…,4	4.4,—,14.4, 15.5
Zr^{4+}	4	1,…,4	13.8, 27.2, 40.2, 53
氟络合物			
Al^{3+}	0.53	1,…,6	6.1,11.15,15.0,17.7, 19.4, 19.7
Fe^{3+}	0.5	1,2,3	5.2, 9.2, 11.9
Th^{4+}	0.5	1,2,3	7.7, 13.5,18.0
TiO^{2+}	3	1,…,4	5.4, 9.8, 13.7, 17.4
Sn^{4+}	*	6	25
Zr^{4+}	2	1, 2, 3	8.8, 16.1, 21.9
氯络合物			
Ag^+	0.2	1,…,4	2.9, 4.7, 5.0, 5.9
Hg^{2+}	0.5	1,…,4	6.7, 13.2, 14.1, 15.1
碘络合物			
Cd^{2+}	*	1,…,4	2.4, 3.4, 5.0, 6.15
Hg^{2+}	0.5	1,…,4	12.9, 23.8, 27.6, 29.8

(续表)

金属离子	离子强度	i	$\lg\beta_i$
氰络合物			
Ag^{+}	0～0.3	1,…,4	—,21.1, 21.8,20.7
Cd^{2+}	3	1,…,4	5.5, 10.6, 15.3, 18.9
Cu^{+}	0	1,…,4	—,24.0, 28.6, 30.3
Fe^{2+}	0	6	35.4
Fe^{3+}	0	6	43.6
Hg^{2+}	0.1	1,…,4	18.0, 34.7, 38.5, 41.5
Ni^{2+}	0.1	4	31.3
Zn^{2+}	0.1	4	16.7
硫氰酸络合物			
Fe^{3+}	*	1,…,5	2.3, 4.2, 5.6, 6.4, 6.4
Hg^{2+}	1	1,…,4	—,16.1, 19.0, 20.9
硫代硫酸络合物			
Ag^{+}	0	1,2	8.82, 13.5
Hg^{2+}	0	1,2	29.86, 32.26
柠檬酸络合物			
Al^{3+}	0.5	1	20.2
Cu^{2+}	0.5	1	18
Fe^{3+}	0.5	1	25
Ni^{2+}	0.5	1	14.3
Pb^{2+}	0.5	1	12.3
Zn^{2+}	0.5	1	11.4
磺基水杨酸络合物			
Al^{3+}	0.1	1,2,3	12.9, 22.9, 29.0
Fe^{3+}	3	1,2,3	14.4, 25.2, 32.2
乙酰丙酮络合物			
Al^{3+}	0.1	1,2,3	8.1, 15.7, 21.2
Cu^{2+}	0.1	1,2	7.8, 14.3
Fe^{3+}	0.1	1,2,3	9.3, 17.9, 25.1
邻二氮菲络合物			
Ag^{+}	0.1	1,2	5.02, 12.07
Cd^{2+}	0.1	1,2,3	6.4, 11.6, 15.8
Co^{2+}	0.1	1,2,3	7.0, 13.7, 20.1
Cu^{2+}	0.1	1,2,3	9.1, 15.8, 21.0
Fe^{2+}	0.1	1,2,3	5.9, 11.1, 21.3
Hg^{2+}	0.1	1,2,3	—,19.65, 23.35
Ni^{2+}	0.1	1,2,3	8.8, 17.1, 24.8
Zn^{2+}	0.1	1,2,3	6.4, 12.15, 17.0

（续表）

金属离子	离子强度	i	$\lg\beta_i$
乙二胺络合物			
Ag^+	0.1	1,2	4.7，7.7
Cd^{2+}	0.1	1,2	5.47，10.02
Cu^{2+}	0.1	1,2	10.55，19.60
Co^{2+}	0.1	1,2,3	5.89，10.72，13.82
Hg^{2+}	0.1	2	23.42
Ni^{2+}	0.1	1,2,3	7.66，14.06，18.59
Zn^{2+}	0.1	1,2,3	5.17，10.37，12.08

* 表示离子强度不定。

表 2-2　金属离子与氨羧络合剂*络合物稳定常数的对数值

金属	EDTA			EGTA		HEDTA	
离子	$\lg K^H$(MHL)	$\lg K$(ML)	$\lg K^{OH}$(MOHL)	$\lg K^H$(MHL)	$\lg K$(ML)	$\lg K$(ML)	$\lg K^{OH}$(MOHL)
Ag^+	6.0	7.3					
Al^{3+}	2.5	16.1	8.1				
Ba^{2+}	4.6	7.8		5.4	8.4	6.2	
Bi^{3+}		27.9					
Ca^{2+}	3.1	10.7		3.8	11.0	8.0	
Ce^{3+}		16.0					
Cd^{2+}	2.9	16.5		3.5	15.6	13.0	
Co^{2+}	3.1	16.3			12.3	14.4	
Co^{3+}	1.3	36					
Cr^{3+}	2.3	23	6.6				
Cu^{2+}	3.0	18.8	2.5	4.4	17	17.4	
Fe^{2+}	2.8	14.3				12.2	5.0
Fe^{3+}	1.4	25.1	6.5			19.8	10.1
Hg^{2+}	3.1	21.8	4.9	3.0	23.2	20.1	
La^{3+}		15.4			15.6	13.2	
Mg^{2+}	3.9	8.7			5.2	5.2	
Mn^{2+}	3.1	14.0		5.0	11.5	10.7	
Ni^{2+}	3.2	18.6		6.0	12.0	17.0	
Pb^{2+}	2.8	18.0		5.3	13.0	15.5	
Sn^{2+}		22.1					
Sr^{2+}	3.9	8.6		5.4	8.5	6.8	
Th^{4+}		23.2					8.6
Ti^{3+}		21.3					
TiO^{2+}		17.3					
Zn^{2+}	3.0	16.5		5.2	12.8	14.5	

* 表中 EDTA—乙二胺四乙酸；EGTA—乙二醇-双(2-氨基乙醚)四乙酸；HEDTA—2-羟乙基乙二胺三乙酸。

附录 3 标准电极电位及条件电位(V, vs. SHE)

电极反应	标准电位 $\varphi^{\ominus}$	条件电位 $\varphi^{\ominus\prime}$(介质条件)
$O_3+2H^++2e = O_2+H_2O$	2.075	
$S_2O_8^{2-}+2e = 2SO_4^{2-}$	1.96	
$H_2O_2+2H^++2e = 2H_2O$	1.763	
$Ce^{4+}+e = Ce^{3+}$	1.61	1.70(1 mol · L^{-1} $HClO_4$)
		1.44(0.5 mol · L^{-1} H_2SO_4)
		1.28(1 mol · L^{-1} HCl)
$2BrO_3^-+12H^++10e = Br_2+H_2O$	1.5	
$MnO_4^-+8H^++5e = Mn^{2+}+4H_2O$	1.51	
$BrO_3^-+6H^++6e = Br^-+3H_2O$	1.478	
$Cl_2+2e = 2Cl^-$	1.396	
$Cr_2O_7^{2-}+14H^++6e = 2Cr^{3+}+7H_2O$	1.36	1.03(1 mol · L^{-1} $HClO_4$)
		1.15(0.1 mol · L^{-1} H_2SO_4)
$O_2+4H^++4e = 2H_2O$	1.229	
$2IO_3^-+12H^++10e = I_2+6H_2O$	1.195	
$Br_2+2e = 2Br^-$	1.087	
$NO_3^-+3H^++2e = HNO_2+H_2O$	0.94	
$Hg^{2+}+2e = Hg$	0.8535	
$Ag^++e = Ag$	0.7991	
$Hg_2^{2+}+2e = 2Hg$	0.7960	
$Fe^{3+}+e = Fe^{2+}$	0.771	
		0.70(1 mol · L^{-1} HCl)
		0.67(0.5 mol · L^{-1} H_2SO_4)
		0.44(0.3 mol · L^{-1} H_3PO_4)
$Fe(CN)_6^{3-}+e = Fe(CN)_6^{4-}$	0.361	0.56(0.1 mol · L^{-1} HCl)
		0.71(1 mol · L^{-1} HCl)
$O_2+2H^++2e = H_2O_2$	0.69	
$2HgCl_2+2e = Hg_2Cl_2+2Cl^-$	0.63	
$MnO_4^-+2H_2O+3e = MnO_2+4OH^-$	0.60	
$MnO_4^-+e = MnO_4^{2-}$	0.56	
$H_3AsO_4+2H^++2e = HAsO_2+2H_2O$	0.56	
$I_3^-+2e = 3I^-$	0.54	0.545(0.5 mol · L^{-1} H_2SO_4)
I_2(固)$+2e = 2I^-$	0.5355	
$Cu^{2+}+2e = Cu$	0.34	

（续表）

电极反应	标准电位 $\varphi^{\ominus}$	条件电位 $\varphi^{\ominus\prime}$（介质条件）
$Hg_2Cl_2+2e = 2Hg+2Cl^-$	0.2682	
$SO_4^{2-}+4H^++2e = H_2SO_3+H_2O$	0.158	
$Cu^{2+}+e = Cu^+$	0.159	
$Sn^{4+}+2e = Sn^{2+}$	0.154	
$S+2H^++2e = H_2S$	0.144	
$S_4O_6^{2-}+2e = 2S_2O_3^{2-}$	0.080	
$2H^++2e = H_2$	0.00	
$Sn^{2+}+2e = Sn$	−0.1375	
Ti(Ⅳ)+e ═ Ti(Ⅲ)	0.1	−0.01(0.2 mol·L^{-1} H_2SO_4)
		0.15(5 mol·L^{-1} H_2SO_4)
		0.10(3 mol·L^{-1} HCl)
$Cd^{2+}+2e = Cd$	−0.403	
$Fe^{2+}+2e = Fe$	−0.44	
$S+2e = S^{2-}$	−0.407	
$Zn^{2+}+2e = Zn$	−0.7626	
$SO_4^{2-}+H_2O+2e = SO_3^{2-}+2OH^-$	−0.936	

附录 4　常用参比电极在水溶液中的电极电位

温度/℃	甘汞电极			Hg|Hg_2SO_4，H_2SO_4 [$a(SO_4^{2-})=1$ mol·L^{-1}]	Ag|AgCl，Cl^-		
	0.1 mol·L^{-1} KCl	1 mol·L^{-1} KCl	饱和 KCl		3.5 mol·L^{-1} KCl	饱和 KCl	氢醌电极
0	0.3380	0.2888	0.2601	0.63495			0.6807
5	0.3377	0.2876	0.2568	0.63097			0.6844
10	0.3374	0.2864	0.2536	0.62704	0.2152	0.2138	0.6881
15	0.3371	0.2852	0.2503	0.62307	0.2117	0.2089	0.6918
20	0.3368	0.2840	0.2471	0.61930	0.2082	0.2040	0.6955
25	0.3365	0.2828	0.2438	0.61515	0.2046	0.1989	0.6992
30	0.3362	0.2816	0.2405	0.61107	0.2009	0.1939	0.7029
35	0.3359	0.2804	0.2373	0.60701	0.1971	0.1887	0.7066
40	0.3356	0.2792	0.2340	0.60305	0.1933	0.1835	0.7103
45	0.3353	0.2780	0.2308	0.59900			0.7140
50	0.3350	0.2768	0.2275	0.59487			0.7177

注：电极电位 φ/V，vs. SHE。

附录 5 一些无机去极剂的极谱半波电位

去极剂	支持电解质	反 应	$\varphi_{1/2}$/V (vs. SHE)
Cd(Ⅱ)	0.4 mol・L^{-1} Ac^-, pH 4.7	2→0	−0.61
	0.1 mol・L^{-1} KCl	2→0	−0.600
	1 mol・L^{-1} NH_4Cl+1 mol・L^{-1} NH_3・H_2O	2→0	−0.81
Co(Ⅲ)	0.05 mol・L^{-1} K_2SO_4	2→0	−1.21
$[Co(NH_3)_5H_2O]^{2+}$	1.25 mol・L^{-1} NH_3・H_2O+1 mol・L^{-1} NH_4Cl	2→0	−1.40
Cu(Ⅱ)	0.5 mol・L^{-1} H_2SO_4	2→0	0.00
	1 mol・L^{-1} HCl	2→1	0.00
		1→0	−0.23
	1 mol・L^{-1} NH_3・H_2O+1 mol・L^{-1} NH_4Cl	2→1	−0.25
		1→0	−0.54
Eu(Ⅲ)	0.2 mol・L^{-1} KCl	3→2	−0.72
	1 mol・L^{-1} EDTA, pH 6～8	3→2	−1.22
$Fe(CN)_6^{3-}$	0.1 mol・L^{-1} H_2SO_4	3→2	+0.24
Fe(Ⅱ)	1 mol・L^{-1} $NaClO_4$	2→0	−1.43
H_3O^+	0.1 mol・L^{-1} KCl	1→0	−1.58
$Hg(SO_3)_2^{2-}$	0.1 mol・L^{-1} KNO_3, 2×10^{-3} mol・L^{-1} Na_2SO_4	0→2	−0.02
Ni(Ⅱ)	1 mol・L^{-1} KCl	2→0	−1.1
	1 mol・L^{-1} NH_3・H_2O+1 mol・L^{-1} NH_4Cl	2→0	−1.09
O_2	pH 1～10 缓冲溶液	0→(−1)	−0.05
		(−1)→(−2)	−0.94
Pb(Ⅱ)	0.1 mol・L^{-1} KCl	2→0	−0.386
	0.8 mol・L^{-1} KI	2→0	−0.59
	0.4 mol・L^{-1} Ac^-, pH 4.7	2→0	−0.43
Ti(Ⅳ)	0.2 mol・L^{-1} H_3Cit	4→3	−0.37
Zn(Ⅱ)	1 mol・L^{-1} Ac^-, pH 4.7	2→0	−1.04
	1 mol・L^{-1} NH_3・H_2O+1 mol・L^{-1} NH_4Cl	2→0	−1.33
	0.1 mol・L^{-1} KCl	2→0	−0.995

附录 6　不同温度时的 ΔE(mV)/ΔpH

温度/℃	$\theta=\Delta E$(mV)/ΔpH	温度/℃	$\theta=\Delta E$(mV)/ΔpH	温度/℃	$\theta=\Delta E$(mV)/ΔpH
0	54.1	17	57.5	34	60.9
1	54.3	18	57.7	35	61.1
2	54.5	19	57.9	36	61.3
3	54.7	20	58.1	37	61.5
4	54.9	21	58.3	38	61.7
5	55.1	22	58.5	39	61.9
6	55.3	23	58.7	40	62.1
7	55.5	24	58.9	41	62.3
8	55.7	25	59.1	42	62.5
9	55.9	26	59.3	43	62.7
10	56.1	27	59.5	44	62.9
11	56.3	28	59.7	45	63.1
12	56.5	29	59.9	46	63.3
13	56.7	30	60.1	47	63.5
14	56.9	31	60.3	48	63.7
15	57.1	32	60.5	49	63.9
16	57.3	33	60.7	50	64.1

附录 7　难溶化合物的活度积($K_{sp}^{\ominus}$)和溶度积(K_{sp})(25℃)

化合物	$I=0$		$I=0.1$	
	$K_{sp}^{\ominus}$	$pK_{sp}^{\ominus}$	K_{sp}	pK_{sp}
AgAc	2×10^{-3}	2.7	8×10^{-3}	2.1
AgCl	1.77×10^{-10}	9.75	3.2×10^{-10}	9.50
AgBr	4.95×10^{-13}	12.31	8.7×10^{-13}	12.06
AgI	8.3×10^{-17}	16.08	1.48×10^{-16}	15.83
Ag_2CrO_4	1.12×10^{-12}	11.95	5×10^{-12}	11.3
AgSCN	1.07×10^{-12}	11.97	2×10^{-12}	11.7
Ag_2S	6×10^{-50}	49.2	6×10^{-49}	48.2
Ag_2SO_4	1.58×10^{-5}	4.80	8×10^{-5}	4.1
$Ag_2C_2O_4$	1×10^{-11}	11.0	4×10^{-11}	10.4

(续表)

化合物	$I=0$		$I=0.1$	
	$K_{sp}^{\ominus}$	$pK_{sp}^{\ominus}$	K_{sp}	pK_{sp}
Ag_3AsO_4	1.12×10^{-20}	19.95	1.3×10^{-19}	18.9
Ag_3PO_4	1.45×10^{-16}	15.84	2×10^{-15}	14.7
$AgOH$	1.9×10^{-8}	7.71	3×10^{-8}	7.5
$Al(OH)_3$(无定形)	4.6×10^{-33}	32.34	3×10^{-32}	31.5
$BaCrO_4$	1.17×10^{-10}	9.93	8×10^{-10}	9.1
$BaCO_3$	4.9×10^{-9}	8.31	3×10^{-8}	7.5
$BaSO_4$	1.07×10^{-10}	9.97	6×10^{-10}	9.2
BaC_2O_4	1.6×10^{-7}	6.79	1×10^{-6}	6.0
BaF_2	1.05×10^{-6}	5.98	5×10^{-6}	5.3
$Bi(OH)_2Cl$	1.8×10^{-31}	30.75		
$Ca(OH)_2$	5.5×10^{-6}	5.26	1.3×10^{-5}	4.9
$CaCO_3$	3.8×10^{-9}	8.42	3×10^{-8}	7.5
CaC_2O_4	2.3×10^{-9}	8.64	1.6×10^{-8}	7.8
CaF_2	3.4×10^{-11}	10.47	1.6×10^{-10}	9.8
$Ca_3(PO_4)_2$	1×10^{-26}	26.0	1×10^{-23}	23.0
$CaSO_4$	2.4×10^{-5}	4.62	1.6×10^{-4}	3.8
$CdCO_3$	3×10^{-14}	13.5	1.6×10^{-13}	12.8
CdC_2O_4	1.51×10^{-8}	7.82	1×10^{-7}	7.0
$Cd(OH)_2$(新析出)	3×10^{-14}	13.5	6×10^{-14}	13.2
CdS	8×10^{-27}	26.1	5×10^{-26}	25.3
$Ce(OH)_3$	6×10^{-21}	20.2	3×10^{-20}	19.5
$CePO_4$	2×10^{-24}	23.7		
$Co(OH)_2$(新析出)	1.6×10^{-15}	14.8	4×10^{-15}	14.4
CoS α型	4×10^{-21}	20.4	3×10^{-20}	19.5
CoS β型	2×10^{-25}	24.7	1.3×10^{-24}	23.9
$Cr(OH)_3$	1×10^{-31}	31.0	5×10^{-31}	30.3
CuI	1.10×10^{-12}	11.96	2×10^{-12}	11.7
$CuSCN$			2×10^{-13}	12.7
CuS	6×10^{-36}	35.2	4×10^{-35}	34.4
$Cu(OH)_2$	2.6×10^{-19}	18.59	6×10^{-19}	18.2
$Fe(OH)_2$	8×10^{-16}	15.1	2×10^{-15}	14.7
$FeCO_3$	3.2×10^{-11}	10.50	2×10^{-10}	9.7
FeS	6×10^{-18}	17.2	4×10^{-17}	16.4
$Fe(OH)_3$	3×10^{-39}	38.5	1.3×10^{-38}	37.9
Hg_2Cl_2	1.32×10^{-18}	17.88	6×10^{-18}	17.2
HgS(黑)	1.6×10^{-52}	51.8	1×10^{-51}	51.0

（续表）

化合物	$I=0$		$I=0.1$	
	$K_{sp}^{\ominus}$	$pK_{sp}^{\ominus}$	K_{sp}	pK_{sp}
HgS(红)	4×10^{-53}	52.4		
$Hg(OH)_2$	4×10^{-26}	25.4	1×10^{-25}	25.0
$KHC_4H_4O_6$	3×10^{-4}	3.5		
K_2PtCl_6	1.10×10^{-5}	4.96		
$La(OH)_3$(新析出)	1.6×10^{-19}	18.8	8×10^{-19}	18.1
$LaPO_4$			4×10^{-23}	22.4($I=0.5$)
$MgCO_3$	1×10^{-5}	5.0	6×10^{-5}	4.2
MgC_2O_4	8.5×10^{-5}	4.07	5×10^{-4}	3.3
$Mg(OH)_2$	1.8×10^{-11}	10.74	4×10^{-11}	10.4
$MgNH_4PO_4$	3×10^{-13}	12.6		
$MnCO_3$	5×10^{-10}	9.30	3×10^{-9}	8.5
$Mn(OH)_2$	1.9×10^{-13}	12.72	5×10^{-13}	12.3
MnS(无定形)	3×10^{-10}	9.5	6×10^{-9}	8.8
MnS(晶形)	3×10^{-13}	12.5		
$Ni(OH)_2$(新析出)	2×10^{-15}	14.7	5×10^{-15}	14.3
NiS α型	3×10^{-19}	18.5		
NiS β型	1×10^{-24}	24.0		
NiS γ型	2×10^{-26}	25.7		
$PbCO_3$	8×10^{-14}	13.1	5×10^{-13}	12.3
$PbCl_2$	1.6×10^{-5}	4.79	8×10^{-5}	4.1
$PbCrO_4$	1.8×10^{-14}	13.75	1.3×10^{-13}	12.9
PbI_2	6.5×10^{-9}	8.19	3×10^{-8}	7.5
$Pb(OH)_2$	8.1×10^{-17}	16.09	2×10^{-16}	15.7
PbS	3×10^{-27}	26.6	1.6×10^{-26}	25.8
$PbSO_4$	1.7×10^{-8}	7.78	1×10^{-7}	7.0
$SrCO_3$	9.3×10^{-10}	9.03	6×10^{-9}	8.2
SrC_2O_4	5.6×10^{-8}	7.25	3×10^{-7}	6.5
$SrCrO_4$	2.2×10^{-5}	4.65		
SrF_2	2.5×10^{-9}	8.61	1×10^{-8}	8.0
$SrSO_4$	3×10^{-7}	6.5	1.6×10^{-6}	5.8
$Sn(OH)_2$	8×10^{-29}	28.1	2×10^{-28}	27.7
SnS	1×10^{-25}	25.0		
$Th(C_2O_4)_2$	1×10^{-22}	22.0		
$Th(OH)_4$	1.3×10^{-45}	44.9	1×10^{-44}	44.0
$TiO(OH)_2$	1×10^{-29}	29.0	3×10^{-29}	28.5
$ZnCO_3$	1.7×10^{-11}	10.78	1×10^{-10}	10.0
$Zn(OH)_2$(新析出)	2.1×10^{-16}	15.68	5×10^{-16}	15.3
ZnS α型	1.6×10^{-24}	23.8		
ZnS β型	5×10^{-25}	24.3		
$ZrO(OH)_2$	6×10^{-49}	48.2	1×10^{-47}	47.0

附录 8　滴定分析中常用的指示剂

表 8-1　酸碱指示剂

(1) 单一指示剂

指示剂	颜色			pK (HIn)	pT	变色间隔	每 10 mL 被滴定溶液中指示剂用量
	酸形色	过渡色	碱形色				
百里酚蓝(第一步离解)	红	橙	黄	1.7	2.6	1.2～2.8	1～2 滴 0.1%水溶液(S)*
甲基黄	红	橙黄	黄	3.3	3.9	2.9～4.0	1 滴 0.1%乙醇溶液
溴酚蓝	黄		紫	4.1	4	3.0～4.4	1 滴 0.1%水溶液(S)
甲基橙	红	橙	黄	3.4	4	3.1～4.4	1 滴 0.1%水溶液
溴甲酚绿	黄	绿	蓝	4.9	4.4	3.8～5.4	1 滴 0.1%水溶液(S)
甲基红	红	橙	黄	5.0	5.0	4.4～6.2	1 滴 0.1%水溶液(S)
溴甲酚紫	黄		紫		6	5.2～6.8	1 滴 0.1%水溶液(S)
溴百里酚蓝	黄	绿	蓝	7.3	7	6.0～7.6	1 滴 0.1%水溶液(S)
酚红	黄	橙	红	8.0	7	6.4～8.0	1 滴 0.1%水溶液(S)
百里酚蓝(第二步离解)	黄		蓝	8.9	9	8.0～9.6	1～5 滴 0.1%水溶液
酚酞	无色	粉红	红	9.1		8.0～9.8	1～2 滴 0.1%乙醇溶液
百里酚酞	无色	淡蓝	蓝	10.0	10	9.4～10.6	1 滴 0.1%乙醇溶液

* 这些指示剂是钠盐。

(2) 混合指示剂

指示剂溶液的组成		变色点 pH	颜色		备注
			酸形色	碱形色	
0.1%甲基橙水溶液＋ 0.25%靛蓝磺酸钠水溶液	(1∶1)	4.1	紫	黄绿	pH 4.1 灰色
0.1%溴甲酚绿乙醇溶液＋ 0.2%甲基红乙醇溶液	(3∶1)	5.1	酒红	绿	pH 5.1 灰色
0.1%溴甲酚绿钠盐水溶液＋ 0.1%氯酚红钠盐水溶液	(1∶1)	6.1	蓝绿	蓝紫	pH 5.4 蓝绿 pH 5.8 蓝 pH 6.0 蓝带紫 pH 6.2 蓝紫
0.1%中性红乙醇溶液＋ 0.1%次甲基蓝乙醇溶液	(1∶1)	7.0	蓝紫	绿	
0.1%甲酚红水溶液＋ 0.1%百里酚蓝水溶液	(1∶3)	8.3	黄	紫	pH 8.2 粉色 pH 8.4 清晰的紫色
0.1%百里酚蓝的 50%乙醇溶液＋ 0.1%酚酞的 50%乙醇溶液	(1∶3)	9.0	黄	紫	从黄到绿再到紫

表 8-2　金属指示剂

指示剂	离解常数	滴定元素	颜色变化	配制方法
酸性铬蓝 K	$pK_{a_1}=6.7$ $pK_{a_2}=10.2$ $pK_{a_3}=14.6$	Mg(pH 10) Ca(pH 12)	红～蓝	0.1%乙醇溶液
钙指示剂	$pK_{a_2}=3.8$ $pK_{a_3}=9.4$ $pK_{a_4}=13\sim14$	Ca(pH 12～13)	酒红～蓝	与 NaCl 按 1∶100 的质量比混合
铬黑 T	$pK_{a_1}=3.9$ $pK_{a_2}=6.4$ $pK_{a_3}=11.5$	Ca(pH 10,加入 Mg-EDTA) Mg(pH 10) Pb(pH 10,加入酒石酸钾) Zn(pH 6.8～10)	蓝～红 红～蓝 红～蓝 红～蓝	与 NaCl 按 1∶100 的质量比混合
o-PAN	$pK_{a_1}=2.9$ $pK_{a_2}=11.2$	Cu(pH 6) Zn(pH 5～7)	红～黄 粉红～黄	0.1%乙醇溶液
磺基水杨酸	$pK_{a_1}=2.6$ $pK_{a_2}=11.7$	Fe(Ⅲ)(pH 1.5～3)	红紫～黄	1%～2%水溶液
二甲酚橙	$pK_{a_2}=2.6$ $pK_{a_3}=3.2$ $pK_{a_4}=6.4$ $pK_{a_5}=10.4$ $pK_{a_6}=12.3$	Bi(pH 1～2) La(pH 5～6) Pb(pH 5～6) Zn(pH 5～6)	红～黄	0.5%乙醇溶液

表 8-3　氧化还原指示剂

指示剂	$\varphi^{\ominus\prime}(In)/V$ $[H^+]=1\,mol/L$	颜色变化		配制方法
		还原态	氧化态	
次甲基蓝	+0.52	无	蓝	0.05%水溶液
二苯胺磺酸钠	+0.85	无	紫红	0.8 g 指示剂，2 g Na_2CO_3，加水稀释至 100 mL
邻苯氨基苯甲酸	+0.89	无	紫红	0.11 g 指示剂溶于 20 mL 5% Na_2CO_3 中，用水稀释至 100 mL
邻二氮菲亚铁	+1.06	红	浅蓝	1.485 g 邻二氮菲，0.695 g $FeSO_4\cdot7H_2O$，用水稀释至 100 mL

表 8-4　吸附指示剂

指示剂	滴定物	滴定 pH	颜色变化	配制方法
荧光黄	Cl^-,Br^-,I^-	7～10	黄绿～玫瑰红	1%钠盐水溶液
二氯荧光黄	Cl^-,Br^-,I^-	4～10	黄绿～红	1%乙醇水溶液
四溴荧光黄(曙红)	Br^-,SCN^-,I^-	2～10	粉红～红紫	1%钠盐水溶液

附录9 缓冲溶液

表 9-1 常用缓冲溶液

缓冲溶液	共轭酸碱对形式	pK_a(25 ℃)
氨基乙酸-HCl	$NH_3^+CH_2COOH$-$NH_3^+CH_2COO^-$	2.35
$CH_2ClCOOH$-NaOH	$CH_2ClCOOH$-CH_2ClCOO^-	2.86
HCOOH-NaOH	HCOOH-$HCOO^-$	3.77
CH_3COOH-CH_3COONa	HAc-Ac^-	4.76
$(CH_2)_6N_4$-HCl	$(CH_2)_6N_4H^+$-$(CH_2)_6N_4$	5.13
NaH_2PO_4-Na_2HPO_4	$H_2PO_4^-$-HPO_4^{2-}	7.21
$N(CH_2CH_2OH)_3$-HCl	$NH^+(CH_2CH_2OH)_3$-$N(CH_2CH_2OH)_3$	7.76
$NH_2C(CH_2OH)_3$-HCl	$NH_3^+C(CH_2OH)_3$-$NH_2C(CH_2OH)_3$	8.21
$Na_2B_4O_7$	H_3BO_3-$H_2BO_3^-$	9.24
$NH_3 \cdot H_2O$-NH_4Cl	NH_4^+-NH_3	9.25
氨基乙酸-NaOH	$NH_3^+CH_2COO^-$-$NH_2CH_2COO^-$	9.78
$NaHCO_3$-Na_2CO_3	HCO_3^--CO_3^{2-}	10.25
Na_2HPO_4-NaOH	HPO_4^{2-}-PO_4^{3-}	12.32

表 9-2 pH 测定常用标准缓冲溶液

标准缓冲溶液	不同温度(℃)时的 pH						
	10	15	20	25	30	35	40
饱和酒石酸氢钾(0.034 mol·L^{-1})				3.56	3.55	3.55	3.55
0.050 mol·L^{-1}邻苯二甲酸氢钾	4.00	4.00	4.00	4.01	4.01	4.02	4.04
0.025 mol·L^{-1} KH_2PO_4＋0.025 mol·L^{-1} Na_2HPO_4	6.92	6.90	6.88	6.86	6.85	6.84	6.84
0.010 mol·L^{-1}硼砂	9.33	9.27	9.22	9.18	9.14	9.10	9.06
饱和氢氧化钙	13.00	12.81	12.63	12.45	12.30	12.14	11.98

附录 10　市售酸碱试剂的含量及密度

试　　剂	密度/$(g \cdot mL^{-1})$	浓度/$(mol \cdot L^{-1})$	含量/(%)
乙酸	1.04	6.2～6.4	36.0～37.0
冰乙酸*	1.05	17.4	GR,99.8;AR,99.5;CP,99.0
氨水	0.88	12.9～14.8	25～28
盐酸	1.18	11.7～12.4	36～38
氢氟酸	1.14	27.4	40
硝酸	1.4	14.4～15.3	65～68
高氯酸	1.75	11.7～12.5	70.0～72.0
磷酸	1.71	14.6	85.0
硫酸	1.84	17.8～18.4	95～98

* 冰乙酸结晶点：GR≥16.0℃，AR≥15.1℃，CP≥14.8℃。

附录 11　常用干燥剂

干燥剂名称	干燥能力 经干燥后空气中剩余水分 /$(mg \cdot L^{-1})$	应用实例
硅胶	6×10^{-3}	NH_3、O_2、N_2、空气及仪器防潮
P_2O_5	2×10^{-5}	CS_2、H_2、O_2、SO_2、N_2、CH_4 等
$CaCl_2$	0.14	H_2、O_2、HCl、Cl_2、H_2S、NH_3、CO_2、CO、SO_2、N_2、CH_4、乙醚等
碱石灰	—	NH_3、O_2、N_2 等，并可除去气体中的 CO_2 和酸气
浓硫酸	3×10^{-3}	As_2O_3、I_2、$AgNO_3$、SO_2、卤代烃、饱和烃
分子筛	1.2×10^{-3}	O_2、H_2、空气、乙醇、乙醚、甲醇、吡啶、丙酮、苯等

附录 12 常 用 坩 埚

坩埚材料	最高使用温度/℃	适用试剂	备 注
瓷	1100	除氢氟酸、强碱、碳酸钠、焦硫酸盐外都可用	膨胀系数小,耐酸,价廉
刚玉	1600	碳酸钠、硫代硫酸钠等	耐高温,质坚,易碎,不耐酸
铂	1200	碱熔融、氢氟酸处理样品	质软,易划伤
银	700	苛性碱及过氧化钠熔融	高温时易氧化,不耐酸,尤其不能接触热硝酸
镍	900	过氧化钠及碱熔融	价廉,可替代银坩埚使用,不易氧化
铁	600	过氧化钠等	价廉,可替代镍坩埚使用
石英	1000	焦硫酸钾、硫酸氢钾等	不可使用氢氟酸、苛性碱等
聚四氟乙烯	200	各种酸碱	主要代替铂坩埚用于氢氟酸分解试样

附录 13 纯水的表观密度(ρ_W)*

t / ℃	ρ_W/ ($g \cdot mL^{-1}$)	t / ℃	ρ_W/ ($g \cdot mL^{-1}$)
10	0.9984	21	0.9970
11	0.9983	22	0.9968
12	0.9982	23	0.9966
13	0.9981	24	0.9963
14	0.9980	25	0.9961
15	0.9979	26	0.9959
16	0.9978	27	0.9956
17	0.9976	28	0.9954
18	0.9975	29	0.9951
19	0.9973	30	0.9948
20	0.9972	31	0.9946

* 表观密度是指在一定的空气密度、温度下,一定材质的玻璃量器所容纳或释出单位体积的纯水于20℃时与黄铜砝码平衡所需该砝码的质量。此表所列数据适用于在 $1.2\,g \cdot L^{-1}$ 的空气密度下,用衡量法测定钠钙玻璃(制造玻璃量器一般都用这种软质玻璃,其体膨胀系数为 $2.5\times10^{-5}℃^{-1}$)量器的实际容量。

附录 14　理论纯水的电导率($\kappa_{p,t}$)及其换算因数(α_t)*

t /℃	$\kappa_{p,t}$/ (mS·m^{-1})	α_t	t /℃	$\kappa_{p,t}$/ (mS·m^{-1})	α_t
10	0.00230	1.412	22	0.00466	1.067
12	0.00260	1.346	24	0.00519	1.021
14	0.00292	1.283	26	0.00578	0.980
16	0.00330	1.224	28	0.00640	0.941
18	0.00370	1.168	30	0.00712	0.906
20	0.00418	1.116	32	0.00784	0.875

* α_t 是不同温度水的电导率换算成 25℃(即参考温度)时电导率的换算因数,其计算公式为:$\kappa_{25}=\alpha_t(\kappa_t-\kappa_{p,t})+0.00548$。引自国家标准《分析实验室用水规格和试验方法》(GB 6682—1992)。

附录 15　水在不同温度下的饱和蒸汽压

温度/℃	饱和蒸汽压 / Pa	温度/℃	饱和蒸汽压 / Pa
10	1227.8	25	3167.4
11	1312.5	26	3361.2
12	1402.4	27	3565.2
13	1509.5	28	3779.8
14	1598.2	29	4005.7
15	1705.0	30	4243.2
16	1817.8	31	4492.6
17	1937.3	32	4755
18	2063.6	33	5030.5
19	2196.9	34	5319.7
20	2338.0	35	5623.3
21	2486.6	36	5941.7
22	2643.6	37	6275.5
23	2809.0	38	6625.5
24	2983.6	39	6992.2

附录16 红外光谱的八个重要区段

波长/μm	波数/cm^{-1}	键的振动类型
2.7～3.3	3750～3000	ν_{OH},ν_{NH}
3.0～3.3	3300～3000	ν_{CH} [—C≡C—H, >C=C<(H), Ar—H] (极少数可到2900 cm^{-1})
3.3～3.7	3000～2700	ν_{CH} [—CH_3, —CH_2—, >C(—)—H, —C(=O)H]
4.2～4.9	2400～2100	$\nu_{C\equiv C}$, $\nu_{C\equiv N}$
5.3～6.1	1900～1650	$\nu_{C=O}$(酸、醛、酮、酰胺、酯、酸酐)
5.9～6.2	1675～1500	$\nu_{C=C}$(脂肪族及芳香族)
		$\nu_{C=N}$
	1650～1560	δ_{NH_2}
6.8～10.0	1475～1300	δ >C(—)—H (面内)
	1360～1250	ν_{C-N}芳香胺类
	1200～1025	$\nu_{C-O(H)}$ 醇类
10.0～15.4	1000～650	$\delta_{C=C-H,\ Ar-H}$(面外)

附录 17　一些基团的振动与波数的关系

基团类型	波数 / cm^{-1}	峰的强度*
ν_{O-H}	3700～3200	vs
游离 ν_{O-H}	3700～3500	vs,尖锐吸收带
羧基 ν_{O-H}	3500～2500	vs,宽吸收带
游离 ν_{N-H}	3500～3300	w,尖锐吸收带
缔合	3500～3100	w,尖锐吸收带
酰胺	3500～3300	可变
C—H 伸缩振动		
$—C\equiv C—H$	≈3300	vs
$—C=C—H$	3100～3000	m
Ar—H	3050～3010	m
$—CH_3$	2960 及 2870	vs
$—CH_2—$	2930 及 2850	vs
$\equiv C—H$	2890	w
$—\overset{\overset{\displaystyle O}{\|}}{C}—H$	2720	w
羰基化合物的 C═C 伸缩振动		s
饱和脂肪醛	1740～1720	s
α,β-不饱和酯醛	1705～1680	s
芳香醛	1715～1690	s
α,β-不饱和酯酮	1725～1705	s
芳香酮	1685～1665	s
酸酐	1700～1680	s
各类双键伸缩振动	1850～1800,1780～1740	
$>C=C<$	1680～1620	不定
苯环骨架	1620～1450	
$>C=N—$	1690～1640	不定
$—N=N—$	1630～1575	不定
$—CH_3$　δ_{C-H}	1455	s
$—CH_2—$　δ_{C-H}	1380	m
ν_{C-C}	1250～1140	m
醇 ν_{C-O}	1200～1000	s
伯醇	1065～1015	s
仲醇	1100～1010	s

(续表)

基团类型	波数 / cm^{-1}	峰的强度*
叔醇	1150～1100	s
δ_{C-H}	1720±5	s
酚 ν_{C-O}	1300～1200	s
	1220～1130	s
醚 ν_{C-O}	1275～1060	s
胺 ν_{C-N}	1360～1020	s
各种取代苯 ν_{C-H}		
δ_{C-H}	900～690	s
苯	670	s
单取代	770～730	vs
	710～690	s
二取代		
1,2-	770～735	vs
1,3-	810～750	vs
	725～680	m→s
1,4-	860～800	vs
三取代		
1,2,3-	780～760	vs
	745～705	vs
1,2,4-	885～870	m
	825～805	s
1,3,5-	865～810	s
	730～675	s

* 注：vs,s,m,w 分别代表很强,强,中等,弱。

附录 18　部分元素的光谱线

（一米平面光栅摄谱仪谱线，一级电弧光谱）

元　素	波长/nm		强　度	元　素	波长/nm		强　度	元　素	波长/nm		强　度
Ag	328.07	Ⅰ	10	Cu	324.75	Ⅰ	10	Pb	261.42	Ⅰ	8
	338.29	Ⅰ	10		327.40	Ⅰ	10		266.32	Ⅰ	7
Al	308.22	Ⅰ	10	Fe	302.06	Ⅰ	9		280.20	Ⅰ	8
	309.27	Ⅰ	10	Ge	265.12	Ⅰ	8		283.31	Ⅰ	9
As	234.98	Ⅰ	6		265.16	Ⅰ	8	Pt	265.95	Ⅰ	8
	278.02	Ⅰ	5		303.91	Ⅰ	10		306.47	Ⅰ	9
	286.05	Ⅰ	5	Hg	253.65	Ⅰ	10	Sb	259.81	Ⅰ	7
B	249.68	Ⅰ	8		313.15	Ⅰ	8		287.79	Ⅰ	7
	249.77	Ⅰ	9		313.18	Ⅰ	8	Si	250.69	Ⅰ	8
Ba	233.53	Ⅱ	7	Mg	279.55	Ⅱ	10		251.43	Ⅰ	8
Bi	289.80	Ⅰ	8		280.27	Ⅱ	10		251.61	Ⅰ	9
	306.77	Ⅰ	10		285.21	Ⅰ	10		251.92	Ⅰ	8
Ca	315.89	Ⅱ	8	Mn	279.48	Ⅰ	10		252.41	Ⅰ	8
	300.69	Ⅰ	6		279.83	Ⅰ	10		288.16	Ⅰ	10
	317.93	Ⅱ	8		280.11	Ⅱ	10	Sn	283.99	Ⅰ	9
	318.13	Ⅱ	6	Mo	313.26	Ⅰ	9		286.33	Ⅰ	8
Cd	298.06	Ⅰ	4		317.03	Ⅰ	10		300.91	Ⅰ	8
	326.11	Ⅰ	8		319.39	Ⅰ	9		303.41	Ⅰ	9
Co	306.18	Ⅰ	7	Na	330.23	Ⅰ	7	Ti	307.52	Ⅱ	9
	340.51	Ⅰ	9		330.30	Ⅰ	6		307.86	Ⅱ	9
Cr	283.56	Ⅱ	7	Ni	239.45	Ⅱ	4		308.80	Ⅱ	10
	301.49	Ⅰ	9		300.25	Ⅰ	10	Zn	328.23	Ⅰ	6
	301.76	Ⅰ	9		305.08	Ⅰ	10		334.50	Ⅰ	8
	305.39	Ⅰ	8		341.48	Ⅰ	10		334.56	Ⅰ	7

注：Ⅰ为原子线，Ⅱ为离子线。

附录19 气相色谱常用固定液

商品名	中文名称	英文名称	相对极性	溶剂	使用温度/℃
SQ	角鲨烷	Squalene	非极性	乙醚	20～150
OV-1 OV-101 SE-30	二甲基聚硅氧烷	Dimethyl polysiloxane	非极性	乙醚、氯仿、苯	≤350
Dexsil 300	聚碳硼烷甲基硅氧烷	Carborane methyl silicone	非极性	乙醚、氯仿、苯	20～225
SE-31	乙烯基(1%)甲基聚硅氧烷	Methyl vinyl polysiloxane	弱极性	乙醚、氯仿、苯、二氯甲烷	≤300
SE-54	苯基(5%)乙烯基(1%)甲基聚硅氧烷	Phenylvinyl methyl polysiloxane	弱极性	氯仿、乙醚	≤300
DC-550	苯基(25%)甲基聚硅氧烷	Phenylmethyl polysiloxane	弱极性	丙酮、苯、氯仿、乙醚	－20～220
OV-17	苯基(50%)甲基聚硅氧烷	Phenylmethyl polysiloxane	中等极性	丙酮、苯、氯仿、乙醚	≤300
SE-60(XE-60)	氰乙基(25%)甲基聚硅氧烷	Cyanoethyl methyl polysiloxane	中等极性	氯仿、丙酮	≤275
OV-225	氰丙基(25%)苯基(25%)甲基聚硅氧烷	Cyanopropyl phenyl methyl polysiloxane	中等极性	氯仿、乙醚	≤275
PEG-20M (Carbowax-20M)	聚乙二醇-20M	Polyethylene glycol 2000	极性	丙酮、氯仿、二氯乙烷	60～250
FFAP	聚乙二醇-20M-2-硝基对苯二甲酸	Carbowax 20M-2-nitroterephthalic acid	极性	丙酮、氯仿、二氯乙烷	50～275
QF-1	三氟丙基甲基(50%)聚硅氧烷	Trifluoropropyl methyl polysiloxane	极性	丙酮、氯仿、二氯乙烷	≤275
OV-275	氰乙基氰丙基聚硅氧烷	Cyanoethyl cyanopropyl polysiloxne	强极性	丙酮、氯仿	≤300

附录 20　气相色谱中常用载体

商品牌号	组成、规格和用途	产　地
101	白色硅藻土载体。硅藻土经过选洗后，加碱性助熔剂，再经高温灼烧而成的弱碱性载体	上海
101 酸洗	101 载体经盐酸处理	上海
101 硅烷化	101 载体经六甲基二硅氨烷处理	上海
102	白色硅藻土载体。硅藻土经过选洗后，加中性助熔剂，再经高温灼烧而成的近中性载体	上海
201	红色硅藻土载体。由硅藻土加填料成型，再高温灼烧，适合于分析非极性物质	上海
201 酸洗	201 载体经盐酸处理而成	上海
202	红色硅藻土载体。由硅藻土成型，经高温灼烧而成	上海
405	白色硅藻土载体。化学组成：SiO_2（89.88%），Al_2O_3（4.85%），Na_2O（0.40%），K_2O（0.02%），TiO_2（0.40%），Fe_2O_3（0.35%），MgO＋CaO（3.95%），灼减 0.15%。比表面 $1.3\times10^3\ m^2\cdot kg^{-1}$，表观密度 0.43。吸附性低，催化性能低，适用于分析高沸点、极性和易分解化合物	大连
6201	红色硅藻土载体。化学组成：SiO_2（74.3%），Al_2O_3（13.25%），Na_2O（0.13%），K_2O（0.25%），TiO_2（0.47%），Fe_2O_3（1.55%），MgO＋CaO（4.26%），灼减 5.7%。比表面 $5\times10^3\ m^2\cdot kg^{-1}$，表观密度 0.47。适用于分析非极性物质	大连
Celite	白色硅藻土载体	美国
Celatom	白色 Celite 型硅藻土载体	美国
Gas Chrom A	酸洗的 Celatom	美国
Gas Chrom P	酸碱洗的 Celatom	美国
Gas Chrom Q	用二甲基二氯硅烷处理的 Gas Chrom P，催化吸附性小，为同类型中最好的载体，重现性好，表面均匀，适用于分析农药、药物、甾族化合物	美国
Chromosorb G	白色硅藻土载体。比表面 $500\ m^2\cdot kg^{-1}$，机械强度和红色载体相似，堆积密度 $470\ kg\cdot m^{-3}$，填充密度 $580\ kg\cdot m^{-3}$	美国
Chromosorb P	红色硅藻土载体。化学组成：SiO_2（90.6%），Al_2O_3（4.4%），Fe_2O_3（1.6%），TiO_2（0.2%），CaO（0.6%），Na_2O+K_2O（1.0%），水分（0.3%）。比表面 $4\times10^3\ m^2\cdot kg^{-1}$，堆积密度 $380\ kg\cdot m^{-3}$，填充密度 $470\ kg\cdot m^{-3}$，适用于分析碳氢化合物	美国
Chromosorb W	白色硅藻土载体。比表面 $1\times10^3\ m^2\cdot kg^{-1}$，堆积密度 $180\ kg\cdot m^{-3}$，填充密度 $240\ kg\cdot m^{-3}$，性能与 Celite 类似	美国
Chromosorb WHP	白色高效惰性硅藻土载体。催化吸附性很低，适合于分析药物等难分析化合物	美国

附录 21 液相色谱常用流动相的性质

溶 剂	沸点/℃	密度 /(g·cm^{-3})(20℃)	黏度 /(mPa·s)(20 ℃)	折射率	λ_{UV}/nm*	溶剂强度参数 $\varepsilon°$	溶解度参数 δ	极性参数 P'
正己烷	69	0.659	0.30	1.372	190	0.01	7.3	0.1
环己烷	81	0.779	0.90	1.423	200	0.04	8.2	−0.2
四氯化碳	77	1.590	0.90	1.457	265	0.18	8.6	1.6
苯	80	0.879	0.60	1.498	280	0.32	9.2	2.7
甲苯	110	0.866	0.55	1.494	285	0.29	8.8	2.4
二氯甲烷	40	1.336	0.41	1.421	233	0.42	9.6	3.1
异丙醇	82	0.786	1.90	1.384	205	0.82		3.9
四氢呋喃	66	0.880	0.46	1.405	212	0.57	9.1	4.0
乙酸乙酯	77	0.901	0.43	1.370	256	0.58	8.6	4.4
氯仿	61	1.500	0.53	1.443	245	0.40	9.1	4.1
二氧六环	101	1.033	1.20	1.420	215	0.56	9.8	4.8
吡啶	115	0.983	0.88	1.507	305	0.71	10.4	5.3
丙酮	56	0.818	0.30	1.356	330	0.50	9.4	5.1
乙醇	78	0.789	1.08	1.359	210	0.88		4.3
乙腈	82	0.782	0.34	1.341	190	0.65	11.8	5.8
二甲亚砜	189		2.00	1.477	268	0.75	12.8	7.2
甲醇	65	0.796	0.54	1.326	205	0.95	12.9	5.1
硝基甲烷	101	1.394	0.61	1.380	380	0.64	11.0	6.0
甲酰胺	210		3.30	1.447	210		17.9	9.6
水	100	1.00	0.89	1.333	180		21.0	10.2

* λ_{UV}表示紫外吸收截至波长,即在紫外波长大于该波长时,该溶剂不再有吸收。

附录 22　反相液相色谱常用固定相

类　型	键合官能团	性　质	分离模式	应用范围
烷基(C_8、C_{18})	$—(CH_2)_7—CH_3$ $—(CH_2)_{17}—CH_3$	非极性	反相，离子对	中等极性化合物，可溶于水的强极性化合物，如多环芳烃、合成药物、小肽、蛋白质、甾族化合物、核苷、核苷酸等
苯基(Phenyl)	$—(CH_2)_3—C_6H_5$	非极性	反相，离子对	非极性至中等极性化合物，如多环芳烃、合成药物、小肽、蛋白质、甾族化合物、核苷、核苷酸等
氨基($—NH_2$)	$—(CH_2)_3—NH_2$	极性	正相、反相、阴离子交换	正相可分离极性化合物，反相可分离碳水化合物，阴离子交换可分离酚、有机酸和核苷酸
腈基(—CN)	$—(CH_2)_3—CN$	极性	正相、反相	正相类似于硅胶吸附剂，适于分离极性化合物，但比硅胶的保留弱；反相可提供与非极性固定相不同的选择性
二醇基(Diol)	$—(CH_2)_3—O—CH_2—CH(OH)—CH_2(OH)$	弱极性	正相、反相	比硅胶的极性弱，适于分离有机酸及其齐聚物，还可作为凝胶过滤色谱固定相

附录23 一些气体和蒸气的热导系数

物质	热导系数/($\times 10^{-5}$ kJ·m^{-1}·K^{-1}·s^{-1})		物质	热导系数/($\times 10^{-5}$ kJ·m^{-1}·K^{-1}·s^{-1})	
	273 K	373 K		273 K	373 K
空气	2.42	3.13	环己烷	—	1.79
氢	17.35	22.12	乙烯	1.75	3.09
氦	14.51	17.35	乙炔	1.88	2.84
氮	2.42	3.13	苯	0.92	1.83
氧	2.46	3.17	甲醇	1.42	2.29
氩	1.67	2.17	乙醇	—	2.21
一氧化碳	2.34	3.00	丙酮	1.00	1.75
二氧化碳	1.46	2.21	四氯化碳	—	0.92
氨	2.17	3.25	氯仿	0.67	1.04
甲烷	3.00	4.55	二氯甲烷	0.67	1.13
乙烷	1.79	3.04	甲胺	1.58	—
丙烷	1.50	2.63	乙胺	1.42	—
正丁烷	1.33	2.34	甲乙醚	—	2.42
正戊烷	1.29	2.21	乙酸甲酯	0.67	—
正己烷	1.25	2.09	乙酸乙酯	—	1.71

附录24 一些化合物的相对质量校正因子和沸点

化合物	沸点/℃	f_m^*	化合物	沸点/℃	f_m^*
正戊烷	36	0.70	苯	80	0.78
正己烷	68	0.70	甲苯	110	0.79
环己烷	81	0.80	二乙醚	35	0.73
正庚烷	98	0.76	丙酮	56	0.65
环辛烷	126	0.75	甲醇	65	0.54
正壬烷	151	0.60	乙醇	78	0.69

* 表中 f_m 值是在热导检测器上,以 H_2 为载气测得的数值。

附录 25　常用氘代溶剂中残存质子峰的化学位移值

名　称	基　团	δ/ppm	名　称	基　团	δ/ppm
重水	羟基	4.7[b]	N,N-六氘代甲基-氘代甲酰胺	甲基	2.75,2.95
氘代氯仿	次甲基	7.25		甲酰基	8.05
四氘代甲醇	甲基	3.35	六氘代二甲亚砜	甲基	2.51
	羟基	4.8[b]		吸附水	3.3
六氘代丙酮	甲基	2.057	八氘代二氧六环	亚甲基	3.55
三氘代乙腈	甲基	1.95	全氘代六甲基磷酰胺	甲基	2.60
氘代苯	次甲基	6.78	五氘代吡啶	C-2 次甲基	8.5
氘代环己烷	亚甲基	1.40		C-3 次甲基	7.0
氘代特丁醇[a]	甲基	1.28		C-4 次甲基	7.35
氘代三氟乙酸	羧基	11.3[b]	八氘代甲苯	甲基	2.3
二氘代二氯甲烷	亚甲基	5.35		次甲基	7.2
四氘代乙酸	甲基	2.05			
	羧基	11.5[b]			

[a] 分子式为$(CH_3)_3COD$。[b] 化学位移值会随浓度变化。

化学位移值相对四甲基硅烷(TMS)。引自：Dean J A. Analytical Chemistry Handbook. McGraw-Hill Book Co,1995.

附录 26　NMR 常用的参考物质的化学位移值

名　称	沸点或熔点/℃	δ/ppm
4,4-二甲基-4-硅烷基戊酸钠	mp>300	0.000
4,4-二甲基-4-硅烷基戊基磺酸钠	mp=200	0.015
六甲基乙硅烷	bp=112	0.037
六甲基二硅氧烷	bp=100	0.055
六甲基二硅氮烷	bp=125	0.042
1,1,3,3,5,5-六杂(三氘代甲基)-1,3,5-三硅基环己烷	bp=208	−0.327
八甲基环丁硅烷	bp=175 mp=16.8	0.085
四(三甲基硅基)-甲烷	mp=307	0.236
四甲基硅烷	bp=26.3	0.000

相对四甲基硅烷(TMS)，δ_H = 0.000。引自：Dean J A. Analytical Chemistry Handbook. McGraw-Hill Book Co,1995.

附录 27 化合物的摩尔质量

化 学 式	M/(g·mol^{-1})	化 学 式	M/(g·mol^{-1})
AgBr	187.77	CuO	79.55
AgCl	143.32	CuSCN	121.62
Ag_2CrO_4	331.73	$CuSO_4 \cdot 5H_2O$	249.63
AgI	234.77	$FeCl_3 \cdot 6H_2O$	270.30
$AgNO_3$	169.87	$Fe(NO_3)_3 \cdot 9H_2O$	404.00
AgSCN	165.95	FeO	71.85
$Al(C_9H_6ON)_3$(8-羟基喹啉铝)	459.44	Fe_2O_3	159.69
$AlK(SO_4)_2 \cdot 12H_2O$	474.38	Fe_3O_4	231.54
Al_2O_3	101.96	$FeSO_4 \cdot 7H_2O$	278.01
As_2O_3	197.84	Hg_2Cl_2	472.09
As_2O_5	229.84	$HgCl_2$	271.50
$BaCO_3$	197.34	HCOOH	46.03
$BaCl_2 \cdot 2H_2O$	244.27	$H_2C_2O_4 \cdot 2H_2O$(草酸)	126.07
$BaCrO_4$	253.32	$H_2C_4H_4O_4$(丁二酸、琥珀酸)	118.09
$BaSO_4$	233.39	$H_2C_4H_4O_6$(酒石酸)	150.09
$Bi(NO_3)_3 \cdot 5H_2O$	485.07	$H_3C_6H_5O_7 \cdot H_2O$ (柠檬酸)	210.14
Bi_2O_3	465.96	$H_2C_4H_4O_5$(DL-苹果酸)	134.09
$CaCl_2$	110.99	$HC_3H_6NO_2$(DL-α-丙氨酸)	89.10
$CaCO_3$	100.09	HCl	36.16
$CaC_2O_4 \cdot H_2O$	146.11	$HClO_4$	100.46
CaO	56.08	HNO_3	63.01
$CaSO_4$	136.14	H_2O	18.02
$CaSO_4 \cdot 2H_2O$	172.17	H_2O_2	34.01
$Cd(NO_3)_2 \cdot 4H_2O$	308.48	H_3PO_4	98.00
CdO	128.41	H_2S	34.08
$CdSO_4$	208.47	H_2SO_3	82.07
CH_3COOH	60.05	H_2SO_4	98.08
CH_2O(甲醛)	30.03	KBr	119.00
$C_4H_8N_2O_2$(丁二酮肟)	116.12	$KBrO_3$	167.00
$(CH_2)_6N_4$(六次甲基四胺)	140.19	KCl	74.55
$C_7H_6O_6S \cdot 2H_2O$(磺基水杨酸)	254.22	$KClO_3$	122.55
C_9H_7NO(8-羟基喹啉)	145.16	$KClO_4$	138.55
$C_{12}H_8N_2 \cdot H_2O$(邻二氮菲)	198.22	KCN	65.12
$C_2H_5NO_2$(氨基乙酸、甘氨酸)	75.07	K_2CO_3	138.21
$C_6H_{12}N_2O_4S_2$(L-胱氨酸)	240.30	K_2CrO_4	194.19
$CoCl_2 \cdot 6H_2O$	237.93	$K_2Cr_2O_7$	294.18
CuI	190.45	$K_3Fe(CN)_6$	329.25
$Cu(NO_3)_2 \cdot 3H_2O$	241.60	$K_4Fe(CN)_6$	368.35

（续表）

化学式	$M/(g\cdot mol^{-1})$	化学式	$M/(g\cdot mol^{-1})$
$KHC_4H_4O_6$（酒石酸氢钾）	188.18	$Na_2S_2O_3\cdot 5H_2O$	248.17
$KHC_8H_4O_4$（苯二甲酸氢钾）	204.22	NH_3	17.03
KH_2PO_4	136.09	$NH_4C_2H_3O_2$（乙酸铵）	77.08
KI	166.00	$(NH_4)_2C_2O_4\cdot H_2O$	142.11
KIO_3	214.00	NH_4Cl	53.49
$KMnO_4$	158.03	NH_4F	37.04
KNO_3	101.10	$NH_4Fe(SO_4)_2\cdot 12H_2O$	482.18
KOH	56.11	$(NH_4)_2Fe(SO_4)_2\cdot 6H_2O$	392.13
K_2PtCl_6	485.99	NH_4HF_2	57.04
KSCN	97.18	NH_4NO_3	80.04
K_2SO_4	174.25	$NH_2OH\cdot HCl$（盐酸羟胺）	69.49
$K_2S_2O_7$	254.31	$(NH_4)_3PO_4\cdot 12MoO_3$	1876.34
$Mg(C_9H_6ON)_2$（8-羟基喹啉镁）	312.61	NH_4SCN	76.12
$MgNH_4PO_4\cdot 6H_2O$	245.41	$NiCl_2\cdot 6H_2O$	237.96
MgO	40.30	$NiSO_4\cdot 7H_2O$	280.85
$Mg_2P_2O_7$	222.55	$Ni(C_4H_7N_2O_2)_2$（丁二酮肟镍）	288.91
$MgSO_4\cdot 7H_2O$	246.47	PbO	223.2
MnO_2	86.94	PbO_2	239.2
$MnSO_4$	151.00	$Pb(C_2H_3O_2)_2\cdot 3H_2O$	379.8
$Na_2B_4O_7\cdot 10H_2O$（硼砂）	381.37	$PbCl_2$	278.1
Na_2BiO_3	279.97	$PbCrO_4$	323.2
$NaC_2H_3O_2$（无水乙酸钠）	82.03	$Pb(NO_3)_2$	331.2
$Na_3C_6H_5O_7$（柠檬酸钠）	258.07	PbS	239.3
$NaC_5H_8NO_4\cdot H_2O$（L-谷氨酸钠）	187.13	$PbSO_4$	303.3
$Na_2C_2O_4$（草酸钠）	134.00	SO_2	64.06
Na_2CO_3	105.99	SO_3	80.06
NaCl	58.44	SiF_4	104.08
$NaClO_4$	122.44	SiO_2	60.08
NaF	41.99	$SnCl_2\cdot 2H_2O$	225.63
$NaHCO_3$	84.01	$SnCl_4$	260.50
$Na_2H_2C_{10}H_{12}O_8N_2\cdot 2H_2O$	372.24	SnO	134.69
（乙二胺四乙酸二钠）		SnO_2	150.69
Na_2HPO_4	141.96	$SrCO_3$	147.63
$Na_2HPO_4\cdot 12H_2O$	358.14	$Sr(NO_3)_2$	211.63
$NaHSO_4$	120.06	$SrSO_4$	183.68
$NaNO_2$	69.00	$TiCl_3$	154.24
Na_2O	61.98	TiO_2	79.88
NaOH	40.00	$Zn(NO_3)_2\cdot 4H_2O$	261.46
Na_2SO_3	126.04	$Zn(NO_3)_2\cdot 6H_2O$	297.49
Na_2SO_4	142.04	ZnO	81.39

附录 28 原子吸收光谱分析的常用火焰

原子吸收光谱分析实验中常用的乙炔气属易燃易爆气体。因此,学生一定要严格遵守实验室有关规则,在教师的指导下进行操作。

在原子吸收光谱分析中所用的各种火焰,其点燃与熄灭的原则是:先开助燃气,再开燃气;先关燃气,再关助燃气。这一点要切记!下面介绍两种常用火焰的使用与安全。

1. 空气-乙炔(air-acetylene)火焰

乙炔(C_2H_2)是一种无色、带有特殊气味、比空气轻的气体,易燃易爆,略带有麻醉作用。有关乙炔的性质及参数见下表:

名称	化学式	相对分子质量	密度 /($kg \cdot m^{-3}$)	比重 (空气=1)	着火点 (燃点)/℃	混合物中爆炸界限 (气体的体积分数)	
						与空气混合	与氧气混合
乙炔	C_2H_2	26.02	1.179	0.909	335	0.023~0.82	0.028~0.93

乙炔气多采用钢瓶(白色)供应。钢瓶中装有活性炭和丙酮溶剂。乙炔气体溶解在丙酮中,再吸附于活性炭上。灌满的乙炔钢瓶压力不超过 1.5×10^6 Pa,使用至 $(2 \sim 3) \times 10^5$ Pa 时就必须更换,否则钢瓶内的丙酮会与乙炔气一起进入火焰参加燃烧,致使火焰不稳,噪声加大。另外,钢瓶更换前仍须保持一部分压力,不仅便于判断瓶中是何种气体、检验附件的严密性,而且也可以防止空气倒灌,以保证瓶内气体纯度。

乙炔钢瓶必须直立放置。周围环境应远离火源,通风好,且不受气候温度的影响。所有管线、接头都需进行试漏检查。管线和接头不能用含铜量在65%以上的材料。要避免气态乙炔与铜、银、二价汞溶液或氯气接触。因为它们之间形成的化合物 Cu_2C_2、Ag_2C_2、$3HgC_2 \cdot H_2O$ 会发生自爆。乙炔钢瓶的出口压力应控制在 6×10^4 Pa 以下。

2. 氧化亚氮-乙炔(nitrous-acetylene)火焰

氧化亚氮(N_2O)也称笑气,是一种具有麻醉性、无色、带芳香甜味、比空气重的强助燃气,其管道系统绝对禁油。

氧化亚氮-乙炔火焰必须使用专门的燃烧器,严禁用空气-乙炔燃烧器代替。氧化亚氮气体也是用钢瓶(银灰色)供应,使用压力不得低于 7×10^5 Pa。

氧化亚氮-乙炔火焰不能直接点燃。若使用不当,极易发生回火爆炸。火焰点燃与熄灭必须遵循空气-乙炔火焰过渡原则:即首先点燃空气-乙炔火焰,待火焰稳定后,慢慢加大乙炔流量,达到富燃状态时,将助燃气转换阀迅速从空气转到氧化亚氮,接通事先已调好流量的氧化亚氮气路。熄灭时先从氧化亚氮转向空气,降低乙炔流量,然后关闭乙炔,熄灭火焰。

氧化亚氮火焰点燃后,燃烧器缝隙中容易有炭沉积。一旦出现这种情况,随时用薄刀片刮去,否则将影响火焰的稳定性,甚至会堵塞缝隙,引起回火爆炸。

附录29　原子发射光谱分析中感光板的特性及冲洗条件

1. 感光板型号、特性和用途

感光板应在安全灯下进行拆封、装片、冲洗，但不宜在安全灯下曝露过久，除红快型和红特硬型感光板应使用暗绿色安全灯外，其他型号均可采用暗红色安全灯。

感光板应放在通风、阴凉、干燥的地方(即温度20℃左右，相对湿度不大于65%)，应远离散出有害气体的物品，并应绝对禁止与放射源及辐射X射线的装置放在一起。

感光板的型号、特性和用途见下表：

型　号	特　性	感色范围	用　途
紫外Ⅰ型	卤化银晶体颗粒细而均匀，感光度适中，反差系数大；灰雾度小，感色性在蓝紫及紫外区，乳剂特性曲线的直线部分长	250～500 nm	适用于定量分析
紫外Ⅱ型	卤化银晶体颗粒较细，较均匀，感光度比紫外Ⅰ型高，反差系数适中；灰雾度小，感色性在蓝紫及紫外区，曝光宽容度较大	250～500 nm	适用于定性分析，也可作定量分析
紫外Ⅲ型	卤化银晶体颗粒细而均匀，感光度与紫外Ⅱ型相近，反差系数较大；灰雾度小，感色性在紫外及蓝紫区，乳剂特性曲线的直线部分较长	230～500 nm	适用于定量分析
蓝快型	卤化银晶体颗粒较粗，较不均匀，感光度高，反差系数较小；灰雾度小，感色性在蓝紫及紫外区，曝光宽容度大	250～500 nm	适用于定性分析

整盒感光板一旦开启应尽快用完，如用不完应将其严密包好，避光保存，以免受潮变质。

2. 感光板的冲洗加工条件

(1) 溶液配方：

显影液	水(35～45℃) 700 mL，对甲胺基苯酚(米吐尔) 1 g，无水亚硫酸钠 26 g，对苯二酚 5 g，无水碳酸钠 20 g，溴化钾 1 g，加水至 1000 mL
停显液	冰醋酸(99%)15 mL，加水至 1000 mL
定影液	水(35～45℃)650 mL，硫代硫酸钠(海波) 240 g，无水亚硫酸钠 15 g，冰醋酸(99%) 15 mL，硼酸 7.5 g，钾明矾 15 g，加水至 1000 mL

注：各种药品需按上表顺序先后加入，一种药品溶解后再加入下一种药品。

(2) 加工程序：按下表程序和条件进行冲洗。

程　序	温　度	时　间	备　注
显影	20℃	4～6 min	经常搅动
停显	18～25℃	1 min	经常搅动
定影	18～25℃	10 min	定影至感光板透明后，再继续定影相同时间
水洗	常温	30 min	温度不宜过高或过低
干燥	常温		

附录 30 有机化合物中一些常见元素的精确质量及天然丰度

元　素	同位素	精确质量	天然丰度/(%)	元　素	同位素	精确质量	天然丰度/(%)
H	^{1}H	1.007825	99.98	P	^{31}P	30.973763	100.00
	^{2}H	2.014102	0.015	S	^{32}S	31.972072	95.02
C	^{12}C	12.000000	98.9		^{33}S	32.971459	0.75
	^{13}C	13.003355	1.07		^{34}S	33.967868	4.21
N	^{14}N	14.003074	99.63		^{35}S	35.967079	0.02
	^{15}N	15.000109	0.37	Cl	^{35}Cl	34.968853	75.77
O	^{16}O	15.994915	99.76		^{37}Cl	36.965903	24.23
	^{17}O	16.999131	0.04	Br	^{79}Br	78.918336	50.69
	^{18}O	17.999159	0.20		^{81}Br	80.916290	49.31
F	^{19}F	18.998403	100.0	I	^{127}I	126.904477	100.00

数据选自美国 NIST 的原子量和同位素丰度表，以及 De Bievre Pand Taylor P D，Table of the isotopic compositions of the elements. Int J Mass Spectrom Ion Phys，1993，123：149。

附录 31 定量化学分析实验仪器清单

名　称	规　格	数　量	对应图中编号	名　称	规　格	数　量	对应图中编号
滴定管	50 mL(酸式)	1	①	称量瓶	25 mm×40 mm	2	⑨
	50 mL(碱式)	1	②	表面皿	d=4.5 cm	3	⑩
移液管	25 mL	1	③		d=6 cm	2	
容量瓶	100 mL	1	④		d=9 cm	2	
	250 mL	1			d=15(或 12)cm	1	
量筒	10 mL	1	⑤	滴管	15 cm	2	⑪
	100 mL	1		玻璃搅棒	12～13 cm	2	/
锥形瓶	250 mL	3	⑥		16～18 cm	2	
烧杯	100 mL	2	⑦	塑料洗瓶	500 mL	1	⑫
	250 mL	2		保干器	d=16 cm	1	⑬
	400 mL	2		白瓷砖	15 cm×15 cm	1	⑭
	1000 mL	1		瓷坩埚	25 mL	2	/
玻璃漏斗	d=7 cm	2	/	泥三角	—	2	/
试剂瓶	1000 mL(棕色)	1	⑧	石棉网	15 cm×15 cm	1	⑮
	1000 mL(无色)配 6# 橡胶塞	1		搪瓷盘	25 cm×20 cm	1	/
				培养皿	d=9 cm	1	⑯
	500 mL(无色)	1		洗耳球	60 mL	1	⑰

注：每位学生的实验柜中配备一套仪器，开学时和课程结束时按此清单进行清点；玻璃漏斗、瓷坩埚和泥三角不必清点。个别实验中所需此单以外的仪器，已在该实验中注明，届时将放在实验室内公用。

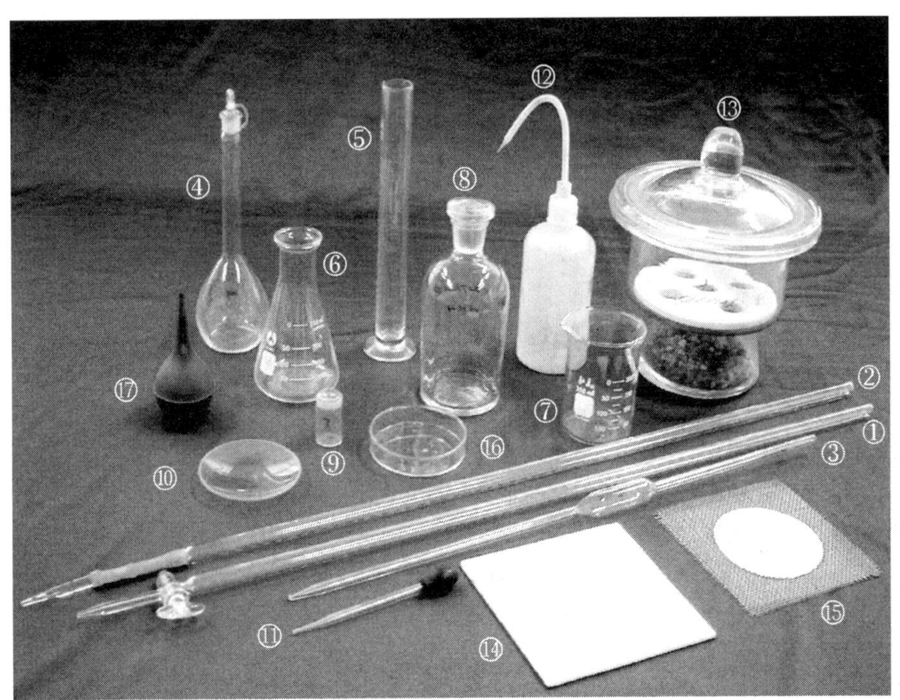

附录 31 图

实验索引

3　化学分析

4　分离分析

5 波谱分析

6 电分析化学

参 考 文 献

[1] 北京大学化学系分析化学教学组. 基础分析化学实验[M]. 第二版. 北京：北京大学出版社，1998.

[2] 李克安. 分析化学教程[M]. 北京：北京大学出版社，2005.

[3] 叶宪曾，张新祥，等. 仪器分析教程[M]. 第二版. 北京：北京大学出版社，2007.

[4] Skoog D A, West D M, Holler F J, Crouch S R. Fundamentals of Analytical Chemistry[M]. USA, Belmont: Brooks/Cole, 2004.

[5] 朱明华. 仪器分析[M]. 北京：高等教育出版社，2000.

[6] 于世林. 波谱分析法[M]. 重庆：重庆大学出版社，1991.

[7] 何美玉. 现代有机与生物质谱[M]. 北京：北京大学出版社，2002.

[8] 李超隆. 原子吸收分析理论基础[M]. 上册. 北京：高等教育出版社，1988.

[9] 陈国珍，王尊本，等. 荧光分析法[M]. 第三版. 北京：科学出版社，2006.

[10] 高小霞. 电分析化学导论[M]. 北京：科学出版社，1986.

[11] 董绍俊，车广礼，谢远武. 化学修饰电极[M]. 修订版. 北京：科学出版社，2003.

[12] 阿伦・J. 巴德，拉里・R. 福克纳. 电化学方法原理和应用[M]. 第二版. 邵元华，朱果逸，董献堆，张柏林，译. 北京：化学工业出版社，2005.

[13] Kitson F G, Larsen B S, McEwen C N. Gas Chromatography and Mass Spectrometry[M]. London: Academic Press, 1996.

[14] 国家标准：量和单位(GB 3100—1993～3102—1993)[S]. 北京：中国标准出版社，1994.

[15] 国家计量检定规程. 常用玻璃量器(JJG 196—1990)[S]. 北京：中国计量出版社，1994.

[16] 中华人民共和国国家标准[S]. 北京：中国标准出版社，2007.

[17] Pohanish R P, Greene S A. 有害化学品安全手册[M]. 中国石化集团安全工程研究院，译. 北京：中国石化出版社，2003.

[18] 迪安 J A . 兰氏化学手册[M]. 第二版. 魏俊发，等译. 北京：科学出版社，2003.

[19] http://www.cnreagent.com/source/smsds.php [On-line 2006-06]